土壌・地下水汚染
―原位置浄化技術の開発と実用化―

Contaminated Soil and Ground Water
—Development and Practical Use of On-Site Remediation Technology—

監修:平田健正,前川統一郎

シーエムシー出版

ð
土壌・地下水汚染
―原位置浄化技術の開発と実用化―

Contaminated Soil and Ground Water
―Development and Practical Use of On-Site Remediation Technology―

監修：平田健正，前川統一郎

シーエムシー出版

発刊にあたって

　企業活動に伴う環境への排出負荷削減やステイクホルダーとのリスクコミュニケーションなど，環境への配慮を世界戦略に位置づける企業が増えている。ISO14000 シリーズの認定を始めとして，企業の環境格付けの気運も高まっており，こうした環境マインドの向上が土壌や地下水といった地下環境問題に対する企業意識に革新的な変化をもたらしている。土壌の調査・対策事例数の 2/3 が，所有する土地の状況を自主的に調査する現況把握型であることがその証左であろう。

　こうした調査によって汚染が判明すると，多くの場合，汚染原因者や土地所有者は社会的責任の重さと対策に要する経費に直面し，真に惹起した環境問題の重大さを感じるに違いない。汚染された土壌地下水空間を環境基準値までに改善するには，長い時間と多大な経費がかかるからである。こうした汚染問題解決のため，土地利用や地下水利用に即した現実的でより実効のあがる施策として 2003 年 2 月に土壌汚染対策法が施行された。この新しい法律は，汚染土壌の直接暴露と地下水摂取の経路を遮断し，地下環境中の汚染物質を管理することによって，人への健康リスクを低減するところに最大の特徴がある。

　翻って土壌地下水汚染は蓄積性の汚染であり，原位置で汚染物質を無害化するか除去しない限り，汚染状態は長く続くことになる。さまざまな修復技術の中で土壌掘削は，汚染土壌や土壌水に溶解した汚染物質，さらには土壌ガス中に気化した揮発性物質を一気に除去する修復技術ではあるが，環境基準を満たさない限り掘削土壌は元に戻せないし，簡易な汚染土壌処理では最終処分場に埋め立てる以外に適切な方法はない。しかも最終処分場の受容量には限りがあり，やはり土壌地下水汚染の修復は原位置で汚染物質を無害化するか除去する原位置浄化が基本と言わざるを得ない。

　こうした状況にあって汚染された土壌地下水の修復は，欧米では既にビジネスとして成立していることが，修復技術開発に拍車をかけることになろう。わが国でもこれまでの調査結果や修復実績をもとに，修復ビジネスの市場規模が試算されており，潜在的に大規模なビジネスになるとの期待も孕む。土壌汚染対策は停滞した経済活動を活性化する一つに挙げられているが，それには誰もが納得する公平で透明性の高い市場を形成する必要がある。その一助として，どのような現場に，どのような技術を用いるのか，わが国の土壌地下水汚染の原位置浄化技術の開発・実用化の現状をつまびらかにすることが第一であり，そのような要望に応えるために著述されたのが本書である。

　著者にはわが国の第一線で活躍する技術者や実務担当者をそろえ，最も得意とする分野で最新の研究成果や実証試験結果などを著した自信作と自負している。どの部分からでも読み解けるよう配慮されており，是非に一読をお勧めする。

2004 年 4 月

和歌山大学システム工学部
平田健正

普及版の刊行にあたって

本書は2004年に『土壌・地下水汚染の原位置浄化技術』として刊行されました。普及版の刊行にあたり，内容は当時のままであり加筆・訂正などの手は加えておりませんので，ご了承ください。

2009年9月

シーエムシー出版　編集部

執筆者一覧(執筆順)

平田 健正	(現) 和歌山大学　システム工学部　教授
前川 統一郎	(現) 国際環境ソリューションズ㈱　代表取締役社長
村田 正敏	アジア航測㈱　関東支社　関東環境部　技術部長
	(現) 日鉄環境エンジニアリング㈱　環境テクノ事業本部　環境コンサル部　専任部長
手塚 裕樹	(現) アジア航測㈱　土壌・水環境事業部　事業部長
奥村 興平	(現) 応用地質㈱　技術参与
伊藤 豊	応用地質㈱　技術本部　環境技術センター
江種 伸之	(現) 和歌山大学　システム工学部　環境システム学科　准教授
熊本 進誠	㈱環境建設エンジニアリング　環境事業部　事業部長
和田 信一郎	(現) 九州大学大学院　農学研究院　教授
関 廣二	(現) アタカ大機㈱　環境研究所　専門部長
竹井 登	(現) オルガノ㈱　開発センター企画管理部　課長代理
近藤 敏仁	㈱フジタ　技術センター　環境研究部　主任研究員／土壌環境グループ長
	(現) ㈱フジタ　都市再生推進本部　土壌環境部長
鈴木 義彦	(現) 栗田工業㈱　プラント第一営業本部　水処理部門　土壌技術部技術二課
伊藤 裕行	同和鉱業㈱　環境技術研究所　技術主任
白鳥 寿一	(現) DOWAエコシステム㈱　環境ソリューション室　室長；東北大学大学院　環境科学研究科　教授
矢木 修身	(現) 日本大学　生産工学部　教授
中島 誠	(現) 国際環境ソリューションズ㈱　中島研究室　室長

駒井　　武	(現)㈱産業技術総合研究所　地圏資源環境研究部門　副研究部門長
川辺　能成	(現)㈱産業技術総合研究所　地圏資源環境研究部門　研究員
川端　淳一	(現)鹿島建設㈱　技術研究所　上席研究員・チーフ
福浦　　清	前澤工業㈱　産業環境事業部　土壌環境部　技術課長
笠水上光博	国際航業㈱　地盤環境エンジニアリング事業部 (現)㈱アースアプレイザル　環境コンサルティング事業部　事業部長
谷口　　紳	㈱荏原製作所　環境修復事業センター　技術部　部長
氏家　正人	(現)大成建設㈱　エコロジー本部　土壌環境事業部　プロジェクトグループ-2　グループリーダー
野原　勝明	(現)㈱間組　技術・環境本部　環境事業部　環境事業課　主任
中川　哲夫	三井金属鉱業㈱　環境事業推進部　事業推進室　室長補佐
黒川　博司	三井金属鉱業㈱　環境事業推進部　事業推進室　主査
勝田　　力	(現)㈱キャプティ　テクノセンター　所長
松久　裕之	(現)㈱鴻池組　大阪本店　土木技術部　課長
笹本　　譲	㈱鴻池組　大阪本店　土木技術部　課長 (現)㈱東京カンテイ　アセット事業本部　土壌環境部　部長
江口　正浩	(現)オルガノ㈱　開発センター　課長
友口　　勝	(現)DOWAエコシステム㈱　ジオテック事業部　担当課長
榎本　幹司	(現)栗田工業㈱　プラント事業本部　土壌技術部　技術三課　主任研究員
奥田　信康	(現)㈱竹中工務店　技術研究所　先端技術研究部　エコエンジニアリング部門　主任研究員

川原 恵一郎	東和科学㈱　土壌環境エンジニアリング部　部長
	(現)㈱アースソリューション　代表取締役
上野 俊洋	(現)栗田工業㈱　プラント事業本部　土壌技術部　課長
河合 達司	(現)鹿島建設㈱　技術研究所　上席研究員
二見 達也	スミコンセルテック㈱　技術開発部　取締役　技術開発部長
三宅 酉作	オルガノ㈱　地球環境室　部長；
	環境テクノ㈱　常務取締役　研究本部長
松谷 浩	(現)栗田工業㈱　プラント第一営業本部　水処理部門
	土壌技術部
徳島 幹治	(現)㈱クボタ　膜ソリューション技術部　大阪技術グループ長
牛尾 亮三	スミコンセルテック㈱　技術開発部　次長
中平 淳	(現)大成建設㈱　エコロジー本部　土壌・環境事業部
	シニア・エンジニア
本間 憲之	三井造船㈱　環境・プラント事業本部　プロジェクト部
	土壌環境担当部長
合田 雷太	(現)三井造船㈱　環境・プラント事業本部　設計部
	土建グループ　課補
石川 洋二	㈱大林組　土木技術本部　環境技術第二部　技術部長
荒井 正	㈱日さく　地盤環境本部　本部長
鞍谷 保之	高槻市環境部　環境政策室長
津留 靖尚	熊本市環境総合研究所　技術主幹
吉岡 昌徳	兵庫県立健康環境科学研究センター　安全科学部長
橘 敏明	㈱鴻池組　大阪本店　土木技術部　環境Eng.グループ　主任

執筆者の所属表記は，注記以外は2004年当時のものを使用しております。

目　次

【第1編　総　論】

第1章　原位置浄化技術について　　平田健正

1　土壌汚染問題の新たな展開……………　3
2　土壌汚染対策法の意義………………　4
3　原位置浄化技術の開発状況と適用実績
　………………………………………　7
3.1　原位置浄化技術の重要性…………　7
3.2　浄化技術と適用事例………………　7
4　土壌地下水汚染対策の将来展望………　10

第2章　原位置浄化の進め方　　前川統一郎

1　土壌汚染対策の基本的考え方………　13
　1.1　土壌汚染判明の契機………………　13
　1.2　土壌汚染対策目標…………………　13
　1.3　土壌汚染対策技術…………………　14
2　原位置浄化実施の手順………………　14
3　サイト特性の把握……………………　16
　3.1　地質／水文地質特性………………　16
　3.2　汚染物質の分布……………………　17
　3.3　詳細調査の手法……………………　19
4　原位置浄化技術のスクリーニング……　21
5　原位置浄化の基本設計………………　21
　5.1　基本計画の立案……………………　21
　5.2　周辺環境への影響評価……………　22
　5.3　予備試験……………………………　23
　5.4　対策仕様の検討と概略コストの積算
　　………………………………………　24
6　浄化施設の実施設計…………………　25
　6.1　詳細設計……………………………　25
　6.2　管理計画……………………………　25
　6.3　対策計画書の作成…………………　25
7　対策完了の確認方法…………………　26
　7.1　土壌汚染対策法に基づく措置の完了確認………………………………　26
　7.2　土壌汚染対策目標に応じた完了確認………………………………………　26

【第2編　基礎編　－原理，適用事例，注意点－】

第1章　原位置抽出法

1　地下水揚水処理
　　　　　　　……村田正敏, 手塚裕樹… 31
1.1　はじめに …………………………… 31
1.2　地下水汚染現場での地盤環境調査・汚染機構解明 ………………………… 31
　1.2.1　周辺調査，汚染源調査，土壌ガス調査，ボーリング調査 … 31
　1.2.2　観測井戸仕上げ，地下水流動調査，汚染機構解明 ………… 32
1.3　浄化設計に係わる帯水層試験，地下水流動解析・物質収支予測評価 … 32
1.4　対策井戸の設置と予測評価の検証及び留意点 ……………………… 37
1.5　対策事例3 ……………………………… 40
1.6　地下水揚水処理対策の課題と新たな対策動向 ………………………… 40
2　土壌ガス吸引…奥村興平, 伊藤　豊… 42
2.1　技術の概要 …………………………… 42
2.2　土壌ガス吸引の実施 ………………… 43
　2.2.1　基本情報の検討 ………………… 43
　2.2.2　吸引条件の検討 ………………… 44
　2.2.3　土壌ガス吸引対策の設計 ……… 47
　2.2.4　運転中の管理 …………………… 47
　2.2.5　土壌ガス吸引の終了判断 ……… 48
　2.2.6　土壌ガス吸引の効果確認 ……… 48
2.3　対策事例 ……………………………… 48
3　エアースパージング ……江種伸之… 52

3.1　エアースパージングとは？ ……… 52
3.2　注入空気の移動形態 ……………… 53
3.3　注入空気の影響範囲 ……………… 55
3.4　バイオスパージング ……………… 56
4　原位置土壌洗浄 …………熊本進誠… 58
4.1　はじめに ……………………………… 58
4.2　処理プロセス ………………………… 58
4.3　促進化薬剤 …………………………… 60
4.4　適用可能な土質 ……………………… 60
4.5　適用可能な対象物質 ………………… 60
4.6　回収フラッシング水の処理設備 … 61
4.7　システムで検討しなければならない要素 ……………………………… 61
　4.7.1　トリータビリテイ試験 ………… 61
　4.7.2　対象土壌を含む地下構造 ……… 62
　4.7.3　システム運転時の障害 ………… 62
　4.7.4　処理完了の確認モニタリング… 62
5　動電学的除去技術 ………和田信一郎… 64
5.1　動電現象の基礎 ……………………… 64
5.2　動電学的土壌浄化の基本 …………… 65
5.3　実用技術開発のためのいくつかのポイント ……………………………… 66
　5.3.1　溶存していない物質は移動しない ……………………………… 67
　5.3.2　電気泳動，電気浸透に選択性はない …………………………… 69
　5.3.3　陰極のアルカリ性化により重

		金属は沈殿する …………	70	7.3	触媒燃焼法 ……………	82
	5.3.4	土内の電位勾配は放置すれば不均一化する …………	70	7.4	紫外線分解法 …………	83
				7.5	おわりに ………………	84
	5.3.5	電極の消耗は無視できない …	71	8	ファイトレメディエーション ………………… 近藤敏仁 …	85
	5.3.6	浄化後の土には不溶化（安定化）処理を施す必要がある …	71	8.1	はじめに ………………	85
6	水処理技術 …………… 関 廣二 …	73	8.2	ファイトレメディエーションの分類 …………………………	85
6.1	はじめに ………………	73	8.3	重金属汚染土壌の植物による原位置抽出（ファイトエキストラクション） …………………	85
6.2	地下水汚染の現状 ……………	73
6.3	汚染地下水処理技術 …………	74
	6.3.1	揮発性有機化合物の水処理技術 ………………………	74		8.3.1 ファイトエキストラクションの手法 ………………	85
	6.3.2	重金属等の水処理技術 ……	75		8.3.2 ファイトエキストラクションを適用するまでの手順	87
	6.3.3	農薬等の水処理技術 ………	78
7	排ガス処理技術 ……… 竹井 登 …	80	8.4	鉛汚染土壌を対象としたファイトエキストラクションの実施例 …	88
7.1	はじめに ………………	80
7.2	活性炭吸着法 …………	81		8.4.1 浄化サイトの概要 ……	88
	① 活性炭の選定 ………………	81		8.4.2 実験方法 ………………	88
	② 吸着データの取り扱い ……	81		8.4.3 実験結果 ………………	89
	③ 水分の影響 …………………	81	8.5	おわりに ………………	91
	④ 活性炭の交換・再生 ………	82

第2章 原位置分解法

1	酸化分解 ……………… 鈴木義彦 …	93		(2) 過硫酸塩 …………………	95
1.1	酸化剤の適用方法 ……………	93		(3) 過酸化水素と第一鉄イオンの併用 ………………………	96
	(1) 汚染土壌に酸化剤を混合する方法 …	93
	(2) 汚染地下水に酸化剤を注入する方法 ………………………	93	1.3	酸化剤を適用する場合の注意点 …	96
			2	金属鉄粉による有機塩素化合物の還元分解 ……… 伊藤裕行，白鳥寿一 …	98
1.2	揮発性有機化合物の分解機構 ………	93
	(1) 過マンガン酸塩 ……………	93	2.1	はじめに ………………	98

III

2.2 金属鉄粉によるTCE脱塩素反応… 99	3.4 米国におけるバイオレメディエーション ………………………………… 109
2.2.1 脱塩素速度について ………… 99	3.4.1 地下水循環方式によるエドワード空軍基地の浄化 ………… 110
2.2.2 pHの影響 ………………… 100	
2.2.3 温度の影響 ………………… 101	3.4.2 バイオスパージングによるスーパーファンドサイトの浄化 … 110
2.2.4 DCE異性体の脱塩素速度の比較 …………………………… 101	
	3.4.3 バイオオーグメンテーションによるドーバー空軍基地の浄化 ……………………………… 110
2.3 適用にあたっての注意点 ……… 102	
2.4 適用事例 ……………………… 102	
3 バイオレメディエーション ……… 104	3.5 今後の課題 ……………………… 111
……………………………矢木修身… 104	4 酸素・水素徐放剤注入 ……中島 誠… 112
3.1 はじめに ……………………… 104	4.1 酸素徐放剤 ……………………… 113
3.2 バイオレメディエーション技術の現状 …………………………… 104	4.2 水素徐放剤 ……………………… 114
	4.3 水素徐放剤の適用事例 ………… 118
3.3 バイオレメディエーション技術の種類 …………………………… 105	5 MNA (Monitored Natural Attenuation) ………駒井 武, 川辺能成… 121
3.3.1 固体処理 ……………………… 106	5.1 MNAとは ……………………… 121
3.3.2 スラリー処理 ………………… 107	5.2 米国におけるMNA普及の動向と背景 …………………………… 121
3.3.3 バイオベンティング ………… 107	
3.3.4 バイオスパージング ………… 107	5.3 MNA対象物質 ………………… 122
3.3.5 直接注入方式 ………………… 107	5.4 MNAの特徴 …………………… 122
3.3.6 地下水循環方式 ……………… 108	5.5 MNAのプロセス ……………… 123
3.3.7 微生物壁方式 ………………… 108	5.6 我が国におけるMNA適用の可能性 …………………………… 128
3.3.8 ファイトレメディエーション… 108	
3.3.9 ナチュラルアテニュエーション ……………………………… 108	

【第3編 応用編】

第1章 浄化技術

1 揮発性有機化合物の原位置浄化技術… 131	1.1 抽出と化学分解による土壌・地下

水原位置浄化技術 …………… 131
1.1.1 エンバイロジェット工法（ウォータージェットを用いた土壌汚染浄化技術）……川端淳一 131
(1) エンバイロジェット工法とは… 131
(2) ジェットリプレイス工法……… 132
(3) ジェットブレンド工法………… 135
(4) おわりに……………………… 137
1.1.2 スパーテック（エアースパージング）工法 ……福浦 清 138
(1) はじめに……………………… 138
(2) 原理…………………………… 138
(3) 特徴～揚水法との比較……… 139
(4) 制約条件……………………… 139
(5) 設計上の留意事項…………… 139
(6) 現場予備試験の実施例……… 140
(7) 長期運転経過………………… 142
(8) まとめ………………………… 143
1.1.3 エアースパージング・揚水システム ……笠水上光博 145
(1) システムの概要……………… 145
(2) 適用…………………………… 145
(3) 事例…………………………… 145
1.1.4 DUS（原位置蒸気抽出法 Dynamic Underground Stripping）工法 ………谷口 紳 151
(1) 技術概要……………………… 151
(2) 実施例1…高沸点有機化合物処理……………………………… 152
(3) 実施例2…揮発性有機塩素化合物処理……………………… 156

(4) 評価…………………………… 159
1.1.5 LAIM（石灰混合抽出）工法 ……………………氏家正人 160
(1) 技術の概要…………………… 160
(2) 浄化原理……………………… 160
(3) 施工方法……………………… 162
(4) 浄化効果を高めるために…… 163
1.1.6 CAT（炭酸水処理）工法－炭酸水によるVOC汚染土壌の処理－ ……………野原勝明 166
(1) 工法の概要…………………… 166
(2) 室内試験……………………… 167
(3) 適用事例……………………… 167
1.1.7 加圧注水法 ………中川哲夫, 黒川博司 172
(1) 加圧注水法の概要…………… 172
(2) 加圧注水法の適用事例……… 172
(3) おわりに……………………… 176
1.1.8 水平井戸を用いた土壌・地下水汚染の浄化方法 …勝田 力 177
(1) はじめに……………………… 177
(2) 水平ボーリング技術………… 177
(3) 水平井戸での浄化技術……… 182
(4) 新しい誘導式ボーリング技術… 184
(5) おわりに……………………… 185
1.1.9 二重管真空抽出法 ……………………松久裕之 186
(1) はじめに……………………… 186
(2) 二重管真空抽出法とは……… 186
(3) 二重管真空抽出法の施工事例 188
(4) おわりに……………………… 190

- 1.2 分解による土壌・地下水原位置浄化技術 …… 192
  - 1.2.1 過マンガン酸カリウム分解法 ……鈴木義彦… 192
    - (1) 本法の概要 …… 192
    - (2) 適用手順 …… 192
    - (3) 適用事例（現場パイロット試験）…… 194
  - 1.2.2 過酸化水素注入による分解促進工法 ……笹本 譲… 197
    - (1) はじめに …… 197
    - (2) 過酸化水素注入による分解促進工法とは …… 197
    - (3) 酸化分解による効果 …… 199
    - (4) バイオレメディエーションによる効果 …… 200
    - (5) 実工事への適用 …… 202
  - 1.2.3 触媒酸化法 ……江口正浩… 204
    - (1) はじめに …… 204
    - (2) 触媒酸化による汚染土壌の浄化 …… 204
    - (3) 過硫酸塩による汚染地下水の浄化 …… 205
    - (4) 今後の展望 …… 207
  - 1.2.4 DIM工法による有機塩素化合物汚染土壌の浄化 ………友口 勝, 白鳥寿一… 208
    - (1) はじめに …… 208
    - (2) DIM工法の原理 …… 208
    - (3) DIM工法による浄化事例 …… 209
    - (4) DIM工法の適用にあたって … 212
  - 1.2.5 DOG（コロイド鉄粉混合）工法－コロイド鉄粉によるVOC汚染土壌の処理－……野原勝明… 213
    - (1) 工法の概要 …… 213
    - (2) 浄化の原理 …… 213
    - (3) CI剤の概要 …… 214
    - (4) 注入DOG工法 …… 216
    - (5) 攪拌DOG工法 …… 218
  - 1.2.6 透過反応壁法 ………榎本幹司, 伊藤裕行… 221
    - (1) はじめに …… 221
    - (2) 透過反応壁の原理 …… 221
    - (3) 透過反応壁の施工 …… 221
    - (4) 今後の展望 …… 226
  - 1.2.7 土壌還元法 ………谷口 紳… 227
    - (1) 応急処理の長期化 …… 227
    - (2) 技術概要 …… 228
    - (3) トリータビリティテスト（適用性評価試験）…… 229
    - (4) 施工 …… 230
    - (5) モニタリング結果 …… 231
    - (6) 評価 …… 233
  - 1.2.8 地盤加熱併用バイオレメディエーション ……奥田信康… 234
    - (1) 技術の概要 …… 234
    - (2) 地盤加熱の方法と効果 …… 234
    - (3) 加温による微生物活性の向上の効果 …… 235
    - (4) 現地浄化試験 …… 238
    - (5) おわりに …… 241
  - 1.2.9 サイクリック・バイオレメディ

　　　　エーション－地下水循環法に
　　　　よる原位置バイオスティミュ
　　　　レーション－ ……川原恵一郎… 243
　(1) 原位置バイオスティミュレーショ
　　　ンの開発………………………… 243
　(2) サイクリック・バイオレメディ
　　　エーション……………………… 243
　(3) 原位置浄化のための評価技術… 248
　(4) 原位置バイオスティミュレーショ
　　　ンの普及に向けて……………… 248
　1.2.10 嫌気性バイオ法 … 上野俊洋… 250
　(1) はじめに………………………… 250
　(2) 嫌気性バイオ法の概要………… 250
　(3) 嫌気性バイオ法の適用事例…… 252
　(4) おわりに………………………… 254
　1.2.11 水平井を用いたバイオスパー
　　　　ジング工法 ………河合達司… 256
　(1) はじめに………………………… 256
　(2) 本工法の概要…………………… 256
　(3) 実サイトへの適用……………… 259
　(4) おわりに………………………… 259
1.3 土壌ガス・汚染地下水の処理技術
　　…………………………………… 261
　1.3.1 促進酸化処理による汚染地下
　　　　水の浄化 …………関 廣二… 261
　(1) はじめに………………………… 261
　(2) 促進酸化法の原理……………… 261
　(3) 汚染地下水の促進酸化処理シス
　　　テム……………………………… 263
　(4) 促進酸化妨害物質……………… 264
　(5) AOプラスシステムの適用事例

　　　………………………………… 265
　1.3.2 VAAPシステム（液中オゾン
　　　　UV分解＋曝気併用処理によ
　　　　る汚染地下水の浄化）
　　　　………………………二見達也… 267
　(1) はじめに………………………… 267
　(2) 実験方法………………………… 269
　(3) 結果および考察………………… 270
　(4) おわりに………………………… 275
　1.3.3 繊維活性炭による土壌ガス浄
　　　　化 …………………三宅酉作… 276
　(1) はじめに………………………… 276
　(2) 土壌ガス吸引法の基本構成…… 276
　(3) 繊維活性炭の特性……………… 277
　(4) 繊維活性炭土壌ガス処理装置… 278
　(5) クリーニング工場における繊維
　　　活性炭による土壌ガス処理…… 278
　(6) おわりに………………………… 282
　1.3.4 紫外線分解処理による土壌ガ
　　　　スの浄化 …………松谷 浩… 283
　(1) はじめに………………………… 283
　(2) TCEの紫外線分解挙動と実装
　　　置化……………………………… 283
　(3) 今後の展望……………………… 287
2 重金属等の原位置浄化技術…………… 289
2.1 原位置フラッシング法…徳島幹治… 289
　2.1.1 概要 ……………………………… 289
　2.1.2 特徴 ……………………………… 292
　2.1.3 処理対象物質 …………………… 292
　2.1.4 適用条件 ………………………… 292
　2.1.5 原位置フラッシング法の浄化

運転 ………………………… 292
2.2 原位置土着微生物の活性化による
　　シアン汚染修復 ……… **牛尾亮三**… 294
　2.2.1 シアン分解能のある土着微生
　　　　物の活性化 ………………… 294
　2.2.2 バイオ修復成否の鍵を握る事
　　　　前評価の信頼性 …………… 296
　2.2.3 おわりに ……………………… 297
2.3 モエジマシダによるヒ素汚染土壌
　　のファイトレメディエーション
　　　………………………**近藤敏仁**… 299
　2.3.1 はじめに ……………………… 299
　2.3.2 モエジマシダによるファイト
　　　　エキストラクション ……… 299
　2.3.3 実験方法 ……………………… 299
　2.3.4 結果 …………………………… 301
　2.3.5 考察 …………………………… 302
2.4 マルチバリア工法による地下水汚
　　染の浄化 ……………**中平　淳**… 305
　2.4.1 マルチバリア工法の概要 …… 305
　2.4.2 マルチバリア工法における対
　　　　象物質と浄化材料 ………… 306
　2.4.3 マルチバリア工法の耐久性 … 306
　2.4.4 マルチバリア工法の施工方法… 306
　2.4.5 マルチバリアの実施例 ……… 308

3 油類の原位置浄化技術……………… 310
3.1 バイオベンティング・バイオスラー
　　ピング工法
　　　………………**本間憲之，合田雷太**… 310
　3.1.1 バイオベンティング工法 …… 310
　(1) 原理と仕組み ………………… 310
　(2) 物理的要因 …………………… 311
　(3) 微生物的要因 ………………… 312
　(4) 設計 …………………………… 312
　3.1.2 バイオスラーピング工法 …… 314
　(1) 原理と仕組み ………………… 314
3.2 間欠・高圧土中酸素注入（バイオ
　　プスター）工法 ……**石川洋二**… 316
　3.2.1 概要 …………………………… 316
　3.2.2 原理 …………………………… 316
　3.2.3 特徴 …………………………… 316
　3.2.4 構成及び配置 ………………… 318
　3.2.5 浄化事例 ……………………… 320
3.3 ORC™（徐放性酸素供給剤）注入
　　工法 …………………**荒井　正**… 321
　3.3.1 はじめに ……………………… 321
　3.3.2 ORCの概要 ………………… 321
　3.3.3 浄化設計 ……………………… 325
　3.3.4 施工事例 ……………………… 325
　3.3.5 おわりに ……………………… 327

第2章　実際事例

1 高槻市における原位置浄化
　　………………………**鞍谷保之**… 329
　1.1 はじめに ………………………… 329

1.2 地域の特性 ……………………… 329
1.3 土壌・地下水の浄化事例 ……… 329
　1.3.1 生石灰撹拌混合抽出法による

　　　　浄化 ………………………… 329
　　1.3.2　エアースパージング抽出法に
　　　　よる浄化 …………………… 330
　　1.3.3　鉄粉混合法による浄化 ……… 332
　1.4　土壌・地下水浄化事例のまとめ … 334
2　熊本市の事例……………津留靖尚… 336
　2.1　地下水汚染の概要 ………………… 336
　2.2　各種調査と浄化対策 ……………… 337
　　2.2.1　ボーリング調査と地下水位調
　　　　査 …………………………… 337
　　2.2.2　地下水質調査 ………………… 337
　　2.2.3　汚染源調査 …………………… 339
　　2.2.4　浄化対策 ……………………… 339
　　2.2.5　汚染機構の推定 ……………… 341
　2.3　新たな汚染対策に向けて ………… 341
3　土壌・地下水汚染対策実施事例（兵庫
　県）………………………吉岡昌徳… 342
　3.1　はじめに …………………………… 342
　3.2　詳細調査 …………………………… 342
　　3.2.1　土壌ガス調査 ………………… 342
　　3.2.2　ボーリング調査 ……………… 343
　　3.2.3　観測井戸または対策井戸の設
　　　　置 …………………………… 343

　　3.2.4　地下水濃度 …………………… 343
　3.3　浄化対策 …………………………… 345
　　3.3.1　浄化方法 ……………………… 345
　　3.3.2　浄化経過 ……………………… 345
　3.4　おわりに …………………………… 347
4　ダイオキシン類汚染土壌の現地無害化
　処理－和歌山県橋本市における事例－
　　………………………………橘　敏明… 349
　4.1　はじめに …………………………… 349
　4.2　高濃度ダイオキシン類汚染土壌の
　　　無害化処理に至るまでの経緯 …… 349
　4.3　技術選定経緯と情報公開 ………… 350
　　4.3.1　汚染状況 ……………………… 350
　　4.3.2　処理方針 ……………………… 351
　　4.3.3　環境保全協定 ………………… 351
　4.4　ジオメルト工法による現地無害化
　　　処理 ………………………………… 352
　　4.4.1　ジオメルト工法の概要 ……… 352
　　4.4.2　汚染土壌の掘削および分級 … 353
　　4.4.3　設備の配置と溶融サイクル … 356
　　4.4.4　分析データと情報公開 ……… 357
　4.5　おわりに …………………………… 359

第1編 総 論

第工篇 総論

第1章　原位置浄化技術について

平田健正*

1　土壌汚染問題の新たな展開

　生活空間の中で土壌地下水といった地下環境は，物質移動の側面から他の媒体とは大きく異なる。水分一つをとっても，不飽和土壌中の降下浸透速度は年間数 m にすぎないし，地下水流れにしても1日1m を超えることは希である。このように水や物質の移動速度は表流水に比べて格段に遅く，しかも有機物が少なく微生物の分解活性は低い。そのため表流水の水質改善について排出規制は極めて効果的に作用するが，地下環境では汚染原因となった行為を取り除いても，汚染物質を原位置で分解無害化するか除去しない限り，汚染状況を改善することはできない。こうした特徴は有害物質の検出状況に明瞭に表れており，土壌地下水中での環境基準超過率は，表流水の100倍以上に上っている。土壌地下水汚染は継続性の高い，蓄積性の汚染と言われるゆえんである。

　こうした地下環境汚染は，1982年に始まる環境省の地下水汚染調査や工場跡地の再開発により全国規模で汚染状況が明らかにされてきた。特に最近では ISO14000 シリーズの認定を始めとして企業の環境格付け気運が高まっており，企業活動に伴う環境管理や環境への配慮という視点からも自主的に所有する土地の調査が進められている。こうした企業の環境マインドは，調査・対策事例数の 2/3 が調査・対策指針のいう現況把握型に分類されることに表れている。

　土壌汚染について，確かに資本力のある大規模事業場では自主的な調査が進み，修復対策が実施されている[1]。ただ土壌や地下水といった地下環境に限らず，汚染された空間の修復には，長い時間とかなりの経費負担が伴う。土地取引には土壌調査は不可欠な契約事項になり，汚染が発見された場合には修復対策の実施や契約そのものを解除する，などが盛り込まれつつある現状にあって，技術的にも，経費の面からも，環境基準の達成が難しいとなれば，市街地中心に位置する一等地でも汚染が放置される可能性がある。さらに土壌汚染は工場敷地内といった私権の認められた私有財産の範囲内で生じていることも汚染問題を複雑にしている。土壌や地下水の汚染修復は，行政指導はあっても企業の自主的な取り組みに委ねられてきたからである。

　地下水汚染が見つかると取水停止や他の清浄な水とのブレンド，土壌汚染については安易な掘

＊　Tatemasa Hirata　和歌山大学　システム工学部　教授

削除去など対処療法的な対策に代わり，汚染地の管理状態や地下水の利用形態に即した，現実的で実効のあがる土壌地下水保全対策が地域行政や産業界から求められてきた。こうした背景から2003年2月に土壌汚染対策法（2002年5月制定）が施行された。土壌汚染対策法には，汚染土壌の直接摂取と地下水摂取のリスク管理をベースに，汚染土壌の浄化に加えて土地利用状況に応じた大きな経費負担を伴わない柔軟な健康リスクの低減措置が含まれている。

2 土壌汚染対策法の意義

土壌汚染対策法が施行されることにより，土壌地下水汚染の調査や浄化など対策全般にわたって新しい局面を迎えることになる。これまで土地所有者や企業の自主的判断に任されてきた土壌調査は，次のような機会を捉えて実施することになる。
① 特定有害物質の製造・使用事業場の廃止時（形質変化時）には調査が義務づけられる。
② 操業中の事業場は原則調査の対象外であるが，それでも明らかに土壌汚染が存在する場合や顕在化している地下水汚染の原因となり，健康を害するおそれのある場合には，都道府県知事は土壌調査を命ずることができる。

さらに，
③ 操業中の特定有害物質製造・使用事業場であっても，土壌汚染のおそれのある土地から搬出される土壌については，汚染の有無を確認することが必要となる。

土壌汚染対策法では，土壌環境基準に指定される基準項目のうち，農用地のみに定められている銅を除いて全ての物質が対象となっている（表1）。地下水摂取によるリスクとして溶出基準が用いられ，土壌の摂食や皮膚接触による直接暴露リスクとして重金属類に含有基準が定められた。この含有基準については，ダイオキシン類の環境基準設定方法と同じ生涯暴露量（一日摂取量は大人100mg，子供200mg）が採用されている。

土壌汚染対策法に基づく調査や対策の大まかな流れを図1に示した。対象物質が揮発性有機化合物であれば1m深くらいの採取孔から得た土壌ガス調査，土壌中を浸透しにくい重金属類や農薬類は表層50cmまでの土壌を平均的に採取分析する。これらの調査により土壌汚染が発見された場合，全ての事業場で詳細調査を行い，環境基準達成を目標とした浄化対策に進むとは限らない。事業場規模や事業場敷地の管理状況に応じて，時間をかけて，あるいはより廉価な技術開発を待って，浄化対策を実施することもあろう。

こうした状況に対して土壌汚染対策法では，汚染が確認された土地をまず指定区域に指定する。この台帳登録と公表を基本に，汚染土壌の飛散や地下水流れによる一般環境への拡散を防止し，健康リスクを低減するところに特徴がある。そのため土壌含有基準を超えた土地では，飛散防止

第1章　原位置浄化技術について

表1　土壌の溶出基準と含有基準

対象項目	土壌溶出量基準 (mg/L)（地下水摂取によるリスク）	第二溶出量基準 (mg/L)	含有基準 (mg/kg)（直接摂取によるリスク）	分類
ジクロロメタン	0.02	0.2	—	第一種特定有害物質（揮発性有機化合物）
四塩化炭素	0.002	0.02	—	
1,2-ジクロロエタン	0.004	0.04	—	
1,1-ジクロロエチレン	0.02	0.2	—	
シス-1,2-ジクロロエチレン	0.04	0.4	—	
1,1,1-トリクロロエタン	1	3	—	
1,1,2-トリクロロエタン	0.006	0.06	—	
トリクロロエチレン	0.03	0.3	—	
テトラクロロエチレン	0.01	0.1	—	
ベンゼン	0.01	0.1	—	
1,3-ジクロロプロペン	0.002	0.02	—	
カドミウム	0.01	0.3	150	第二種特定有害物質（重金属等）
鉛	0.01	0.3	150	
六価クロム	0.05	1.5	250	
砒素	0.01	0.3	150	
総水銀	0.0005	0.005	15	
アルキル水銀	検出されないこと	検出されないこと	—	
セレン	0.01	0.3	150	
フッ素	0.8	24	4,000	
ホウ素	1	30	4,000	
シアン	検出されないこと	1	50（遊離シアン）	
PCB	検出されないこと	0.003	—	第三種特定有害物質（農薬等）
チウラム	0.006	0.06	—	
シマジン	0.003	0.03	—	
チオベンカルブ	0.02	0.2	—	
有機燐	検出されないこと	1	—	

のための50cm厚以上の覆土や土壌の遮断効力を持つコンクリート層・アスファルト舗装なども対策選択肢となる。第二溶出量基準以下の重金属汚染では，原位置不溶化や封じ込め措置も認められている。溶出濃度が土壌環境基準を超えていても地下水が汚染されていなければ，リスク低

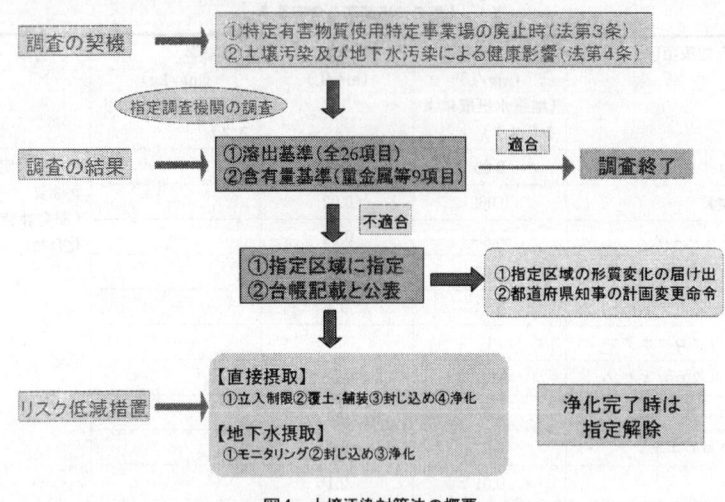

図1 土壌汚染対策法の概要

減のための定期的な地下水モニタリングを実施すればよいことになる。地下水が汚染されている場合でも，周辺地下水の利用状況に応じて飲用等に用いていなければ，指定区域として台帳登録され，土地利用の改変などに伴うリスクの拡散を防止することになる。その結果，土壌汚染対策法の施行によって大きな経費負担を伴わない対策選択肢が増えることは確実である。ただし覆土，原位置不溶化や封じ込め措置では，原位置に依然として汚染物質が残留しており，その意味で健康リスク低減措置を施した上で有害物質を管理するところに土壌汚染対策法の意義がある。

このように新しい法制度は，土壌の直接摂取と地下水摂取の2つの暴露経路を遮断することによって健康リスクを低減することになる。しかも汚染された土地の利用状況や管理状況に応じた，実施可能な対策をとることができるが，指定区域台帳に記載された土地は，浄化対策を実施し，環境基準を満たさない限り，台帳から削除されることはない。さらに自然要因によって汚染されている土地，例えば海水侵入などにより飲用には供せない地下水が，土壌汚染が契機となって新たに汚染されたとしても，当該土壌汚染については修復対策を実施する必要はなくなる。ただ飲用には用いていない，あるいは将来永きにわたって飲用しない，という保証は十分な水資源が確保されない限り，担保することは難しい。土壌の持つ価値を認め，土地の資産価値を保つためには，汚染土壌の修復は必須であり，土地所有者や汚染原因者の責務である。汚染地を修復しなければ指定区域指定を解除することはできないし，資産価値の低下も招くが，これらは土地所有者等の責任である。土壌汚染が契機となって地下水が汚染された場合には，地下水の流れに伴い汚

第1章　原位置浄化技術について

染物質が敷地境界を越えて拡散するおそれがあり，こうした場合には汚染地下水の修復は必要であろう[2]。

3 原位置浄化技術の開発状況と適用実績

3.1 原位置浄化技術の重要性

　現在顕在化している土壌や地下水の汚染は，過去の行為に由来しており，汚染原因を除いても直ぐには汚染状況は改善されない。さらに土壌汚染対策法の下で，大きな経費負担を伴わない土地利用特性に応じた措置のとれることは事実であるが，単なる暴露経路遮断だけでは健康リスクは低減できても，汚染物質は依然として原位置に残留していることに変わりはない。土壌地下水汚染は蓄積性の汚染であることが最大の特徴であり，その意味でも汚染された土壌地下水の対策は，原位置から汚染物質の除去・無害化を行うことが基本となる。

　発見された土壌汚染を浄化するとき，どのような場合であってもおそらく最初に考えるのは土壌掘削であろう。掘削除去は，汚染土壌も土壌水に溶解した汚染物質も，さらには土壌ガスに気化した揮発性物質も，同時に除去する技術である。ただ汚染土壌は環境基準を満たさない限り，そのままでは原位置には戻せないし，簡易な浄化では最終処分場しか適切な受け入れ先はない。この受け入れ容量には限りがあり，対策による二次的な環境負荷を軽減するためにも，汚染土壌の最終処分を伴わない原位置浄化技術の開発が土壌地下水汚染対策の鍵を握ることになる。

　一例として，地下水揚水によるトリクロロエチレン汚染地下水の浄化対策をみてみよう。地下水揚水技術は欧米ではP&T（pump and treat）と呼ばれ，時間と経費がかかる割には修復効果が上がらず，技術としての評価は高くない。ところが，わが国では15年間の揚水で27トンに上るトリクロロエチレンを除去し，当初10mg/Lを超えていた工場内の浅層地下水質を環境基準値0.03mg/L以下にまで回復させた実績がある（図2）。ただ確実に汚染物質を回収することはできるが，時間がかかることは事実であり，都市再開発など浄化対策に時間的制約のある時には目的に応じた浄化技術を選定する必要がある。その意味でも，汚染の規模や対策経費，対策時間など，さまざまな場面で効率よく適用できる低負荷・低コストの原位置浄化技術が必要とされている。

3.2 浄化技術と適用事例

　土壌地下水汚染対策の一環として，環境省では土壌地下水空間から汚染物質を除去し無害化する浄化技術の開発と評価を行ってきた。これらの取り組みは，現在の低コスト・低負荷型土壌汚染対策技術開発に引き継がれている。

土壌・地下水汚染の原位置浄化技術

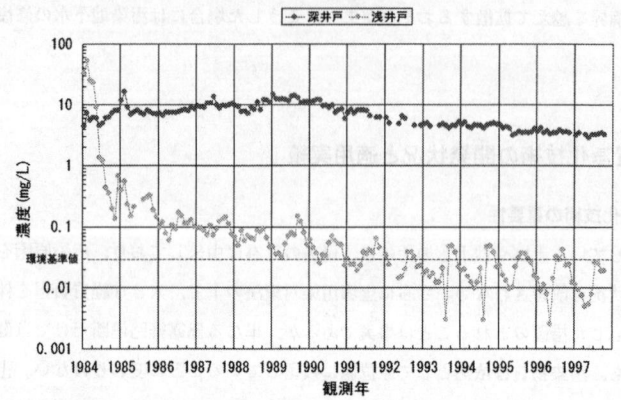

図2 汚染土壌除去（1984年5月）後に実施された地下水揚水による水質の回復状況

環境省プロジェクトで現場実証された浄化技術を含めて，土壌環境センターはわが国の汚染現場に適用されている浄化技術や開発中の技術についてアンケート調査を実施した[3]。この調査では対象とするリスクとして，次の3分類を用いている．

① 汚染土壌の直接摂取リスク
② 地下水摂取によるリスク
③ 汚染土壌から地下水への溶出リスク

このアンケート結果を基に，縦軸には3種のリスク，横軸には浄化・封じ込め技術と処理・処分技術をとり，要素技術をマトリックス形式で図3に整理した[3]。この分類ではAからEまでの5分類に技術を配列しているが，それぞれの対象とする対策要素は，

A類：経路遮断技術，拡散・流出防止技術
B類：原位置分解技術
C類：原位置抽出技術
D類：土壌浄化技術
E類：処理・処分技術

であり，それぞれに数字を付し，対象とする空間や汚染物質の形態も区別した．各分類に付している添え数字は，1は土壌，2は地下水，3は土壌と地下水を対象とする技術群を表している．

図3より，土壌地下水汚染対策の流れやわが国の企業等の保有する技術の全体像が概観できる．回答のあった216件の要素技術を分類すると，D類：84件，E類：43件，A類：41件，C類：28件，B類：20件，の順となっている．A類に含まれる鋼矢板遮水壁や原位置不溶化などの古

8

第1章　原位置浄化技術について

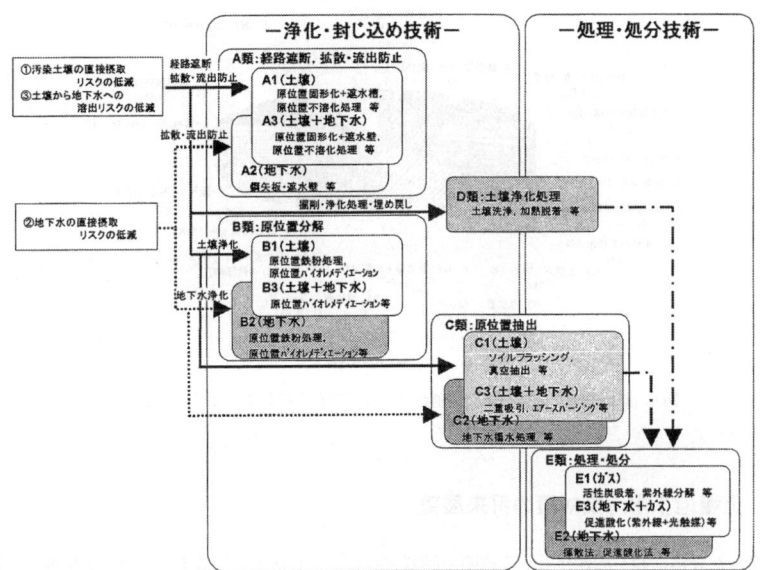

図3　リスク低減措置に用いる技術の分類[3]

典型的な対策技術は，拡散防止には役だっても汚染物質は依然として原位置に残留しているため，対象地は指定区域に指定され，汚染土壌の管理はもちろん土地の改変などに制約を受けることになる。

さらに汚染物質の原位置抽出や分解無害化を対象とし浄化技術（B，C，Dの3分類）だけをみると，D類：84件，C類：28件，B類：20件の132件であり，D類の土壌浄化処理が全体の63.6％を占める（図4）。原位置分解技術のB類や原位置抽出技術のC類に比べて，実際の汚染現場では圧倒的にD類が優勢であることが伺われる。原位置分解や原位置抽出などの対策では，対策に伴う二次的な環境負荷は軽減できるが，対策の効果確認や事後モニタリングなど，浄化完了までに比較的長時間を要することがかなりの負担になっていることが原因と考えられる。一方，D類の要素技術は，固化・不溶化，溶融固化，熱分解，酸化還元分解，原位置外生物処理，など汚染土壌の掘削と処理を組み合わせた技術がほとんどであり，経費はかかっても一気に浄化完了できるところにメリットがある。不動産の流動化なども重なって，できるだけ対策期間が短縮できる浄化技術が実際の修復現場では求められていることの表れであろう[4]。

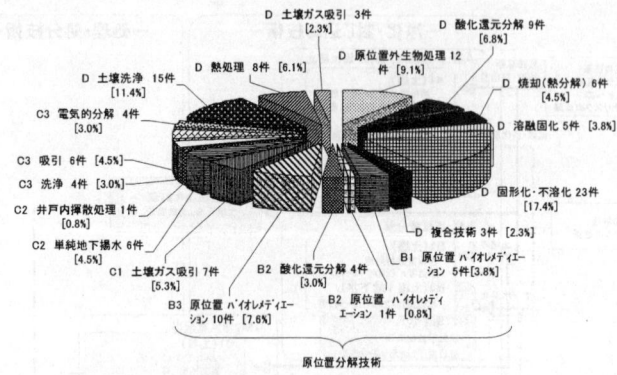

図4 原位置修復技術の類型別割合（B類：20件，C類28件，D類84件）[3)]

4 土壌地下水汚染対策の将来展望

　停滞した経済活動を活性化し，不透明で閉塞感の漂う社会状況を打破する一つに土壌汚染対策が挙げられている。事実，欧米では既にビジネスとして成立していることが，わが国の修復技術開発に拍車をかけることになろう。ただ土壌地下水空間における物質移動の特性や修復技術開発の現状から考えて，多様な汚染物質と汚染状況に画一的に対処することは難しい。土壌地下水汚染修復技術の開発を先導する米国スーパーファンドサイトのSITEプログラムをみても様々な技術が分散使用されており，画一的に使用できる技術は存在しない[5)]。

　こうしたとき，少なくとも敷地境界を超えて汚染物質を拡散させない取り組みが求められる。最近では鉄粉を還元剤として砂礫と混合し反応壁を建設することによって，敷地境界から流出する揮発性有機塩素化合物を分解無害化する技術が開発実用化されている。土壌に直接鉄粉を混合したり流し込む技術もある。また反応壁に有機物を混合すれば，硝酸性窒素も脱窒分解できることが実証されている。既に一般環境に拡散した汚染地下水については，揚水処理を行うにはあまりに水量が膨大で，施設建設や処理水の下水道等への排水も経費負担となる。こうした地下水の修復には，注入する薬剤や地下水汚染プルームの管理は必要であるが，過マンガン酸カリやフェントン反応等による酸化分解も効果があると考えられる。これらの浄化以外にも，酸素・水素除放剤注入，エアースパージングなど，化学的・物理的・生物的浄化技術の開発は急速に深化しており[6)]，浄化技術の詳細は本書を参考にされたい。

　さらにどのような浄化対策を実施しても，いつかは対策停止の判断を下す時期が来る。こうしたとき，欧米では科学的自然減衰（MNA）の概念が導入されている[7)]。地下水汚染で言えば，

第1章 原位置浄化技術について

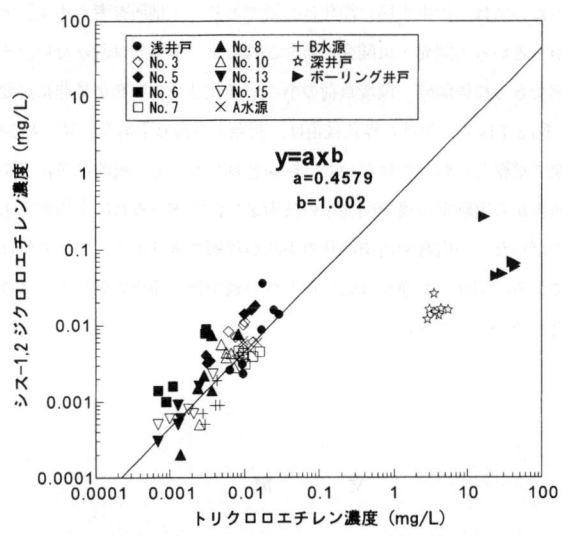

図5 地下水中のトリクロロエチレンとジクロロエチレン濃度の関係

　自然減衰は清浄な地下水との混合希釈や微生物分解など，自然の浄化能を期待する修復技術であり，汚染のプルームが減少傾向にある，あるいは近い将来基準値をクリアーできる，との明確な判断ができる場合には適用可能と考えられる。一例として図5には，地下水中のトリクロロエチレンとトリクロロエチレンの微生物分解生成物であるジクロロエチレンの濃度比を示している。同図では，トリクロロエチレン濃度が上昇すればジクロロエチレン濃度も上昇する傾向にあり，両対数上でほぼ直線関係にある。図中の回帰直線について，トリクロロエチレン濃度（x）のべき数はほぼ1.0であり，トリクロロエチレンとジクロロエチレンの濃度比は0.458と考えられる。つまり現地の地下水中にはおおよそトリクロロエチレン濃度の46％程度のジクロロエチレンが存在していると推定され，トリクロロエチレン濃度が減少しても副生成物としてのジクロロエチレンが残存することになる。

　当然のことながら，地下水濃度が環境基準を上回っている状態で科学的自然減衰を適用することになる。自然減衰効果を期待するにしても，説明責任を果たし社会的受容性を得るためには，地下水流れとともにどの程度汚染物質が減少したのか，ある程度の物質収支は明確にしておく必要があろう。こうした取り組みが，わが国でも始まっている[8]。

　ややもすると土壌地下水汚染は，企業活動に伴う負の遺産とみなされることが多い。ただ負の遺産と考える限りは，積極的に浄化対策を発展させることは難しい。土壌の持つ価値を認め，土

11

地の資産価値を保つためには,汚染土壌の浄化は必須であり,土地所有者や汚染原因者の責務である。汚染があるからといって開発・再開発が断念されるような事態は避けたい。そのためには浄化対策時間の短縮できる技術開発,環境負荷の小さい浄化技術の開発が是非に必要となる。

本小論で紹介した図3や図4に掲げた浄化技術は,開発中も含め企業等の保有する技術であり,実績のある技術を全て網羅したわけではないし,技術名称につても一般的な技術名を用いた。現場適用実績のある技術から実験室規模で開発中の技術まで,本書をみれば土壌地下水汚染に用いる原位置浄化技術のだいたいの内容や汚染浄化の手法が理解できるよう,できるだけ多くの技術を紹介したつもりである。開発した浄化技術の現場への適用性や浄化効果など,より詳細な内容は著者に直接問い合わせていただきたい。

文　　献

1) 平田健正,環境浄化技術,**1** (2), 6-9 (2002)
2) 平田健正,地下水学会誌,**44** (4), 317-323 (2002)
3) 土壌環境センター,平成13年度環境省請負業務結果報告書, p81 (2002)
4) 平田健正,廃棄物学会誌,**14** (2), 85-92 (2003)
5) 例えばUSEPA, "Annual Report to Congress FY 1999", p29, EPA/540/R-01/500, December (2000)
6) 日本水環境学会ほか,第9回地下水・土壌汚染とその防止対策に関する研究集会講演集, p550 (2003)
7) F. H. Chapelle et al., *Bioremediation Journal*, **2 (3&4)**, 227-238 (1998)
8) 例えば,高畑　陽ほか,第9回地下水・土壌汚染とその防止対策に関する研究集会講演集, 26-29 (2003)

第2章　原位置浄化の進め方

前川統一郎*

1 土壌汚染対策の基本的考え方

1.1 土壌汚染判明の契機

　土壌汚染対策法では，有害物質使用特定施設の使用の廃止時（法第3条第1項：調査義務），あるいは都道府県知事等が土壌汚染による人の健康被害のおそれがあると認めた場合（法第4条第1項：調査命令）に，土地の所有者等が法で定められた土壌汚染状況調査を実施することとされている。土壌汚染が判明する契機には，これら法で定められた調査義務や調査命令に基づく土壌汚染状況調査のほか，地方自治体の条例等に基づく調査，土地売買時の調査，環境管理活動等に基づく自主調査などがある。

1.2 土壌汚染対策目標

　土壌汚染対策は，土壌汚染による人の健康被害を防止することが第一の目的であるが，これに加え，土地売買契約条件に適合した状態に土壌を改善すること，土壌汚染が原因となった周辺環境への影響を防止すること，などを目的として実施される。また，それぞれの目的に応じた土壌汚染対策目標が設定される。
　例えば，土壌汚染による人の健康被害を防止することを目的とした土壌汚染対策では，対象地の土壌を土壌汚染対策法で定められた指定基準（土壌溶出量基準，土壌含有量基準）に適合する状態にまで改善すること（汚染の除去），あるいは土壌中の有害物質の移動を遮断すること（暴露経路の遮断），汚染された土地に人が立入れないようにすること（暴露管理）が対策目標となる。一方，土地売買契約条件に基づく土壌汚染対策では，土壌汚染による健康被害のおそれの有無に関わらず，当該土地に存在する全ての汚染土壌の除去が対策目標となることが多い。また，周辺環境への影響防止では，土壌汚染が原因となった地下水汚染の敷地外部への流出防止が対策目標となることが多い。
　また，これらの対策目標達成までの期間も広義の対策目標に含められる。とくに，土地売買契

＊　Toichiro Maekawa　国際航業㈱　地盤環境エンジニアリング事業部　事業部長；
　　㈳土壌環境センター　前技術委員長

約条件に基づく対策では，所定の期間内に対策目標が達成されることがきわめて重要となる。

1.3 土壌汚染対策技術

　土壌汚染対策を行う際には，対策目標を達成するまでに要するコストと時間，対象地の制約条件（既設構造物への影響，周辺環境への影響等），確実性，安全性等を考慮の上，適切な対策技術を選定する必要がある。

　土壌汚染対策技術は，土壌環境中から汚染物質を除去する「浄化技術」と，汚染物質が外部に流出（拡散）することを防止する「封じ込め技術」に区分される。浄化技術は，本書で対象とする「原位置浄化」と，汚染土壌を掘削除去した後，サイト内外で汚染物質の除去や汚染土壌の処分を行う「掘削除去」に分けられる。

　原位置浄化は汚染土壌の掘削を伴わないため，建物等が存在したままでも適用が可能であり，また，一般に掘削除去と比べ安価である。しかし，不均質な地盤内での汚染物質の分離分解を伴う技術であるため，掘削除去と比べて不確実性が高く，目標達成までに長期間を要することも多い。このため，想定をはるかに上回るコストを要した事例や，原位置浄化の継続を断念して掘削除去に切り替えた事例等も見られる。

　したがって，原位置浄化を適用する際には，技術的適合性，周辺環境への影響，長期的予想も含めた経済性についての十分な事前検討が重要である。また，実際のサイトを対象とした対策技術の選定では，原位置浄化にこだわることなく，原位置浄化技術以外の手法（掘削除去等）の採用，あるいは原位置浄化とそれ以外の手法の組合せ，複数の原位置浄化技術の組み合わせも考慮に入れた検討が必要である。

2　原位置浄化実施の手順

　原位置浄化技術の選定から実施までの手順を図1に示した。

　土壌汚染対策技術の適切な選定と設計のためには，まず詳細調査を行い，地質状況や汚染物質の存在状況など，サイトの特性を十分に把握しておく必要がある。次に，サイトの特性と土壌汚染対策目標を考慮の上，当該サイトにおいて適用可能な原位置浄化技術のスクリーニングを行う。適当な原位置浄化技術が存在しない場合には，掘削除去等その他の対策技術の検討が必要である。

　基本設計では，スクリーニングによって選定された原位置浄化技術の実サイトにおける実施可能性を評価し，施設の配置や数量などの基本的な事項を設計する。実施可能性の評価においては，技術的適合性，周辺環境への影響，対策目標達成までの期間，及び経済性等についての具体的な検討を行う。現地の特性に応じた適切な検討のためには，パイロット試験等の予備試験により，

第2章　原位置浄化の進め方

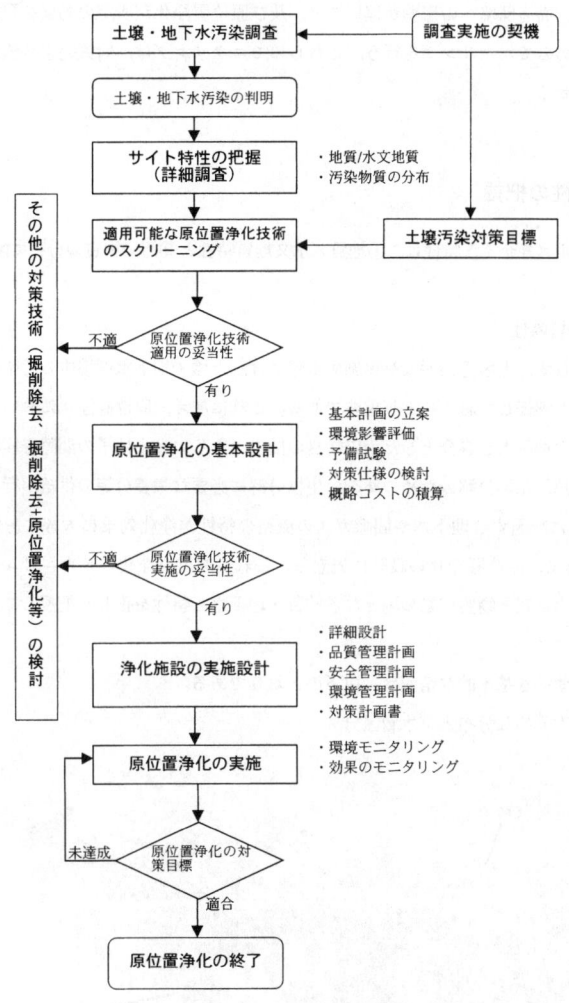

図1　原位置浄化の進め方

設計条件等の把握や，対策効果，対策による影響等を検証しておくことが必要である。

　実施設計では，当該サイトで原位置浄化を実際に実施する際に必要な諸施設等の詳細設計を行う。また，対策実施中の各種管理計画の作成，対策完了の確認方法等の検討を行い，これらを含めた対策計画書を作成する。必要により，管轄自治体等より対策計画書の確認を得た後，原位置浄化に着手する。

対策実施中には，周辺環境への影響が無いこと，及び原位置浄化が所定の効果を発揮していることを確認するためのモニタリングを行う。これらのモニタリングは，対策完了が確認されるまで，継続して実施する。

3 サイト特性の把握

詳細調査で把握すべきサイト特性は，①地質／水文地質特性と②汚染物質の分布に区分される。

3.1 地質／水文地質特性

原位置浄化に限らず，土壌汚染対策を実施する際には，土壌・地下水環境中の汚染物質の浸透と拡散機構を正しく評価しておくことが重要である。これに加え，原位置浄化においては，土壌粒子間の間隙ガスや地下水を媒介とした汚染物質の抽出，あるいは土粒子の間隙を経路とした原位置浄化のための熱，化学分解のための薬剤，生物分解に必要な栄養分等の供給が行われる。このため，地質特性に起因する地下水や間隙ガスの流路の特性が浄化効果に大きな影響を与える（図2)[1]。したがって，原位置浄化の設計に先立ち，これら原位置浄化のメカニズムを十分に理解の上，汚染物質の存在と物質移動の場となる地質・地下水の特性を正しく把握しておくことが重要である。

詳細調査で把握すべき基本的な情報は，以下のとおりである。

・地質構造の三次元的な分布と帯水層区分

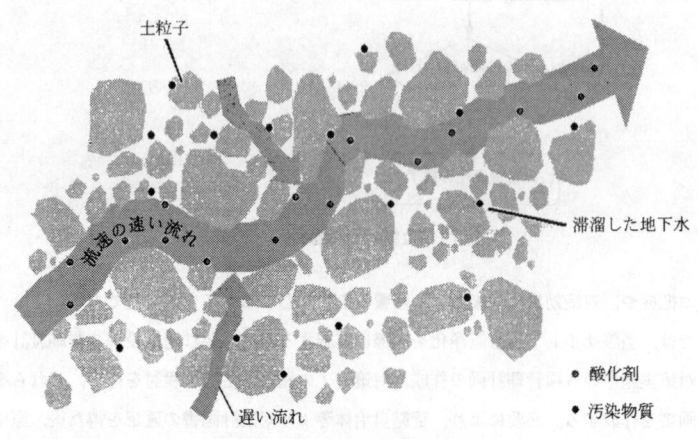

図2 帯水層中の酸化剤の供給[1]

第 2 章　原位置浄化の進め方

- 難透水層（シルト～粘土層）の分布と連続性
- 帯水層別の地下水位（変動）と地下水流動方向，透水係数

3.2　汚染物質の分布

　原位置浄化対策では，土壌中の汚染物質の濃度分布等に応じて，抽出（注入）井戸の位置や本数，薬剤添加量等の設計が行われる。したがって，適切な施設規模の設計のためには，十分な密度で詳細調査（ボーリング調査）を行い，汚染物質の三次元的な分布を把握しておくことが重要である。また，高濃度の汚染物質が存在する範囲が特定できない状態で原位置浄化を実施すれば，対策目標に達するまでに極めて長期間を要することもある。このことは，帯水層中に揮発性有機化合物の液状物質（NAPL）の溜りが存在する場合にはとくに重要である。

　揮発性有機化合物の原液は液体状の物質である。汚染源より原液のまま地下に侵入した揮発性有機化合物は，地層を通過しながら下方へ移行する過程で，土壌粒子（吸着），地下水（溶解），及び間隙ガス（気化）に分配されるが，その一部は液状物質のまま，不飽和土壌中の間隙あるいは帯水層中に滞留する（図3）[2]。不飽和土壌中の液状物質は，揮発性が高く間隙ガスへと移行しやすいため，間隙ガスを媒介とした原位置浄化（土壌ガス吸引法等）により比較的容易に浄化できる。しかし，帯水層中に液状物質の溜りが存在する場合には，これを揚水処理法のような地下水を媒介とする手法により浄化するためには極めて長期間を要する。これは，一般に揮発性有機化合物の水溶解度が小さいことと，地下水の人工的な移動量（有害物質を含む地下水の回収量）には限界があるためである。経験的に，地下水中の揮発性有機化合物の濃度が，水溶解度の1％

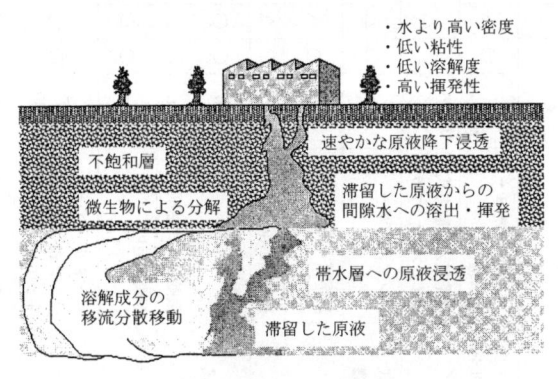

図3　DNAPL の浸透状況[2]

表1 代表的な環境ボーリング方法による地質・地下水試料採取についての技術評価[4]

環境ボーリング方法		最大掘削深度	適用可能地盤						試料採取確実度		コア不攪乱度	二次汚染 試料	二次汚染 環境	作業効率(粘土・砂) (m/日)	経済性	調査スペース W×D×H (m)	周辺環境保全 振動	周辺環境保全 騒音	備 考
			不飽和地盤 粘土	不飽和地盤 砂礫	飽和地盤 粘土	飽和地盤 砂礫	土壌	地下水											
ロータリーボーリングマシン	ダブルコアチューブ泥水掘り	数百 m	○	△	○	△	○	×	A	A	B	B	7～10	B	3.5×5×5	A	B	泥水交換が適宜必要
	標準貫入試験方式レイモンドサンプラー	〜まで可	○	△	○	△	○	△	A	A	A	B	7～10	B	3.5×5×5	A	C	泥水交換が適宜必要
手動式簡易機	ハンドオーガー	5 m	○	△	○	×	○	−	C	C	A	D	5	A	1×1×2	A	A	二次汚染対策が不可
	打撃貫入法	15m	○	△	○	△	○	○	A	B	B	A	10～15	A	1×1×2	B	C	N値 <15 以上は困難
	振動式掘削	10m	○	△	○	△	○	○	A	B	A	A	10～15	A	1×1×2	B	B	浅層部の調査用
自走機械式	打撃貫入法	20m	○	△	○	△	○	○	A	B	B	A	25	A	2×3×3	B	C	密閉貫入サンプラーあり
	振動回転式掘削	10m	○	○	○	△	○	○	A	B	A	A	20	A	2×3×3.5	B	B	浅層部の調査用
	振動式掘削	20m	○	△	○	△	○	○	A	B	A	A	25	A	2×3×3.5	C	B	密閉貫入サンプラーあり
	ロータリーパーカッション式ワイヤーライン工法	50〜100m	○	○	○	○	○	△	D	D	C	A	20～30	B	2×3×4.5	C	C	砂礫、玉石はコア破砕
	ホロースチムオーガー	40m	○	○	○	△	○	△	A	A	A	A	15	A	2×3×3.5	B	B	廃土多い
	打ち込み井戸	15m	○	○	×	△	−	○	−	−	−	B	15	A	2×2.5×2.5	C	C	深度別地下水の採取

(評価区分 ○：適用可、△：条件により適用可、×：適用不可。A：優、B：やや優、C：やや劣、D：劣)

第2章　原位置浄化の進め方

以上であれば，帯水層中に液状物質が残留している可能性があるとされている[3]。

3.3　詳細調査の手法

　詳細調査ではボーリングを基本とした調査が実施される。土壌・地下水汚染調査におけるボーリング調査（環境ボーリング）で要求されることは，環境化学分析のための地質コア試料や地下水試料を二次的な汚染を引き起こすことなく，迅速かつ低コストで採取することである[4]。環境ボーリングの方法には様々な方法が実用化されている（表1）。ボーリング調査地点，密度及び深度は，対象地における有害物質の使用履歴等から推定される汚染発生の原因，土壌汚染状況調査（概況調査）結果，詳細土壌ガス調査結果（汚染物質が揮発性有機化合物の場合），及び対象地の地質概況等を踏まえて決定すべきである。土壌汚染対策法に基づく土壌汚染状況調査では，10m×10m の大きさの単位区画を一つの単位として土壌汚染の平面的な分布が求められるが，汚染の深さを把握するためのボーリング調査も汚染源付近では基本的には 100m² に 1 地点の密度で実施することとされている[5]。しかし，揮発性有機化合物や六価クロム溶液などのように，液体状の物質が地下に浸透した場合には，狭い範囲に高濃度の土壌汚染が集中しているおそれが

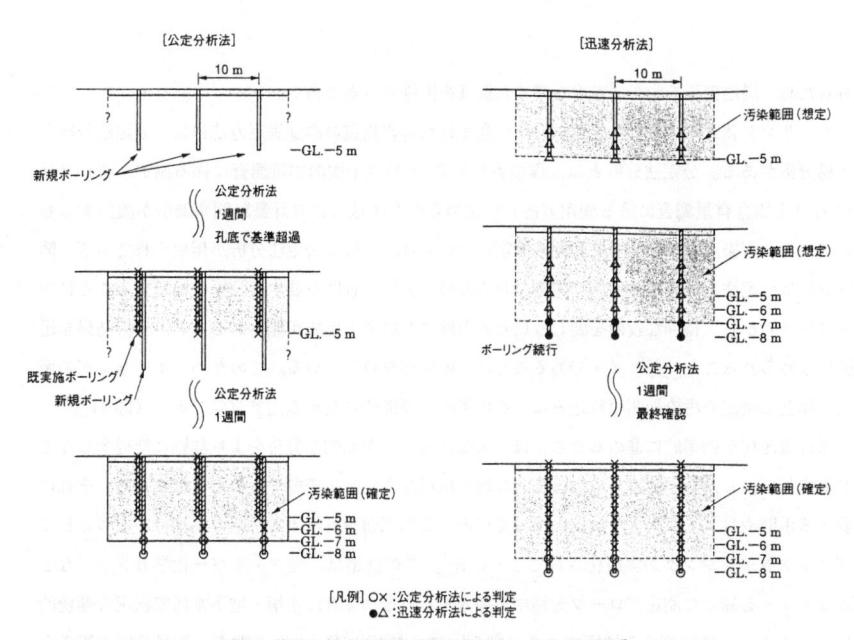

図4　簡易分析法適用例（調査段階での効果の比較）[6]

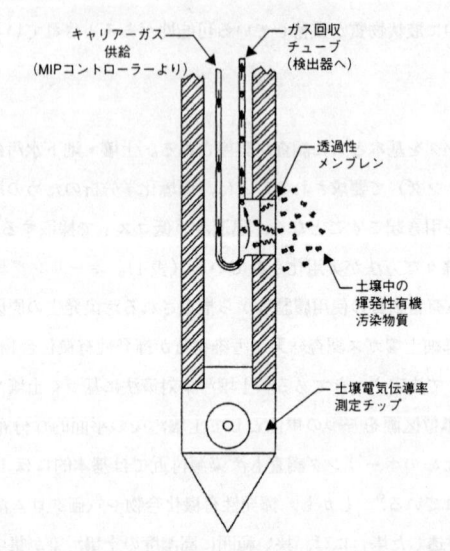

図 5-1 メンブレン・インターフェース・プローブ（MIP）を用いたダイレクトセンシングの原理[7]

あるため，浸透箇所を中心に密度を高めた調査を実施すべきである。

　ボーリング調査で得られた土壌試料中に含まれた有害物質の濃度測定方法には，公定法分析と簡易分析がある。公定法分析とは，環境省告示第18号（土壌溶出量調査に係る測定方法）又は19号（土壌含有量調査に係る測定方法）に定められた手法により計量証明事業所が実施するものである。汚染土壌が存在する範囲の確定においては，一般に公定法分析が用いられている。簡易分析は公定法とは異なる手法で実施されるため，公的な証明を要する分析には用いることはできない。しかし，特別な設備を要しないため現地においても実施可能であること，分析結果を迅速に求められること，低コストであることなどの利点を有している。このため，ボーリングの堀止め深度の決定や汚染範囲の絞込みなどを効率的，経済的に進める上で有効である（図4)[6]。

　原位置浄化を効率的に進めるためには，汚染物質の三次元的な分布をより詳細に把握することが望ましい。しかし，そのためには膨大な数の試料採取や分析を要することとなるため，それに要する手間やコストが大きな負担となっている。この問題を解決するための手法のひとつとしてダイレクトセンシングが実用化されてきている[7]。この技術は，光ファイバー化学センサーなどのセンサーを備えた測定プローブを地中に挿入することにより，土壌・地下水汚染状況を連続的にリアルタイムで計測する技術である（図5）。この技術とボーリング調査，簡易分析を組み合

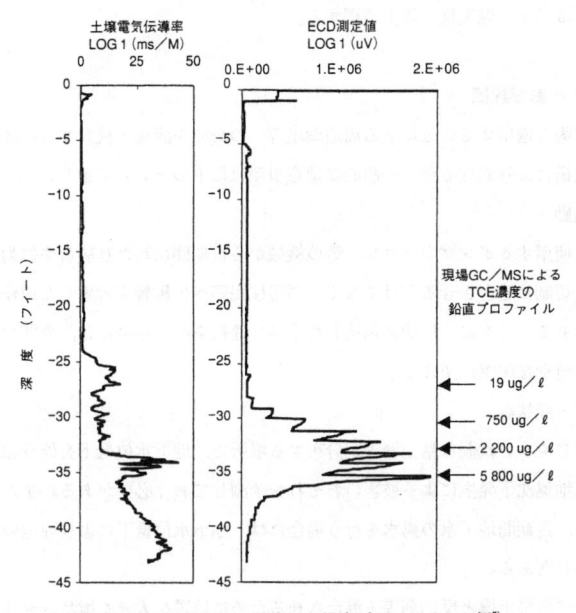

図5-2 MIPシステムで測定した鉛直プロファイルの例[7]

わせることにより，詳細調査をさらに効率的かつ低コストで実施することができると考えられる。

4 原位置浄化技術のスクリーニング

原位置浄化の対象とする汚染物質の種類と濃度，当該汚染物質が存在する地質の特性（透水性，飽和・不飽和，不均一性等）等のサイト特性，及び土壌汚染対策目標を考慮の上，適用可能な原位置浄化技術を選定する。個々の原位置浄化技術の適用条件等については，本書の第2編及び第3編に詳述する。

5 原位置浄化の基本設計

5.1 基本計画の立案

選定された原位置浄化技術を用いて，当該サイトの土壌汚染を浄化するための基本計画を立案する。基本計画では，現在まで得られた情報に基づき，①当該サイトの土壌・地下水汚染の状態，②土壌汚染対策の目的と対策目標，③採用予定の原位置浄化技術の原理と期待される効果，④適

用にあたっての課題や不確実性，等を整理する。

5.2 周辺環境への影響評価

原位置浄化技術を適用することによる周辺環境等への影響を評価・検討する。評価する項目や内容は個々の技術により異なるが，一般的な留意事項は以下のとおりである。

(1) 騒音・振動

原位置浄化で使用するポンプやブロワー等の機械から長期間にわたり騒音や振動が発生する場合には，環境法規制に適合させるだけでなく，周辺住民等への影響を考慮した運転条件を設定することが必要である。とくに，住居に隣接した土地で運転を行う場合には，夜間や休日の運転を中止するなどの特別な配慮が望ましい。

(2) 地盤沈下・変状等

圧密沈下を生じやすい軟弱な粘土層等が分布する場所で，地下水位低下を伴う原位置浄化対策を行う際には，地盤沈下発生による被害のおそれを予測しておく必要がある。また，地下水揚水処理法のように，長期間地下水の揚水を行う場合には，地下水位低下により周辺の井戸の揚水不良が生じるおそれもある。

原位置において汚染土壌と反応剤等を混合させるために地質を大きく撹乱させる工法を採用する際には，地盤強度が低下することにより，地盤の変状が生じるおそれがある。

(3) 排気・排水・廃棄物

土壌ガス吸引法や地下水揚水処理法などでは，揚水した汚染地下水や土壌ガスに含まれた汚染物質を除去後，大気への排気，あるいは公共用水域・下水道への排水を行う必要がある。また，処理の過程で発生した廃棄物の適正な処分が必要である。

なお，地盤沈下防止や地下水資源保全の観点からは，汲み上げた地下水に含まれた汚染物質を除去した後の水を，同一事業所敷地内において地中に再注入（地下水還元）することが望ましい。しかし，地下水還元を実施する際には，これが汚染物質の拡散などを生じないことを事前に評価しておくことが重要である。また，この行為が地方自治体の条例等に抵触しないことを確認しておく必要がある。

(4) 自然減衰への影響

地下水中の汚染物質の濃度は移動距離や時間とともに減少することは実際のサイトにおいてよく見られることである。これは「Natural Attenuation（自然減衰）」と呼ばれるが，自然減衰には，①土壌粒子への吸着，②気相への揮発，③希釈・拡散，④化学分解，⑤微生物分解など，帯水層での様々な現象が関与する。原位置浄化は，地下の環境状態に変化を与えるものであるため，これらの自然減衰の機能を損ねることもある[8]。表2に代表的な原位置浄化手法による自然

第2章　原位置浄化の進め方

表2　原位置浄化手法が自然減衰に与える影響（Wiedemeierら[8]より抜粋）

原位置浄化手法	原位置浄化手法が自然減衰（Natural Attenuation）に与える影響	
	汚染物質（石油系炭化水素）	汚染物質（塩素系溶剤）
バイオスラーピング	確認されていない	酸素の供給が促進されることによる還元性脱塩素反応の減少
揚水処理	非汚染範囲への汚染物質の拡散	酸素の供給が促進されることによる還元性脱塩素反応の減少
エアースパージング	確認されていない	酸素の供給が促進されることによる還元性脱塩素反応の減少
土壌ガス吸引／バイオベンティング	確認されていない	空気注入により難分解性の揮発性物質が拡散するおそれ
ファイトレメディエーション	確認されていない	不明
化学的酸化（フェントン反応、過マンガン酸カリウム等）	確認されていない	酸化による還元性脱塩素反応の減少と発酵性炭素の消費。pH低下による微生物活動阻害のおそれ
化学的還元（亜ニチオン酸ナトリウム等）	無機電子受容体を取り除く作用。酸化状態が減少	DCEやVCの酸化分解の減少。好気性共代謝の減少
酸素放出剤	確認されていない	還元性脱塩素反応の減少。発酵性炭素の消費
炭素基質の添加	炭素源の競合	DCEやVCの酸化分解の減少。注入点における好気性共代謝の減少
ゼロ価鉄による浄化壁	不明	確認されていない
微生物による浄化壁	不明	確認されていない

減衰への影響を示した。

5.3　予備試験

　原位置浄化の対象となる土壌・地下水環境には，詳細調査では把握し得なかった不均質性や妨害物質などが存在することが多い。このため，詳細調査で得られた情報のみを用いて原位置浄化の技術的な実施可能性を判断することは極力避けるべきである。原位置浄化を実際のサイトに適用した場合の効果や問題点を適切に把握するためには，予備試験の実施が不可欠である。

(1) 室内試験

　原位置化学分解や生物分解など，原位置で汚染物質を分解する技術を適用する場合には，実際のサイトで採取した土壌と地下水を用いた室内試験（カラム試験等）を行い，期待される反応が生じるかどうかの確認が必要である。また，この試験の結果から，薬剤添加量や反応時間等を推定することが出来る。なお，室内試験の条件と現地の条件は必ずしも一致しないことから，基本

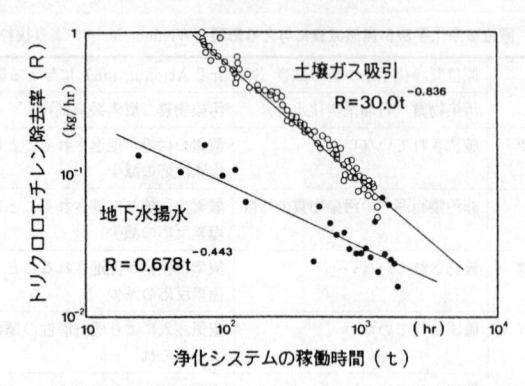

図6 土壌ガス吸引と地下水揚水によるトリクロロエチレン除去率の比較[9]

的には室内試験に引き続き実際のサイトでパイロット試験を実施し,設計条件を決定するべきである。

(2) 現地試験

土壌ガス吸引法や地下水揚水処理法のように,土壌ガスや地下水を媒介とした汚染物質の分離回収を行う技術を適用する場合には,実際のサイトでパイロット試験を行い,揚水量と水位低下量の関係,影響半径,汚染物質の濃度変化などの設計条件を求める。また,実際に地下水の揚水等を伴う試験を行うことから,地盤沈下等の環境影響を測定することもできる。

また,原位置で汚染物質を分解する手法では,妨害物質の存在による想定以上の薬剤の消費など,室内試験では判明し得なかった問題を知ることも出来る。

5.4 対策仕様の検討と概略コストの積算

予備試験結果を踏まえ,周辺環境等への影響を防止しつつ,対策目標を達成するために必要な原位置浄化の規模(井戸の数,揚水量,薬剤添加量等),及び井戸等の施設配置を検討する。サイトの水文地質特性や汚染物質の物性等が明らかな場合には,物質移動シミュレーションにより,最適な対策仕様を求めることもできる。

原位置浄化実施に要する費用は,施設の製作・設置等に要する費用(設備費)と,運転管理・モニタリング等に要する費用(維持管理費)に区分される。土壌ガス吸引法や揚水処理法に代表される原位置抽出技術では,対策経過時間とともに汚染物質の回収効果が低下する現象が見られる(図6)。このため,対策が長期間にわたることが予想される場合には,維持管理費の変化を考慮することが必要である。また,こうした変化に応じて,より効率的・低コストな技術に切り替えるなどの柔軟な対応も必要となる[9]。

第 2 章　原位置浄化の進め方

6　浄化施設の実施設計

6.1　詳細設計
　原位置浄化実施に要する施設（揚水井戸，揚水ポンプ，配管，水処理施設，ガス処理施設等），管理に要する施設（観測井戸等）等を設置するための詳細設計を行う。

6.2　管理計画
　原位置浄化を適正かつ安全・円滑に実施するため，以下の3項目についての管理計画を作成する。

　(1)　品質管理計画
　原位置浄化が所定の効果を発揮しているかどうかの管理を行う。具体的には，原位置における土壌・地下水中の汚染物質濃度の低減効果や，水・ガス処理施設の性能を評価するための監視手法，及び性能が発揮されていない場合の対応方法について計画する。

　(2)　安全管理計画
　原位置浄化を実施している範囲に立ち入る人，及び作業員の安全を確保するための管理を行う。土壌・地下水汚染の対策工事で作業員が曝露される汚染濃度は，労働安全衛生法などに規定されている作業環境に比べ，通常はかなり低い濃度である[10]。また，原位置浄化対策は掘削除去と比べ，作業員が有害物質に曝露される頻度は少ないが，不必要な曝露を防ぐための教育や防護策を講じる必要がある。また，有害な薬剤が用いられる場合や，化学反応によっては有害なガスが発生するおそれがある場合などは，安全確保のための措置，監視の方法，異常時の対応方法等を示したマニュアルを用意しておくことが必要である。

　(3)　環境管理計画
　原位置浄化実施による周辺環境への影響を防止するための管理を行う。具体的には，影響の可能性があるため管理が必要な環境要素とモニタリングの仕様（方法，場所，頻度等），モニタリング結果の開示の方法，緊急時の対応方法等について計画する。管理が必要な環境要素は，環境影響評価（5.2）結果に基づき選定する。

6.3　対策計画書の作成
　原位置浄化対策実施に当たって必要な事項を整理し，対策計画書を作成する。対策計画書に記載すべき事項は以下のとおりである。

　①　土壌・地下水汚染の状況
　②　土壌・地下水汚染対策目標

③ 適用する原位置浄化と対策の基本方針
④ 具体的な浄化対策の進め方と工程
⑤ 施工管理（品質管理・安全管理・環境管理）計画
⑥ 対策完了の確認方法
⑦ 記録の保管方法
⑧ その他

なお，土壌・地下水汚染対策を行う際の届出義務等が条例等により定められている場合には，それぞれの自治体の指導に基づき対策計画書を作成する必要がある。また，このような規則が無い場合であっても，原位置浄化対策を開始する際には，対策計画書を所轄の自治体等に提出し，確認を得ておくことが望ましい。

7 対策完了の確認方法

7.1 土壌汚染対策法に基づく措置の完了確認

土壌汚染対策法施行規則では，原位置浄化措置を行った場合の措置完了確認の方法は下記のように定められており，これを達成した場合には，措置が完了した土地の指定区域の指定は解除されることとなる。土壌汚染対策法が適用されない土地においても，対象地の汚染が除去（浄化）されたことを確認するための方法には，施行規則に定められた方法を用いることが基本となる。

① **土壌含有量基準超過の土地**

汚染土壌からの特定有害物質の除去を行った後，汚染土壌のある範囲について，$100m^2$ に1地点の割合で，深さ1mから汚染土壌のある深さまでの1mごとの土壌を採取し，当該土壌が土壌含有量基準に適合することを確認すること。

② **土壌溶出量基準超過の土地**

汚染土壌からの特定有害物質の除去を行った後，汚染土壌のある範囲に1本以上の観測井を設け，1年に4回以上定期的に地下水を採取し，当該地下水が汚染されていない状態が2年間継続することを確認すること。

7.2 土壌汚染対策目標に応じた完了確認

当該土地の汚染の除去（浄化）が土壌汚染対策の目的では無い場合には，必ずしも土壌汚染対策法施行規則に基づく浄化措置の完了確認要件に従う必要は無い。このような場合には，土壌汚染対策目標に応じ，完了確認要件を柔軟に設定することが適切と考えられる。

例えば，敷地周辺への汚染地下水の流出防止が対策目標の場合には，敷地境界部の地下水濃度

第2章　原位置浄化の進め方

が地下水基準に適合し，地下水揚水等の運転を停止した後にもこれが継続されることが確認できることを，完了確認要件とすることが出来る。また，帯水層の自然減衰が期待される場合には，最終的な完了確認要件の前に，原位置浄化施設を撤去することができる要件（運転停止要件）を設定し，その後は自然減衰（MNA）に移行することも考えられる。

文　　献

1) Evan K. Nyer：Changing the Environment vs. Molecule-to Molecule Reaction, *GWMR*, Vol.22, No.2, p.38-42, 2002
2) 今村　聡：不飽和帯・帯水層中の汚染物質の挙動, 第2回環境と地盤探査シンポジウム講演概要集, p.9-12, 2002
3) Evan K. Nyer：DNAPL - Stop the Madness, *GWMR*, Vol.19, No.1, p.62-66, 1999
4) 中島　誠ほか：地下水・土壌汚染　調査の進め方と調査技術, 地下水学会誌, Vol.45, No.1, p.59-72, 2003
5) 土壌環境センター編：土壌汚染対策法に基づく調査及び措置の技術的手法の解説, 土壌環境センター, p.63, 2003
6) 野々口　稔：オンサイトにおける重金属等の迅速分析法, 土木施工, Vol.44, No.12, p.31-36, 2003
7) 中島　誠：汚染状況のダイレクトセンシング, 土木施工, Vol.44, No.12, p.26-30, 2003
8) Wiedemeier ほか：Designing Monitoring Programs to Effectively Evaluate the Performance of Natural Attenuation, *GWMR*, Vol.22, No.3, p.124-135, 2002
9) 国立環境研究所：トリクロロエチレン等の地下水汚染の防止に関する研究, 国立環境研究所特別研究報告, SR-15-'94, p29, 1994
10) 土壌環境センター編：土壌汚染と対応の実務, オーム社, p158, 2001

第2編　基礎編
－原理，適用事例，注意点－

第1章　原位置抽出法

1　地下水揚水処理

村田正敏[*1]，手塚裕樹[*2]

1.1　はじめに

　地下水揚水処理技術は，揮発性有機化合物（VOCs）等による地下水汚染現場における原位置浄化技術として，1980年代からアメリカ等で取り組まれ，わが国では1980年代の後半から1990年代の初めにかけて高槻市や君津市域等の地下水汚染現場で適用され出した。1989年に水質汚濁防止法[1]が改正されたのを契機に，先進自治体では地下水汚染防止対策指導要綱や条例等の整備が進められ，地下水汚染調査が進む過程で地下水揚水処理工法の導入が普及し，現在民間事業所の浄化サイトの多くで適用されているものと推察される。

　適用する技術内容は大きく二分される。前者は地下空間（不飽和領域と飽和領域）におけるVOCs等の存在状況の特定技術と飽和領域（帯水層領域）における汚染地下水を拡散することなく合理的に揚水する技術。すなわち地盤環境を構成している水文地質構造，帯水層構造，地下水位の状態，地下水水理定数の状況，VOCs等によるプリュームの形態や分解過程等に基づく地下水流動・汚染機構解明，浄化設計に係わる帯水層試験・浄化計画・井戸設計・モニタリング技術。後者は，汚染した地下水を揚水した後，地下水中に溶出しているVOCs等を処理，分解する装置技術及び処理した排ガスを処理，分解する装置技術で，曝気（エアレーション）法，活性炭吸着法，微生物処理法，酸化処理法，紫外線（UV）分解法等がある。本稿では主に前者に示したVOCsを対象とする地盤環境調査・地下水流動解析等の技術と適応事例について述べる。

1.2　地下水汚染現場での地盤環境調査・汚染機構解明

1.2.1　周辺調査，汚染源調査，土壌ガス調査，ボーリング調査

(1)　周辺の地下水汚染調査

　地下水汚染の判定は，既存井戸の水質調査から始まる。簡易な分析方法は，メジューム瓶と検知管法がある。採水にあわせて井戸の深さやスクリーンの位置を計測する調査法（手塚ら(1993)[2]）を利用すると帯水層の概況がわかり，分析結果とあわせて汚染源と汚染分布が推定で

[*1] Masatoshi Murata　アジア航測㈱　関東支社　関東環境部　技術部長
[*2] Hiroki Tezuka　アジア航測㈱　関東支社　関東環境部　地盤・水環境課　技師

きる。

(2) 汚染源調査，土壌ガス調査，ボーリング調査

汚染源は対象物質を使用していた事業所であることが多いが不法投棄した場所の場合もある。VOCsは揮発性であり密度が1.3～1.6で水より大きく粘性が0.6～0.9で水より小さく水の溶解度は1100mg/l（TCE）等の物理化学的特性のため，地盤に浸透すると砂質土では浸透しやすく粘性土では相対的に浸透しにくく粘性土の上部に「溜り」を作る場合と一部が浸透してより深部に浸透する場合がある。帯水層では溶解度に応じて地下水に溶出して地下水汚染を引き起こす。

また，VOCsは地盤中で微生物分解（PCE→TCE→DCE→VC→Ethylene）することが知られており，国内のほとんどのサイトで確認しているところである。

土壌ガス調査は，地盤に浸透したVOCs原液の存在状況を把握するため間接的方法として揮発性ガスの存在状況を把握する調査方法で，土壌汚染対策法では施行規則でガス採取と測定法[3]が規定されている。土壌ガス測定の結果，成分別ガス濃度分布の高濃度地点と生分解過程等を勘案して汚染源物質の浸透した場所を判定することができる。

ボーリング調査は，土壌ガス調査で特定された高濃度地点及び地下水流動下流域において地盤中に浸透したVOCsのオンサイト分析による地質汚染実態と汚染物質の存在状態を規制する地盤環境条件（地質柱状，地下水状況，帯水層状況，水文地質構造，汚染プリュームの形態等）を把握することを目的に実施する。オンサイト分析やボーリング調査の方法と汚染実態の評価方法については楡井ら（1990）[4]による研修会テキストや長瀬ら（1995）[5]が網羅的に一貫して解説しているので参考になる。また，同一帯水層内部の汚染プリュームの断面2次元形態（図1）を把握する調査方法が長瀬ら（1993）[6]により開発され実用化している。

1.2.2 観測井戸仕上げ，地下水流動調査，汚染機構解明

ボーリング結果に基づいて帯水層区分を行った後，調査孔は帯水層にスクリーンを設置した観測井戸に仕上げる。多層の帯水層が分布する地域の地下水流動調査では，帯水層汚染実態に関連して多層の観測井戸態勢をとることにより，帯水層単元の水位分布から帯水層間の流動方向や汚染物質の拡散状況が把握でき複雑な汚染機構が解明できる（図2・楡井ら（1994）[7]）。

1.3 浄化設計に係わる帯水層試験，地下水流動解析・物質収支予測評価

前述した地盤環境調査と汚染機構解明がなされて始めて浄化対策の計画を立案できる。揚水対策では，VOCs原液が存在する汚染源対策と原液から溶出した地下水汚染流出域とに区分して対策計画を立案する。地下水汚染流出域が敷地境界を越えて他人の土地に及んでいる場合は緊急に流出防止対策が必要になる。また，浄化設計では揚水井戸の深度と配置，揚水量の設定，汚濁負荷量の設定，井戸の配置と個別井戸の揚水量に伴う集水域の合理的配分および汚染物質の合理的

第1章 原位置抽出法

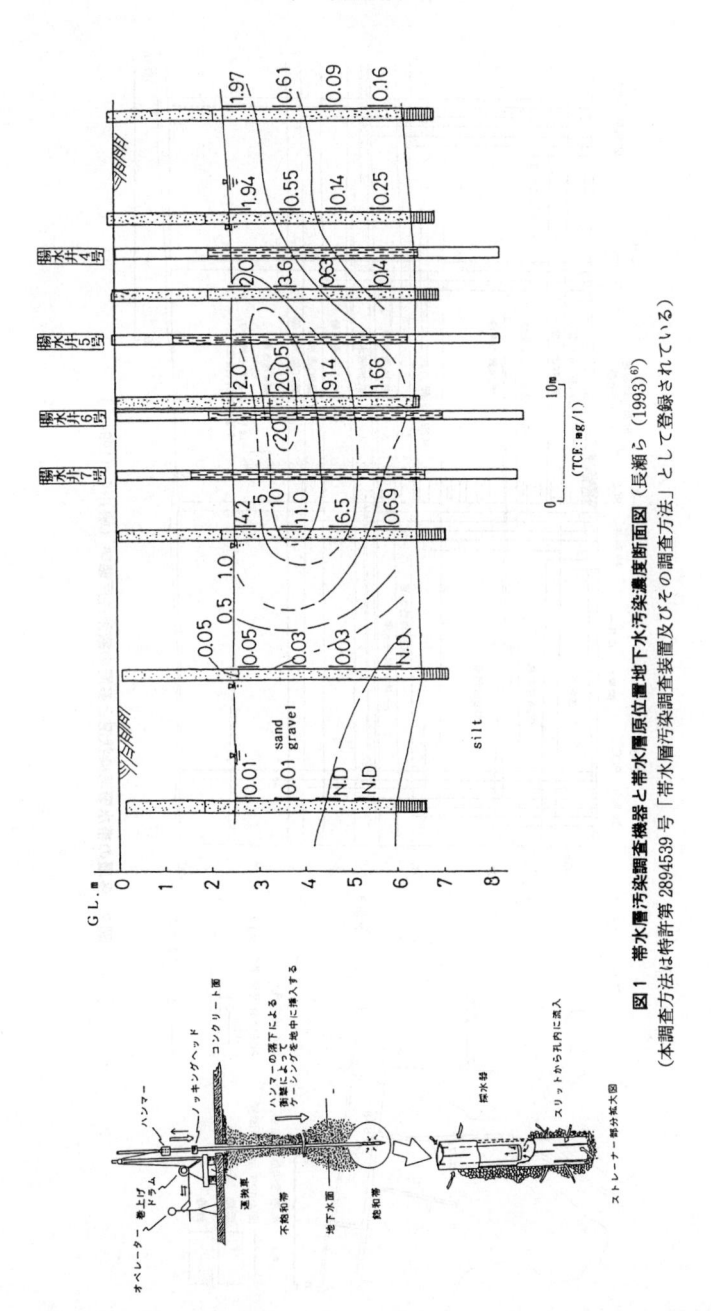

図1 帯水層汚染調査機器と帯水層原位置地下水汚染濃度断面図（長瀬ら（1993）[6]）
（本調査方法は特許第2894539号「帯水層汚染調査装置及びその調査方法」として登録されている）

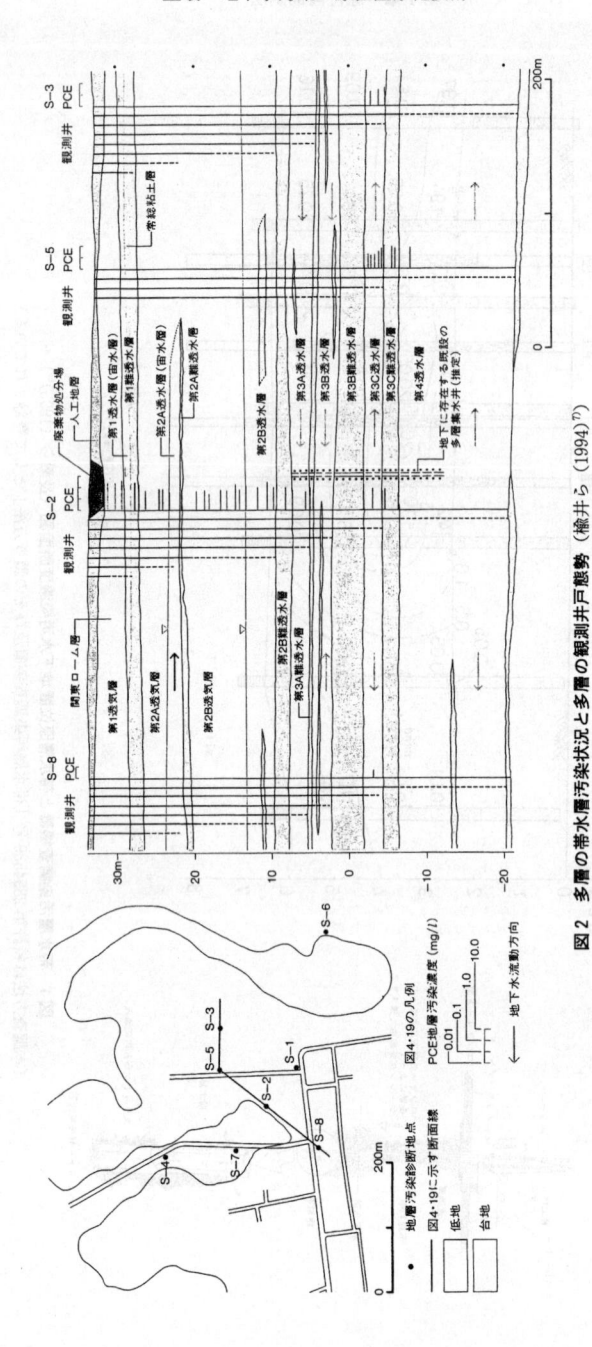

図2 多層の帯水層汚染状況と多層の観測井戸態勢（楡井ら (1994)[7]）

第1章 原位置抽出法

回収計画が浄化時間の予測と浄化効果を高めることになる。

(1) 帯水層試験（揚汚水試験法・スラグ法）

地下水汚染現場で地下水揚水対策を計画する場合，帯水層の水理定数を把握することが必須である。一般に帯水層の水理定数を求める調査方法には，山本（1983）[8] による「揚水調査」や工事現場などで適用される原位置透水試験法（西垣（1986）[9]）などがある。汚染した帯水層では汚染地下水を汲み上げる揚水試験法（揚汚水試験法：古野ほか（1992）[10]）が高い精度で評価できるが汚染水を浄化処理する必要があり経費がかかる。原位置透水試験法の一種であるスラグ法（中島ら（1996）[11]）は汚染した帯水層でも精度が高く処理費用が発生しないので廉価に出来る。

(2) 地下水流動解析・物質収支解析・シミュレーション

汚染機構解明ができた地盤環境状況の下で，汚染源はもとより汚染地下水の流出域に地下水水理状況に応じた影響圏を持つ複数の井戸配置と個別揚水量の設定ならびにVOCsの濃度分布を評価するには，地下水流動と物質の移流・拡散解析手法を基本とする数値解析シミュレーション手法を適用することが適当である。地下水流動と物質の移流・拡散を考慮する解析手法については，藤縄（1991）[12]，西垣ら（2003）[13]が参考になりMODFLOW等の市販汎用モデルが利用できる。地下水流動・移流・拡散モデルを事業所の敷地で適用する場合の留意事項，及び事例をあげると以下のようである。

① 適応するモデルは現場の地盤環境状況を反映することが重要であるが，汚染の影響の大きい第一帯水層を対象とする平面2次元鉛直一層定常モデルを利用するのが一般的である。広域で多層の帯水層汚染を対象とするサイトの数値解析は自治体が主体となって行う場合がある。

② 解析要素メッシュは5〜10mを基本とし，汚染プリュームを含む外側50〜100mの範囲に境界条件を設定する。帯水層の下限は井戸柱状図やボーリング調査等で確認され，面的に連続性が評価された水文地質基盤（難透水層）深度とする。

③ 境界部分に河川や水路，湖沼，海などが接する場合はこれらの接点を水理境界として，地下水位との関係を条件設定する。

④ 地下水位，水理定数（透水係数，透水量係数）水質（VOCs）データは同一帯水層単元で集中することなく面的に出来るだけ均等に分布するように取得する。

⑤ モデルの検証は流動解析では地下水位及び地下水面図で行い水理定数等のパラメータを固定する。流動解析でモデルが同定できた後に水質（VOCs）の拡散を考慮した移流・拡散現況解析を行い濃度分布で検証して分散係数等のパラメータを固定する。

⑥ 現況解析の結果同定されたモデルを利用して次の浄化対策の予測評価ができる。

(3) **バリアー対策の予測評価（図3・対策事例1）**

地下水流動下流域の事業所敷地境界で複数の対策用井戸を設置して流出防止対策効果を発揮する揚水量の設定を行った。予測解析の結果，敷地境界で地下水位が低下し流動ベクトルが揚水井戸に向かっている状況が予測されたので，対策工事を行い流出防止効果が確認された。

a) 図3-1 流動ベクトル図，地下水面図，バリアー井戸に向かうベクトルの様子が伺える
b) 図3-2 水位低下図，バリアー井戸を囲むようにして水位低下範囲が広がる。

(4) **移流・拡散モデルを利用してVOCsの現況濃度解析した事例（図4・浄化対策事例2）**

a) 図4-1 事業所敷地内部で複数の汚染源からトリクロロエチレン（TCE）が流出し汚染プリュームを形成しているサイトにおいて，現況濃度解析して5年後の拡散状況を予測した事例。
コード：MODFLOW＋MT3D，物質：TCE，地形地質：洪積世の砂質土，泥質土互層

b) 図4-2 事業所内部の二箇所からTCEとDCEが流出し，汚染プリュームを形成しているサイトにおいて現況濃度解析をした事例。バリアー井戸を12箇所設定して別途予測解析した。
コード：MODFLOW＋MT3D，物質：TCE, DCE，地形地質：海岸平野部の沖積層と洪積層

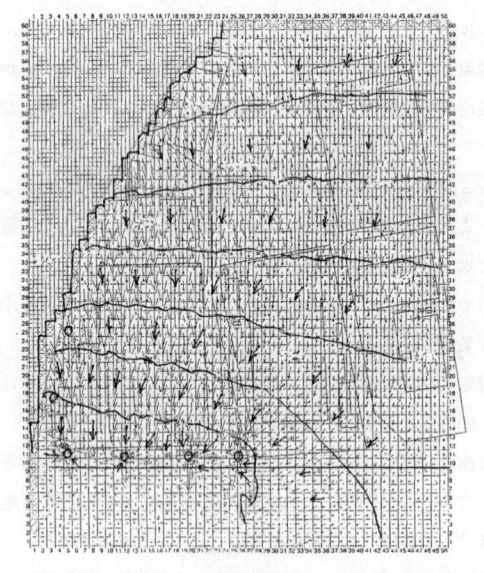

図3-1 バリアー井戸対策の効果予測・流動ベクトル図
（アジア航測技術資料）

第1章　原位置抽出法

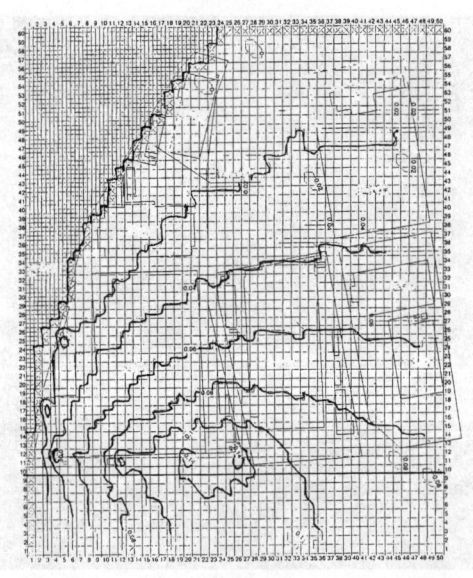

図3-2　バリアー井戸対策の効果予測・地下水位低下量図
（アジア航測技術資料）

1.4　対策井戸の設置と予測評価の検証及び留意点

　前項の数値解析による予測評価結果に基づいて汚染対策井戸を建設し計画揚水量及び計画水位低下量の確認等を行う。井戸建設と汲み上げに際して留意する点を上げると次のようである。

① 汚染源に対策井戸を設置する場合事業所の建屋の中であることが多く，掘削機器の選定が井戸仕上げに影響を及ぼす。ホローステムオーガーやパーカッションドリルなどが適用できる。

② 透水係数の小さい帯水層や帯水層下限まで汚染が及んでいる場合，揚水に伴う水位低下が大きく帯水層水深が取れない場合がある。下部の難透水層を掘り抜くことが二次汚染につながる危険性を持つことから，スクリーンの設置深度にポンプやサクションを設置することになりスクリーンの寿命が短くなる場合がある。

③ 地形・地質由来の地下水質で還元雰囲気に存在する二価鉄，マンガン等を多く含む地域では揚水対策に際して，二価鉄の酸化による鉄スケールがポンプや送水配管，流量計，処理装置等を著しく阻害することがあり，洗浄や薬液処理などに予定外の費用を要することがある。

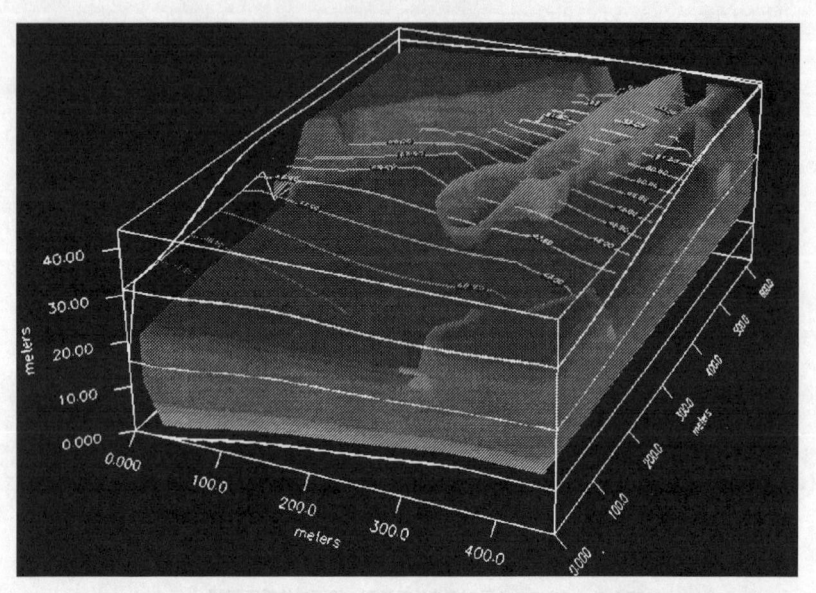

図4-1 MODFLOW＋MT3D による TCE の濃度予測・5年後（アジア航測技術資料）

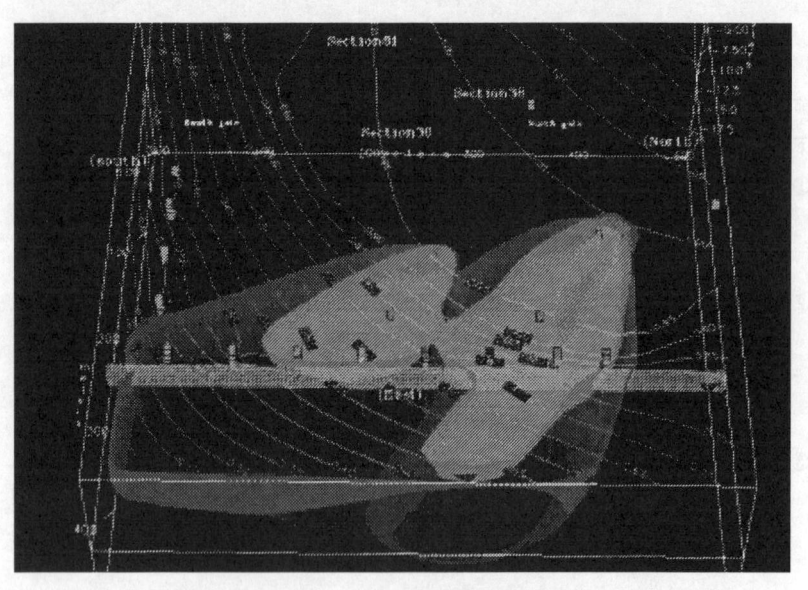

図4-2 MODFLOW＋MT3D による TCE，DCE の現況濃度解析（アジア航測技術資料）

第1章　原位置抽出法

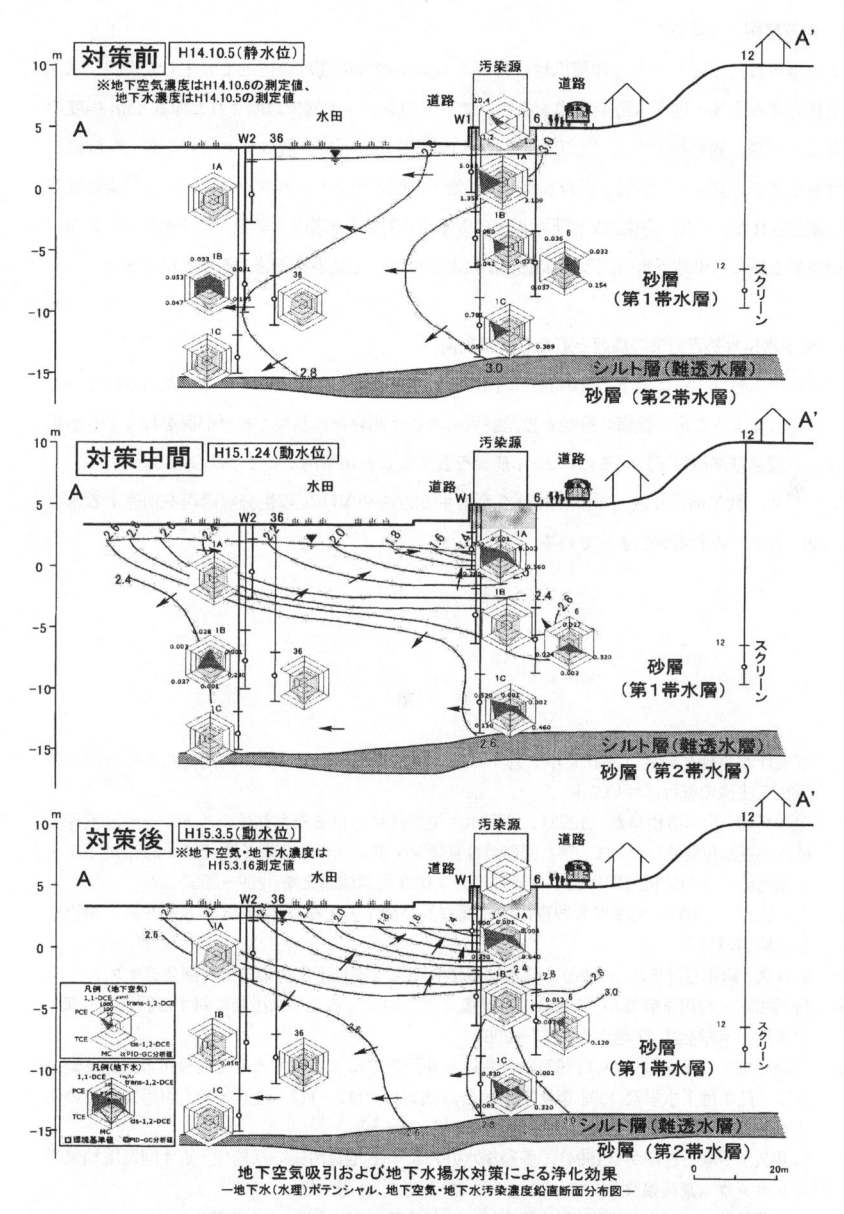

地下空気吸引および地下水揚水対策による浄化効果
—地下水（水理）ポテンシャル、地下空気・地下水汚染濃度鉛直断面分布図—

図5　地下水位ポテンシャルと汚染濃度の関係及び浄化対策時の関係（手塚ら（2003）[14]）

1.5 対策事例3（図5）[14]

この事例は，下総台地から沖積低地に移行する傾斜地の中間地点付近で発生したPCE/TCEを主体とする土壌・地下水汚染に関するもので，下限をシルト層で遮断された厚さ15m程度の砂質の不圧帯水層の地下水面（水田面でGL-1m程度）以下に3層のピエゾメーターを設置して地下水ポテンシャルと水質を調査した結果，地下水位ポテンシャルフローに沿って汚染濃度勾配が確認された。また，汚染源で地下水揚水による浄化対策を実施した結果，地下水位ポテンシャルの尾根を境に汚染地下水の流下・拡散防止および水質浄化効果を確認することができた。

1.6 地下水揚水処理対策の課題と新たな対策動向

地下水揚水処理工法は地下水資源開発に係わる応用技術として多くのサイトで適用されているが，前述したような汚染機構の解明と数値解析による予測評価に基づく井戸配置を行っても浄化が終了（環境基準値以下）するには10年前後を要することが事例として挙げられる。

そのため，数年前より鉄粉の酸化特性を利用する方法やVOCsの生分解過程を加速する水素除放剤（乳酸）の利用が広まっている。

文　献

1) 環境庁水質保全局長（平成元年9月14日）：環水管第189号「水質汚濁防止法の一部を改正する法律の施行について」
2) 手塚裕樹，小川直樹ほか（1993）：地下水汚染調査における既存井戸のストレーナ設置深度確認調査の重要性について，第3回環境地質学シンポジウム講演論文集，225～228，地下水・土壌汚染とその防止対策に関する研究集会：第3回講演論文集，299～302
3) 環境大臣（2003）：土壌ガス調査に係る採取及び測定の方法（平成15年3月6日・環境省告示第16号）
4) 楡井久，鈴木喜計ほか（1990）：日本地質学会関東支部地下水汚染技術研修会テキスト
5) 長瀬和雄・村田正敏ほか（1995）：有機塩素化合物による地下水汚染に対する調査と対策，日本地下水学会誌37巻4号，267～296
6) 長瀬和雄・村田正敏ほか（1993）：打ち込み井戸方法による帯水層の汚染分布の把握と緊急対策，日本地下水学会1993年秋季講演会講演要旨，112～117，地下水・土壌汚染とその防止対策に関する研究集会：第3回講演論文集，81～86
7) 楡井久，手塚裕樹ほか（1994）：多層集水井戸による地質汚染の深層化，第4回環境地質学シンポジウム講演論文集，31～36，アーバンクボタ34号，49
8) 山本荘毅著（1983）：新版地下水調査法，揚水調査，191～265，古今書院
9) 西垣　誠（1986）：単孔式原位置透水試験法の整理（その1），地下水と井戸とポンプ，28

巻2号, 11〜23
10) 古野邦雄・小島 真ほか (1992):地下水汚染現場における揚水試験 (その2), 第2回環境地質学シンポジウム講演論文集, 61〜64
11) 中島誠・村田正敏 (1996):地下水汚染調査における透水試験について, 日本地下水学会 1996年秋季講演会講演要旨, 74〜79
12) 藤縄克之 (1991):地下水中における汚染物質の移動, 地下水汚染論, 86〜118
13) 西垣 誠・佐藤 健ほか (2003):土壌・地下水汚染の挙動の予測法, 地盤工学・実務シリーズ 15, 79〜113, ㈳地盤工学会
14) 手塚裕樹・久留景吾ほか (2003):揚水対策現場における地下水ポテンシャル分布と水質浄化効果の確認事例, 第13回環境地質学シンポジウム論文集, 51〜54

2 土壌ガス吸引

奥村興平[*1], 伊藤 豊[*2]

2.1 技術の概要

　土壌ガス吸引法は、不飽和帯に設置した土壌ガス吸引井戸（以下，吸引井戸）から真空ポンプ，ブロアー等を使用して土壌中の空気（以下，土壌ガス）を吸引し，土壌ガス中に含まれる揮発性有機化合物（以下，VOCs）を回収する手法である（図1参照）。土壌ガスを吸引することは，土壌ガス中に存在するVOCsを回収するだけではなく，不飽和帯に負圧を発生させることにより，土壌粒子間隙に液体状で存在する，または土粒子に吸着しているVOCsの土壌ガスへの揮発を促進し回収する効果もある。

　土壌ガス吸引は実用化されてから既に10年以上が経過しており，国内でも多数の実績がある技術である。土壌ガス吸引法の有効性は，特に透気性の良い砂礫層や砂層で確認されている。

　土壌ガス吸引の効果を促進する技術としては，土壌ガスの移動性を高くしVOCsの揮発を促進するために空気や水蒸気を地中に送気する方法や地盤を電気ヒーターで加熱して浄化を促進す

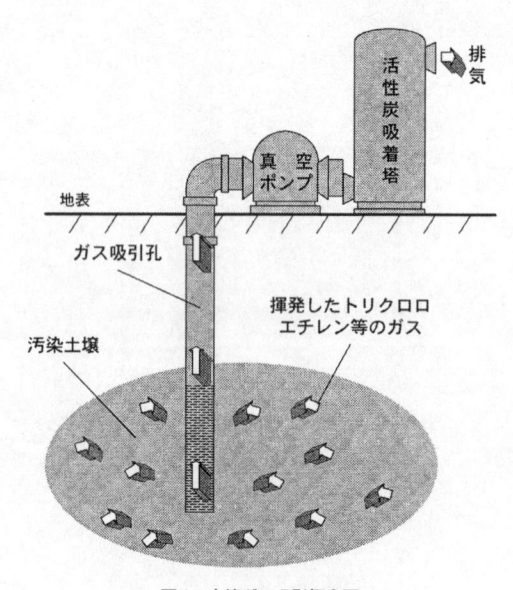

図1　土壌ガス吸引概念図

*1　Kouhei Okumura　応用地質㈱　技術本部　環境技術センター　技師長
*2　Yutaka Itoh　応用地質㈱　技術本部　環境技術センター

第1章　原位置抽出法

る方法[1]が報告されている。

2.2　土壌ガス吸引の実施
土壌ガス吸引を実施する手順を図2に示す。
2.2.1　基本情報の検討
(1)　地質分布状況
　土壌ガス吸引を効率的に進めるためには，対象地の地質状況を把握し，粒度，間隙率等から透気性に関する検討を行う必要がある。特に，土壌ガス吸引の対象となるのは浅層の不均質な盛土・埋土等となることが少なくないため，対象地の地質分布状況を十分に把握し透気性についての情報を整理する必要がある。

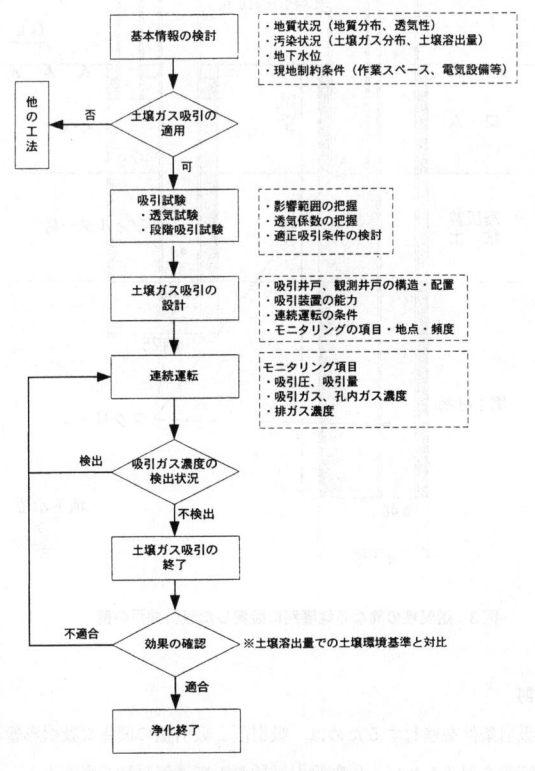

図2　土壌ガス吸引実施フロー

(2) VOCsの分布状況

土壌ガス吸引を効率的に行うための吸引井戸配置の検討には，土壌ガス中のVOCsの平面方向及び深度方向の分布状況を把握する必要がある。例えば，VOCsが平面方向に広い範囲で分布する場合には分布範囲の外側から空気を圧入すると，より効率的な対策となる場合もある。また，VOCsが分布する深度範囲が均質な地層であればスクリーン区間は1層でよいが，透気性の異なる複数の地層に1層のスクリーンを設置すると，透気性の良い地層から優先的に土壌ガスを吸引することになり透気性の悪い地層の浄化対策は進まないことになる。そのような場合は，透気性を考慮した地層区分ごとにスクリーンを設置して土壌ガス吸引を行う必要がある。

図3に，深度別に設置した吸引井戸の構造の例を示した。

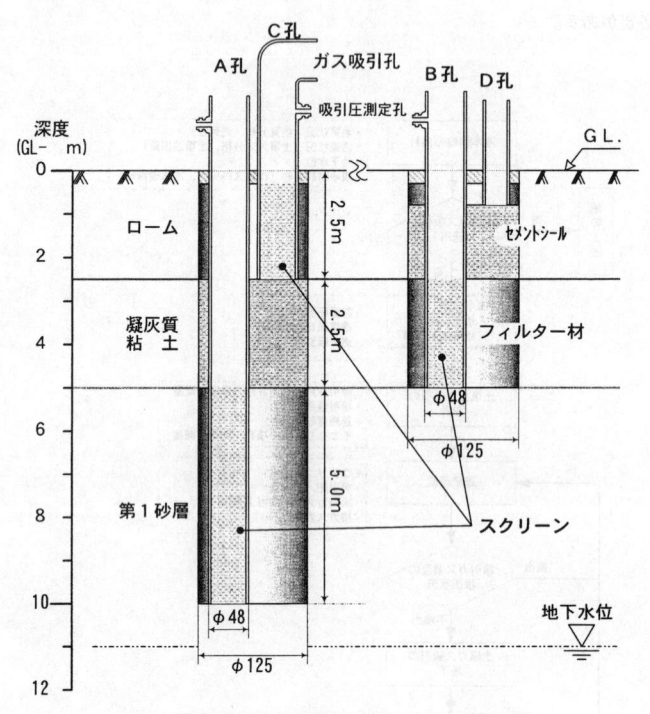

図3 透気性の異なる地層別に設置した吸引井戸の例

2.2.2 吸引条件の検討

土壌ガスの適切な吸引条件を検討するためには，吸引圧と吸引量の関係や吸引影響範囲等の情報が必要となる。その情報を得るために，段階吸引試験および透気試験を実施する。

第1章　原位置抽出法

　段階吸引試験とは，吸引圧を段階的に変化させたときの吸引量の変化を測定するものである。
　図4は，地層別に段階吸引試験を行った結果である。図4から，地層の透気性は，凝灰質粘土層＜第1砂層上部＜関東ローム層の順に大きくなることがわかる。
　透気試験とは，試験的に土壌ガス吸引を行い，吸引井戸から観測井戸までの距離と圧力を測定し，土壌ガス吸引時の影響範囲（通常は圧力が0になる範囲）を把握するものである。吸引影響範囲は，吸引井戸の配置を検討するために必要となる。透気試験を行うに際し，観測井戸は吸引井戸を中心とした十字方向に各3本以上配置するのが望ましい。
　吸引影響範囲は，図5に示すように吸引井戸からの距離とガス吸引時に観測された圧力とを片対数にグラフ上プロットして整理し，その両者の関係を直線近似することにより推定する。図5は，第1砂層上部を吸引したときには約50m，凝灰質粘土，ローム層を吸引したときには約12m離れた地点で吸引時の圧力が0 cm H_2O になることを示している。

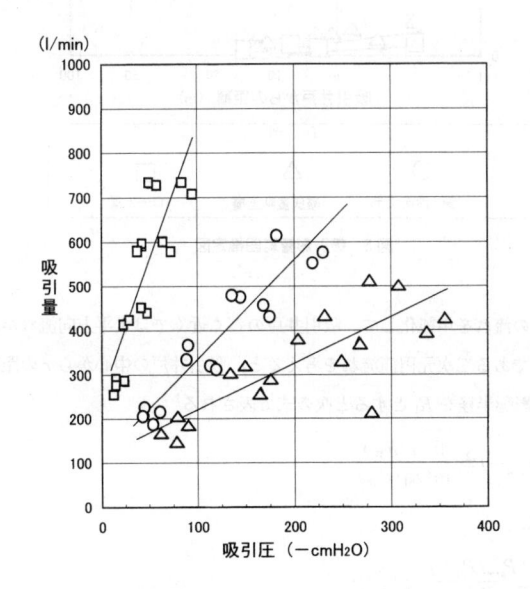

地層相関係数
第1砂層上部：Y=2.2492X+109.37　r=0.919　(n=16)
凝灰質粘土層：Y=1.0617X+119.26　r=0.889　(n=16)
ローム層　　：Y=6.1195X+224.88　r=0.855　(n=16)

式中で，Xは吸引圧(-cmH2O)を，Yは吸引量(l/min)を示す

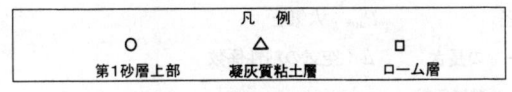

凡　例		
○	△	□
第1砂層上部	凝灰質粘土層	ローム層

図4　吸引圧と吸引量の関係図

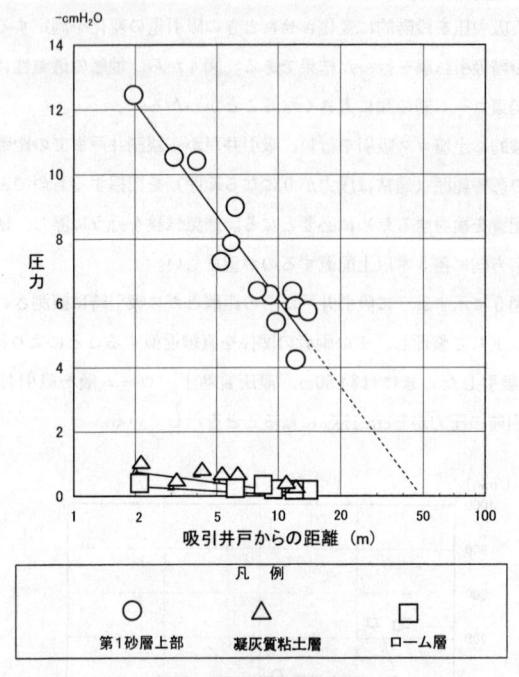

図5 吸引影響範囲推定図

凡例：○ 第1砂層上部　△ 凝灰質粘土層　□ ローム層

ここで，土壌ガスの流れを単純化して，吸引井戸のごく近くでは水平方向流れが卓越し，スクリーンに向かう流れである二次元円筒流れを考えると，吸引井戸の中心からrの距離での土壌ガスの圧力$P(r)$は，影響半径をR_1とすると次の式で表される[2, 3]。

$$P(r)^2 - P_W^2 = (P_{atm}^2 - P_W^2)\frac{\ln(r/R_W)}{\ln(R_1/R_W)} \tag{1}$$

また，吸引量Qは，

$$Q = H\frac{\pi k P_W[1-(P_{atm}/P_W)^2]}{\mu \ln(R_W/R_1)} \tag{2}$$

r：吸引井戸からの距離　　$P(r)$：吸引井戸からrの距離の土壌ガス圧力
P_W：吸引井戸の吸引圧　　R_W：吸引井戸の半径
R_1：影響半径　　　　　　P_{atm}：大気圧
H：スクリーンの長さ　　　μ：空気の粘性係数
k：土壌ガスの透気係数

第1章　原位置抽出法

表1　土質別の影響半径[2]

土質	影響半径（m）
シルト	<6
火山灰質粘性土	7〜12
砂質土	8〜20
礫質土	30〜40

式(1)，(2) からわかるように，土壌ガスの圧力 $[P(r)]$ は影響半径 $[R_1]$，吸引量 $[Q]$ は土壌ガスの透気係数 $[k]$ と影響範囲 $[R_1]$ の関数となる。また，式(1)を使えば，吸引井戸内の吸引圧 $[P_W]$ とそれ以外の1点で土壌ガスの圧力を測定すれば吸引圧力 $[P_W]$ に対応する影響半径 $[R_1]$ を推定することができる。

表1に土質別の影響半径の概略値を示した。

2.2.3 土壌ガス吸引対策の設計

地質分布状況，土壌ガス分布状況等の基本情報の検討結果および段階吸引試験，透気試験によって得られた適正吸引量，吸引影響範囲をもとに吸引井戸の構造，配置や連続運転を行う吸引量を決定する。なお，連続運転を行う場合には，吸引量での運転管理は難しいので吸引圧で運転管理を行うと良い。

吸引井戸を設置する場所は，出来るだけ土壌ガス濃度が最も高い地点又はその近傍とする。吸引影響範囲からみて，1本の吸引井戸では対策が必要な範囲から土壌ガスを吸引できない場合には，対策範囲全てから土壌ガスを吸引できるように複数の吸引井戸を設置する。複数の地点に吸引井戸を設置した場合は，土壌ガス濃度が高い地点から優先的に吸引することを基本とする。また，複数地点を同時に吸引した方が浄化効率が良くなる場合もある。

土壌ガスにVOCsが存在しないまたは低濃度である場所に，土壌ガス吸引と同じ深度を対象とした観測井戸がある場合には，その観測井戸を開放することにより浄化の効率が良くなることもあるため，浄化効率が低下した場合の対応の一つとすることも考えておくと良い。

地表面に被覆がない土地の比較的浅い深度を対象に土壌ガス吸引を行う場合には，地上からの漏気の影響を受ける[3]。土壌ガス吸引の対象深度と対象範囲の被覆状況を確認し，地表面に被覆がない場合には，仮設のシートで被覆する等の措置をとらないと浄化効率が悪くなることも考えておく必要がある。

2.2.4 運転中の管理

土壌ガス吸引の連続運転を行うにあたっては，吸引井戸で吸引ガス中のVOCs濃度，土壌ガスの吸引状況を確認するための吸引ガス流量および吸引圧についてモニタリングを行い浄化の進捗状況を確認する。また，観測井戸（観測井戸として使える吸引井戸も含む）により浄化対策の

状況を適切に把握するためには，モニタリングを行う地点および頻度の選定が項目の選定と併せて重要である。観測井戸でモニタリングを行う項目は，浄化の状況を確認するための井戸内ガス濃度および井戸内圧力とする。

モニタリングを行う頻度は，運転開始当初は吸引ガス濃度の変化が大きいため頻度を多くし，吸引ガス濃度が安定したら頻度を少なくした方がモニタリングの観点からは効率が良い。

吸引した土壌ガスの処理に活性炭を使う場合は，活性炭が破過して大気中にVOCsが放出されないように注意が必要である。吸引を開始してから活性炭が最初に破過した段階で，それまでの吸引ガス濃度とガス吸引量から活性炭の吸着能を推定し，次に活性炭が破過する時期を予測するといったような対応が必要である。さらに汚染の履歴が古く1,1-ジクロロエチレンなどの分解生成物の割合が多い場合は，トリクロロエチレンよりも1,1-ジクロロエチレンの方が活性炭吸着能の破過点に達するのが早い場合もある[4]ため，排ガスの管理は，日常的には検知管等の簡易分析により行うとしても，適宜ガスクロなどによる定性定量分析を取り入れる必要がある。

2.2.5 土壌ガス吸引の終了判断

土壌ガス吸引の終了は，吸引ガス濃度の低下により判断する。原則として，吸引ガス濃度が不検出になった状態が数週間程度継続した段階で終了とする。特に，吸引ガス濃度の不検出確認後，土壌ガス吸引を停止するまでの時間が短いと，時間をおいてから吸引した場合に，吸引ガス中からVOCsが検出される場合がある。なお，吸引ガス濃度が数ppmまで低下すると，その後は同じような濃度で長期間吸引される事例[5]もみられる。そのため，そのような場合を想定して，事前に土壌ガス吸引を終了する条件を決めておくことも考えておいた方が良い。

2.2.6 土壌ガス吸引の効果確認

土壌ガス吸引の効果は，原則として土壌環境基準との対比により確認する。効果確認を行う地点は，事前調査で土壌溶出量値が最も高かった場所もしくはその近傍と，土壌環境基準を超過していた範囲の外縁部とする。対策範囲の外縁部での効果確認は，対策範囲の広さに応じた地点数で，事前調査での土壌ガス分布状況および土壌溶出量調査結果をよく検討し，土壌汚染が存在していた可能性が高い場所を選定する。また，効果確認を行う深度は，事前調査で土壌溶出量が土壌環境基準を超過していた深度まで必要である。

2.3 対策事例[6]

対象地域の地質は，上部から盛土層，ローム層，凝灰質粘土層が分布し，以下深度80m以深まで数層の第四紀の砂層，粘性土層で構成されている。汚染物質はテトラクロロエチレン（以下，PCE）であり，その汚染状況は，検知管による土壌ガス調査により最高12,000ppmのPCEが検出され，ボーリング調査により最高2045mg/kg湿土のPCEによる土壌汚染が確認された。土

第1章 原位置抽出法

壌ガス吸引を行う深度は，地下水位がGL-11〜12mであることから地上からGL-10mまでとした。図6に土壌ガス調査の結果を示した。

本事例では，より効率的な土壌ガス吸引を行うために，広い範囲から低い吸引圧で多くの汚染土壌ガスを吸引できる方法を検討した。

図6中のB1〜B5でボーリングを行い，対象範囲の地質状況を把握して透気性についての検討を行い，ローム層，凝灰質粘土層，第1砂層上部の3層別々に吸引井戸を設置した。透気試験により地層別の透気性および影響範囲を把握し，さらに浄化効率をよくするために吸引井戸周辺の井戸口元を開放する試験（井戸開放試験）と複数井戸から同時吸引を行う試験（同時吸引試験）を行い，各手法についての有効性について検討した。

井戸開放試験の結果を表2に，同時吸引試験の結果を表3に示した。表2の井戸開放試験の結果から周辺井戸が密閉の時に対して，開放時の吸引効率（吸引量／吸引圧）が凝灰質粘土層では約60％，第1砂層上部では約13％上昇したことがわかる。表3の同時吸引試験の結果からは，1

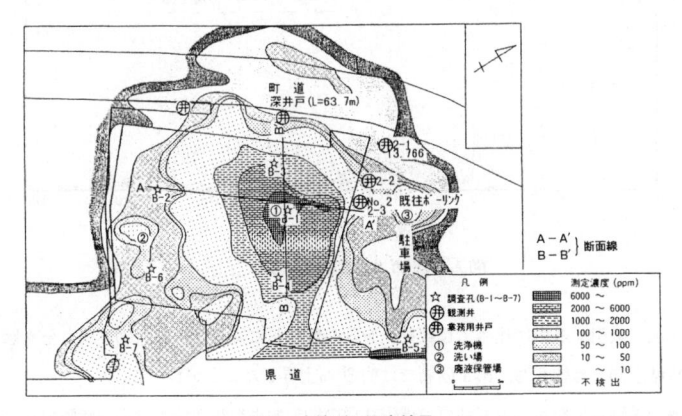

図6 土壌ガス調査結果

表2 周辺井戸開放による吸引圧，吸引量，吸引ガス濃度の変化

地層区分	吸引条件	吸引圧 (cmH$_2$O)	吸引量 (l/min)	吸引効率 (l/min・cmH$_2$O)	吸引ガス濃度 (ppm)
凝灰質粘土層	密閉	-161	527	3.28	1800
	開放	-112	584	5.22	2900
第1砂層上部	密閉	-164	546	3.32	980
	開放	-151	566	3.74	1500

表3 複数井戸同時吸引による吸引圧，吸引量，吸引ガス濃度の変化

地層区分	吸引条件	吸引圧 (cmH$_2$O)	吸引量 (l/min)	吸引効率 (l/min・cmH$_2$O)	吸引ガス濃度 (ppm)
ローム層	単独	−55.8	664	11.98	500
	3地点同時	−55.6	800	14.4	560
凝灰質粘土層	単独	−161	527	3.28	1800
	3地点同時	−219	759	3.47	2100
第1砂層上部	単独	−164	546	3.32	980
	3地点同時	−177	774	4.37	1400

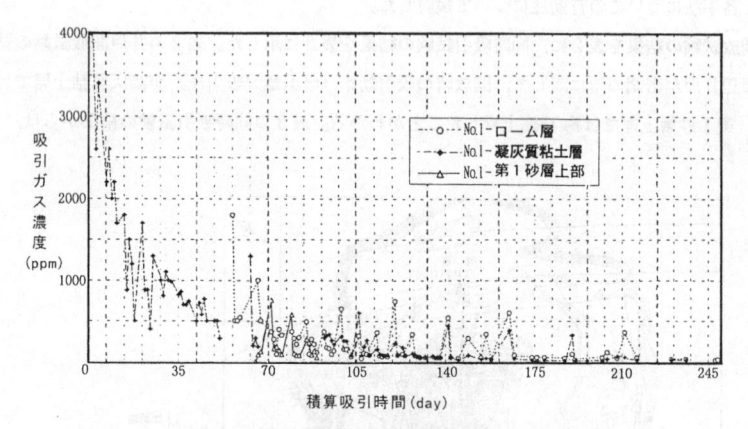

図7 吸引ガス濃度経時変化図

本の井戸を単独で吸引するのに比べて複数井戸を同時吸引した場合は，吸引効率がローム層で約20％，凝灰質粘土層では約6％，第1砂層では約30％上昇したことがわかる。

以上の一連の試験結果から，吸引井戸の周辺井戸の開放および複数地点での同時吸引は浄化効率の向上に対して有効であると判断し，高濃度の地点，地層を優先的に，井戸口元開放と複数同時吸引を併用しながら土壌ガス吸引を行った。

本事例での土壌ガス濃度の経時変化を図7に示した。約3,000時間の土壌ガス吸引を行った結果，土壌ガス濃度については汚染の中心であるNo.1地点付近で10分の1，その周囲では不検出〜10ppm未満へと低下したことが確認できた。さらにNo.1でのチェックボーリングの結果から，土壌のPCE濃度はほぼ全ての深度で浄化目標とした0.1mg/kg湿土まで低下したことを確認できた。

約3,000時間の土壌ガス吸引により約420kgのPCEを回収し，不飽和帯の浄化対策は完了し

第1章　原位置抽出法

たものと判断した。

文　　献

1) 矢部誠一ほか：難透気性地盤における地盤加熱併用土壌ガス吸引浄化技術，地下水・土壌汚染とその防止に関する研究集会第7回講演集，pp.169-172（2000）
2) P. C. Johnson *et al*："Quantiative analysis for the cleanup of hydrocarboncontaminatedsoils by *in-situ* soi venting", *Ground Water*, vol.28, no.3, pp.413-429（1990）
3) 岩田進午，喜田大三監修：土の環境圏，フジ・テクノシステム，pp.1134-1141（1997）
4) 社団法人日本水環境学会関西支部編：地下水・土壌汚染の現状と対策，pp.257-259（1995）
5) 吉田光方子，吉岡昌徳，谷本高敏，森口祐三，岡田泰史：土壌・地下水汚染調査と浄化対策に関する考察，地下水・土壌汚染とその防止に関する研究集会第8回講演集，pp.265-268（2002）
6) 奥村興平ほか：有機塩素系化合物に対する土壌ガス吸引法の浄化効果，応用地質技術年報 No.18, pp.7〜15（1996）

3 エアースパージング

江種伸之*

3.1 エアースパージングとは？

エアースパージングは，井戸から空気を帯水層に吹き込んで汚染物質を揮発させ，不飽和帯でガスとして回収する技術である（図1）。この技術は，汚染された地下水を揚水しないので，排水処理施設や排水処理費が不要になるといった経済的利点を持つ。また，トリクロロエチレンやテトラクロロエチレンなどの汚染物質は水に溶解するよりも揮発しやすく，水に溶解しているものは空気と接触することで容易に揮発するので，短期間で高い浄化効果（回収効率）が期待できる。

図2にエアースパージングに関する野外実験結果の一部（注入空気が流れている領域内の地下水中の汚染物質濃度変化)[1]を示している。この実験では約半年という短い期間で注入空気の到達する範囲（影響範囲と呼ぶ）内の汚染物質濃度が検出限界以下になっており，浄化効果の非常に高いことがわかる。ただし，影響範囲内はどこでも同じように汚染物質濃度が低下したわけではなく，汚染物質濃度の十分低下しなかった地点も一部見られた。エアースパージングの浄化原理から考えれば，注入空気がこの地点を流れていなかった可能性が高い。このように，エアース

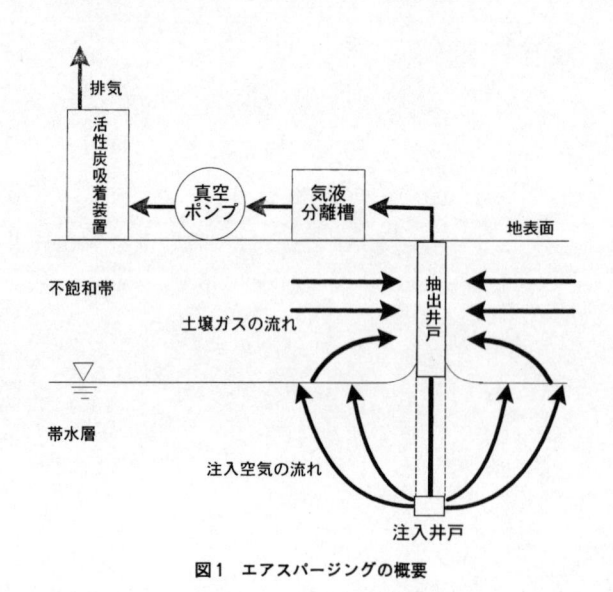

図1 エアスパージングの概要

* Nobuyuki Egusa 和歌山大学 システム工学部 環境システム学科 助教授

第1章 原位置抽出法

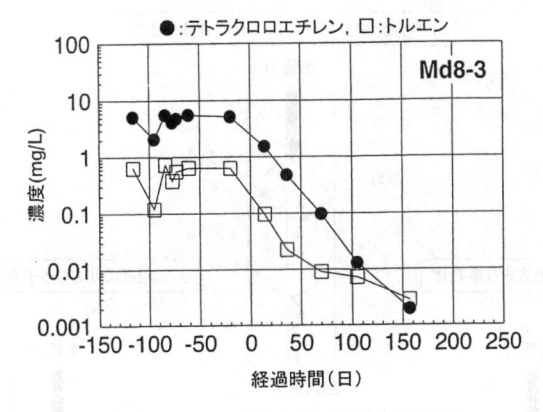

図2 野外実験における地下水中の汚染物質濃度変化

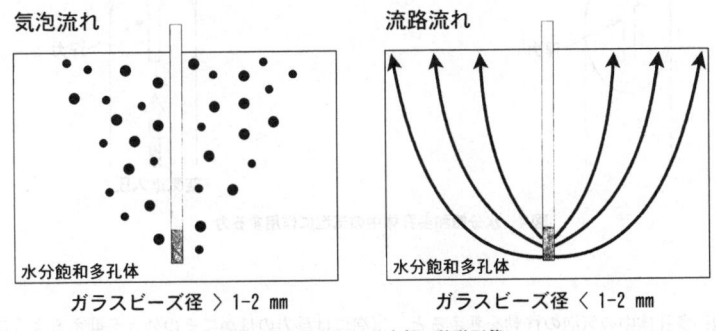

図3 帯水層における空気の移動形態

パージングの浄化効果は帯水層における注入空気の流れに大きく左右されるので，帯水層における注入空気の移動特性を理解しておくことが非常に重要である。そこで，ここでは帯水層に注入された空気の移動特性について簡単に述べることにする。

3.2 注入空気の移動形態

図3に帯水層（水分飽和多孔体）に注入された空気の移動形態を示している。多孔体が均一粒径のガラスビーズで形成されているとすると，注入空気は粒径の大きい（間隙径の大きい）場合には気泡となって上昇し（気泡流れ），粒径の小さい（間隙径の小さい）場合には流路を形成して上昇する（流路流れ）[2,3]。

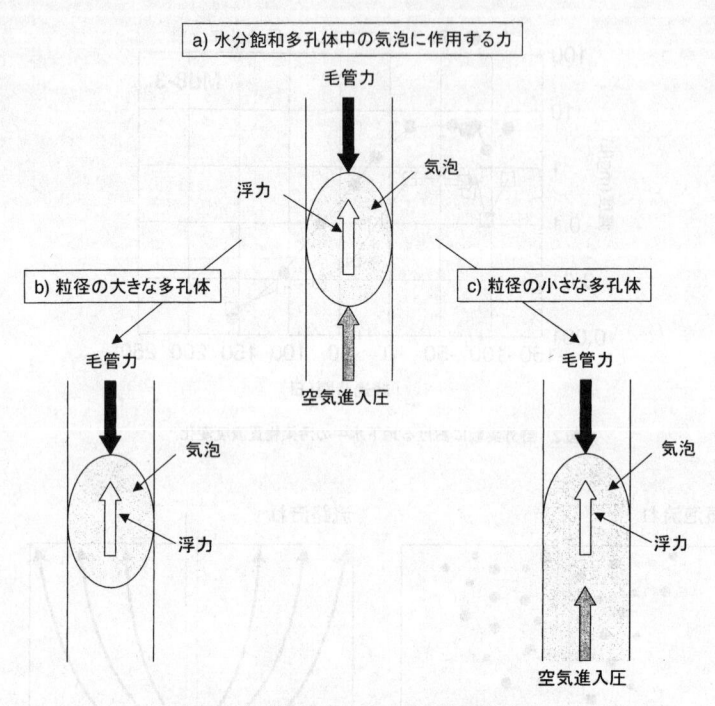

図4 水分飽和多孔体中の気泡に作用する力

a) 水分飽和多孔体中の気泡に作用する力
b) 粒径の大きな多孔体
c) 粒径の小さな多孔体

　水分飽和多孔体中の気泡の移動を考えると、気泡には浮力のほかにその動きを抑えるように毛管力が作用している（図4a）。水－空気界面に働く表面張力を一定とすると、粒径が1～2mmより大きいガラスビーズで形成された水分飽和多孔体では浮力が毛管力よりも大きくなるので気泡は多孔体内を移動できる（図4b）。しかし、それ以下の粒径では毛管力が浮力よりも大きくなるので気泡は多孔体内を移動することができない[3]。したがって、粒径が1～2mm以下のガラスビーズで形成された多孔体中を空気が移動するためには浮力以外の力が必要になる。空気が多孔体に進入するときに働く圧力（空気進入圧）がこの力に相当する（図4c）。すなわち、粒径が1～2mm以下のガラスビーズで形成された多孔体では空気進入圧と浮力の合計が毛管力よりも大きくなると空気の移動が始まるので、空気が多孔体中を移動し続けるためには空気進入圧が常に空気に作用していなければならない。その結果、注入した空気は連続した流路を形成して移動することになる。

　自然土壌は様々な粒径の土粒子で構成されている。扇状地や旧河道などの粗礫を中心とした場

第1章 原位置抽出法

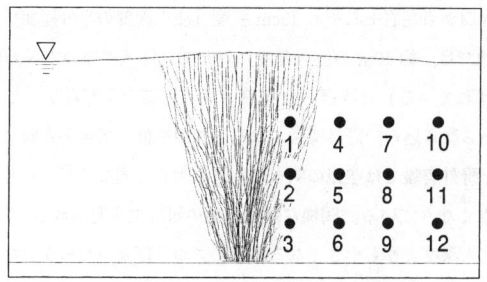

図5 2次元水槽実験における注入空気の流れ

所を除けば，多くの地盤では細粒分を含んでおり，間隙サイズは1～2 mmの均一粒径のガラスビーズで形成された多孔体よりも小さいと考えられる。したがって，帯水層に注入された空気は流路を形成して流れている場合が多いと判断できる。図5に1 mm径のガラスビーズを用いた2次元水槽実験における注入空気の流れ[4]を示しているが，帯水層に注入された空気はこの図のように多数の流路を形成して流れていると考えてよいだろう。

なお，この図では注入空気の影響範囲内でも注入空気の流れていない場所が存在している。多孔体が均一粒径のガラスビーズで形成されていたとしても，ビーズは均一に詰まっているわけではないので間隙径も一定にはならない。すなわち，間隙径のわずかな違いが注入空気の流れる場所と流れない場所を分けていると考えられる。このことから，自然土壌では，たとえ同一地層内でも通常は様々な粒径の土粒子で構成されているので，この実験結果以上に空気の流れる場所と流れない場所がはっきりと分かれている可能性が高い。

空気流路の近くでは地下水中の汚染物質の揮発が進んで濃度の低下も早まるが，流路から離れた場所では汚染物質の揮発は期待できない。したがって，先に示した現場実験（図2）で注入空気の影響範囲内に汚染物質濃度の低下しない地点が存在したのは，その付近を注入空気が流れていなかったためと考えられる。このような事態をさけるために，空気注入を間欠的に行って空気の流れを絶えず変化させる方法（間欠運転と呼ぶ）が実施されている。ただし，この方法では地下水が撹乱されるので，汚染物質の拡散に留意しなければならない。

3.3 注入空気の影響範囲

エアースパージングでは注入空気の影響範囲が浄化可能領域になるので，現場では注入空気の影響範囲を特定することが非常に重要である。先に示した室内実験（図5）では，地下水面から

土壌・地下水汚染の原位置浄化技術

空気注入地点（ここでは注入深度と呼ぶ）までの深さ42cmに対して，水面地点における空気の水平向の拡がりは注入口から左右それぞれ18cm程度（注入深度の半分程度）であった。一方，図2に示した野外実験では，約10mの注入深度に対して，注入空気の水平方向の拡がり（注入空気の影響半径と呼ばれている）は半径7m程度（注入深度の7割程度）であった。室内実験では空気を水槽底面から吹き込み，野外実験では垂直井戸を使って水平方向に空気を吹き込んでいるので，室内実験と野外実験では空気の吹き込み方が大きく異なるが，ともに影響半径は通常は注入深度よりも小さくなっている。同様な結果は他の研究でも見られる[2,5]。したがって，注入空気の影響半径は注入深度よりも小さくなると考えておけばよいだろう。なお，近年はボーリング技術の発達により水平井戸から空気注入を行って，できるだけ注入空気の影響範囲を大きくする試みも行われるようになってきている。

3.4 バイオスパージング

エアースパージングは，帯水層に存在している汚染物質の揮発を促進させるだけでなく，地下水に酸素を供給する方法（バイオスパージングと呼ぶ）としても利用できる。実際にエアースパージングを適用した現場で好気的微生物分解による地下水中の汚染物質濃度の減少が確認されている[6,7]。図6にエアースパージングを実施した現場における結果（一部）[6]を示している。図6a)は注入空気の影響範囲内の観測井における地下水中のテトラクロロエチレンとトルエン濃度の時間変化，図6b)は注入空気の影響範囲から少し外れた観測井における地下水中の両物質濃度の時間変化である。影響範囲内の観測井では両物質の濃度が共に低下しているが，影響範囲外の観測井ではトルエン濃度だけが低下している。影響範囲内の観測井では注入空気への揮発によって

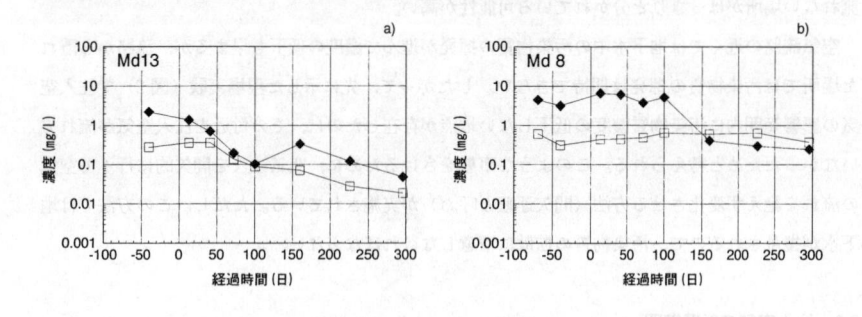

□:テトラクロロエチレン，◆:トルエン

図6 エアースパージング実験現場における地下水中汚染物資濃度変化

第1章 原位置抽出法

両物質濃度が低下したと判断できる。一方,影響範囲外の観測井では注入空気は通過していないので,注入空気への揮発によってトルエン濃度が低下したわけではない。この地点では注入空気は通過していないが,溶存酸素濃度の上昇が確認されているので,好気条件下で微生物分解されやすいトルエンの濃度は,溶存酸素濃度の上昇による好気分解によって低下したと考えられる。

以上のように,好気分解が可能な汚染物質の場合には,注入空気の影響範囲ではなく溶存酸素濃度の上昇する範囲が浄化可能領域になる。今回示した現場の事例でも見られたが,溶存酸素の上昇する範囲は注入空気の影響範囲よりも大きくなる。これは,地下水の流れ(移流)や分散現象によって溶存酸素が周辺に拡がっていくためである。地下水の流れによる溶存酸素の拡がりを期待できない現場では,間欠運転を行って絶えず水を撹乱させることで溶存酸素を周辺に拡げることが可能になるかもしれない。

文　　献

1) 江種伸之ほか:地下水へ注入された空気による水質回復効果について,日本地下水学会誌, No.40, 4, 1998.
2) Ji, W. et al.: Laboratory Study of Air Sparging: Air Flow Visualization, Groundwater Monitoring and Remediation, Fall 1993, 1993.
3) Brooks, M. C. et al.: Fundamental Changes in In Situ Air Sparging Flow Patterns, Groundwater Monitoring and Remediation, Spring 1999, 1999.
4) 江種伸之ほか:水分飽和多孔体へ注入した空気の移動と溶解特性,日本地下水学会誌, No.44, 4, 2002.
5) Lundegard, P. D. and LaBrecque, D.: Air Sparging in a sandy aquifer (Florence, Oregon, U. S. A.): Actual and apparent radius of influence, Journal of Contaminant Hydrology, **19**, 1995.
6) 江種伸之ほか:地下水中への空気注入による揮発性有機化合物の除去効果について,土木学会環境工学研究論文集, 37, 2000.
7) Johnston, C. D. et al.: Volatilization and biodegradation during air sparging of a petroleum hydrocarbon-contaminated sand aquifer, Groundwater Quality: Remediation and Protection, IAHS Publ. No.250, 1998.

4 原位置土壌洗浄

熊本進誠*

4.1 はじめに

原位置土壌洗浄法は水を汚染土壌中を通過させ，その地下水に汚染物質をフラッシングして液相に溶出させることからソイルフラッシング（soil flushing）法とも呼ばれ，In-Site（原位置）で実施される広い意味の土壌洗浄法のひとつであり，On Site あるいは Off Site で実施される掘削した土壌を対象とした狭い意味の土壌洗浄 soil wash 法とは区別して取り扱われている。同法はまた水を含めた溶剤に対象物質を抽出して回収することから原位置抽出法として取り扱われることもある。

4.2 処理プロセス

原位置土壌洗浄法は，原位置で水あるいは分離促進化薬剤やガスを加えた水に汚染された土壌から汚染物質を溶出させて，分離回収する方法である。図1に基本的なシステムの模式図を示す[1]。同図は注入（injection）井戸から水を注入して汚染土壌から対象物質を溶出させ，回収（recovery）井戸から対象物質を含んだ水を回収して地上に設置した処理設備で対象物質を分離回収した後，水を再注入するシステムの概念図を示している。

また図2には井戸から水を供給し，揚水した水を地上設備で処理するシステムの現場試験模式図を示す[1]。水の供給方法としては①地表面スプレー②表面灌水③掘削した溝からの供給④注入

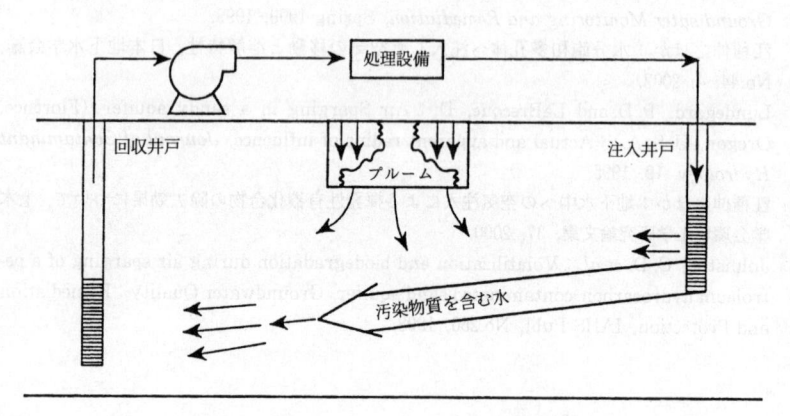

図1　基本的なソイルフラッシング法の概念図

* Shinsei Kumamoto　㈱環境建設エンジニアリング　環境事業部　事業部長

第1章　原位置抽出法

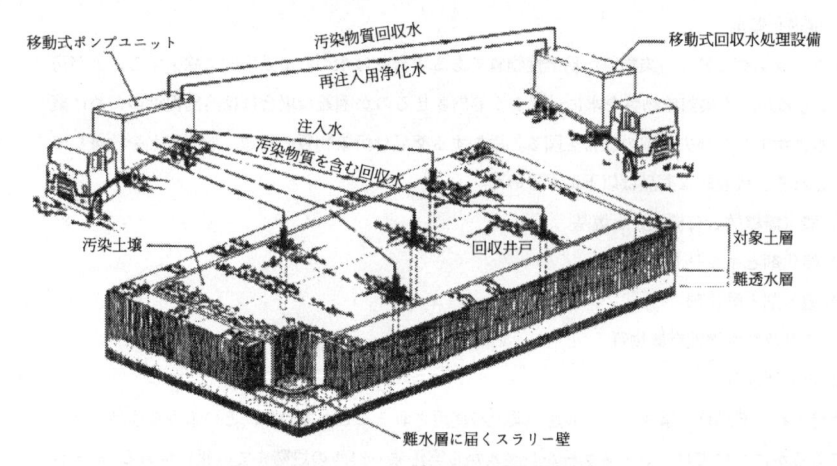

図2　ソイルフラッシングシステム現場試験模式図

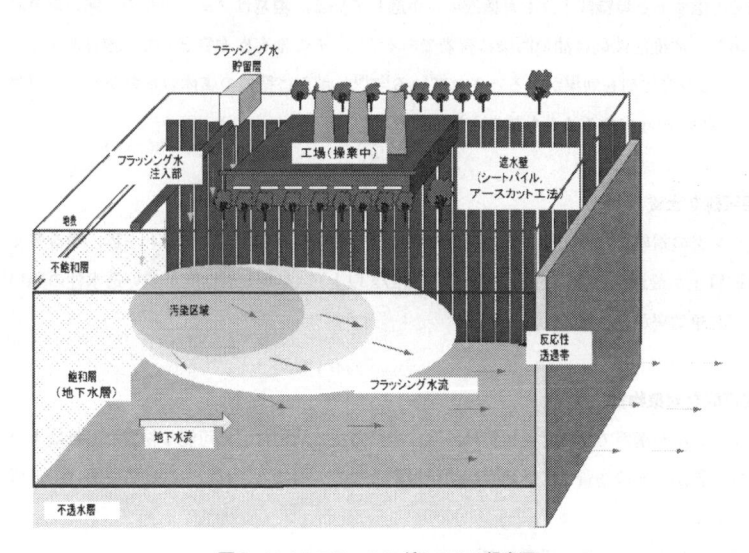

図3　ソイルフラッシングシステム想定図

井戸などが行われている。また回収水の処理は地上に設置した設備で行い再注入する場合が多く行われているが，地上部に設置した処理施設を設けずに下流部に設置した反応性透過帯で吸着分離除去することも考えられ，図3にはその場合のシステムの想定図を示す[2]。

4.3 促進化薬剤

フラッシングでは，汚染物質が易溶性物質である場合には水のみで効率的に除去することが可能[2]であるが，汚染対象物質を水に効率よく溶出させるのが困難な場合には溶出促進のために薬品を水に添加して除去効率の改善を図る。添加する薬品は汚染物質の種類，形態などを考慮して選択される。代表的な薬品は以下にまとめた。

1) 酸（無機酸と有機酸）と塩基
2) 錯化剤とキレート剤
3) 還元剤と酸化剤
4) 溶剤及び水溶性有機物質
5) 界面活性剤

使用される薬品は土壌洗浄法と共通の薬品が使用されることが多いが，どのような薬品が効果的であるかについてはベンチスケールレベルから実汚染レベルの段階までの報告がある[3]。一般に酸（無機酸，有機酸）は重金属の分離に効果がある[4~6]。環境への影響や対象物質以外の物質の溶出等を考慮すると無機酸よりも有機酸の方が適している。塩基はフェノールや一部の重金属に有効であり，界面活性剤は油の汚染に有効である[7~10]。その他有機物質として水溶性高分子[11]やEDTAなどの錯化剤も効果があるとされている[12~15]。さらに循環の媒体の水のかわりに炭酸水を用いてVOCを除去することも試みられている[16]。

4.4 適用可能な土質

フラッシングの対象となる土壌としては，均質で透水性の良好な土質，すなわち砂，礫を多く含有する砂質土が最適である（透水係数で 10^{-4} cm/s 以上）。シルトや粘度が多い透水性の悪い土壌では，洗浄効率が悪くなる。

4.5 適用可能な対象物質

フラッシング法が適用できる汚染物質は，何らかの方法で液相に溶出可能な物質であればよいので，有機物質から無機物質に広い範囲が適用対象となる。対象とされる主な物質をあげると以下のようになる。

○重金属（六価クロム，鉛，砒素など）
○塩（硝酸塩など）
○シアン化合物
○揮発性有機物質（BTEX と略称されるベンゼン，トルエン，エチルベンゼン，キシレンの低分子芳香族炭化水素から塩素系有機物質（トリクロロエチレン，テトラクロロエチレンな

第1章 原位置抽出法

ど))
○油（ガソリン，軽質油，石油系炭化水素ほか）
○フェノール類
○農薬
○殺虫剤
○放射性同位元素

4.6 回収フラッシング水の処理設備
　循環水は図2にあげたように地下に設置した浄化壁などにより処理する場合と図1にあげたように地上にポンプアップして地上に設置した設備により汚染物質の処理，回収する。地上で実施する場合の処理法を以下に示す。

1) 比重差分離
2) 凝集沈殿法
3) 砂濾過法
4) 活性炭吸着法
5) キレート樹脂吸着法
6) イオン交換樹脂法　等

汚染物質により，1)から6)に示した方法を単独あるいは複合して用いる。

4.7 システムで検討しなければならない要素
　土壌の掘削が不要なことが原位置の処理のメリットであり，好適な条件で行われれば低コストな処理であり，操業を続けながらの対策工事も可能である。しかし，制限要素も少なくないので十分な事前の検討が必要である。以下に検討が必要な要素について述べる。

4.7.1 トリータビリテイ試験
　実規模の試験を実施する前に対象土壌の処理可能性について対象土壌を用いた振とう試験やカラム試験などによるトリータビリテイ試験を実施する。土壌と対象物質の吸着性や添加薬剤の効果を検討するためにバッチ式のビーカー振とう試験を行う。土壌と汚染物質との化学的相互作用を評価する。ビーカーに一定量の土壌と水および汚染対象物質を加えたビーカーの平衡実験を行う。土壌への対象物質の吸着性に関するパラメーターを得る。吸着性は溶存濃度により大きく変化し，その評価方法としてfreundlichモデルなどいくつかの方法がある。また水系のpHや共存塩（Na^+，Ca^{2+}，Cl^-の濃度に大きく影響を受ける。カラム試験はベンチスケールガラスカラムに土壌を充填してフラッシング水を流し，破過曲線を作成して除去効率を評価する。それらの

61

試験結果から対象汚染物質の溶出反応やその輸送機構についての重要な情報が得られ，薬品の選定，フラッシング水の流動条件や浄化効果と期間等を決定あるいは推定することができる。

フラッシング水に薬品を添加する場合にはコスト面からその薬品の回収や適切な処理が必要であるが，周辺環境に影響を及ぼさない薬品の選定及び対象区域外への漏洩管理には特に留意しなければならない。

有機物に汚染された土壌を対象とする場合にオクタノール水分配係数 K_{ow} が 1000 以下である有機物は適用可能であるとされ，オクタノール水分配係数が 10 以下である有機物（低分子のアルコール，フェノール，カルボン酸と他の有機物）では自然に溶出は可能であり，オクタノール水分配係数が $10 < K_{ow} < 100$ である有機物（中間的な大きさの分子量を持つケトン，アルデヒド，芳香族，低分子量の有機物-TCE，PCEを含む）は水フラッシングで効率よく除去可能であるといわれている[1]。

4.7.2 対象土壌を含む地下構造

対象土壌を含む地質構造が均質であることは殆どない。そのため効率よく修復を進めるために対象域および周辺域の水分地質学的と地球化学的検討を十分に行っておくことが必要である。

また人為的な制限事項として，配管と地下のユーティリティーが地下の貯蔵タンクサイトの本法の有効性に大きな影響を与える。

4.7.3 システム運転時の障害

フラッシングシステム施工において最大の障害は目詰まり（plugging）と生物汚染（biofouling）であり，その対策は重要課題である。

4.7.4 処理完了の確認モニタリング

原位置浄化法の宿命として浄化効果の確認はむずかしい。シミュレーションの開発が進み，定期的な循環地下水のモニタリングと併せてかなりの確度で推定できるようになって来た。現実的には，地下構造によっては局部的に浄化できない所が残る可能性もあり，ボーリング等による直接の確認が必要となり，完了確認のためには適切な箇所を選定したモニタリングは必須である。

文　献

1) W. C. Anderson, *et al.*, Innovative Site Remediation Technology：Soil Washing/Soil Flushing, Vol.3 EPA 542-G-93-012 (1993)
2) 熊本進誠ほか，地下水・土壌汚染防止対策に関する研究集会第9回講演集，p49-52，(2002)
3) 三浦俊彦ほか，地下水・土壌汚染防止対策に関する研究集会第9回講演集，p516-519,

(2003)
4) P. H. Masscheleyn, *et al.*, *Water Air and Soil pollution*, **113**, p63-76, (1999)
5) 徳永修三ほか，地下水・土壌汚染防止対策に関する研究集会第9回講演集，p8-11, (2003)
6) 中川啓ほか，地下水・土壌汚染防止対策に関する研究集会第9回講演集，p66-69, (2003)
7) 宮川鉄平ほか，地下水・土壌汚染防止対策に関する研究集会第9回講演集，p42-45, (2003)
8) 伊藤辰也ほか，地下水・土壌汚染防止対策に関する研究集会第9回講演集，p248-251 (2003)
9) 萩野芳章ほか，地下水・土壌汚染防止対策に関する研究集会第9回講演集，p260-263, (2003)
10) C. N. mulligan, *et al.*, *Environ. Sci. Tevhnol*, **33**, p3812-3820, (1999)
11) 古川真ほか，地下水・土壌汚染防止対策に関する研究集会第9回講演集，p154-157, (2003)
12) J. Hong, *et al.*, *Water Air and Soil pollution*, **87**, p73-91, (1996)
13) M. A. Mayes, *et al.*, *Journal of Contaminant Hydrology*, **45**, p245-265, (2000)
14) H. E. Allen, *et al.*, *Environmental Progress*, **12**, 4, p284-293, (1993)
15) E. X. Wang, *et al.*, *Environmental Science & technology*, **30**, 7, p2211-2219, (1996)
16) 坪田康信，地下水・土壌汚染防止対策に関する研究集会第9回講演集，p58-59, (2003)

5 動電学的除去技術

和田信一郎*

5.1 動電現象の基礎

土は粘土から砂にいたる様々な大きさの鉱物粒子と，高分子の腐植物質からなる多孔質体であり，含水比にもよるが，一般に小間隙は水で満たされている。大部分の土においては，土粒子表面は負に帯電しており（例外もある），そこに様々な陽イオンが吸着されている。吸着イオンの一部はイオン吸着基に密着して強く吸着されている。また一部のイオンは，クーロン力の引力圏内で熱運動している。吸着基に密着していない吸着イオンの層を拡散層とよぶ。図1は土の間隙の様子を模式的に示したものである。

土に1対の電極を挿入して約1V以上の直流電圧を印加すると，両極で水の電気分解反応が起こると同時に，間隙水に溶存した陽イオンと，拡散層中の陽イオンの一部は陰極方向へ，溶存陰イオンは陽極方向へ移動する。この現象が電気泳動である。図1に示すように，土粒子表面が負に帯電している場合，間隙中で電気泳動しうるイオンの中では陽イオンの量が多いことになる。イオンは電気泳動するとき水分子と衝突しながら移動するので，陰極へ向かう陽イオンの量が陽極へ向かう陰イオンの量よりも大きいときには，陽極から陰極へ向かう正味の水の流れが生ずる。この現象が電気浸透である。電気泳動と電気浸透を合わせて第1種の動電現象（Electrokinetic Phenomenon）とよぶ。

イオンの平均電気泳動速度は，その場における電位勾配に比例する。いま電位を$\phi(V)$で表せ

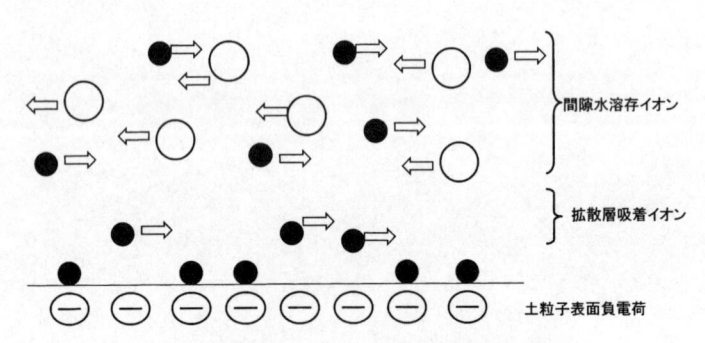

図1 負電荷を持つ土粒子と間隙水の界面の模式図

図の左手を陽極，右手を陰極として直流電圧をかけたときのイオンの移動の様子を示す。拡散層中のある陽イオンが電気泳動で移動すると，陽極側から電気泳動してきた別のイオンがそこに納まる。負電価の部分が空になることはない。

---

* Shin-ichiro Wada 九州大学 大学院農学研究院 助教授

ば，土中のイオンの移動速度 v(m) は1次元の場合，

$$v_{em} = \frac{\mu_{em} d\phi}{\tau^2 dx} \tag{1}$$

で表される（x軸は陽極から陰極へ向かう方向にとっている）。ここでμ_m($m^2V^{-1}s^{-1}$) は水中におけるイオンの移動度，τ は屈曲度とよばれ，溶質が土中のくねくねした間隙を移動する効果を表す無次元のパラメータである。電気泳動によるイオンのフラックスはしたがって，移動速度にその場におけるイオンの濃度を乗ずることによって求められる。

電気浸透による水の移動速度も電位勾配に比例する。つまり

$$v_{eo} = \mu_{eo} \frac{d\phi}{dx} \tag{2}$$

と表される。ここでμ_o($m^2V^{-1}s^{-1}$) は電気浸透係数とよばれる量である。電気浸透による溶質のフラックスもまた，移動速度にその場におけるイオンの濃度を乗ずることによって求められる。電気浸透係数は土に固有の定数ではなく，土粒子表面の負電荷の量や吸着イオンの状態によって変化する。一般に間隙水の pH が高くなるにしたがって絶対値は大きくなる。

動電現象による物質移動の特徴は，土の透水係数にほとんど無関係である点である。電場による力は土の間隙中の個々のイオンに直接作用してイオンを移動させるだけでなく，その衝突により水分子を移動させる。したがって，電圧の印加による電位勾配が同じであれば，ベントナイトでも砂でもほぼ同様な電気浸透流が発生し，また電気泳動によるイオンの移動速度も土の透水性にかかわらず大きく異ならない[1]。

5.2 動電学的土壌浄化の基本

動電学的土壌浄化法は，汚染土に電極を通じて直流電圧を印加し，電気泳動と電気浸透を発生させることによって汚染物質を除去しようとする方法である。電極の設置法はおおよそ次のようなものである。汚染土を通電プラントに充填して処理する場合には，土槽の両端に電極室を設けて水あるいは酸溶液や塩溶液を満たし，そこに電極を入れる。この場合には土の間隙も液で飽和された状態で通電するのが効果的である。一方原位置処理をおこなうときには，多孔質壁をもつ電極容器を土に挿入し，その中に電極を設置する。電極室は溶液で満たし，後述するようにポンプで循環させながら pH 調節などをおこなう。

大部分の土では電気浸透流は陽極から陰極へ向かう。したがって，陽イオン性汚染物質（Pb^{2+}，Cd^{2+} など）は電気泳動と電気浸透によって陰極方向へ移動する。また陰イオン（六価クロム CrO_4^{2-} など）は電気浸透流に逆らいながら陽極へ移動する。そして有機塩素化合物など非イオン性物質は電気浸透によって陰極へ移動する。

表1には式(1)と(2)に関するパラメータをまとめて示した。これらの値を用いて計算すると，$-100Vm^{-1}$ の電位勾配が与えられた場合，つまり土に1mの間隔で電極を挿入し，100Vの電圧

表1 電気泳動および電気浸透に係るパラメータの値

屈曲度			
1〜2			
電気浸透係数/m² V⁻¹ s⁻¹			
$-10^{-9} \sim -10^{-8}$			
イオンの移動度/m² V⁻¹ s⁻¹			
イオン種	移動度	イオン種	移動度
Al^{3+}	-6.53×10^{-8}	Cl^-	7.91×10^{-8}
Ca^{2+}	-6.17×10^{-8}	CrO_4^{2-}	8.81×10^{-8}
Cd^{2+}	-5.59×10^{-8}	I^-	7.96×10^{-8}
Cu^{2+}	-5.55×10^{-8}	MnO_4^-	6.37×10^{-8}
H^+	-36.25×10^{-8}	NO_3^-	7.40×10^{-8}
K^+	-7.61×10^{-8}	OH^-	20.55×10^{-8}
Mg^{2+}	-5.49×10^{-8}	SO_4^{2-}	8.29×10^{-8}
Na^+	-5.19×10^{-8}	CH_3COO^-	4.23×10^{-8}
Pb^{2+}	-7.20×10^{-8}		
Zn^{2+}	-5.47×10^{-8}		

を印加した場合，H^+イオンの移動速度が最大で約13cm/h，OH^-イオンがこれにつぎ約7.4cm/h，その他の大部分のイオンは 2〜3 cm/h となる。これに対して電気浸透流速は 0.036〜0.36 cm/hにすぎない。つまり，電気浸透流速よりも電気泳動速度がはるかに大きく，電気浸透が起こっている場合でも，陰イオンはそれに逆らって陽極方向へ電気泳動する。この計算では土の屈曲度は1としたが屈曲度2の場合でも大勢に影響はない。

　この概算から明らかなように，除去対象汚染物質がイオン性の物質の場合，電気浸透よりも電気泳動の寄与のほうが圧倒的に大きい。電気浸透が主要な除去機構として働くのは，非イオン性の物質に対してのみである。

5.3　実用技術開発のためのいくつかのポイント

　導電現象を利用した土壌浄化法（導電学的土壌浄化法）の原理は単純である。対象土がある程度湿ってさえいれば，直流電圧を印加するだけで，汚染物質は必ずある程度は移動する。しかし，これを除去技術として用いるには，ある程度移動するのでは不十分であり，含有量基準を満たすまで除去し，かつ処理土が溶出基準を満たすのでなければならない。動電学的土壌浄化法は，原理的には原位置浄化が可能であること，洗浄法，フラッシングなど他の浄化法が適用困難な低透水性の粘性土にも適用可能なことから注目され，精力的な研究が行われてきた。しかし 2004 年

第1章　原位置抽出法

初頭の時点では，いくつかの企業が実用化してはいるものの，除去技術として広く受け入れられ，評価が定まるまでにはいたっていない。ただ，砂質土以外では，重金属類に対する，原位置施行可能な除去技術としてほかに適当な方法が開発されていないことから，今後も引き続き技術開発の対象になり，さらなる技術開発が行われると考えられる。以下，この技術の採用を検討する場合，また技術開発を行う際のポイントを基礎研究の立場から述べる。

5.3.1　溶存していない物質は移動しない

　電気泳動や電気浸透によって移動するのは，基本的には土の間隙水に溶存しているイオンや分子である。土の表面に吸着されたり，難溶性物質として沈殿しているものは移動しない。土の代表的な陽イオン吸着体である層状ケイ酸塩粘土鉱物の表面は負電荷を帯びているが，その表面近傍の電位勾配は $10^6 \mathrm{Vm}^{-1}$ を下回らない。土に外部からたかだか $100 \mathrm{Vm}^{-1}$ 程度の電位勾配を与えてもそれによって吸着陽イオンが表面から引き離されて移動するということはありえない。陰イオンについても同様である。また，硫酸鉛として土の間隙に沈殿している鉛が移動することもない。電気泳動や，電気浸透はあくまでも，土の間隙に溶解して存在するイオンや分子の移動手段でしかない。

　したがって，汚染物質の形態が，例えば硫酸鉛，金属鉛のように不溶性のものである場合には動電学的方法の適用外とするか，あるいは酸など適当な薬品の投入により溶解したのち適用しなければならない。

　多くの汚染土では鉛やカドミウム，六価クロムはイオンとして存在する。しかしその大部分（特に陽イオン）は間隙水に溶存するのではなく，粘土粒子や腐植物質に吸着されている。このような場合には脱着させることが必要である。

　土は，Pb^{2+}，Cd^{2+} などの重金属陽イオンに対しては，大きく分けると2種の吸着サイトを持っている。ひとつは，スメクタイトやバーミキュライトのような層状ケイ酸塩表面である。それらの鉱物の結晶の骨格は，理想組成からのズレのため電気的に中性でなく，負に帯電している。その負電荷のため，これらの鉱物表面にはクーロン力によって陽イオンが吸着されている。このサイトへの吸着はクーロン力によるものであるので，結合は比較的弱く各種陽イオンに対する親和性の差が少ないのが特徴である。

　もうひとつの吸着サイトは，酸化，水酸化物鉱物（たとえばゲータイト＝針鉄鉱）表面にある水酸基（OH基），腐植物質のもつカルボキシル基（COOH基）のような弱酸基である。これらの官能基は例えば次のような反応

$$2\mathrm{Fe{-}OH} + \mathrm{Pb}^{2+} = (\mathrm{Fe{-}O})_2\mathrm{Pb} + 2\mathrm{H}^+ \tag{3}$$

のように重金属イオンを吸着する。この吸着基への結合は共有結合性を帯びたかなり強いもので，重金属イオンに対してかなり選択的である。ただし吸着基が弱酸的な性格であるので，間隙水の

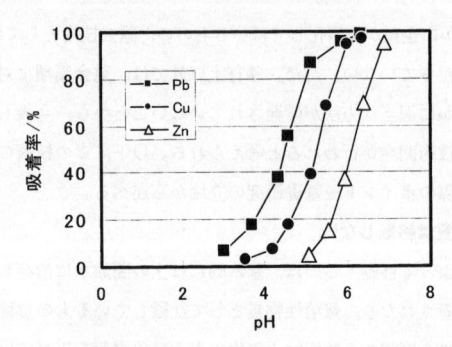

図2 酸化鉄鉱物による鉛，銅，亜鉛イオン吸着のpH依存性[2]

水素イオン濃度が高くなると（つまりpHが低くなると）(3)の反応は逆に進み，吸着イオンは脱着される。図2は酸化鉄鉱物による重金属イオンの吸着特性をpHの関数として測定した結果の一例である[2]。

幸いなことに，陽極においては，次の反応のように水分子の電気分解が進行し，水素イオンが生成する。

$$2H_2O = 4H^+ + O_2 + 4e^- \tag{4}$$

ここでe^-は電子を表す。水素イオンの移動度は他のどのイオンよりもほぼ一桁大きいので（表1），土に電極を挿入して直流電圧をかけさえすれば，処理土の間隙水は陽極側から次第に酸性化する。したがって，弱酸的な官能基に吸着されている重金属陽イオンは(3)式の反応が左へ進行することによって脱着する。もちろんこの反応は外部から酸を添加することによりいっそう促進することができる。このように，通電による自然な成り行きあるいは酸添加によって土の間隙水のpHを十分低くすれば，弱酸的な官能基への吸着は押さえ込むことが可能である。

このことは，ある種の土にとっては非常に大きな問題である。たとえば，貝殻（炭酸カルシウム）を多量に含むような土である。このような土では貝殻が溶解し尽くすまで間隙水のpHが5以下に低下することはない。つまり，重金属が脱着して移動を始めるまでに多量の電力を投入しなければならない。もうひとつは，アロフェンを多量に含む火山灰土（関東ロームがその一例）である。アロフェンはその表面におびただしい量のAl-OH基（アルミノール基）を持っており，酸（たとえば塩酸）が加わると

$$Al-OH + HCl = Al-OH_2Cl \tag{5}$$

のように，ほぼ定量的に吸着してしまうので，間隙水のpHを下げることが非常に困難である[3]。このような土を処理するには長期戦を覚悟するか，適用を断念するかのいずれかを選択せねばな

らない。

　もうひとつの吸着機構，層状ケイ酸塩鉱物の吸着基による陽イオン吸着は，単に pH を低くすることによって抑えることはできない。なぜなら，pH2 の場合でも水素イオン濃度は $0.01 mol L^{-1}$ 程度でしかなく，この吸着基は水素イオンに対して特に高い親和性を持つわけではないので，吸着重金属陽イオンの大半を水素イオンによって効果的に交換脱着させることはできない。処理対象土に，カルシウム塩などの可溶性塩類を多量に投入して間隙水のイオン濃度を上げると，そのイオンとの交換によって重金属イオンが次第に脱着するが，よほど塩濃度を高くしない限り完全に脱着させることは困難である。

　導電学的除去技術が精力的に検討され始めた頃には，この技術は難透水性の粘性土にも適した技術であると考えられていた。しかし，粘土分の多い土は層状ケイ酸塩鉱物含量も高いことが多く，陽イオン交換容量（CEC）も高い。このような土では，土を十分酸性化したとしてもなお機能する層状ケイ酸塩鉱物による非選択的な陽イオン吸着のため，砂質土の場合よりも陽イオンの移動速度は格段に遅い。CEC が非常に低いカオリン粘土を用いた模擬実験では高い除去効率を示した方法が，実汚染土に適用したときにはうまくいかない原因のひとつは層状ケイ酸塩鉱物による吸着が原因であろう。

　層状ケイ酸塩による吸着を完全に抑制する方法の一つは，EDTA（エチレンジアミン四酢酸）やクエン酸などのキレート材を添加し，重金属陽イオンを陰イオン性のキレート化合物とすることである。陰イオンは層状ケイ酸塩鉱物にはほとんど吸着されないので，除去効率は格段に高くなる[4]。ただしこの場合には，用いたキレート剤の生分解性がよほど高くない限り，溶出試験を満たすまで徹底的に除去する必要が出てくる。陰イオン性キレートになった重金属はもはや土粒子には吸着されないので除去処理後の不動化が非常に困難であるからである。

5.3.2　電気泳動，電気浸透に選択性はない

　表1に示すように，水素イオンと水酸化物イオン以外の移動度は類似しているので，同じような速度で電気泳動する。電気浸透による移流速度はどの溶質についても同じである。このため，間隙水に溶存する特定の溶質を電気泳動や電気浸透によって選択的に輸送することは不可能である。

　鉛含量が $10,000 mg kg^{-1}$ 程度の高度汚染土でも，鉛の含量は，土に交換性陽イオンとして吸着されているカルシウムやマグネシウムイオンの量と同じ程度か少なめである。電気泳動は非選択的であるので，鉛イオンを 90％除去しようとするなら，カルシウムやマグネシウムイオンも同じ程度除去される。このことは，目的イオンの電気泳動に消費される電気エネルギーよりもそれ以外のイオンの電気泳動に消費される電気エネルギーが多いことを意味する。重金属イオンを脱着するため酸を供給して間隙水の pH を下げたり，層状ケイ酸塩への吸着を阻止するため競合イ

オン濃度を高くすると，その傾向は一層大きくなる。つまり，除去速度を上げるための脱着促進対策は，エネルギー効率を低下させることが不可避である。両者の得失を考慮した最適化が必要である。

5.3.3 陰極のアルカリ性化により重金属は沈殿する

水の電気分解により陽極では水素イオンが発生する。一方，陰極では

$$4H_2O + 4e^- = 4OH^- + 2H_2 \tag{6}$$

のように水が電気分解し，水酸化物イオンが発生する。この結果陰極近傍および周辺の土の間隙水は強アルカリ性になる。水素イオンの移動度の方がが大きいため，アルカリ化する領域が土の半分を越えて広がることはない。それでも，陽極側から電気泳動してきた重金属イオンはアルカリ領域で水酸化物イオンとなって沈殿する。重金属陽イオンを陽極まで移動させ，揚水などによって回収するためには，アルカリ性化を防止する必要がある。

陰極近傍の土のアルカリ性化防止法には2通りある。1つは陰極近傍に酸を注入する方法である。陰極室の溶液をポンプアップし，pH調整した後，再度陰極室に戻す方法が典型的である。酸としては塩酸が安価であるが，硫酸（鉛汚染土には不適），酢酸なども用いられる。2つ目の方法としては，陰極室と土の間にNafilon®などのイオン選択性膜を入れ，水酸化物イオンが陰極室から土へ電気泳動するのを阻止する方法がある。この方法は，室内実験ではよい成績を上げているが[5]，パイロットスケール以上の試験に応用されたことはほとんどないようである。おそらくは膜の脆弱性のため，実装が難しいのであろう。

5.3.4 土内の電位勾配は放置すれば不均一化する

イオン性の汚染物質の主要な除去機構は電気泳動であり，電気泳動速度は式(1)に示すように電位勾配に比例する。したがって汚染物質除去に最も適した条件は，電極間の電位勾配がいたるところ一定であることである。そしてそれは，電極間の土の電気抵抗がいたるところ一定であることに相当する。土の電気抵抗はほとんど土の間隙水の電気抵抗で決まるので，そのためには間隙水のイオン組成がいたるところ一定でなければならない。

しかし，電極間に電位差を与えると，陽イオンは陰極へ，陰イオンは陽極へ移動するので電極の中ほどはイオン濃度が低下する。さらに，水の電気分解のため，陽極近傍では水素イオン濃度が高くなり，陰極近傍では水酸化物イオン濃度が高くなる。これらのイオンは移動度（表1），したがって電気伝導率が大きいので，酸性およびアルカリ性領域の抵抗はきわめて小さくなる。この結果，酸性およびアルカリ性領域の電位勾配は極めて小さく，電極に与えた電位差の大半は抵抗の大きい領域にかかることになる[6]。この様子は図3に模式的に示した。

有害重金属のうち六価クロムはCrO_4^{2-}という陰イオンとして存在し，土粒子には比較的吸着されにくい。陰イオンは陽極へ向かって電気泳動するので，アルカリ性化による沈殿の恐れもな

第1章 原位置抽出法

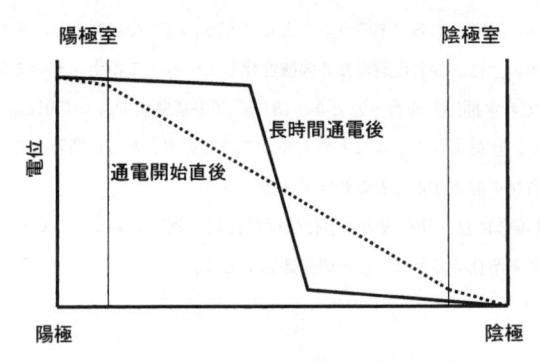

図3 土に電圧を印加して通電開始直後，および
長時間通電後の電位分布の模式図
イオン分布の不均化対策なしの場合

く動電学的浄化技術の対象として適したもののひとつである。それでも，対象土に電圧を印加しただけでは，間隙水組成の不均化の結果として起こる図3のような電位分布のため電位急変領域と陽極の間（図3）に入ったクロム酸イオンの電気泳動速度はきわめて遅くなる。除去効率を上げるためには間隙水組成の著しい不均化を避ける工夫が必要である。

5.3.5 電極の消耗は無視できない

動電学的浄化のために最も適した電極材料は白金を代表とする貴金属であるが，高価であるため利用することは難しい。それに代わる電極材としては，炭素（多結晶グラファイト）炭素鋼，アルミニウムなどがあるがいずれも，陽極として用いると消耗が激しい。鋼やアルミニウムはFe^{2+}，Al^{3+}となって溶解し消滅する。炭素は溶解することはないが，グラファイト結晶粒界での激しい酸化作用のためぼろぼろに崩れる。また炭素の一部は二酸化炭素となる。いずれにせよこれらの材料を電極としたときには，陽極は消耗品であり，頻繁に交換することが必要である。

貴金属めっきした電極を用いると消耗を避けることができるが，メッキ膜を損傷しないように装置を工夫する必要がある。

5.3.6 浄化後の土には不溶化（安定化）処理を施す必要がある

浄化処理の目的は，対象土の有害物質含量を，含有量基準以下に低下させることである。検出限界以下まで低下させるに越したことはないが，経費とエネルギーを考えるとそれは効率的ではない。とくに動電学的浄化においては，含有量が低下するにつれて浄化効率も低下するので，徹底的な浄化を目指すことは不合理である。

具体例をあげる。鉛の場合，日本の含有量基準は$1\,mol L^{-1}$塩酸による固液比1：30での抽出鉛量として$150\,mg kg^{-1}$である。動電学的浄化における目標はこの値と約$30\,mg kg^{-1}$（非汚染土

の平均鉛含量)の間に設定されるであろう。たとえば 50mgkg^{-1} を目標とし、それが達成された としよう。処理直後の土は、脱着促進のため強酸性化している。この土をそのまま用いて溶出試験(固液比 1:10 での水抽出)を行ったとき、溶出濃度が基準値である 0.01mgL^{-1} 以下になることは期待できない。炭酸カルシウムなどのアルカリ資材を用いた pH 調節あるいはそれに加えて何らかの不溶化資材を混入するなどの処理が必要である。

プラント処理する場合には、浄化後の不溶化処理は比較的簡単である。しかし原位置処理の場合、どのようにして不溶化するかは今後の研究課題である。

文　献

1) Casagrande, I. L. 1949. Electro-osmosis in soils. *Geotechnique* **1**, 159–177
2) McKenzie, R. M. 1980. The adsorption of lead and other heavy metals on oxides of manganese and iron. *Aust. J. Soil Res.* **18**, 61–73
3) Darmawan and Wada, S.-I. 2002. Effect of clay mineralogy on the feasibility of electrokinetic soil decontamination technology. *Appl. Clay Sci.* **20**, 283–293
4) Wong, J. S. H., Hicks, R. E. and Probstein, R. F. 1997. EDTA-enhanced electroremediation of metal-contaminated soils. *J. Hazard. Mater.* **55**, 61–79
5) Puppala, S. K., Alshawabkeh, A. N., Acar, Y. B., Gale, R. J. and Bricka, M. 1997. Enhanced electrokinetic remediation of high sorption capacity soil. *J. Hazard. Mater.* **55**, 203–220
6) Wada, S.-I. and Umegaki, U. 2001. Major ion and electrical potential distribution in soil under electrokinetic remediation. *Environ. Sci. Technol.* **35**, 2151–2155

6 水処理技術

関 廣二*

6.1 はじめに

原位置で土壌地下水汚染浄化を実施する場合、地下水の揚水あるいは土壌掘削、その他汚染土壌の浄化に伴い発生する有害物質に汚染した水の原位置での処理はさけて通れないものであり、安全に放流できる水質とするための水処理技術についてまとめた。土壌汚染対策法では汚染対象物質をその性質や調査、対策上の理由から3種類に分類しているが、水処理技術についても基本的には同様であり、土壌汚染対策法で指定された25種類の有害物質の処理技術を汚染物質の分類ごとに分けて解説した。

なお、薬剤を注入して重金属の不溶化を図る等、外部から添加した化合物については対象とはしなかった。

6.2 地下水汚染の現状

環境省では平成9年に地下水の水質汚濁に係る環境基準を設定し、平成11年に3項目追加して現在26項目となっている。地下水汚染の現状としては環境省が実施した「平成13年度地下水汚染事例に関する調査について」でまとめられている。この調査は平成13年度末までに地下水汚染が判明した事例として、都道府県および水質汚濁防止法政令市が把握しているものをまとめたもので、図1に示した。第1種特定有害物質（揮発性有機化合物）としてはTCE, PCEとそ

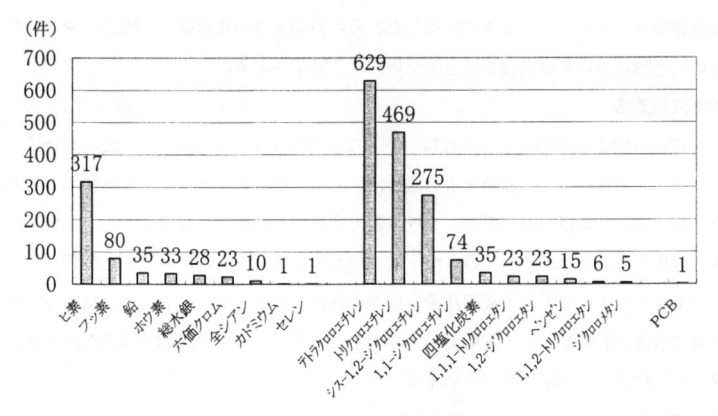

図1 地下水基準超過事例数

---

* Kouji Seki　アタカ工業㈱　環境研究所　専門部長

の分解産物であるシス-1,2-ジクロロエチレンの事例数が多くなっているが,四塩化炭素,ベンゼン,ジクロロメタン等の化合物も報告されている。第2種特定有害物質（重金属等）としては砒素の事例数が多い他,新しく指定されたフッ素,ホウ素が事例としてあがっている。第3種特定有害物質（農薬等）としてはPCBが1件あるのみで,他の農薬類は報告されていない。

6.3 汚染地下水処理技術

土壌汚染対策法で規定されている3種類の分類ごと（揮発性有機化合物,重金属等,農薬等）に代表的な水処理技術について処理方法,原理,注意点等を整理した。

6.3.1 揮発性有機化合物の水処理技術

揮発性有機化合物で汚染した地下水の水処理技術としては気曝法,活性炭吸着法,促進酸化法などが知られている。

① 気曝法

汚染水中のTCE等の揮発性有機化合物は気曝により水中からガス中に移行することから,多くの汚染サイトで採用されている。技術的には大きく充填塔方式[1,2],棚段方式[3]に大別できる。充填塔方式とは大きな比表面積を持ったプラスチック製の充填材を満たした塔の上部から汚染地下水を散布し,塔下部から空気を送ることによりTCE等を水中から除去する方法であり,棚段方式とは水を満たせるトレイを数段垂直方向に設置し,汚染地下水を上段から順次下段へ落下させる構造を持ち,空気は下部から供給し,トレイに開いた穴から散気することにより除去する方法である。充填塔方式は大水量,室外向け,棚段方式は小水量,室内向けの技術である。各揮発性有機化合物のヘンリー定数を表1に掲載した。その値が大きい化合物ほど除去しやすいことから,小さい化合物については別途処理方法を検討する必要がある。

② 活性炭吸着法

揮発性有機化合物で汚染地下水を活性炭カラムで処理する方法である[1]。活性炭の充填方式として塔を設置し,塔内に現場で充填する方法と,すでに充填されたドラム缶等を利用する方式がある。充填塔方式は汚染量が多い場合,ドラム缶方式は少ない場合に採用される。しかし,汚染地下水を活性炭カラムで処理する場合,地下水中の濁質によるカラムの目詰まりが問題となるため,前段に濁質を除去するための凝集沈殿＋砂濾過設備は必要となる。表1には揮発性有機化合物の水への溶解度も記載したが,溶解度の大きいものは吸着しにくく,他の処理方法を検討する必要があるが,総合的な判断が必要といえる。

③ 促進酸化法

汚染地下水にオゾン,紫外線,過酸化水素のうち少なくとも2種類を供給することによりOHラジカルを生成させ,揮発性有機化合物を分解する方法である[4]。OHラジカルと有機化合物と

第1章 原位置抽出法

表1 揮発性有機化合物の物性表

化合物名	水溶解度 mg/l	温度 ℃	ヘンリー定数 Pa·m³/mol	反応速度係数 l/mol/s	分子量
四塩化炭素	800	20	2950	−	153.8
1,2-ジクロロエタン	8690	20	132	−	99
1,1-ジクロロエチレン	2500	25	3050	7.0×10^9	96.9
シス-1,2-ジクロロエチレン	3500	25	6.64×10^{-4}	−	96.9
1,3-ジクロロプロペン	1500		0.274	−	111
ジクロロメタン	20000	20	226	5.8×10^7	84.9
テトラクロロエチレン	150	25	2720	2.3×10^9	165.8
1,1,1-トリクロロエタン	4400	20	500	4.0×10^7	133.4
1,1,2-トリクロロエタン	4500	20	91.9	−	133.4
トリクロロエチレン	1100	25	920	4.0×10^9	131.4
ベンゼン	1800	25	578	7.8×10^9	78.1

の反応を(1)式に示したが,有機化合物の分解速度式は(2)式となり,その速度係数 k は有機物に固有な値として報告されている[5]。

$$\text{OH·} + \text{有機物} \rightarrow \text{炭酸ガス} + \text{水} \tag{1}$$

$$\frac{d[\text{有機物}]}{dt} = -k[\text{OH·}][\text{有機物}] \tag{2}$$

2種類の組み合わせ方法の特徴を以下にまとめた。オゾン／紫外線方式では設備費が若干高くなるほか,紫外線を遮る濁質は事前に除去しておく必要があることと,排オゾンの処理設備が必要となる等の特徴がある。オゾン／過酸化水素方式は他の方式よりも若干劣れているが,やはり排オゾンの処理設備が必要である。紫外線／過酸化水素方式は速度的には一番遅く,装置が大きくなるが,構造的には一番簡単である。しかし,濁質の除去設備が必要となる。

促進酸化法では有機化合物の分解は物質により違い,有機化合物と OH ラジカルとの反応速度係数が大きいと反応時間も短く,酸化剤の必要量も少なくてすむ。表1にはその値も示したが,1,1,1-トリクロロエタン[4],ジクロロメタン[6] 等は反応時間が長く,酸化剤必要量も多い。

6.3.2 重金属等の水処理技術

この分類には重金属とそれ以外の化合物（シアン,フッ素,ホウ素）があり,水処理技術としては両者は異なるため,さらに分類を細かくして,重金属,シアン,フッ素,ホウ素について水処理技術をまとめた。

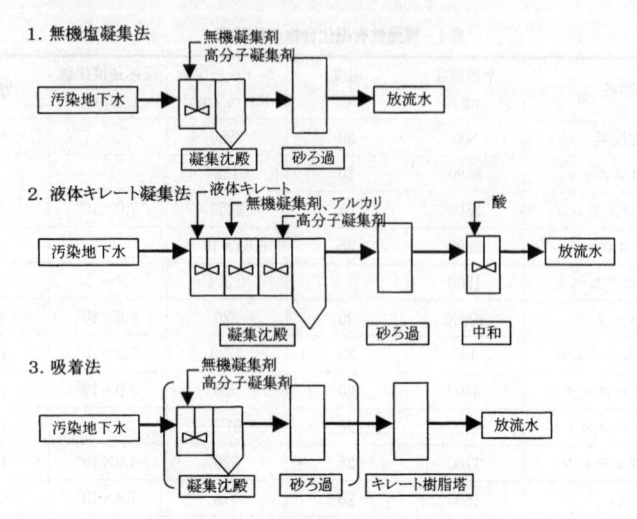

土壌・地下水汚染の原位置浄化技術

図2 陽イオン性重金属処理方式フローシート

(1) 重金属

重金属で汚染した地下水の水処理技術としてはさらに重金属の存在形態により重金属そのものが陽イオンとして存在する場合と，酸素による酸化物となり陰イオンとして存在する場合があり，水処理技術は異なっている。陽イオン性重金属に対しては無機塩凝集法，液体キレート凝集法，吸着法が，陰イオン性重金属に対しては酸化還元凝集法，吸着法などが知られている。

① 陽イオン性重金属

陽イオン性重金属として地下水中に存在するのはCd，Hg，Pbがあるが，重金属による汚染濃度はいずれも高くないことから，塩化第二鉄，ポリ鉄（硫酸第二鉄）やPAC（ポリ塩化アルミニウム）を添加する無機塩凝集法により除去する方法が一般的である。図2にそのフローシートを示したが，それぞれの無機凝集剤を地下水に添加することにより水酸化物（水酸化第二鉄等）が生成し，それに吸着する形で除去される。

しかし，Hgについては排水基準値が低く，無機塩凝集法では基準を達成できない場合が多いことから，一般的には液体キレート添加を併用する液体キレート凝集法を選択することになる。液体キレートとはジチオカルバミン酸基等の有機イオウ化合物を含む重金属捕集剤の総称であり，重金属と錯体を形成することにより高度に重金属を除去することができる。フローシート（図2）としては液体キレート添加（pH中性）→塩鉄添加（pH12）→高分子添加して凝集させた後，沈殿分離と砂ろ過装置により処理する。砂ろ過後の処理水はpHが高く，中和処理する必要があ

第1章　原位置抽出法

表2　陰イオン性重金属の処理条件

重金属	酸化還元条件			凝集条件	
	反応	pH	薬品	pH	薬品
六価クロム	還元	2～3	硫酸鉄（Ⅱ）重亜硫酸ナトリウム	中性	無機凝集剤
セレン	還元	4以下	硫酸鉄（Ⅱ）	6	三価鉄
ヒ素	酸化	中性	オゾン，塩素	5	三価鉄

る。

地下水中のCd, Hg, Pbが低濃度の場合にはキレート樹脂による吸着法（図2）も有効である。樹脂としてはHg用と一般重金属用があり，飽和樹脂は入れ替え後産廃として処分するのが一般的である。

② 陰イオン性重金属

陰イオン性重金属としては六価クロム，Se，Asがあげられる。これらの重金属はいずれも酸化還元処理を行った後，無機凝集剤で凝集処理する酸化還元凝集法で処理できる。クロムは地下水中では六価（CrO_4^{2-}）と三価（Cr^{3+}）の酸化状態を取ることが一般的であるが三価クロムは有害性はなく，排水基準はなくなる。Seは地下水中では四価（亜セレン酸）と六価（セレン酸）の酸化状態を取ることが出来，Asは三価（亜ヒ酸）と五価（ヒ酸）の酸化状態を取ることが出来るが，地下水中では還元状態（Seは四価，Asは三価）で存在することが多いと言われている。Se，Asは共に第二鉄イオンと難溶性の共沈物を生成するが，Seでは四価，Asでは五価が有効であり，それぞれが六価，三価ではほとんど除去することが出来ない。

このため，六価クロム，Seは還元処理を行い，Asは酸化処理を行った後凝集沈殿＋砂ろ過処理が行われる。処理条件を表2にまとめたが，六価クロム汚染地下水は硫酸酸性で還元処理を行い，中性で凝集処理を行う。二価鉄等を還元剤として用いると，無機凝集剤の添加は必要ない。Se汚染地下水はpH4以下の酸性条件で還元処理し，弱酸性条件で三価鉄による凝集処理を行う。As汚染地下水は中性で酸化処理を行い，pH5程度の酸性条件で三価鉄による凝集処理を行う。

このように酸化還元凝集法は処理条件が厳しく，操作も煩雑となることから，低濃度の場合吸着法も可能性としては考えられる。六価クロム用はキレート樹脂が，Se用としてはイオン交換樹脂，キレート樹脂が，As用としては活性アルミナ，キレート樹脂，セリウム系樹脂等が開発されているが，吸着条件（重金属の酸化状態，pH）を十分に理解する必要がある。この場合も飽和吸着樹脂は産廃として処分する方法が一般的である。

(2) シアン

シアンの地下水中での存在形態としては遊離のシアンイオン，あるいは鉄シアノ錯体に代表されるシアン錯体がほとんどと考えられる。シアンイオンに対しては2段アルカリ塩素法[7]，オゾン酸化法があり[8]，鉄シアノ錯体ではフェロシアンイオンは亜鉛白法で処理できるが[9,10]，フェリシアンイオンは有効な処理技術が開発されていないのが現状である。

シアンイオンはアルカリ塩素法により以下の反応式で処理できる。

$$NaCN + NaClO(O_3) \rightarrow NaCNO + NaCl(O_2) \tag{3}$$

$$2NaCNO + 3NaClO(O_3) + H_2O \rightarrow N_2 + 2NaHCO_3 + 3NaCl(O_2) \tag{4}$$

(3)式の反応はpH10以上できわめて速い速度で進行する。(4)式の反応はpH8前後にする必要があり，30分程度の時間が必要である。シアンの処理は比較的容易であるが，pHの調整が非常に大切であり，しっかりした制御設備とする必要がある。オゾン酸化法も上記(3)式，(4)式の反応を利用した方法であり，同様にpH管理が重要となっている。

亜鉛白法は以下の反応式によりフェロシアンイオンを沈殿として除去するが，排水基準の達成はあまり期待できない。

$$Na_4Fe(CN)_6 + ZnSO_4 \rightarrow Zn_2Fe(CN)_6 + 2Na_2SO_4 \tag{5}$$

フェリシアンイオンは還元し，フェロシアンイオンとすることにより亜鉛白法での処理が可能となる。

(3) フッ素

フッ素は地下水中ではフッ素イオンがほとんどで，濃度的にも低濃度であると考えられる。高濃度の場合はCaイオンを添加してCaFとして沈殿させることが出来るが低濃度の場合には活性アルミナやイオン交換樹脂，キレート樹脂による吸着法が適用できる。

(4) ホウ素

ホウ素は地下水中ではホウ素イオンとして存在し，水処理技術としてはアルカリ凝集法，吸着法が知られている。

アルカリ凝集法は硫酸バンドと消石灰を添加することにより生成するアルミン酸カルシウムにホウ素イオンを吸蔵させる方法であるが，汚泥発生量が多く，ホウ素が低濃度の地下水では吸着法が適切である。吸着樹脂としてはキレート樹脂，イオン交換樹脂が開発されている。

6.3.3 農薬等の水処理技術

農薬等は不揮発性の有機化合物であり，水処理技術としては活性炭吸着法，促進酸化法で処理することができる。

① 活性炭吸着法

シマジン他農薬類はいずれも活性炭吸着により処理可能である。ただし，表3に農薬等の溶解

第1章　原位置抽出法

表3　農薬等の物性表

化合物名	水溶解度 mg/l	温度 ℃	分子量
シマジン	6.2	20	201.7
チオベンカルブ	30	20	257.8
チウラム	30	−	240.4
PCB	0.002〜0.147	−	−
有機リン化合物	−	−	−

度を載せているが，溶解度の大きいチウラム等は吸着性が劣るようである[11]。PCB については排水基準が厳しく，溶解度も大きいことから活性炭吸着が経済的か判断が分かれるところである。

② 促進酸化法

農薬等の酸化分解法としてはオゾン酸化法，促進酸化法が知られている。シマジンについてはオゾン単独酸化よりも促進酸化法の方が優れているとの報告もあり[5]，オゾンの酸化力は限られていることから，一般的には促進酸化法を適用することとなる。PCB についても分解できると報告されているが[12]，いずれの化合物も分解速度係数については不明となっている。

文　献

1) 浦野紘平, 公害と対策, **26**, No.12, 1155 (1990)
2) 三宅酉作, 第2回地下水汚染とその防止対策に関する研究集会講演集, 188 (1992)
3) 萩原純二他, 第4回地下水・土壌汚染とその防止対策に関する研究集会講演集, 31 (1995)
4) 関廣二他, 土壌環境センター技術ニュース, No.1, 7 (2000)
5) 男成妥夫, 水環境学会誌, **20**, No.2, 72 (1997)
6) 宮前博他, 第40回下水道研究発表会講演集, 871 (2003)
7) 武藤暢夫編, 業種別排水処理業務マニュアル, オーム社, 254 (1973)
8) 水質汚濁と高度処理技術, 化学工業社, 184 (1974)
9) 廣瀬孝六郎, 工場廃水とその処理, 技報堂, 438 (1963)
10) 今井雄一, メッキ排水処理技術, 槙書店, (1974)
11) 中野重和, 環境技術, **19**, No.10, 615 (1990)
12) 山田晴美, 水, **42**, No.8, 16 (2000)

7 排ガス処理技術

竹井　登*

7.1 はじめに

揮発性有機化合物に係る土壌・地下水汚染浄化において，これまで最も一般的に用いられてきた技術は原位置抽出技術である。これは汚染地下水や土壌中の揮発性有機化合物を地上に取り除く技術であり，（適切なモニタリングによって）汚染物質の除去・回収量を物理的かつ具体的に算定できるものである。原位置抽出技術の基本となる手法は，土壌ガス吸引法（主に土壌に適用）と地下水揚水法（主に地下水に適用）である。

土壌ガス吸引法では汚染物質である揮発性有機化合物を気体として土壌中から除去するため，地上では汚染された土壌ガスが排出される。一方地下水揚水法では揮発性有機化合物は地下水に溶存した形で除去されるが，地上で更に処理が必要となる。処理法としては活性炭等を用いた吸着技術や微生物等による生物学的分解法，及び化学的に分解する手法などがあるが，広く用いられているのは曝気法である。曝気によって気相に移動した揮発性有機化合物は汚染された排ガスが排出される。

大気中の揮発性有機化合物については，環境省によって「有害大気汚染物質（ベンゼン等）に係る環境基準」が定められている（表1参照）。ただし対象物質はベンゼン，トリクロロエチレン，テトラクロロエチレン，ジクロロメタンの4物質に限定されており，更に対象地域には工業

表1　有害大気汚染物質（ベンゼン等）に係る環境基準

物質	環境上の条件
ベンゼン	0.003mg/m^3 以下（年平均値）
トリクロロエチレン	0.2mg/m^3 以下（年平均値）
テトラクロロエチレン	0.2mg/m^3 以下（年平均値）
ジクロロメタン	0.15mg/m^3 以下（年平均値）

備考1：環境基準は，工業専用地域，車道その他一般公衆が通常生活していない地域または場所については，適用しない。

備考2：ベンゼン等による大気の汚染に係る環境基準は，継続的に接種される場合には人の健康を損なうおそれがある物質に係るものであることにかんがみ，将来にわたって人の健康に係る被害が未然に防止されるようにすることを旨として，その維持又は早期達成に努めるものとする。

* Noboru Takei　オルガノ㈱　機器事業部　地球環境室　係長

第1章　原位置抽出法

専用地域や車道等一般公衆が通常生活していない場所は適用されない。

しかし前記の原位置抽出技術は汚染物質を土壌・地下水から分離する技術であり，基本的には汚染物質は排ガス中に移動するだけで無害化されるわけではない。人の健康被害防止の観点から，汚染物質が大気中に放出されることは避けなければならず，排ガス処理は不可欠といえる。

本稿では前記の原位置抽出技術によって地上に排出された排ガスの処理法のうち，活性炭吸着法，触媒酸化法及び紫外線分解法について概要を記すこととする。

7.2　活性炭吸着法

活性炭吸着法は土壌・地下水浄化に付随する排ガス処理技術として最も広く普及している手法である。

活性炭吸着法の原理は，揮発性有機化合物を含む排ガスを活性炭に接触させることにより，揮発性有機化合物は活性炭表面に吸着・濃縮され，ガス中の濃度が低下するというものである。活性炭への吸着量は，活性炭の性状（比表面積，形状等），被吸着物質の種類・濃度，ガス温度等によって変化する。

原理的には活性炭を充填した塔に揮発性有機化合物含有排ガスを通過するだけで処理ができるが，実際の設計にあたっては幾つか注意する点がある。

①　活性炭の選定

基本的にはほとんどの活性炭により揮発性有機化合物は吸着される。しかし，処理効率を考慮して気相中の揮発性有機化合物を選択的に吸着する活性炭を選定するべきである。現在活性炭メーカーが各種の活性炭を製造しているので，吸着データを参考にして入手するのが望ましい。

②　吸着データの取り扱い

活性炭の基礎吸着データとして吸着等温線が各メーカーにより作成されていることが多い。しかし吸着等温線は通常密閉系において気体中の対象物質が単位質量あたりの活性炭に平衡吸着される量を求めたものである。実際の浄化における排ガス処理では普通排ガスが連続して供給されるため，吸着等温線とは接触時間等において吸着条件が大きく異なることに注意が必要である。一般的には密閉系で静的に吸着させた場合に比べ吸着効率が落ちるため，活性炭の交換頻度等の設計においては実データに基づいた安全率を乗じなければならない。

③　水分の影響

土壌ガス吸引や揚水曝気による排ガスは高い湿度を有している。特に曝気後の排ガスには飽和に近い水蒸気が含まれる上，曝気に伴う地下水の飛沫が同伴することが多い。このような排ガスが活性炭を通過すると活性炭表面に水分が付着・凝縮し，処理対象物質の吸着が著しく阻害される。防止策としてはデミスタを使用した気液分離器の設置のほか，加熱器を用いたガス加温によっ

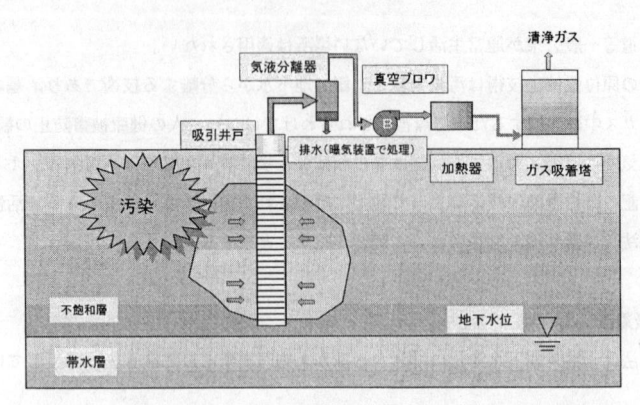

図1 活性炭吸着法による土壌ガス吸引排ガス処理フローシート（例）

て相対湿度を低下させる手法等を用いる。ただしガス温度が高い場合活性炭への吸着効率が低下する（脱着速度が増大する）ので，適切な設計が必要である。

④ **活性炭の交換・再生**

通常良く用いられる粒状活性炭の場合，吸着能が破過した時点で交換することになる。使用済みの活性炭は産業廃棄物として処理・処分するケースもあるが，再生利用するのが好ましい。再生工程では加熱により揮発性有機化合物を脱着させることが多いが，その際，脱着した汚染物質は適正に処理する必要がある。

吸着能が破過した活性炭を新品や再生品に交換することなく現地で再生できるシステムも開発されている。使用する活性炭は繊維状のもので，吸着した揮発性有機化合物は水蒸気で脱着させる。脱着した揮発性有機化合物は熱交換器を通して廃液として回収する。

活性炭吸着法を用いた一般的な排ガス処理法のフローを図1に示す。また，現地再生型排ガス処理設備のフローを図2に示す。

7.3 触媒燃焼法

排ガス中の揮発性有機化合物を無害化する方法として燃焼法がある。この方法では揮発性有機化合物は熱分解され塩化水素と二酸化炭素が生成する。生成した塩化水素は中和処理が必要である。

$$C_2HCl_3 + \frac{3}{2}O_2 + H_2O \rightarrow 2CO_2 + 3HCl \text{（トリクロロエチレンの場合）}$$

$$HCl + NaOH \rightarrow NaCl + H_2O$$

第1章　原位置抽出法

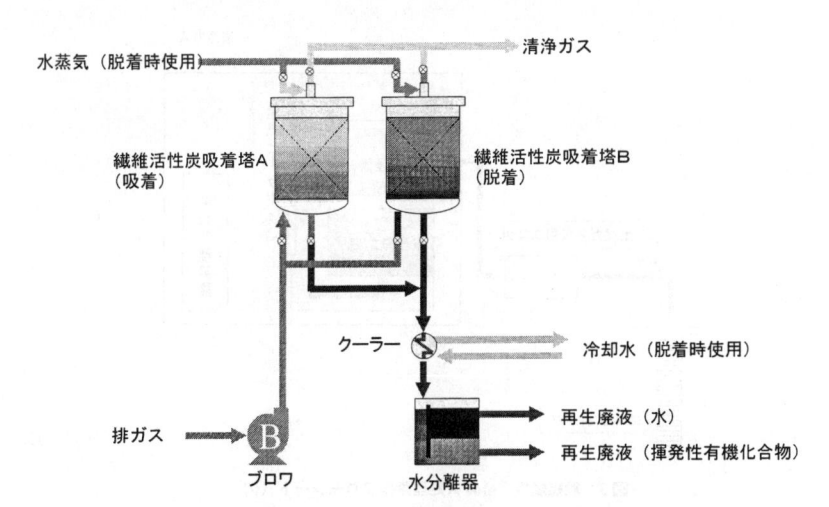

図2　現地再生型活性炭吸着設備フローシート（例）

直接燃焼させる場合，800〜1000℃の高温が必要であり，大量のエネルギーが必要となるが，触媒を使って比較的低温で燃焼分解させることによりランニングコストを抑えることができる手法が触媒燃焼法である。

触媒燃焼法では350〜400℃の比較的低温の条件で上記の分解反応が進行する。

用いる触媒の要件としては，耐熱・耐酸性がある，分解時に塩化水素や二酸化炭素への選択性があり塩素や一酸化炭素を発生しない，ダイオキシン類等の有害副生成物を発生しない等が挙げられる。

本技術は排ガス中の揮発性有機化合物濃度が高い場合にコストメリットが出るため，ホットスポットにおける土壌ガス吸引の排ガス処理等に適する。また，工場の洗浄ライン等から発生する高濃度排ガスの処理などにも適性がある。一方，揚水曝気排ガスなどの低濃度・大風量の処理には不向きである。

触媒燃焼法の一般的なフローを図3に示す。

7.4　紫外線分解法

紫外線を排ガスに照射することにより，揮発性有機化合物を分解する技術である。基本的な分解原理は前記7.3の燃焼法と同じで，二酸化炭素と塩化水素が生成される。

現地で無害化ができる，分解効率が比較的良いといった長所があるが，紫外線ランプは定期的に交換する必要があり，ランニングコストがやや高くなる点に留意する必要がある。

土壌・地下水汚染の原位置浄化技術

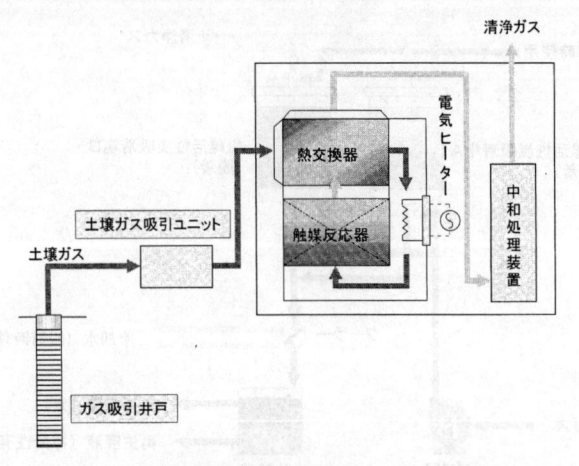

図3 触媒燃焼式排ガス処理設備フローシート（例）

最近では酸化チタン光触媒に紫外線を照射して酸化力の強いラジカルを発生させて揮発性有機化合物の分解効率を向上させた技術も実用化されており，排ガス処理以外にも，シックハウス対策などに用いられている。

7.5 おわりに

前述のとおり，土壌・地下水汚染浄化に係る排ガス処理技術としては粒状活性炭を用いた活性炭吸着法が，その簡便性から最も普及している。しかし吸着した活性炭の交換や運搬時に二次汚染が発生するリスクがある。また，ゼロエミッションの観点からも，今後は現地で無害化する分解技術が主流となっていくと思われる。

処理の確実性はもちろん，低コスト，省スペース，メンテナンスフリーといった観点から，現地無害化技術の更なる開発が期待される。

8 ファイトレメディエーション

近藤敏仁[*]

8.1 はじめに

近年の日本国内における汚染土壌対策は，サイトにおける対策期間の短縮が最優先されてきたため，汚染土壌の多くは場外搬出され，必要に応じて中間処理された後，最終処分されてきた。この方法の処理コストは高額であり，土壌輸送に伴うエネルギー消費もきわめて大きいという問題があった。

また，平成15年2月に施行された土壌汚染対策法の対象とはなっていない天然由来の土壌汚染もまた大きな課題として存在している。このようなサイトの場合は，対策期間を短縮するよりも，低コスト・低環境負荷型の浄化技術が求められるものと考えられる。植物による土壌浄化技術すなわちファイトレメディエーションは低コスト・低環境負荷型の浄化技術に位置づけられ，今後主要な役割を担うものと考えられる。

8.2 ファイトレメディエーションの分類

ファイトレメディエーションの機能による分類をGlassらの報告[1]に基づいて整理したものを表1に示す。汚染物質ならびに使用する植物の種類によって，汚染物質の分解，汚染物質の除去，汚染物質の不溶化による安定化，雨水浸透あるいは地下水流の制御による汚染物質の拡散防止等，様々な機能が期待できる。ファイトレメディエーションのイメージを図1に示す。

トリクロロエチレン，テトラクロロエチレン等の揮発性有機化合物，PCB，ダイオキシン類，ディルドリン，アルドリン，DDT等の難分解性有機化合物の場合は，植物体あるいは根圏微生物による原位置分解も期待できるが，本稿では植物による原位置抽出について解説する。

8.3 重金属汚染土壌の植物による原位置抽出（ファイトエキストラクション）

ファイトレメディエーションに係る様々な機能の中で，汚染土壌中の重金属を除去・浄化が可能な技術は，ファイトエキストラクションである。この技術の成否は，植物の吸収・蓄積能力によって決定される。

8.3.1 ファイトエキストラクションの手法

植物に重金属を効率良く吸収・蓄積させるためには様々な手法が考えられるが，飛躍的に吸収量を増大させる方法として，以下の二つの方法がこれまで研究されてきた。

---

* Toshihito Kondo　㈱フジタ　技術センター　環境研究部　主任研究員／土壌環境グループ長

表1 植物に期待される機能

分類	機能	対象物質	備考
Phytoextraction ファイトエキストラクション	土壌中の汚染物質を吸収, 植物体に蓄積	重金属, 無機塩類, 有機化合物	
Phytostabilization ファイトスタビリゼーション	土壌中の汚染物質を根表面に蓄積, 酸化・還元による無害化, 不溶化	重金属	
Phytodegradation ファイトデグラデーション	植物による汚染物質の吸収・分解	有機化合物	Phytotransformation (ファイトトランスフォーメーション) ともいう
Phytostimulation ファイトスティミュレーション	根圏微生物を賦活化することにより汚染物質を分解	PCP, PAHs, TNT 等	Rhizodegradation (リゾデグラデーション) ともいう
Phytofiltration ファイトフィルトレーション	地下水中の汚染物質を根表面に吸着することにより除去	重金属, 放射性元素	Rhizofiltration (リゾフィルトレーション) ともいう
Phytovolatilization ファイトボラティリゼーション	土壌中の汚染物質を吸収, 地上部に移行, 大気中に拡散	水銀, セレン VOCs	
Hydraulic barriers ハイドロウリックバリアー	植物の揚水機能により, 汚染地下水の拡散を制御	重金属, 無機塩類, 有機化合物	
Vegetative caps ベジテイティブキャップ	雨水の浸透を抑制することにより, 汚染物質の移行を抑制	重金属, 無機塩類, 有機化合物	

1) 高濃度蓄積植物の探索

Baker ら[2]は, 幅広く重金属を吸収・蓄積する植物を探索し, コバルト, クロム, 銅, 鉛, ニッケルを植物体乾燥重量ベースで0.1%以上, マンガン, 亜鉛については1%以上蓄積する植物を高濃度蓄積植物 (hyperaccumulator) と定義した。最近, フロリダ大学の Ma ら[3]によって, シダの一種であるモエジマシダ (Pteris vittata) がヒ素の高濃度蓄積植物であることが発見された。このシダについては, 第3編で詳述する。

2) 化学的アプローチ (吸収促進剤の使用)

高濃度蓄積植物の探索とともに, 通常の植物の重金属の吸収・蓄積能力を高めるための, 化学的なアプローチもなされてきた。Blaylock ら[4], Huang ら[5]はキレート剤の利用により, 各種作物の重金属吸収能力を飛躍的に高めた。

第1章　原位置抽出法

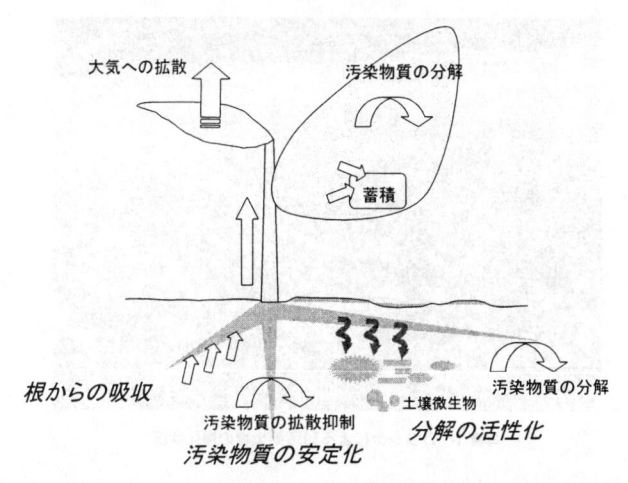

図1　ファイトレメディエーションによる土壌浄化のイメージ

8.3.2　ファイトエキストラクションを適用するまでの手順

　ファイトエキストラクションは他の浄化手法と同様，万能な浄化手法ではない。植物を用いるため他の浄化手法よりも制限が多い。したがって，事前の適用性に関する評価が重要である。以下に，ファイトエキストレクション適用に向けて実施すべき評価試験の内容を示す。

1) **汚染レベルの把握**
　対象サイトの汚染物質，汚染濃度を三次元的に評価する。
2) **汚染物質の化合物形態の把握**
　代表的な地点の汚染物質の化合物形態を逐次分析法[6,7]により分析し，植物によって吸収可能か否かを調べる。
3) **植物生育の可否**
　植物が可能な限り健全に育つことが必要であるから，土壌の肥沃度，生育阻害物質の有無を確認する。具体的には，土壌のpH，EC，肥効成分（N，P，K）の分析や，生育阻害物質については発芽試験等のバイオアッセイにより評価する。
4) **植物栽培試験**
　対象土壌に適した植物種を選定して，ポット試験スケールでの栽培試験を行う。
5) **現地実証試験**
　数十m^2程度の実証試験を現地で行い，屋外での有効性を確認する。
　以上のステップを経て，フルスケールでの適用が可能となる。

写真1　カラシナによる鉛汚染土壌の浄化状況

8.4 鉛汚染土壌を対象としたファイトエキストラクションの実施例

前述の通り，ファイトエキストラクションの成否は適用前の評価試験に負う。ファイトエキストラクション適用に至るプロセスの理解の一助として，Blaylock ら[8]により米国内で実施された鉛汚染を対象としたフィールド試験の結果を紹介する（写真1）。

8.4.1 浄化サイトの概要

このサイトは Dorchester（マサチューセッツ州）の市街地にある住宅用地で，幼児の遊び場として使用されてきた。これまで幼児の土壌摂取による鉛中毒事故が2度起きている。フィールド試験の面積は 1,081 平方フィートである。本サイトの鉛汚染の起源は，住宅用ペイントと大気からの降下煤塵によるものと考えられている。

8.4.2 実験方法

1) トリータビリティ試験

トリータビリティ試験は，土の中で鉛の化合物形態とその濃度を調べファイトエキストラクションによって鉛濃度の低減が可能か否かを推定するためのものである。鉛の平面分布調査とトリータビリティ試験用の試料採取をかねて，所定の地点で深度 0-15cm の土壌を採取した。

土壌試料は風乾後 2mm の篩で篩分し，土壌肥沃度分析，全金属含有量試験（EPA Method 3050），逐次抽出分析に供した。逐次抽出分析は Ramos ら[6]の方法に準じ，交換態，炭酸塩，酸化物，有機態，残さの5形態に分別した。

2) 植物栽培試験

本試験は，温室条件下での植物生育と重金属の取り込み量を評価するためのものである。

第1章　原位置抽出法

　供試土壌に，尿素（150mg-N/kg-土壌），重過燐酸石灰（44mg-P/kg-土壌），塩化カリウム（83mg-K/kg-土壌），および石こう（70mg-CaSO$_4$/kg-土壌）を添加した。この土壌を直径8.75cmのポット（350g土壌／ポット）にいれて，カラシナ（*Brassica juncea*）を播種した。植物を3週間にわたって温室内で栽培した後，エチレンジアミン四酢酸（以下，EDTA）のカリウム塩を5mmol/kg-土壌となるように施した。植物体をEDTA処理から1週間後に，土壌表面から1cmの部分で切り取って収穫した。収穫した植物体を70℃で乾燥した後，硝酸と過塩素酸により湿式灰化し，得られた溶液の重金属濃度を，ICP分光光度計によって求めた。

3）フィールド試験

　汚染サイトにファイトエキストラクションを全面的に適用する前に，本技術の効果を実証するために小規模のフィールド試験を実施した。

　土壌試料は植物栽培の前後で，同じ地点の表面（0-15cm），中層（15-30cm），下層（30-45cm）の3深度で採取した。土壌の肥沃度を評価した後，その結果に応じて施肥した。その後，耕耘機によって10-15cmの深さに耕したのち，カラシナの種子を播いた。灌水はスプリンクラーにより行った。EDTAを播種後5週間後にスプリンクラーによって2mmol/kg-土壌となるよう施用した。EDTA施用1週間後に植物体を収穫した。所定の地点で分析のため1m^{2}ブロック毎に採取した。残っている植物体の地上部は処分のためにすべて刈り取り，試験区から取り除いた。収穫の1週間以内に耕耘機で耕し，次のカラシナを播種した。合計3回の植物栽培を実施した。

8.4.3　実験結果

1）トリータビリティ試験

　表2に示したように本サイトの土壌は，表層（0-15cm）に9％の有機物を含有している砂質ロームで，鉛が卓越した汚染土壌である。逐次抽出の結果を表3に示した。それぞれの画分の比率がおおむね均等であったが，有機態画分が総鉛量の24％で最も高い割合で含んでいた。植物によって吸収されにくい鉛の残さ画分は125mg/kgで目標レベルの400mg/kgよりもはるかに小さかったので，植物浄化の成功の可能性が高いものと推察された。

2）植物栽培試験

　温室での栽培試験の結果，植物体（茎葉）中に8,240mg/kgもの鉛の蓄積が認められ，栽培試験においても植物浄化の適用が可能であることが示された。

3）フィールド試験

　初期の表層土壌の全鉛濃度は平均984mg/kg（640～1,900mg/kg）であった。また，深度15-30cmの土壌では平均538mg/kg，深度30-45cmでは平均371mg/kgであり，表層土壌よりも低い総鉛量を示した。3回の植物栽培によるファイトエキストラクション後の表層土壌の平均濃

表2 土壌特性と表土 (0-15cm) 中の重金属含有量

土質	pH	有機物 %	Cd	Cr	Cu	Ni	Pb	Zn
			mg/kg					
砂質ローム	6.1	9.0	5	21	32	13	735	101

表3 表土中 (0-15cm) の鉛の化合物組成

	Pb (mg/kg)
Exchangeable	100
Carbonates	126
Oxide	75
Organic	137
Residual	125
Sum of Fractions	563

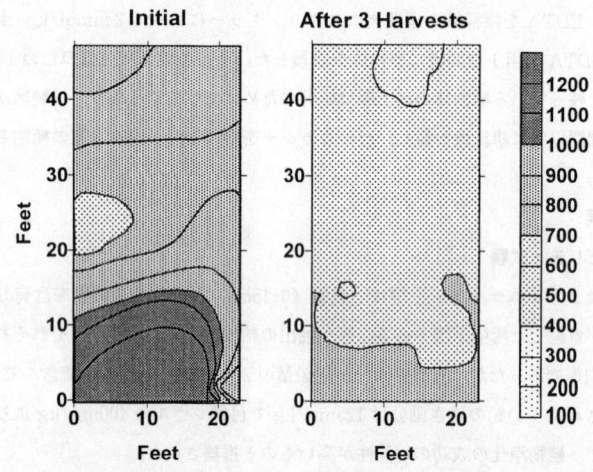

図2 処理前ならびに処理後 (1シーズン, 3回栽培) の表層土壌 (0-15cm) 中の総鉛濃度の平面分布

度は984mg/kgから644mg/kgまで減少したが，15-30cmの試料は671mg/kg，30-45cmでは339mg/kgとほとんど変化しなかった。取得した土壌中鉛濃度のデータより作成した表層土壌中の鉛の等濃度線図を，図2に示す。ファイトエキストラクションによって，顕著な濃度低下が認められた。表4に示したように植物栽培前は全体の25%が1,000mg/kgを超え，68%が800

表4 表層土壌 (0-15cm) の鉛汚染レベルの変化

Soil Lead	Initial	After 3rd Harvest
mg/kg	\% of Plot Area	
>500	100	100
>600	100	100
>800	68	0
>1000	25	0

mg/kgを越えていたが，3回の植物栽培後，すべて800mg/kg以下となった。

以上のように，1年間のファイトエキストラクション（3回の栽培・収穫）では400mg/kgの規制値以下には浄化されなかったが，鉛汚染土壌のリスクを低減することが可能であることが確認された。

8.5 おわりに

ファイトレメディエーション技術は，適用される地域の気候，土壌の特性に大きく影響される。本技術がわが国で市民権を得て，広く適用されるためには多くの知見の蓄積が必要と考えられる。植物生理学，土壌学，土壌微生物学，生物化学に限らず多分野の研究者の協力によって，発展，成熟することが期待される。

文　献

1) Glass, D. J., 1999, U. S. and International Markets for Phytoremediation, 1999-2000, D. Glass Associates
2) Baker, A. J. M., Brooks, R. R., 1989, Terrestrial higher plants which hyperaccumulate metalic elements-a review of their distribution, *ecology and phytochemistry*, *Biorecovery*, **1**, 81-126
3) Ma, L. Q. *et al.*, 2001, A ferm that hyperaccumulates arsenic, *Nature*, **409**, 579
4) Blaylock, M. J. *et al.*, 1997, Enhanced accumulation of Pb in Indian Mustard by soil applied chelating agents. *Environ. Sci. Technol.*, **31**：860-865
5) Hwang, J. W. *et al.*, 1997, Phytoremediation of lead-contaminated soil：Role of synthetic chelates in phytoextraction. *Environ. Sci. Technol.*, **31**, 800-805
6) Ramos, L. *et al.*, 1994, Sequential fractionation of copper, lead, cadomium and zinc in soil from or near Doana National Park, *J. Environ. Qual.*, **23**, 50-57
7) Onken, B. M., Adriano, D. C., 1997, Arsenic availability in soil with time under satu-

rated and subsaturated conditions. *Soil Sci. Soc. Am. J.*, **61**, 746-752
8) Blaylock, M. J., 1999, Field demonstrations of phytoremediation of lead contaminated soils, In : Phytoremediation of trace elements, G. S. Banuelos and N. E. Terry eds., Ann Arbor Press, Ann Arbor MI

第2章　原位置分解法

1　酸化分解

鈴木義彦*

揮発性有機化合物は酸化剤により短時間で，二酸化炭素と塩化物イオンに分解することが可能である。土壌・地下水浄化に使用される酸化剤としては，過マンガン酸塩，過硫酸塩，過酸化水素と第一鉄イオンの併用などが知られている。

ここでは，酸化剤の適用方法，有機塩素化合物の分解機構，酸化剤を適用する場合の注意点について説明する。

1.1　酸化剤の適用方法
(1)　汚染土壌に酸化剤を混合する方法

揮発性有機化合物で汚染された土壌に酸化剤を混合する方法であり，原位置で酸化剤を混合する方法（原位置混合法）と掘削した土壌に酸化剤を混合する方法（掘削混合法）がある（図1）。

(2)　汚染地下水に酸化剤を注入する方法

揮発性有機化合物で汚染された地下水中に酸化剤を注入する方法であり，通常は酸化剤水溶液を注入する。注入された酸化剤溶液は地下水中を移動拡散し，地下水および土壌に含まれる揮発性有機化合物と接するとこれを短時間で分解する。したがって，建屋が存在する場所の土壌・地下水についても浄化が可能である（図2）。

1.2　揮発性有機化合物の分解機構
(1)　過マンガン酸塩

過マンガン酸カリウム（以下 $KMnO_4$ と記載）とトリクロロエチレン（以下 TCE と記載），テトラクロロエチレン（以下 PCE と記載）との反応式を次式に記す。

$$CHCl=CCl_3+2KMnO_4 \rightarrow 2CO_2+2MnO_2+2KCl+HCl$$
$$3CCl_2=CCl_2+4KMnO_4+4H_2O \rightarrow 6CO_2+4MnO_2+4KCl+8HCl$$

---

* Yoshihiko Suzuki　栗田工業㈱　アドバンスト・マネジメント事業本部　アーステック事業部　技術部　技術二課

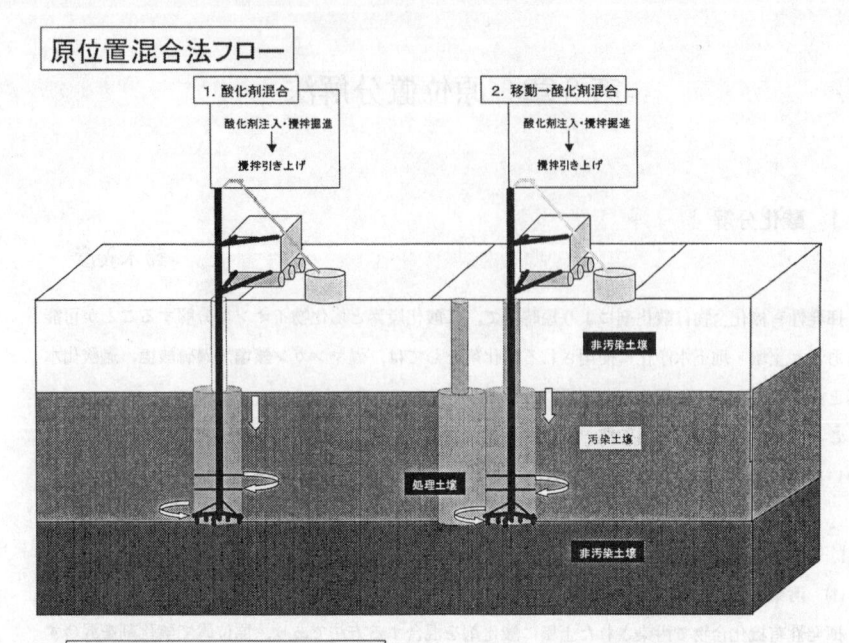

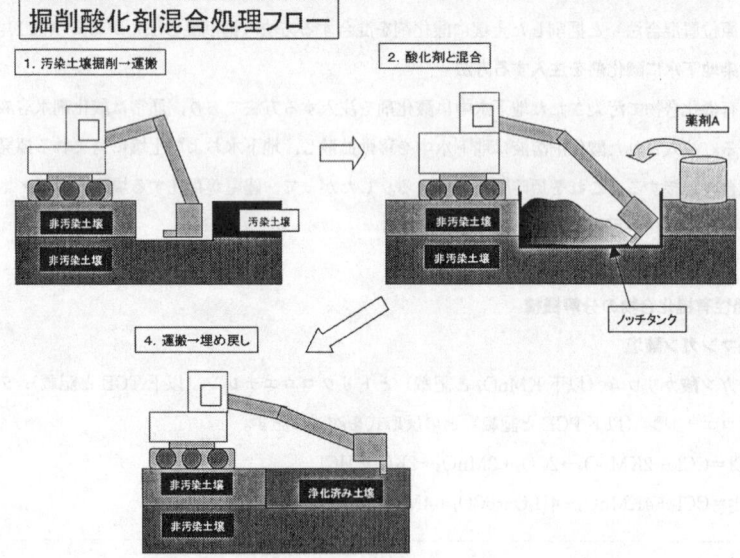

図1 汚染土壌への酸化剤の混合方法（上図：原位置混合法，下図：掘削混合法）

第2章 原位置分解法

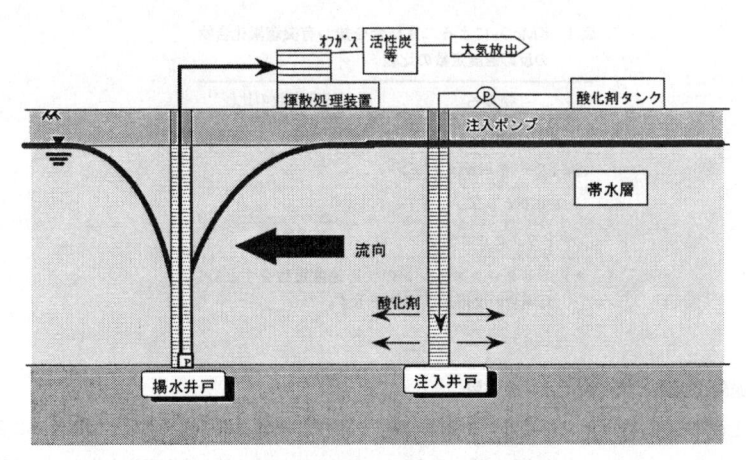

図2 酸化分解法　地下水注入イメージ図

これらの反応経路については明らかになってはいないが[1]，反応生成物は二酸化炭素と塩化物イオンである。トリクロロエチレンの場合，1モルのKMnO$_4$から1/2モルの塩酸と1モルの二酸化炭素が生成する。テトラクロロエチレンの場合は，1モルのKMnO$_4$から2モルの塩酸と3/2モルの二酸化炭素が生成する。これらの生成物は酸性物質であるが，土壌がもともと持っているpH緩衝能によって中和されるので，KMnO$_4$注入後の地下水のpHは注入前とほとんど変らない。

またKMnO$_4$は，有機塩素化合物と反応後は水に溶解しない二酸化マンガンとなり地下水のマンガンイオンが増加することはない。また，生成した二酸化マンガンは土壌に吸着するため，地下水中を移動拡散することもない。

KMnO$_4$と二重結合を持つ有機塩素化合物の反応速度定数の比較を表1に示すが[2]，分子内に塩素を有する数が少ない物質ほど反応速度定数が大きいことがわかる。汚染物質によって反応速度定数が異なるため，汚染物質による反応時間の違いを考慮して適用する必要がある。

(2) 過硫酸塩

過硫酸塩と有機塩素化合物の反応経路については明らかではないが，反応後の有機塩素化合物は二酸化炭素と塩化物イオンである。

TCEと過硫酸ナトリウムの反応式を次式に記す。

$$2CHCl=CCl_2 + 6Na_2S_2O_8 + 8H_2O \rightarrow 4CO_2 + 3Na_2SO_4 + 6NaCl + 9H_2SO_4$$

1モルの過硫酸ナトリウムから，3/2モルの硫酸と2/3モルの二酸化炭素が生成する。これらは酸性物質であるが，KMnO$_4$の場合と同様に地下水のpHは注入前とほとんど変らない。

表1 KMnO₄による二重結合を持つ有機塩素化合物の反応速度定数の比較

物質名	反応速度定数の比較[*]
ビニルクロライド	2<
cis-1,2-ジクロロエチレン	2
トリクロロエチレン	1
テトラクロロエチレン	0.04

[*] トリクロロエチレンの反応速度定数を1とした場合の反応速度定数を示す。

(3) 過酸化水素と第一鉄イオンの併用

過酸化水素と第一鉄イオンを併用する場合，まず，過酸化水素と第一鉄イオンが反応することによりヒドロキシラジカルが生成し，生成したヒドロキシラジカルが有機塩素化合物を二酸化炭素と塩化物イオンに分解する[3]。反応により生成する塩酸と二酸化炭素が生成するが，KMnO₄の場合と同様に地下水のpHは注入前とほとんど変らない。

1.3 酸化剤を適用する場合の注意点

① 土壌・地下水に混合あるいは注入した酸化剤は汚染物質を分解して消費されるとともに，土壌（地下水の場合は帯水層を構成する土壌）と接触することによっても消費される。薬剤の費用が高くなるので事前に適用性試験を行い，土壌・地下水の酸化剤消費量を把握しておく必要がある。

② 酸化剤は地下水中に注入された後移動拡散し揮発性有機化合物と接触することによりこれを分解する。上記のように酸化剤は土壌・地下水によって消費されるために，酸化剤の消費量，帯水層の透水係数，地下水流速などを考慮し，酸化剤の適切な注入量と注入箇所を設定する必要がある。

③ 酸化剤を注入すると，土壌に含まれる重金属等が溶出してくる場合があるので，あらかじめ，適用性試験により確認しておく必要がある。もし溶出が懸念される場合には酸化剤が注入された地下水は揚水して完全に回収できるように揚水井戸を配置し，揚水した地下水は処理する必要がある。

④ 土壌・地下水中に酸化剤を注入することになるので，注入する酸化剤水溶液は地下浸透要件を満たしていることが望ましい。

⑤ 注入する酸化剤溶液が対象区域から流出しないように十分な対策を実施した後，酸化剤溶液を注入する必要がある。

第2章 原位置分解法

⑥ 酸化剤の取り扱い,保管等については関連する法令を遵守する必要がある。

文　　献

1) LaChance *et al.*, Physical, Chemical and Thermal Technologies, Battele Press, p.397 (1998)
2) 藪中ほか,土壌環境センター技術ニュース No.2, p.25 (2001)
3) Leung *et al.*, *J. Envir. Qual.*, **21**, p.377 (1992)

2 金属鉄粉による有機塩素化合物の還元分解

伊藤裕行[*1], 白鳥寿一[*2]

トリクロロエチレン（TCE）など有機塩素化合物による地下水・土壌の汚染について，酸化還元反応による浄化が有効である。中でも金属鉄粉による還元分解は，有機塩素化合物を無害な炭化水素に変換する。本節では，金属鉄粉による塩素化エチレンの還元分解について分解速度を算出し，pH，温度，金属鉄粉の種類，物質の塩素数との相関について述べた。

2.1 はじめに

トリクロロエチレン（TCE）やテトラクロロエチレン（PCE）などの有機塩素化合物は，その化学的安定性から，ひとたび地中に漏洩すると長期間地中に滞留し，地下水および土壌の汚染を引き起こすことが知られている[1]。これら有機塩素化合物による地下水・土壌汚染に対し，近年では酸化還元反応を原理とした種々の対策や提案が行われている。中でも，嫌気性微生物を利用したバイオレメディエーション[2,3]や零価の金属[4~10]を用いることによって，有機塩素化合物が還元され無害な炭化水素となることが認知されるようになった。本節では特に金属鉄粉を用いた有機塩素化合物の還元分解について述べる。

金属鉄粉を用いた有機塩素化合物の還元分解は，図1のように水の共存下において金属鉄粉表面での還元的脱塩素反応[9]であり，その反応は式1のように表される。

$$C_2HCl_3 + 3Fe + 3H_2O \longrightarrow C_2H_4 + 3Fe^{2+} + 3Cl^- + 3OH^- \qquad 式1$$

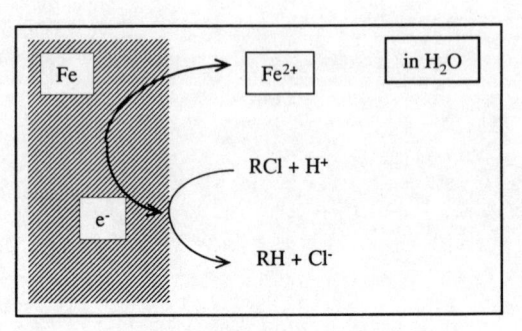

図1 金属鉄粉による有機塩素化合物の還元分解の概念図

*1 Hiroyuki Ito　同和鉱業㈱　環境技術研究所　技術主任
*2 Toshikazu Shiratori　同和鉱業㈱　ジオテック事業部　浄化担当部長

第 2 章　原位置分解法

この原理を用いた分解については，古くは Sweeny らが報告した DDT 等の有機塩素系農薬の分解除去技術がある[4]。有機塩素化合物の分解に着目した場合，1980 年代に先崎らが金属鉄粉を用いて TCE など有機塩素化合物含有の工業廃水を処理する試みを報告したのが最初の提案である[5~7]。北米ではその後，有機塩素化合物で汚染された地下水の浄化を目的として，鉄スクラップ等の金属鉄粉を混合した透過反応壁の設置が注目を集めている[8, 9]。また国内では，土壌の浄化を目的として機械的に金属鉄粉と汚染土壌を混合する浄化手法が実用化されている[10]。

本節では，有機塩素化合物として TCE やジクロロエチレン（DCE）異性体を用い，金属鉄粉によるそれらの分解原理を説明する。

2.2　金属鉄粉による TCE 脱塩素反応

2.2.1　脱塩素速度について

図 2 は，TCE 水溶液中に金属鉄粉として特殊還元鉄粉を $6.0g/l$ 添加したときの TCE 濃度の経時的推移を追跡したグラフである。ブランクでは有意な TCE の減少が見られないのに対し，鉄粉添加系では TCE の減少が見られ，金属鉄粉によって水溶液中の TCE は時間と共にその濃度が減少する。よって TCE は鉄粉によって分解されることがわかる。また，図 2 における TCE 濃度は時間と共に指数的に減少しており，この TCE の見かけの分解速度は式 2 に示すように擬一次で表現できる。

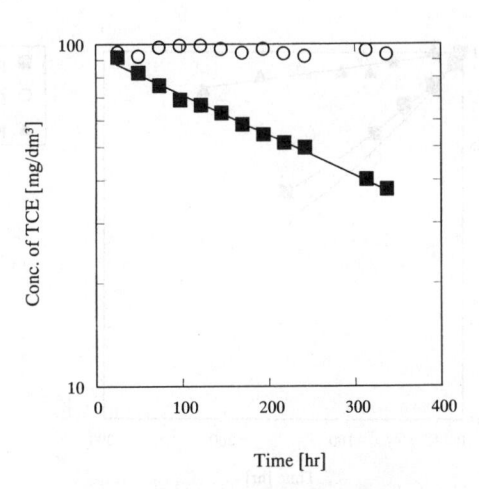

図 2　水溶液中における TCE 濃度の経時変化
○：ブランク，■：金属鉄粉 6.0g/l 添加系
（25℃，鉄粉：特殊還元鉄粉）

$$lnC/C_0 = -k_S t \quad \text{式2}$$

ここでCは時間tにおけるTCE濃度，C_0はTCEの初期濃度，k_Sは見かけの反応速度定数 [hr^{-1}] である。

表1は製法の異なる金属鉄粉（特殊還元鉄粉，還元鉄粉，電解鉄粉，アトマイズ鉄粉）における k_S の値を比較した表であるが，その製法の違いによってTCE分解速度に大きな相違が発生することが分かる。

2.2.2 pHの影響

図3は硫酸ないし水酸化ナトリウムを加えて初期pHを変化させたときの，金属鉄粉によるTCE濃度の経時変化である（特殊還元鉄粉を使用）。初期pHが中性から弱酸性の場合にはTCEの分解速度に差は見られないものの，初期pHを高くすると著しく脱塩素反応が阻害される。これは，アルカリ性領域では鉄表面に水酸化第一鉄が生成し，この生成物が反応を阻害するためである[11]。初期pHが4.2の場合，pH測定後の液中の全鉄イオン濃度を測定すると 1.5×10^{-4} mol/l

表1 異なる鉄粉種におけるTCE分解速度定数の比較
使用鉄粉：特殊還元鉄粉，還元鉄，電解鉄，アトマイズ鉄

	特殊還元鉄粉	還元鉄	電解鉄	アトマイズ鉄
k_S [hr^{-1}]	2.8×10^{-3}	9.2×10^{-5}	5.8×10^{-5}	2.1×10^{-4}

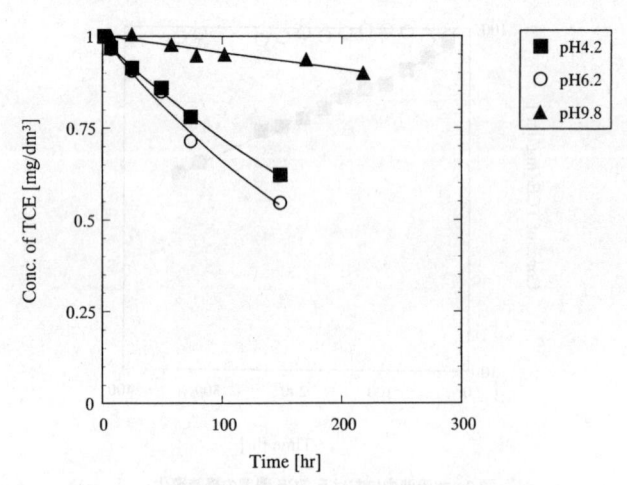

図3 異なる初期pHにおけるTCE濃度の経時変化の影響
（鉄粉：特殊還元鉄粉）

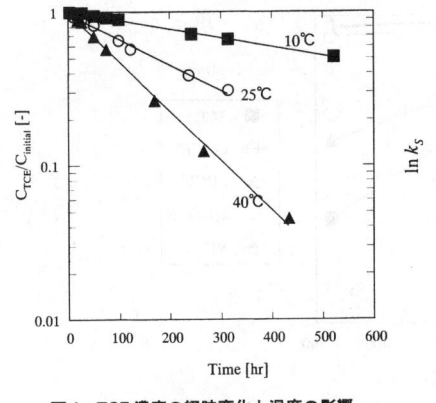

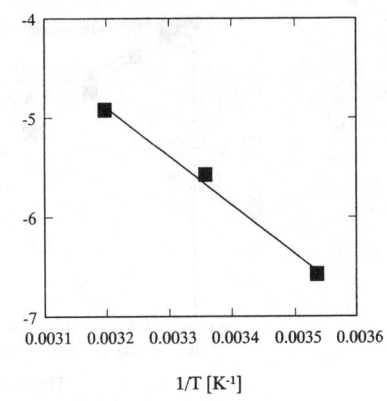

図4 TCE濃度の経時変化と温度の影響
（鉄粉：特殊還元鉄粉）

図5 分解速度定数 k_S のアレニウスプロット

となっており，硫酸による鉄の溶解反応が生じていると考えられる。また初期pHが4.2と6.2の場合，TCEの脱塩素反応に伴って酸が消費されるため，反応終了後の最終pHはそれぞれ6.3と6.7に上昇している。

2.2.3 温度の影響

鉄粉量を10g/lとし，反応温度を10℃，25℃，40℃と3段階変化させてTCEの分解反応を行った結果を図4に示す。反応温度が高いほど脱塩素速度は上昇し，40℃の場合10日間で約90%のTCEが分解される。またいずれの温度においても，TCEの分解速度は擬一次反応で表される。式2を用いてk_Sの値を求めると，10℃，25℃，40℃でそれぞれ$1.4\times10^{-3}\mathrm{hr}^{-1}$，$3.8\times10^{-3}\mathrm{hr}^{-1}$，$7.4\times10^{-3}\mathrm{hr}^{-1}$となった。図5はこれらの値をアレニウスプロットしたものである。k_Sと絶対温度の逆数との間には直線関係が認められ，アレニウスの式が成立する。図5から見かけの活性化エネルギーEaを求めると$41\mathrm{kJmol}^{-1}$となる。

2.2.4 DCE異性体の脱塩素速度の比較

図6は，塩素数3のTCEの他，塩素数2のDCE異性体（c-DCE, t-DCEおよび1,1-DCE），塩素数1のVCについて金属鉄粉による同様の実験を行い，これらの経時的推移について示したグラフである（10g/l，25℃，特殊還元鉄粉を使用）。すべての物質で濃度が時間と共に指数関数的に減少し，塩素化エチレンの分解速度はすべて擬一次で表現できることがわかる。各物質のk_S値を算出し，まとめた結果を表2に示す。各塩素化エチレンのk_Sの値は，塩素数3のTCEの場合が最も大きく$3.3\times10^{-3}\mathrm{hr}^{-1}$であり，TCE＞t-DCE＞c-DCE＞1, 1-DCE＞VCの順でk_Sが低下する。最も小さいVCの場合でk_Sの値は$1.9\times10^{-4}\mathrm{hr}^{-1}$であり，TCEの約1/17である。

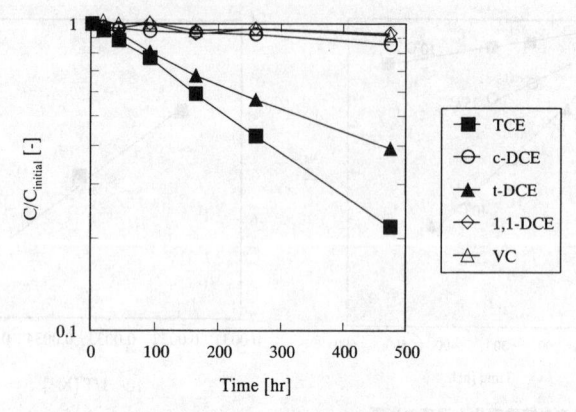

図6 金属鉄粉による水溶液中での塩素化エチレン濃度の経時変化
(鉄粉:特殊還元鉄粉)

表2 金属鉄粉による塩素化エチレンの分解速度定数
(鉄粉:特殊還元鉄粉 6.0g/l)

	TCE	c-DCE	t-DCE	1,1-DCE	VC
$k_S[\mathrm{hr}^{-1}]$	3.3×10^{-3}	3.6×10^{-4}	2.1×10^{-3}	2.4×10^{-4}	1.9×10^{-4}

2.3 適用にあたっての注意点

金属鉄粉を用いた還元分解を有機塩素化合物によって汚染された土壌や地下水に適用するにあたっては,還元分解に寄与する反応因子を検討することが前提となる。具体的には,対象となる有機塩素化合物の種類及びその濃度(TCEの汚染である場合,より分解速度の遅いシス-1,2-ジクロロエチレンの存在の有無など),使用する金属鉄粉の分解性の評価をよく吟味する必要がある。また,対象となる土壌や地下水を用いての事前のスクリーニングを行うことが望ましい。これによって,対象となる汚染地域の地質状況や汚染履歴がより確からしいものとなるためである。

2.4 適用事例

この還元分解を実際の汚染地下水に用いる例としては,上述のように透過反応壁の設置がある。汚染土壌の浄化に適用した事例としては,機械的に金属鉄と汚染土壌を混合する浄化手法の他,原位置で直接鉄粉を混合する方法(後述に記載のDIM工法),コロイド鉄を液体で注入する方法が挙げられる[12]。また,地中に還元剤と微生物の栄養剤とを混合し,微生物による有機塩素化合物の還元分解を促進させる方法が実用化されている[13]。

第2章 原位置分解法

文　献

1) 福江正治ほか，地盤と地下水汚染の原理，東海大学出版会，p257-285
2) Maymo-Gatell *et al., Environ. Sci. Technol.*, **35**, 516-521, 2001
3) 上野俊洋ほか，第8回地下水・土壌汚染とその防止対策に関する研究集会講演集，p361-362, 2002
4) Sweeny, K. H. *AIChE Symp. Ser.*, **77**, 67-71 (1981)
5) 先崎哲夫ほか，工業用水，**357**, 2-7 (1988)
6) 先崎哲夫ほか，工業用水，**369**, 19-25 (1989)
7) 先崎哲夫ほか-，工業用水，**391**, 29-35 (1991)
8) Gillham, R. W. *et al., Ground Water*, **32** (6), 958-967 (1994)
9) Matheson, L. J. *et al., Environ. Sci. Technol.*, **28**, 2045-2053 (1994)
10) 伊藤裕行ほか，資源と素材，**119** (10, 11), 675-680 (2003)
11) Pourbaix, M. Atlas of Electrochemical Equilibria in Aqueous Solutions. p313. Cebelcor. Brussels
12) 前田照信ほか，第7回地下水・土壌汚染とその防止対策に関する研究集会講演集，p53-54 (2000)
13) 下村達夫ほか，第6回地下水・土壌汚染とその防止対策に関する研究集会講演集，p105-106 (1998)

3 バイオレメディエーション

矢木修身[*]

3.1 はじめに

現在,市街地や工場跡地において,トリクロロエチレン(TCE),テトラクロロエチレン(PCE),ダイオキシン類,油,及び水銀などによる土壌汚染が顕在化し大きな問題となっている[1,2]。このため,1991年8月に水銀,ヒ素,鉛等の重金属を含む10物質について土壌環境基準が設定され,さらに1994年2月には,TCE 0.03mg/l,PCE 0.01mg/l,トリクロロエタン(TCA) 1 mg/l 等を含む15物質が,1999年にはダイオキシン1,000pg/g土壌が,2001年にはホウ素,フッ素が追加された。以後,都道府県及び政令市における土壌汚染調査がなされ,2000年度までに574件の土壌汚染の事例が報告された。汚染物質としては,TCE 178件,PCE 152件,TCA 15件及びシス-1,2-ジクロロエチレン(DCE)が105件と,有機塩素化合物による汚染がまた,鉛170件,ヒ素143件,六価クロム95件,総水銀77件と重金属による汚染も見出され大きな問題となっている。このため2003年2月に土壌汚染対策法が施行された。

現在,重金属による汚染の浄化には,物理化学的手法が,また有機塩素化合物による汚染の浄化には,地下水の揚水・曝気・活性炭処理法や土壌ガスの吸引除去法が広く用いられている[2]。しかしながら,物理化学的な処理法はコストが高く無害化処理技術でないため,バイオレメディエーション技術の活用が期待されている。ここでは,バイオレメディエーション技術の現状と今後の展望について述べる。

3.2 バイオレメディエーション技術の現状

バイオレメディエーション技術とは,微生物,植物および動物などの生物機能を活用して汚染した環境を修復する技術である。生物を用いる環境浄化技術として,これまでに排水処理や有害物質分解微生物等の多くの技術開発が行なわれてきた[2〜6]。1989年にエクソン社のバルディーズ号がアラスカ湾で座礁し4万m^3の原油が流出した際に,その浄化にバイオレメディエーション技術が活用され,効果が認められた。以後,本技術は注目され,多くの分野で実用化に向けた研究がなされている。

現在実用化されている技術及び今後実用化が期待される技術の対象物質,活用場所及び活用生物を表1に示す。下線を引いた部分はすでに実用化されている技術である。重金属に関しては,無機水銀を微生物により金属水銀に還元し除去する方法がドイツで,また六価のクロムを微生物により毒性の低い三価に還元し沈殿除去する技術が中国で確立している。さらに鉛,アルミニウ

---

* Osami Yagi 東京大学大学院 工学系研究科 水環境制御研究センター 教授

第2章 原位置分解法

表1 バイオレメディエーション技術の活用可能な対象物質，活用場所および活用生物

汚染対象物質	土壌	水域	大気	排水処理
重金属（蓄積・分解）				
Hg	微生物	植物		<u>微生物</u>
Cd, Pb	植物	植物		
Cr^{6+}				微生物
有害化学物質（分解）				
PCB	微生物			微生物
ダイオキシン	微生物			
トリクロロエチレン	<u>微生物</u>			微生物
	植物			
テトラクロロエチレン	<u>微生物</u>			微生物
PAH	微生物			
	植物			
MTBE	微生物			
農薬	微生物		植物	
環境ホルモン	微生物		植物	微生物
NO$_x$, SO$_x$			植物	
有機汚濁物質				
（分解・蓄積）				
BOD, COD化合物		微生物		微生物
		植物		
窒素	微生物	微生物		微生物
		植物		
リン		植物		微生物
油	<u>微生物</u>	微生物		微生物
	植物			

PAH：多環芳香炭化水素化合物，MTBE：メチル-t-ブチルエーテル，
下線：実用化されている技術

ムを蓄積する植物による浄化も注目されている。PCBは，紫外線照射により高塩素化PCBを低塩素化物にした後に好気性微生物による処理する方法が，またテトラクロロエチレンを鉄粉でトリクロロエチレンに分解した後に，微生物を利用して処理する方法が実用化している。PAH（多環芳香族化合物），MTBE（メチル-t-ブチルエーテル），ダイオキシンを分解する微生物さらに，2,4-D等の農薬を分解する微生物が見出され実用化への研究が精力的になされている。硝酸態，亜硝酸態窒素，リンの微生物による除去は，排水処理で実用化されている。

3.3 バイオレメディエーション技術の種類[6, 7)]

　汚染土壌・地下水の浄化を目的とするバイオレメディエーション技術は，微生物の活用法によ

表2 バイオレメディエーションの電子受容体と電子供与体

分解方式	対象物質	電子受容体	電子供与体
好気的分解	油，TCE，PCB，ダイオキシン，PAH	酸素，過酸化酸素，過酸化マグネシウム，過酸化カルシウム	メタン，プロパン，トルエン，フェノール
嫌気的分解	PCE，TCE，ダイオキシン	硝酸	水素，乳酸，ポリ乳酸，酢酸，エタノール

り2つに分類される。1つは，バイオスティミュレーション（Biostimulation）といわれ，汚染した土壌・地下水に窒素，リンなどの無機栄養塩類，メタン，堆肥などの微生物の増殖に必要なエネルギー源としての有機物，さらに空気や過酸化水素等を添加し，現場に生息している微生物を増殖させて浄化活性を高める方法である。他の一つはバイオオーグメンテーション（Bioaugmentation）といわれ，汚染現場に浄化微生物が生息していない場合に，培養した微生物を添加して浄化する方法である。汚染した環境を病人に例えると，栄養を取り体力を増強させるのがバイオスティミュレーションに相当し，症状が重い場合に投薬を用いて治療するのがバイオオーグメンテーションに相当する。

また利用するプロセスにより，固体処理（Solid phase bioremediation：バイオパイル，ランドファーミング，ランドトリートメント），スラリー処理（Slurry phase bioremediation），原位置処理（In situ bioremediation：バイオベンティング，バイオスパージング，直接注入方式，地下水循環方式，微生物壁方式，ファイトレメディエーション，ナチュラルアテニュエーション）の3種に分類される。原位置処理は，汚染現場で土壌を掘削しないでそのまま浄化処理する方法で，現在最も注目されている。バイオレメディエーションの活用の際に用いられる電子受容体と電子供与体を表2に示す。土壌中に添加する物質として，微生物，窒素，リン等の栄養物質の他に，電子供与体として，好気条件下でのメタン，フェノール，トルエン等や嫌気性条件下での乳酸，酢酸等が用いられ，さらに好気的条件下の電子受容体として酸素，過酸化水素等が用いられる。バイオレメディエーション技術において，次々と新しい方式が発表されているが，代表的なものを以下に示す。

3.3.1 固体処理

汚染した土壌を一定の場所に集め1m程度の高さに盛る（バイオパイル）あるいは現場の土壌の掘り起こし（ランドファーミング，ランドトリートメント）を行い，土壌への通気，撹拌，さらに水分や窒素，リンなどの栄養塩類を添加して，土壌中の好気性の微生物の活性を増大させて浄化する方法である。浄化効果は，透水性，水分含量や密度等の土質や汚染物質の種類，天候

第2章 原位置分解法

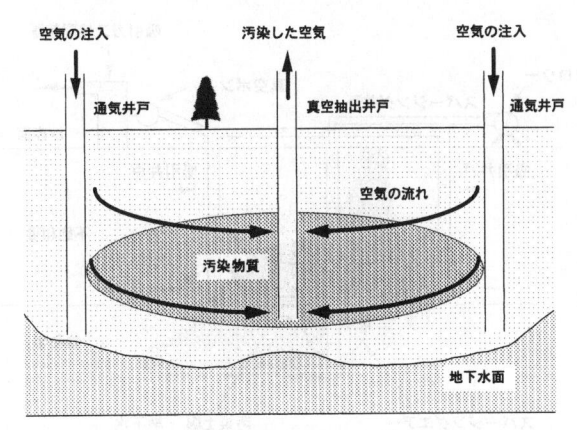

図1 バイオベンティング

により影響を受けるが，石油汚染の浄化に有効であり，わが国でも実用化されている。

3.3.2 スラリー処理

汚染土壌に水を加えスラリー状にし，これを反応槽中に移し，分解微生物や栄養物質を添加し，攪拌混合して処理する方法である。汚染物質が2,4-Dやペンタクロロフェノールのように難分解性で，かつ高濃度である場合に適しており，米国では実用化されている。

3.3.3 バイオベンティング

土壌の不飽和帯に空気の流れを作ることで現場に生息する微生物活性を高め，有機物の分解を促進する技術である。空気注入と真空抽出を同時に行うが，さらに窒素やリン等の栄養塩類を添加すると効果が増大する。一般に浄化に6ヶ月～2年を要し，透過性の低い土壌や粘土質土壌には不向きである（図1）。

3.3.4 バイオスパージング

空気あるいは酸素および栄養塩類を水飽和帯に注入し，微生物活性を増大させ汚染物質を分解除去する技術である。ディーゼル油，ジェット燃料，ガソリン等の石油汚染の浄化に有効であり，同時に，水不飽和帯の土壌に吸着している物質の除去にも有用である。汚染物質が揮発性の場合はとくに効果が高い。しばしば真空抽出やバイオベンティングと併用される（図2）。

3.3.5 直接注入方式

微生物，窒素，リン等の栄養塩類，また空気や過酸化水素等の酸素供給物質，さらにメタン，トルエン，糖蜜等の有機物を，地下水あるいは土壌中に垂直井戸や水平井戸を用いて直接注入し，微生物活性を高める方法である。注入物質の制御が困難なことから，汚染物質や分解生成物の挙

図2 バイオスパージング

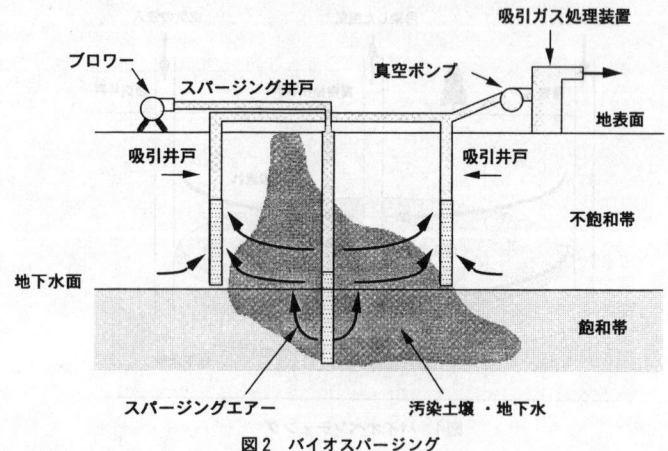

動をモニタリングし，影響範囲を常に把握することが必要である。

3.3.6 地下水循環方式

一般に，注入井戸と揚水井戸の2本の井戸を用い，下流側の井戸から汚染した地下水を汲み上げ，汚染物質を除去した後に栄養物質を加え，汚染の上流側の井戸から注入する。1本の井戸で行う場合は，上部と下部にくみ上げおよび注入ポンプを設置し垂直混合を行うことで汚染物質や注入物質の制御が可能となる（図3）。

3.3.7 微生物壁方式（Permeable Reactive Barriers）

栄養塩類，酸化物質，還元物質等で活性な微生物壁を作り，地下水が通過する際に浄化される方式である。微生物壁への栄養物質の常時注入や，微生物壁を厚くする等の検討がなされている。揮発性有機塩素化合物に関しては検討が開始されはじめた段階である。

3.3.8 ファイトレメディエーション[8]

最近，土壌の浄化に植物を活用するファイトレメディエーション（Phytoremediation）の研究が注目されている。汚染した土壌に浄化植物を植え，根圏による浄化あるいは植物の根が汚染物質を吸収し，体内で分解し，大気へ放出する現象を活用するもので，植物の浄化力が次々と報告されている。

3.3.9 ナチュラルアテニュエーション（Natural Attenuation）[9]

ナチュラルアテニュエーションとは，土壌や地下水の自然の浄化力を利用する，受身的な浄化技術である。石油汚染の浄化に有効であり，浄化能は生物分解，拡散，揮発，吸着等の作用に基づいている。石油等の炭化水素類の浄化には，生物分解が最も重要な作用である。そこで土質が

第2章　原位置分解法

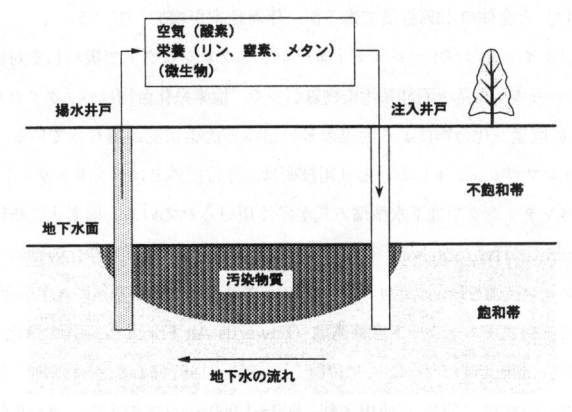

図3　地下水循環方式

多孔質の場合は酸素が大気中より供給され好気分解が進行するが，粘土質のように透過性の低い場合は酸素の供給が少ないため嫌気的となり，嫌気分解が重要な作用となる。

バイオレメディエーション技術の長所は，①生物を活用するため，常温，常圧で反応が進む省エネルギー的技術である。②薬品を使用しないため二次汚染が少ない。③原位置での汚染の修復が可能である。④低濃度，広範囲の汚染の浄化に適応できる。⑤他の処理法と比較しコストが安いなどがあげられる。

また，短所としては，①種々の物質で汚染されている場合は，技術開発が必要である。②物理化学的処理に比べ浄化に長期間を要する。③生物分解されない物質には適応できない。④有害な中間分解生成物の有無を調べる必要があるなどがあげられる。

3.4　米国におけるバイオレメディエーション[10]

米国では，バイオレメディエーション技術の開発が精力的になされている。その理由は，米国においては，規制の緩い有害廃棄物の処分地や地下タンクからの貯蔵物質の漏洩が数多く発生し，土壌・地下水汚染が深刻な問題となっているからである。1980年のいわゆるスーパーファンド法制定以来，積極的に土壌浄化の問題に取り組み，従来法の焼却，固化・安定化法に加え，種々の革新的な対策技術が開発されている。スーパーファンド法に基づいて浄化が義務付けられた区域（スーパーファンドサイト）において1982～1999年会計年度までに採用された汚染修復技術は739件で，全体の58％（425件）は原位置外処理技術，残りの42％（314件）は原位置処理技術である。革新的技術の中で特に注目されるのが，真空抽出技術26％（196件）とバイオレメディエーション技術12％（84件）である。バイオレメディエーション技術は，原位置5％（35件），

109

原位置外 7 %（49 件）と全体の 12%程度であるが，年々比率が増加している。

スーパーファンドサイトでのバイオレメディエーションプロジェクトで扱われる対象物質は，ベンゼン，トルエン，キシレン等と石油系汚染物質が多く，塩素系化合物はペンタクロロフェノール，TCE 等で，有機塩素系化合物による汚染の多い日本と汚染状況が異なっている。またバイオレメディエーションプロジェクトにおける利用技術は，原位置外ではランドトリートメントが，原位置ではバイオベンティングや地下水循環方式が多く用いられている。塩素化脂肪族炭化水素（Chlorinated Aliphatic Hydrocarbon，CAH）で汚染した土壌・地下水浄化のための代表的バイオレメディエーション技術を以下に示す[11]。浄化データは，日本でも容易に入手が可能である。

3.4.1 地下水循環方式によるエドワード空軍基地（Edwards Air Force Base）の浄化

ロスアンゼルスから 60km 離れたところに位置し，1958～1967 年の間空軍基地として使用されていたが，エンジンの洗浄に TCE が使用され，500～1,200μg/l での汚染が認められた。一本の井戸で TCE で汚染した地下水を揚水し，これにトルエンと酸素および過酸化水素を含んだ水を注入する循環方式による浄化が試みられた。開始後 317～444 日には TCE が 97%減少し，トルエンの効果が確認された。

3.4.2 バイオスパージングによるスーパーファンドサイト（Avco Lycoming Superfund Site）の浄化

本サイトはペンシルバニア州にあり，自転車製造，ミシン製造など，多くの工場が 1929 年から稼動しているが，1980 年代に水道水源地下水が TCE，DCE，六価クロム，カドミウムで汚染されていることが判明した。1997 年 1 月に糖蜜が注入された 1998 年 7 月では，多くの井戸が嫌気的となり脱塩素化反応が進行した。六価クロムは 1,950μg/l が 10μg/l となり 99%が除去された。また TCE は 90%（67→6.7μg/l），DCE は開始 10 ヶ月後に 7～100μg/l と増加したがその後 19μg/l に減少した。糖蜜の注入は TCE 及び六価クロムの除去に有効であることが明らかとなった。

3.4.3 バイオオーグメンテーションによるドーバー空軍基地（Dover Air Force Base）の浄化

本基地は 1941 年から使用されていたが 1989 年に TCE，PCE，重金属，ヒ素による土壌，地下水汚染が見出された。PCE，TCE，cis-DCE，VC 揮発性化合物の濃度は 46，7,500，1,200，34 μg/l であった。地下水循環方式による嫌気的脱塩素化反応とバイオオーグメンテーションが検討された。3 本の注入井戸と 3 本の抽出井戸が設置され，3.06 ガロン/min（約 11.6/min）の速度で地下水が循環された。乳酸ナトリウムは炭素として 100mg/l の濃度で注入され，3.75 日は乳酸を，その後の 2.75 日はアンモニアとリン酸を含む栄養塩溶液が交互に注入された。1997 年 1 月に 200mg/l の乳酸ナトリウムが注入された。さらに 6 月に 180L と 171L の微生物が注入された。1998 年 3 月には TCE，DCE の 75～80%がエタンにまで分解された。無処理の対照区

第 2 章　原位置分解法

では TCE から DCE の生成は認められなかったことから浄化の効果が確認された。

3.5　今後の課題

　米国では，バイオレメディエーション技術の確立に国を挙げて取り組んでおり，石油やペンタクロロフェノール汚染土壌の浄化技術が確立している。しかしながら土壌汚染は，対象物質が重金属から有害有機物質と多岐にわたるため，複合汚染を浄化する技術が求められている。このためには，すでに分離されているダイオキシン，トリクロロエチレン[12～14]，テトラクロロエチレン及び PCB 等の有害物質を分解する微生物を混合し，好気的及び嫌気的条件下で機能を発揮させる技術の開発が必要である。混合培養系の活用も有効と考えられる。また重金属の除去に植物，藻類，微生物が有する蓄積能の活用も期待される。バイオレメディエーション技術は，環境ホルモンのように低濃度，広範囲な土壌・地下水汚染の浄化にも最も適した技術と考えられ，今後の発展が期待される。

文　　　献

1) 環境省 (2003)：環境白書，平成 15 年度版．
2) 児玉徹，大竹久夫，矢木修身 (1995)：地球をまもる小さな生き物たち，技報堂出版，p.238.
3) 平田健正 (1996)：土壌地下水汚染と対策，中央法規出版，p.304.
4) F. B. King (1998)：Practical Environmental Bioremediation, Lewis Pubishers, pp.59-76.
5) 藤田正憲編著 (2001)：バイオレメディエーション実用化への手引き，リアライズ社，p.377.
6) 藤田正憲，矢木修身監訳 (1997)：バイオレメディエーションエンジニアリング，設計と応用，エヌ・ティーエス，p.505.
7) E. K. Nyer (1998)：Groundwater and Soil Remediation, Ann Arbor Press, p.226.
8) 森川弘道 (2001)：「ファイトレメディエーションとファイトテクノロジー」ケミカルエンジニアリング，46G, pp.665-673.
9) I. R Stegmann (2001)：Treatment of Contaminated Soil, Springer-Verlag, p.658.
10) U. S. EPA (2001)：Use of Bioremediation at superfund sites, EPA 542-R01-019.
11) U. S. EPA (2000)：Engineered Approaches to *in situ* Bioremediation of chlorinated solvents：Fundamental and Field Applications, EPA 542-R-00-008.
12) 矢木修身 (2003)：土壌環境センター技術ニュース，**7**, pp51-16.
13) 岡村和夫，渋谷勝利，中村寛治 (2001)：バイオサイエンスとインダストリー，**59G**, pp.196-199.
14) 今中忠行 (2002)：微生物利用の大展開，エヌ・ティー・エス，780-792.

4 酸素・水素徐放剤注入

中島 誠*

　原位置でのバイオレメディエーション促進化技術の一つに，原位置で帯水層中に薬剤を注入し，好気性微生物または嫌気性微生物による土壌・地下水汚染物質の微生物分解を促進する方法がある。この方法は，浄化対象とする地盤中に元々存在する微生物を活性化させるバイオスティムレーション（biostimulation）技術の一つであり，自然地盤のもつ生物学的な自然減衰能を促進させることから，自然減衰促進（ENA；Enhanced Natural Attenuation）のための技術として欧米で広く用いられている。

　酸素徐放剤および水素徐放剤は，好気性および嫌気性の微生物分解を促進させるために帯水層中に入れる薬剤であり，ジオプローブ等の打撃貫入マシン等を用いて帯水層中に直接注入するか，あらかじめ注入井を設置してその注入井から帯水層内に注入することにより，一定期間安定して酸素または水素を土壌・地下水中に供給する。そのため，連続注入を行う方法の場合に使用するような薬剤タンクや注入ポンプ等の地上設備を常設する必要がなく，注入した薬剤が寿命を迎えて効果がなくなるまでの間はメンテナンスが必要ない。

　酸素徐放剤および水素徐放剤の土壌・地下水中への供給方法には，図1に示すように，
① 掘削浄化
　　高濃度汚染土壌を掘削除去した後の掘削面に敷き，上部を良質土で埋め戻し，掘削面以深の浄化や濃度低減を図る方法
② 汚染源浄化
　　汚染源区域や高濃度土壌汚染区域へグリッド状に注入し，浄化や濃度低減を図る方法
③ 汚染プリューム浄化
　　拡がった汚染プリュームへグリッド状に注入し，浄化や濃度低減を図る方法
④ 汚染プリューム切断
　　汚染プリューム下流側にバリアを形成するように列状に注入し，汚染物質の浄化や濃度低減を図り，敷地外への汚染プリュームの拡大を防止する方法

の4つの方法がある。いずれの方法においても，酸素または水素の供給によって土壌・地下水中にもともと存在していた好気性または嫌気性の微生物が活性化し，土壌・地下水中の汚染物質の分解を促進するという原理は同じである。

---

* Makoto Nakashima　国際航業㈱　地盤環境エンジニアリング事業部　技術統括部
　　　　　　　　　　次長

第 2 章　原位置分解法

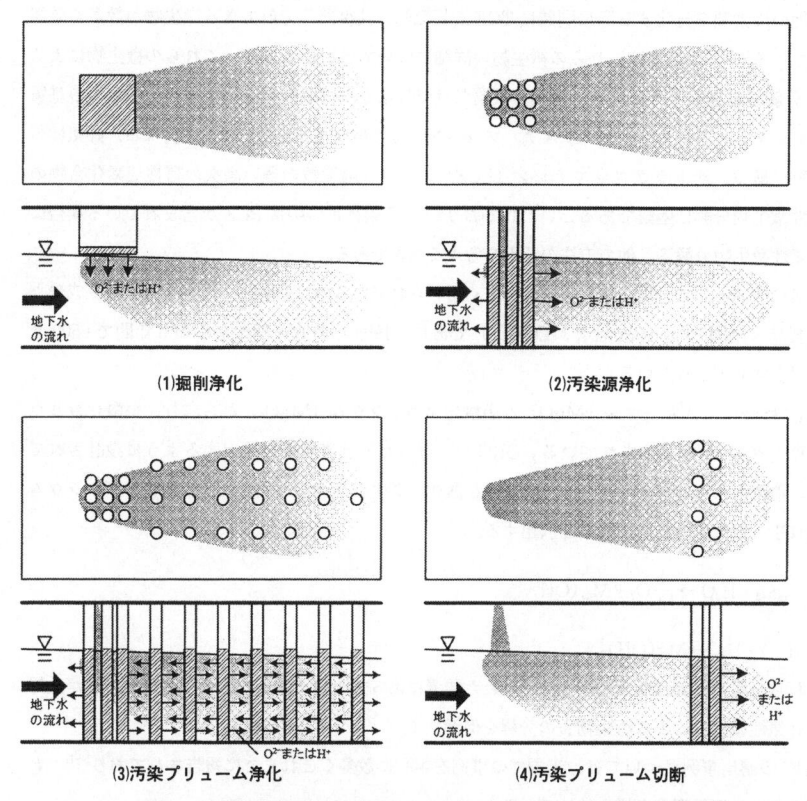

図 1　酸素徐放剤および水素徐放剤の土壌・地下水中への供給方法

(1)掘削浄化　(2)汚染源浄化　(3)汚染プルーム浄化　(4)汚染プルーム切断

4.1　酸素徐放剤

　ガソリン，灯油，軽油，重油等の石油系炭化水素は微生物にとって炭素源やエネルギー源になる物質であり，好気性微生物によって比較的容易に分解される。好気性微生物がこれらの石油系炭化水素を分解して増殖するためには電子受容体として酸素が必要であり，その酸素の不足を効果的に補うための技術が酸素徐放剤の注入である。この技術は，様々な共代謝プロセスのサポートも行うため，共代謝プロセスで微生物によって生産され，にじみ出る酵素を有機塩素化合物の分解に用いるという使い方も可能である。

　一方では，一部の有機塩素化合物に対しても好気性微生物分解は有効であり，分解速度が速く，二酸化炭素までの完全分解が可能であるという長所を有している。そのため，わが国ではトリクロロエチレン（TCE）に対する好気性微生物分解の実用化に向けた技術開発が行われてきてお

り，他の炭素源を資化する際に同時にTCEを好気的に共役酸化分解できる微生物が数多く確認されている[1,2]。ここではこれらの微生物の詳細については省略するが，これらの微生物によるTCE分解能を高めるためには，酸素の供給だけではなく，分解酵素を活性化させるための基質としてメタン，トルエン，アンモニア，プロパンの何れかの添加も必要になる。なお，好気性の微生物分解は，テトラクロロエチレン（PCE）のような塩素数の多い高次の有機塩素化合物の好気性微生物分解は困難であるといわれており[2,3]，汚染物質の中にPCEが含まれている場合には嫌気性微生物分解等，他の方法の活用を考えるべきである。

酸素徐放剤として，現在世界中で最も広く用いられているのは過酸化マグネシウムを主成分とする製品（米国Regenesis社製，ORC™）であり，1994年の販売開始からの6年間で6500サイト以上で使用されている[4]。

ORCは酸化マグネシウム（MgO）と過酸化マグネシウム（MgO$_2$）から成り，燐酸化カリウム（KH$_2$PO$_4$）が数％含まれている。ORCは，湿ったときに酸素を放出するように設計されており，消費された過酸化マグネシウムおよび酸化マグネシウムは水和されて水酸化マグネシウム（Mg(OH)$_2$）に変換され，酸素を放出する。

$$MgO_2 + H_2O \rightarrow \frac{1}{2}O_2 + Mg(OH)_2$$

$$MgO + H_2O \rightarrow Mg(OH)_2$$

これらの反応によりゆっくりと放出された酸素によって土壌・地下水中の溶存酸素濃度が上昇し，好気性微生物による汚染物質の分解を促進する。

ORCの適用事例については，米国での事例を中心に数多くこれまでに報告されており[5~7]，わが国における適用事例も増え始めている[8]。

酸素徐放剤の使用においては，浄化対象とする化学物質以外の酸素要求因子も含めて酸素要求量を計算し，供給すべき酸素供給量に反映させることに注意が必要である。例えば，土壌汚染対策法における特定有害物質であるベンゼンの汚染濃度しか把握されていない場合には，他の石油系炭化水素成分や有機塩素化合物等による酸素要求がないかどうかも必ず調べ，それらもベンゼンや生物学的および化学的な酸素要求量（BOD，COD）と合わせて酸素要求因子として考慮し，それらによる酸素要求量を満たす分の酸素徐放剤が供給できるよう設計する必要がある。

4.2 水素徐放剤

トリクロロエチレン（TCE），テトラクロロエチレン（PCE）等の有機塩素化合物は，嫌気性微生物の働きによって還元脱塩素反応を示すことが知られている。有機塩素化合物の嫌気性微生物による還元脱塩素反応には，有機塩素化合物が電子受容体となり電子伝達系を通してエネルギー

第2章　原位置分解法

を得るケース（ハロゲン呼吸代謝反応）による直接脱塩素と，通常の嫌気呼吸の過程で二次的に脱塩素されるケース（共代謝）があり，いずれも電子供与体として水素や有機物を必要とする[3]。直接脱塩素は，水素や有機酸，アルコール，糖等の炭素源を電子供与体とし，有機塩素化合物を電子受容体として最終的に塩素に電子を与えて脱塩素するもので，電子伝達系を通したエネルギーの獲得による増殖が可能である。一方，共代謝反応では，通常の代謝経路に寄与する幾つかの因子がたまたま脱塩素反応にも関与するものであり，脱塩素にともなってエネルギーが獲得されることは一般になく，増殖も行われない。還元脱塩素化に関与する微生物の増殖や脱塩素に必要な電子供与体として，メタノールやエタノール等のアルコール類，グルコース，フルクトース等の糖類，酢酸，酪酸，乳酸，ギ酸，安息香酸，クエン酸等の有機酸等が報告されている[3, 9]。このような還元脱塩素に必要な電子供与体をゆっくりと安定して供給する技術が水素徐放剤の注入である。

　水素徐放剤として，有機酸を主成分とするものや，高級脂肪酸を主成分とするもの等様々なものが開発されつつあるが，現在世界中で最も広く用いられているのは，ポリ乳酸エステルを主成分とする製品（米国 Regenesis 社製，HRC™）であり，1998 年の販売開始以来，既に 350 以上のサイトで使用されている[10]。

　HRC は，乳酸とグリセロールから合成されるポリ乳酸エステルを主成分とした化合物であり，加水分解によってゆっくりと乳酸とグリセロールを放出するように加工された食品同等に無毒な化合物である。HRC から放出された乳酸の破過および PCE の脱塩素の過程を図 2 に示す。HRC から放出された乳酸は，地盤中に生息する微生物の活動によって水素を放出しながらピルビン酸，酢酸へと変化していく。これらの有機酸は，水素の供給だけではなく，微生物が成長す

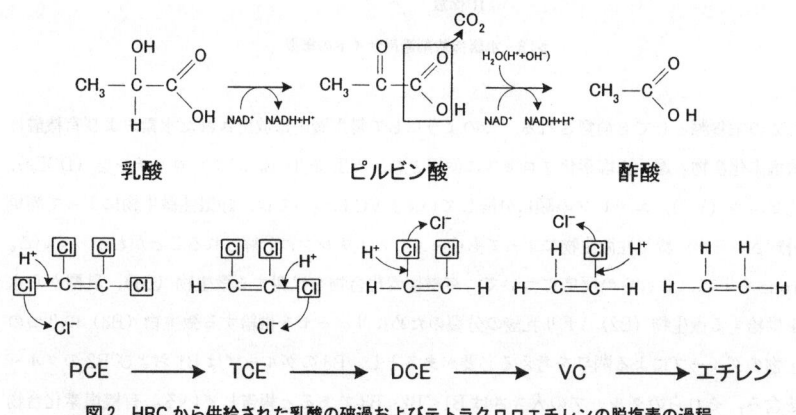

図2　HRC から供給された乳酸の破過およびテトラクロロエチレンの脱塩素の過程

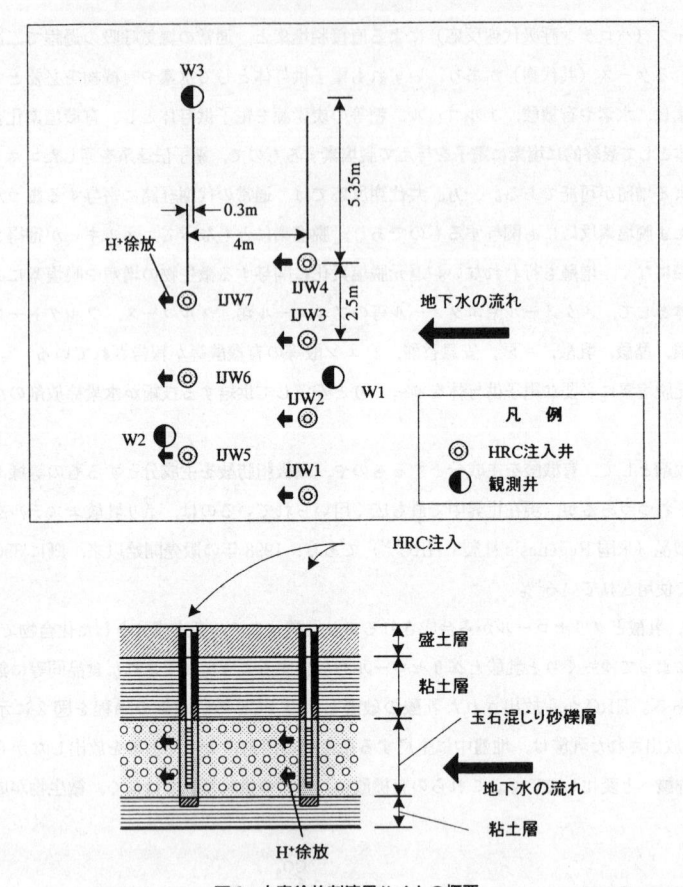

図3 水素徐放剤適用サイトの概要

るための栄養源としても消費される。このようにして帯水層中に放出された水素および有機酸は有機塩素化合物の還元脱塩素化プロセスに使用され、PCE を TCE, ジクロロエチレン (DCEs), 塩化ビニル (VC), エチレンの順に分解していく。VC については，好気性微生物によって簡単に分解されるが，嫌気性微生物によってもゆっくりとエチレンに分解されることがわかっている。Farone ら[11]は，これらの反応について，有機塩素化合物を代謝する微生物 (B1), 乳酸から水素を供給する微生物 (B2), ポリ乳酸の分裂のためにリパーゼを供給する微生物 (B3) の3つの微生物のグループによる関与を考える必要があるとし，B3 のグループは B1 および B2 のグループを含み，それらのグループの大きさは B1<B2<B3 であると報告している。有機塩素化合物

の微生物による嫌気的脱塩素化反応は共代謝反応であり，還元力 H$^+$（生命反応では NADH$^+$，生体内では NADPH$^+$ も同様の働きをする）によって還元脱塩素が行われる。

HRC の適用事例については，ORC の場合と同様に米国での事例を中心に数多くこれまでに報告されており[5〜7]，わが国においても適用事例が増えてきている。これらの事例において PCE や TCE の嫌気性微生物による脱塩素化反応が cis-1,2-DCE までで停止してしまうサイトの存在が明らかとなってきており，シス-1,2-ジクロロエチレン（cis-1,2-DCE）からエチレンへの脱塩

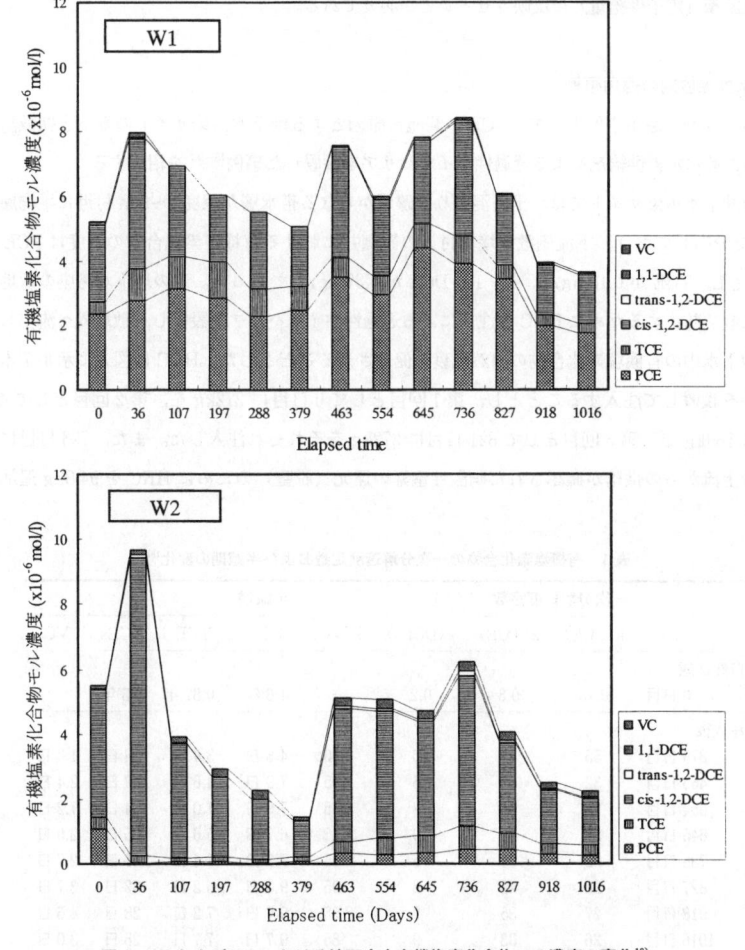

図4　W1 および W2 における地下水中有機塩素化合物モル濃度の変化[18]

素化反応の成否が ENA の鍵を握ることがわかってきている。最近では，PCE をエチレンまで嫌気的に還元代謝する微生物として唯一単離されている *Dehalococcoides ethenogenes* 195 株[12]を含む *Dehalococcoides* 属細菌の存在の有無が PCE のエチレンまでの完全分解の鍵を握っている可能性が高く，*Dehalococcoides* 属細菌は自然土壌中に広く分布しているという報告がなされてきている[13〜15]。

水素徐放剤の使用においては，浄化対象とする化学物質と競合する他の電子受容体（硝酸塩，鉄，マンガン，硫酸塩，六価クロム等）による水素供給量（電子要求量）も計算し，供給すべき水素供給量（電子供給量）に反映させることが必要である。

4.3 水素徐放剤の適用事例

水素徐放剤の適用事例として，PCE の漏洩を原因とする地下水汚染サイトの地下水拡散防止対策のために水素供給剤による透過性バイオバリアを設置した事例[16〜18]を紹介する。

この地下水汚染サイトでは，玉石混じり砂礫層からなる帯水層が深度 3〜6 m 付近に平均層厚 2.1m で分布しており，下流側敷地境界付近の観測井における有機塩素化合物の濃度は PCE が 0.28mg/L，TCE が 0.10mg/L，cis-1,2-DCE が 0.37mg/L であった。この地下水汚染の敷地外への拡散を防止するために HRC の注入による透過性バイオバリアを設置し，敷地外へ流出していく地下水中の有機塩素化合物の自然減衰を促進させることとした。HRC は図3に示す7本の注入井を設置して注入することとし，第1回目として0日目に272kgを，第2回目として423日目に189kgを，第3回目として821日目に272kgをそれぞれ注入した。また，723日目には途中で上流からの供給が確認された硝酸性窒素の還元（脱窒）のために HRC を94.8kg 追加注

表1 有機塩素化合物の一次分解速度定数および半減期の変化[18]

	一次分解速度定数（1/年）				半減期			
	k(PCE)	k(TCE)	k(DCEs)	k(VC)	PCE	TCE	DCEs	VC
自然状態								
0 日目	0.15	0.8	0.2	—	4.6年	0.87年	3.5年	—
注入後								
379 日目	55	75	20	200	4.6 日	3.4 日	13 日	1.3 日
463 日目	32	55	6	105	7.9 日	4.6 日	42 日	2.4 日
554 日目	32	36	3	35	7.9 日	7.0 日	84 日	7.2 日
645 日目	38	45	10	125	6.7 日	5.6 日	25 日	2.0 日
736 日目	32	34	5	95	7.9 日	7.4 日	51 日	2.7 日
827 日目	28	41	8	95	9.0 日	6.2 日	32 日	2.7 日
918 日目	27	35	9	55	9.4 日	7.2 日	46 日	4.6 日
1016 日目	26	33	9	85	9.7 日	7.7 日	28 日	3.0 日

入した。なお，本サイトの場合，硫酸イオンが100mg/L程度の濃度で地下水中に存在しているため，注入したHRCから供給される水素の多くは硫酸の還元反応のために消費されることを踏まえてHRC注入量を設計している[16]。

図4にHRC注入によるバイオバリア設置後における上流側観測井W1および下流側観測井W2における地下水中の有機塩素化合物濃度をモル濃度で示す。これにより，有機塩素化合物濃度の物質収支を考えると，バイオバリア設置前の状態（0日目）に比べてバイオバリア設置後（36日目以降）におけるW2とW1の総モル濃度の差が大きく，有機塩素化合物の一部がエチレンまで完全分解しているものと推察された。また，W1とW2の間における各有機塩素化合物の一次分解速度定数および半減期は表1に示すような推移を示しており，時間の経過とともに安定してきていることがわかる。最新の結果（1016日目）におけるPCE，TCE，DCEsの半減期は自然状態（0日目）に比べてそれぞれ170倍，41倍，45倍短縮しており，VCも半減期が3日と短いことから，バイオバリアの設置によって有機塩素化合物の自然減衰が促進されているものと推察された[18]。

文　献

1) 日本土壌微生物学会編，新・土の微生物（4）環境問題と微生物，博友社，182p.（1999）
2) 大森俊雄，環境微生物学－環境バイオテクノロジー－，昭晃堂，190p.（2000）
3) 藤田正憲編，バイオレメディエーション実用化の手引き，リアライズ，377p.（2001）
4) Koenigsberg, S. and C. Sandefur, Application of oxygen release compound : A six year review. Leeson, A., P. C. Johnson, R. E. Hinchee, L. Semprini and V. S. Magar (eds.), "In situ aeration and aerobic remediation : the Six International In Situ and On-Site Bioremediation Symposium", 87～94 (2001)
5) Koenigsberg, S, S. and Noris, R. D (eds.), "Accelerated bioremediation using slow release compounds ; Selected Battelle Conference Papers 1993-1999", Regenesis Bioremediation Products, 255p. (1999)
6) Koenigsberg, S. S. (eds.) and C. H. Word (preface), "Accelerated bioremediation of chlorinated compounds in groundwater ; Selected Battelle Conference papers 1999-2000", Regenesis Bioremediation Products, 169p. (2000)
7) Koenigsberg, S. S. (eds.) and C. H. Word (foreword), "Accelerated biore, ediation with slow release electron donors and electron acceptors ; Selected Battelle Conference papers 2001-2002", Regenesis Bioremediation Products, 413p. (2003)
8) 荒井　正・長谷川展男・高木一成，徐放性酸素供給剤によるバイオレメディエーションの加速技術，土壌環境センター技術ニュース，**7**，43～46（2003）

9) 矢木修身・岩崎一弘, 揮発性有機塩素化合物分解微生物, 日本微生物生態学会誌, **13** (3), 165～170 (1998)
10) Koenigsberg, S. S., C. A. Sandefur, K. A. Lapus and G. Pasrich, Facilitated desorbtion and incomplete dechlorination : Observation from 350 application of HRC, Gavaskar, A. R and A. S. C. Chen (eds) "Remediation of chlorinated and recalcitrant compounds-2002. Proceedings of the Third International Conference on Remediation of chlorinated and recalcitrant compounds (Monterey, CA, May 2002)", **2B-56** (2002)
11) Farone, W. A., S. S. Koenigsberg and J. Hughes, A chemical dynamics model for CAH remediation with polylactate esters, Leeson, A. and B. C. Alleman (eds.) "Engineered approaches for in situ bioremediation of chlorinated solvent contamination", Battelle Press, 287～292 (1999)
12) Maymo-Gatell, X., Y. Chien, J. M. Gossett and S. H. Zinder, Isolation of a bacterium that reductively dechlorinates tetrachloroethene to ethane, *Science*, **276**, 1568～1571 (1997)
13) Loffler, F. E., Q. Sun, J. Li and J. M. Tiedje, 16S rRNA gene-based detection of tetrachloroethene-dechlorinating *Desulfuromonas* and *Dehalococcoides* species, *Appl. Environ. Microbiol.*, **66** (4), 1369～1374 (2000)
14) Hendrickson, E. R., J. A. Payne, R. M. Young, M. G. Starr, M. P. Perry, S. Fahnestock, D. E. Ellis and R. C. Ebersole, Molecular analysis of *Dehalococcoides* 16S ribosomal DNA from chloroethene-contaminated sites throughout North America and Europe, *Appl. Environ. Microbiol.*, **68** (2), 485～495 (2002)
15) 中村寛治・上野俊洋・石田浩昭, 塩素化エチレン分解に関与する微生物の解析および検出, 土壌環境センター技術ニュース, **7**, 1～5 (2003)
16) 中島 誠・武 暁峰・西垣 誠, ポリ乳酸エステルからの水素供給による嫌気性微生物分解の促進, 土と基礎, **50 (10)**, 16～18 (2002)
17) 中島 誠・武 暁峰・茂野俊也・内山裕夫・染谷 孝・西垣 誠, ポリ乳酸エステルを用いた嫌気性微生物分解の促進による地下水中塩素化脂肪族炭化水素（CAHs）の浄化, 地下水学会誌, **44 (4)**, 295～314. (2002)
18) 中島 誠・武 暁峰・西垣 誠, 水素供給剤を用いた透過性バイオバリアによる自然減衰促進効果, 第 39 回地盤工学研究発会平成 16 年度発表講演集, (投稿中) (2004)

5 MNA (Monitored Natural Attenuation)

駒井　武[*1], 川辺能成[*2]

5.1 MNAとは

　自然減衰 (NA: Natural Attenuation) とは，汚染サイトの帯水層及びその地層において，人為的作用を受けずに自然現象により地下水・土壌中の汚染物質の濃度が減少することである[1]。ここで期待される自然現象としては，①土壌粒子への吸着，②気相への揮発，③希釈・拡散，④地下水・土壌中の成分と汚染物質の化学反応による分解，⑤地下水・土壌中の微生物による汚染物質の分解などがある。これらの現象は，汚染サイト固有の環境条件により大きく影響を受けるため一般化が難しいが，うまく NA を利用することにより，汚染サイトそのものが有している機能を活用することができる。また，その結果として汚染サイト修復に要するコストやエネルギーを削減することが可能となる。そこで，近年欧米では，地圏環境における汚染修復法の一つとして，NAを活用した MNA (Monitored Natural Attenuation) に関する研究および実証試験が盛んに行われている（例えば[2～4]）。

　MNA とは，適切な監視体制 (Monitored) の下で，NA を制御しながら汚染サイトの修復に適用するものである。米国環境保護庁 (EPA) によると MNA とは，「NA の力に委ねながら汚染物質の濃度をヒトの健康や環境に影響のないレベルにまで低下させることである。」とされている。また，「NA は十分に管理・監視されたものであることが必要であり，また他の浄化手法と比べ妥当な期間内に目標が達成される必要がある。」とされている。

5.2 米国における MNA 普及の動向と背景

　近年，欧米において MNA の普及が急速に進んでいる。米国では，1995 年に EPA より汚染現場の浄化代替案として MNA を重視する考え方が示され，MNA に関する研究が急速な進展を示している[1,5]。また，MNA 普及への取り組みとして，1996 年 10 月には EPA によって MNA に関する市民向けのガイドが作成され，1997 年 12 月には汚染現場の MNA を評価するための指針のドラフトが公表された。この指針は 1999 年 4 月に EPA 指令として最終版が公布された。また，EPA の方針に基づき，ASTM（米国材料規格協会）では MNA を測定・評価するための規格を策定し，実際の汚染問題に適用している。

---

*1　Takeshi Komai　㈱産業技術総合研究所　地圏資源環境研究部門　地圏環境評価　研究グループ長
*2　Yoshishige Kawabe　㈱産業技術総合研究所　地圏資源環境研究部門　地圏環境評価グループ　研究員

EPAがMNAという考え方に至った背景としては、スーパーファンド法などに基づく土壌・地下水汚染対策の限界が指摘されている。従来、浄化対策を積極的に推し進めてきたが、実際に汚染問題に取り組んでみると、さまざまな技術的な問題点が生じてきた。このため、浄化が必要と判断された汚染サイトの数は増加するものの、実際に浄化が終了したサイトの数がいっこうに増えないという状況に陥ったことがあげられる。すなわち、制度面でも人為的な浄化対策を完了する仕組みが必要となったのである。特に地下水汚染の場合、いったん汚染された地下水に対して浄化対策を継続しても、浄化目標値まで汚染物質濃度を低下させることが困難な場合が多く、浄化費用のみが積み重なっていくといったケースが多く見られる。汚染サイトにおける人為的な浄化対策を、適正なコストで一定期間内に終了させるにはどのようにすればよいかを検討していく過程で、より現実的な手法として、監視体制の下であるレベルを満たせば自然減衰（NA）機能に委ねるという考えに至ったと考えられる。

5.3 MNA対象物質

MNAに適した汚染物質には、石油系炭化水素、有機塩素系化合物などがある。特に石油燃料が漏出したサイトにおける生物的な分解による汚染濃度の減衰は、科学的に立証されやすい。適切な汚染現場の状況下では土壌・地下水中のベンゼン、トルエン、エチルベンゼンおよびキシレンといった、いわゆるBTEXが微生物の活性により自然に減少して、ついには二酸化炭素と水に変換し無害化される。また、微生物活性が十分高いところでは、BTEXの汚染プルームは終息に向かい、汚染物質の土壌および地下水中の濃度は環境基準値を下回るレベルにまで減少する。

一方、トリクロロエチレン（TCE）、テトラクロロエチレン（PCE）などの有機塩素系化合物の場合、その分解のメカニズムは好気的条件下における酸化分解と嫌気的条件下における還元分解とに分類される。前者の場合、最終生成物は石油系化合物の場合と同様、二酸化炭素と水となり無害化されるが、後者の場合、副生成物として、ジクロロエチレン類や塩化ビニルが生成される。これらの物質の分解速度は遅いため、帯水層に蓄積される可能性がある。特に微生物による嫌気的分解の場合、1,2-cis-ジクロロエチレンで反応が停止することが多いため、取り扱いには注意が必要である。

5.4 MNAの特徴

土壌・地下水汚染は、完全浄化が困難であること、高価であること、長期間にわたることから、汚染サイトのごく一部の事例を除いて、浄化の手がつけられていないのが現状である。MNAの方法論が技術的および制度的に確立し、浄化手法として地域住民も含めて認知されることにより、自然的な浄化の着手が可能となる。これにより、社会全体として浄化活動が促進され、結果とし

第2章 原位置分解法

表1 MNAおよび積極的浄化手法の特徴

項目	MNA	積極的浄化手法
コスト	積極的浄化手法と比較し極めて安価であるが、サイトの特徴が複雑な場合、特性調査に費用がかかる場合がある。	高価である。
時間	積極的浄化手法と異なり、自然の能力以上の促進は出来ないため時間がかかる。	時間が短い。
適用物質	効果のある物質が限定され、一般的には無機物、複合汚染に不適である。BTEXでは欧米で実証済みである。	汚染物質によりさまざまな浄化手法が確立されており、その適用物質の種類は多い。
適用サイト	大規模・広範囲・低濃度の汚染に適する。より有害な、移動性の高い物質への変化が生じるサイトがある。複雑な地質条件等、適切なモニタリングが不可能なサイトがある。	一般的に高濃度の汚染に適する。低濃度では処理効率が低下する。
確実性	水文地質条件、関与する自然由来の化学物質、微生物は現場ごと異なるため、浄化効果は不確実である。環境条件は時間と共に変化するため、浄化効果の持続は不確実である。	確実性は高い。
安全性	自然界の持つ物理的、化学的、生物的浄化能力を総合的に有効利用するため処理に伴う二次汚染の発生がない。	栄養塩や化学物質を注入することもあり、二次汚染の発生の可能性がある。ボーリングなどにより不透水層を破壊し、汚染を広げる可能性もある。
社会性	MNAの公的認知を得るために幅広い学習と努力が必要である。特に、浄化対策を施していないと誤解される恐れがある。	公的認知が得られやすい。

て大幅なリスク低減が図れることがMNAの最大の長所である。また、MNAは自然界の浄化機能を活用した原位置処理法のひとつとして分類される。一方、積極的な処理手段と比較した場合、浄化対策が終了した後、その効果の検証が困難であること、浄化の過程を人為的に制御できないなどの問題点がある。表1にMNAと積極的浄化手法との比較をまとめた。

5.5 MNAのプロセス[6]

浄化対策としてのMNAは全ての汚染サイトに無条件で適用可能なものではなく、汚染物質の種類などサイト固有の条件によって適用を判断すべき手法である。したがって、MNAを実施終了するためには、さまざまな検証をする必要がある。図1にMNAのプロセスについて示す。
前提条件としては、まず、設定された浄化目標に向かって対策を実施し、汚染源対策（汚染源

土壌・地下水汚染の原位置浄化技術

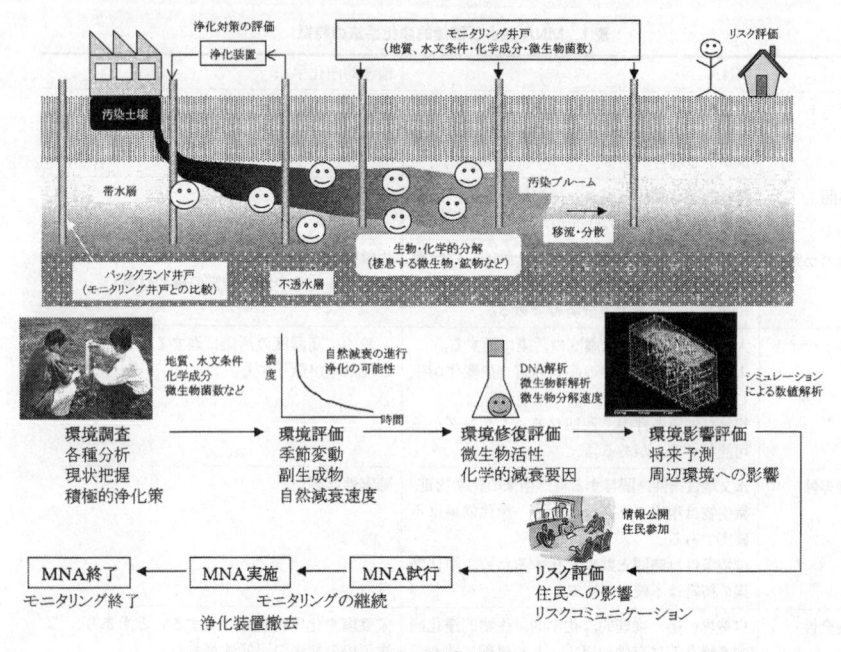

図1 MNA のプロセス

の除去,拡散防止)が十分施されていることが必要である。また,汚染プルームが拡大していないことを確認していなければならない。さらに,汚染物質の種類と濃度,汚染源の場所,拡散範囲や現場の地質状況と地下水の挙動など,MNA を評価できるデータが整備されている必要がある。加えて,MNA 以外に合理的な浄化手段がないことも前提となる。

　これらの前提条件を満たした場合,次に NA の要因を科学的に評価しなければならない。NA の要因には物理・化学・生物的要因が考えられるが,油分などによる汚染では微生物による分解が要因となっていることが多い。したがって,単に汚染物質だけを測定するのではなく,他の化学物質についても同様の検討を行い,NA が起こっていることを実証しなければならない。表2は,石油系炭化水素および有機系塩素化合物による汚染サイトにおいて測定すべきと考えられる項目を示したものである。pH や溶存酸素(DO),酸化還元電位(ORP)などの基本的な調査項目に加えて,硫酸塩や硝酸塩などの陰イオンや鉄,マンガンなどの陽イオン,地下水位や地下水流速・流向などの地下環境に関する各種のデータを取得し,サイトの特質を把握する必要がある。また,当該サイト内において汚染源の上流部で汚染されていない井戸(バックグラウンド)をモニタリングすることも,NA を評価する上で重要である。

第2章 原位置分解法

表2 石油系汚染物質および有機系塩素化合物による汚染サイトにおいて測定すべき測定項目

項目		石油系炭化水素	揮発性有機化合物	備考
基本的調査項目	pH	○	○	汚染, 非汚染地下水の生物学的活動の差の要因
	温度	○	○	酸素溶解度は地下水温度に依存, 生分解率は温度に依存する可能性あり
	DO	○	○	好気性生分解が起こっている場合の指標
	電気伝導度	○	○	
	酸化還元電位	○	○	地下水中の酸化・還元反応が微生物によって通常仲介されていることから, 酸化・還元反応の電位を評価
無機化合物	硝酸塩 (NO_3^-)	○	○	嫌気性分解の電子受容体
	硫酸塩 (SO_4^{2-})	○	○	嫌気性分解の電子受容体
	第一鉄	○	○	嫌気性分解の電子受容体
	全鉄 (T-Fe)	○	○	
	塩化物イオン (Cl^-)	○	○	
	$CO_3(HCO_3)$	○	○	
	アルカリ度 (Ca, Mg)	○	○	溶存している炭酸塩, 重炭酸塩の尺度, アルカリ度の上昇=生分解による有機酸あるいはCO_2生産
	マンガン (Mn^{2+})	○	○	嫌気性分解の電子受容体
	全カリウム (T-K)	○	○	
有機物等	全有機態炭素 (TOC)	○	○	
	全リン (T-P)	○	○	
	全窒素 (T-N)	○	○	
	メタン	○	○	CO_2を電子受容体として嫌気性でメタン生成
揮発性有機塩素化合物 分解生成物	テトラクロロエチレン ($CCl_2=CCl_2$)		○	
	トリクロロエチレン ($CCl_2=CHCl$)		○	テトラクロロエチレンの還元的脱塩素反応における生成物
	シス-1,2-ジクロロエチレン ($CHCl=CHCl$)		○	テトラクロロエチレンの還元的脱塩素反応における生成物
	トランス-1,2-ジクロロエチレン ($CHCl=CHCl$)		○	テトラクロロエチレンの還元的脱塩素反応における生成物
	1,1-ジクロロエチレン ($CCl_2=CH_2$)		○	テトラクロロエチレンの還元的脱塩素反応における生成物 1,1,1-トリクロロエタンの分解経路における生成物

(つづく)

土壌・地下水汚染の原位置浄化技術

表2 石油系汚染物質および有機系塩素化合物による汚染サイトにおいて測定すべき測定項目（つづき）

項目		石油系炭化水素	揮発性有機化合物	備考
揮発性有機塩素化合物	分解生成物			
	クロロエチレン（CH$_2$＝CHCl）		○	テトラクロロエチレンの還元的脱塩素反応における生成物 1,1,1-トリクロロエタンの分解経路における生成物
	1,1,1-トリクロロエタン（CH$_3$CCl$_3$）		○	
	1,1-ジクロロエタン（CH$_3$CHCl$_2$）		○	1,1,1-トリクロロエタンの分解経路における生成物
	クロロエタン（CH$_3$CH$_2$Cl）		○	1,1,1-トリクロロエタンの分解経路における生成物
	エタノール（CH$_3$CH$_2$OH）		○	1,1,1-トリクロロエタンの分解経路における生成物
	酢酸（CH$_3$COOH）		○	1,1,1-トリクロロエタンの分解経路における生成物
石油系化合物	全石油系炭化水素（TPH）	○		
	TLC-FID 測定項目	○		
	GC-MS 測定項目	○	○	
微生物	全菌数	○	○	
	生菌数	○	○	
	遺伝子解析（DGGE）	○	○	
収着	有機炭素成分重量比	○	○	NAPLの水相から土壌粒子への疎水性収着において土壌粒子の有機炭素成分重量比との相関が高い
地下環境	地下水位	○	○	地下環境での汚染物質の移動経路は，地下水に溶けその流れに乗って拡散，周囲のきれいな水によって希釈されていくと考えられる事，微生物分解が土壌表面よりも地下水中で起こっていると考えられる（トリクロロエチレン→ジクロロエチレン）ことから地下水環境の把握
	地下水の流速	○	○	
	地下水流の方向	○	○	
	水理的容量	○	○	
	地下水面季節的な変動範囲	○	○	
	透水性	○	○	
	季節変動	○	○	

次のステップとして，これらのデータを基にシミュレーションなどを活用し，リスク評価のプロセスとして汚染物質の将来予測や周辺環境への影響評価を行う。リスク評価を実施するためのソフトウェアには BIOSCREEN や BIOCHLOR などがあり，それぞれ油分と有機塩素系溶剤が流出した汚染サイトにおいて，MNA を採用するか否かのスクリーニングを行うことができる。

第2章　原位置分解法

先に述べたサイト固有の環境条件をこれらのソフトに入力することにより，1次元移流，3次元分散，線形吸着および還元的脱塩素反応による生物分解の解析を行うことができる。ただし，このソフトでは単純な水文・地質条件でしか解析できないため，大規模なサイトの汚染評価には適していない。また，揚水処理など積極的な浄化が行われているサイトの解析が困難であるため，より詳細なシミュレーションによる評価が望ましい。

　上述した内容を総合的に評価して，MNAを適用することが妥当であると判断された場合には専門家や自治体などの判断・確認を経た上でMNA実施に向けた検討を行う。まず，最も重要なことが地域住民による合意形成である。MNAを適用する際には，地域住民とのコミュニケーションが必要不可欠であり，地域住民参加のもとさまざまな事項について検証し，MNAを適用することに関する住民の理解を得られることが必要である。その際の住民説明は，技術者以外にも理解しやすいような内容とする必要があり，説明事項は十分に分かりやすいものとしなければならない。検証する事項については，MNAによる浄化目標達成までの期間および地下水の利用制限などの事項，モニタリング結果の情報公開などといった内容があげられる。

　その後，地域住民との合意形成がなされれば，浄化施設の運転を停止し，MNAの試行を行う。この際，浄化設備の撤去は行わず，予測しない状況になった場合には再度浄化設備の運転が開始できるような状態とする必要がある。また，MNAの試行期間はモニタリングを継続して行い，汚染物質の濃度減少や分解生成物など，分解挙動に関与する物質の濃度変化を測定し，自然減衰の検証を行わなければならない。また，試行の以前に実施したシミュレーション結果と実測値との比較を行い，モデルの妥当性を評価する必要もある。

　MNA試行により有効性が評価されると，MNAに完全移行する。しかし，MNAはNAを利用した汚染修復手法であるため，さまざまな状況変化により影響を受ける。したがって，実施中においても常にその妥当性を検証していかなければならない。重大な変化が発生した場合には，MNAを適用の妥当性について再評価を行い，必要によりモニタリングの強化，代替手法の適用などの措置をとる必要がある。例えば，以下のようなケースでは再評価の実施が不可欠である。すなわち，地下水位，水質の変化が想定される範囲を超過した場合，河川改修や大規模な土地改変など地下環境において大きな変化をもたらす人為的行為がなされた場合，新たな化学物質が環境基準項目に追加される，または基準値に変更が生じた場合などが挙げられる。

　最終的に，モニタリングの実施サイトにおける地下水の汚染濃度が，ある期間を通じて目標値を満足し，環境への影響が十分に消滅したことが立証され，地域住民によるMNA終了の理解が得られれば，MNAの終了となる。

5.6 我が国における MNA 適用の可能性

海外では MNA についての知見が積み重ねられ，実際，石油系汚染サイトでは適用されている事例が多い。しかし，我が国では，MNA に関して知見がほとんどなく，現在のところ適用例はないのが現状である。この理由として，汚染の顕在化が海外と比較して遅れていることや，過去の汚染サイトであっても測定データに関しては汚染物質だけに限定していることが挙げられる。また，MNA に関連する十分なデータの解析が行われておらず，科学的なリスク評価が実施されていないことも大きな原因である。

最近，我が国においても MNA に関する注目が高まりつつある。例えば，㈳土壌環境センターでは 1999 年より，MNA に関する活動を行っており，我が国の具体的な汚染サイト 3 ヵ所（油系汚染 1 ヶ所[7)]，有機塩素系汚染サイト 2 ヶ所[8~9)]）においてデータの取得や解析を行うと同時に，MNA のプロトコール[10)] などを検討している。これを受けて，環境省でも地下水汚染の評価手法としてMNAの現場適用に関する研究開発が開始されている。

我が国において MNA を適用するための課題としては，今後 MNA に関するさらなる知見やデータを集積し，それをもとにして MNA を個々の汚染サイトに適用するためのプロトコールを確立することが重要である。また，一律の環境基準だけではなく，リスク評価に基づいた浄化目標の設定などの法的整備も重要であるといえる。これらの一連の検討を科学的，政策的に実施することにより，わが国においても汚染浄化手法として MNA を適用することが可能であると考えられる。

文 献

1) 前川ら，地下水・土壌汚染とその防止対策に関する研究集会　第 7 回講演集，p.13（2000）
2) Brigmon *et al.*, *J. Soil Contamination*, **7**, 433-453（1998）
3) Buchanan *et al.*, *J. Soil Contamination*, **8**, 35-38（1999）
4) Prabhakar *et al.*, *J. Contaminant Hydrology*, **59**, 133-162（2002）
5) 白鳥ら，地下水・土壌汚染とその防止対策に関する研究集会　第 7 回講演集，p.117（2000）
6) ㈳土壌環境センター，MNA 調査研究部会　平成 14 年度報告書（2002）
7) 高畑ら，地下水・土壌汚染とその防止対策に関する研究集会　第 9 回講演集，p.26（2003）
8) 川辺ら，地下水・土壌汚染とその防止対策に関する研究集会　第 8 回講演集，p.345（2002）
9) 三宅ら，地下水・土壌汚染とその防止対策に関する研究集会　第 7 回講演集，p.50（2003）
10) 谷口ら，地下水・土壌汚染とその防止対策に関する研究集会　第 7 回講演集，p.454（2003）

第3編 応用編

第3編　応用編

第1章 浄化技術

1 揮発性有機化合物の原位置浄化技術

1.1 抽出と化学分解による土壌・地下水原位置浄化技術

1.1.1 エンバイロジェット工法（ウォータージェットを用いた土壌汚染浄化技術）

川端淳一*

(1) エンバイロジェット工法とは

　土壌・地下水汚染浄化技術については浄化費用低減の見地から，掘削せずに低コストで原位置浄化することが可能となる様々な技術の開発が行われてきた。しかし原位置浄化技術は，一層のコストダウンが要請される一方で，浄化の期間やその浄化程度を予測することが大きな課題となっており，より浄化効果の確実な技術の開発が求められている。

　ここで紹介するエンバイロジェット工法は，地盤改良分野で使われてきたウォータージェット技術の適用範囲を地盤浄化の分野へ拡大したものであり，VOCを中心に様々な汚染物質へ適用可能性のある原位置浄化技術として開発された。本工法は，①原位置浄化技術としては比較的短期間にVOCの汚染浄化が可能であること，②浄化可能な範囲を明確にすることができ，浄化期間の予測も他の原位置工法よりも容易であること，また③大深度の汚染に対しても浄化を部分的に行うことが可能でありコストメリットを得られること等の特徴を持つ技術である。

　図1はエンバイロジェット工法の概念図を示したものである。エンバイロジェット工法には，汚染された箇所を部分的に除去し100％の無害な置換体で置き換えることの可能な「ジェットリプレイス工法」と，鉄粉等のように有機汚染物質に対して生化学的な汚染物質分解作用を持つ浄化剤を部分的に現地盤と混合することができる「ジェットブレンド工法」の二つのタイプがある。いずれの工法も他の工法に比して，高精度な"置換"や"混合"を，汚染物質の外部への拡散なく，行うことができる原位置浄化工法である。

　一般にトリクロロエチレン等のVOCは地盤中に浸透した後，停止，滞留し，その場所から徐々に地下水に溶け込んで長期間，広範囲にわたる地下水汚染を引き起こす。このような汚染形態に

---

* Junichi Kawabata　鹿島建設㈱　技術研究所　地盤グループ　上席研究員　地盤環境チームチーフ

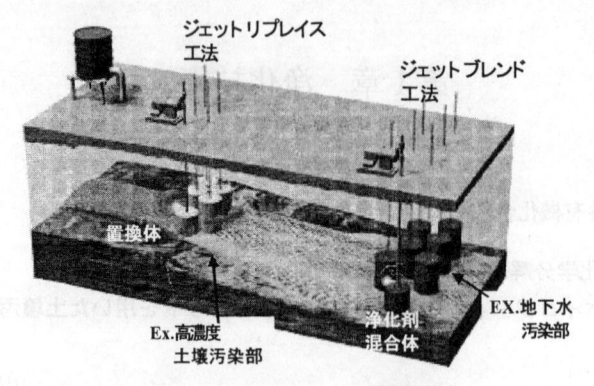

図1 エンバイロジェット工法概念図

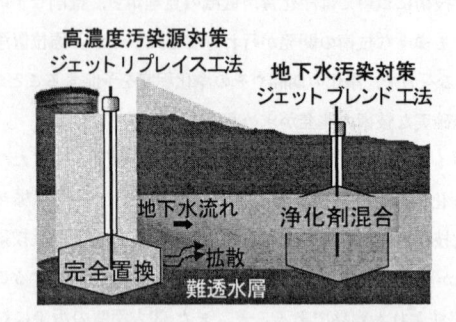

図2 VOC汚染に対するエンバイロジェット工法適用概念図

対してエンバイロジェット工法を適用すれば，高濃度の土壌汚染に対してはジェットリプレイス工法による除去置換，低濃度の地下水汚染に対してはジェットブレンド工法による生化学的な分解浄化を施す等，両手法を組み合わせることにより比較的短期間に浄化を終了させることが可能となる。またこの工法を用いれば部分的に浄化を行うことができ，深いところに汚染がある場合には他の工法に比してコスト的に非常に有利となる。(図1，図2参照)。

以下各工法の概要と実施例を紹介する。

(2) ジェットリプレイス工法

① 概要と特徴

ジェットリプレイス工法は原汚染地盤を部分的に約30MPaの高圧ウォータージェットにより掘削した後に無害な高比重の置換体で置き換える技術である。置換体の強度は原地盤に応じて調

第1章 浄化技術

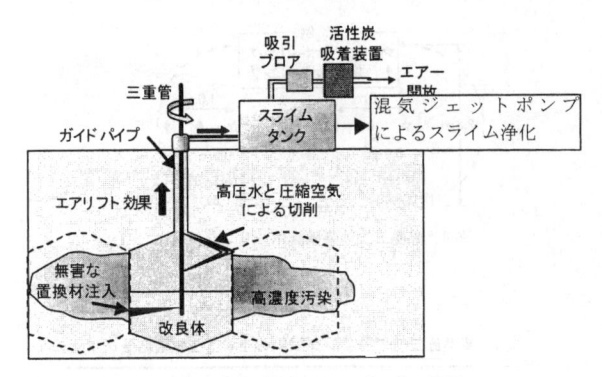

図3 ジェットリプレイス工法の施工概要

整することができるため，地盤沈下等の地盤変状や跡地の建物利用に支障を生じることなく浄化を完了することができる。この工法を用いることにより，粘性土に浸透して地下水汚染の汚染源となったVOCの除去や，その他原理的にはすべての種類の地中の汚染物質を部分的に除去することが可能であり，浄化を極めて短期間に終わらせることが可能となる。

② 施工法

図3にジェットリプレイス工法の施工概要図を示す。施工は，ボーリング孔にウォータージェット（空気・水）を噴射する経路と置換材料を注入する経路がそれぞれ独立した多重構造をもった三重管を入れて行う。図3のように高濃度汚染深度まで三重管を建て込み，三重管を回転させ，ウォータージェット交差噴流による地盤切削を行うとともに，地盤内へ送った圧縮空気のエアリフト効果によって汚染スライム（泥水）はガイドパイプを通して地上へ排出される。汚染されたスライムは地上のスライムタンクまで大気や施工範囲外の地盤との接触なく移動し，エアーは活性炭を通してブロワによってタンク外へ排出される。地盤切削後，三重管の下部から置換材料を注入して円柱状改良体を造成する。置換材料としては，無害な高比重材料を用いている。また汚染スライムは，現場で混気ジェットポンプを用いた浄化システムにより浄化された後，土・水分離することにより現場での再利用が可能となる。

③ 実施例

ここではジェットリプレイス工法の施工事例を紹介する。図4に施工地点の平面図とサンプリング実施地点を示す。2箇所の中心で施工前にボーリングを実施した結果を表1に示す。これより対象地盤はTCEなどによる環境基準値10倍程度の汚染であり，汚染深度はG.L.-5.5～-6.5m，土質は粘性土でありこの部分に対して，ジェットリプレイス工法による粘性土層の部分的な置換除去を実施した。

133

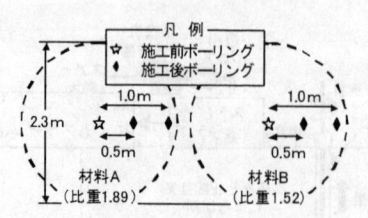

図4 置換工法効果確認ボーリング位置

表1 置換施工前ボーリング試料の土壌溶出試験結果

深度 m	土質	土壌溶出値 [mg/L]		
		cisDCE (0.04)	TCE (0.03)	PCE (0.01)
G.L.-5.0	粘性	0.002	0.002	ND
G.L.-5.5		ND	0.006	ND
G.L.-6.0		0.025	0.37	0.23
G.L.-6.5		0.082	0.4	0.17
G.L.-7.0	砂質	ND	ND	ND

( ) 内環境基準値 ※ND：検出限界以下

表2 ジェットリプレイス施工後ボーリング試料の土壌溶出試験結果

中心からの距離	深度 m	濃度		
		cisDCE	TCE	PCE
0.5m	G.L.-5.5	0.002	0.002	ND
	G.L.-6.0	ND	ND	ND
	G.L.-6.5	ND	ND	ND
1.0m	G.L.-5.5	ND	ND	ND
	G.L.-6.0	ND	ND	ND
	G.L.-6.5	ND	ND	ND

施工中には汚染物質がスライム（泥水）と共に地盤から上がってくるが，この泥水をモニタリングすることにより，汚染物質が確実に除去されているかどうかがわかる。本施工中においては，汚染地盤と同程度の濃度のスライムが常時排出されていることが確認された。

施工後の置換体からサンプリングを行い，原地盤から置換材料への密度の変化等の手法に基づ

第1章 浄化技術

いて置換率を算定したところほぼ100％の置換が達成された。また表2に示すとおり除去された部分は検出限界以下の値となっており，施工された高濃度の粘性土部分の完全浄化が達成された。

また施工中にジェットによる汚染物質の飛散がないかどうかについてチェックするため造成体から50cm離れた場所で間隙水圧計による測定を行ったが，水圧はほとんど変化せず，本工法の施工により周囲への拡散等についても大きな問題は生じないことが確認された。

(3) ジェットブレンド工法

① 概要と特徴

ジェットブレンド工法は汚染地盤をウォータージェットにより掘削しながら浄化剤を原地盤と混合し，原地盤の地下水（場合により土壌）を浄化する技術である。特に鉄粉等の粉体を広範囲（1つのボーリング孔より直径2～3m）に地盤中に混合させることができ，またそれを地中深く施工することができる。リプレイスと同様，地盤変状や跡地の建物利用に支障を生じることはない。この工法を用いることにより，例えば地中の汚染された帯水層に対して，鉄粉造成体を構築して，地下水を浄化することが可能となる他，場合によっては微生物分解促進剤等の他の浄化剤を広範囲に撒き散らすことも可能となる。

② 施工法

ジェットブレンド工法の概要を図5に示す。ジェットリプレイス工法と同様に施工対象深度まで三重管を建て込み，ウォータージェットにより切削する。鉄粉を混合する場合には，ウォータージェット切削と同時に鉄粉（0価鉄粉）混合水を注入して原地盤の砂と鉄粉との円柱状混合地盤を造成する。ウォータージェット掘削で地盤が緩む効果により鉄粉の存在による透水性の低下を防ぐことができる[1]。鉄粉を効率よく送るためには特殊な鉄粉混合水を調合することが必要であるが，水溶性の液体状のもの（例えば水素徐放剤）であれば，比較的簡単に混合することが可能

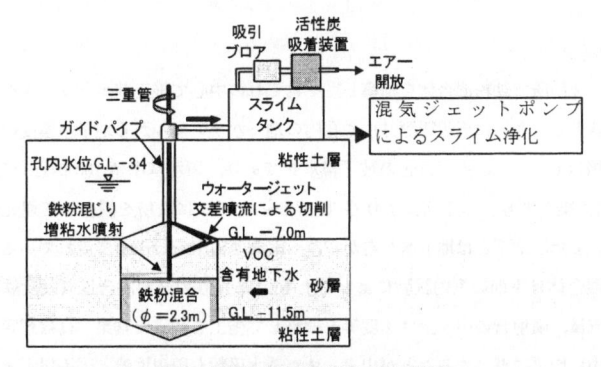

図5 鉄粉混合地盤の造成の施工概要

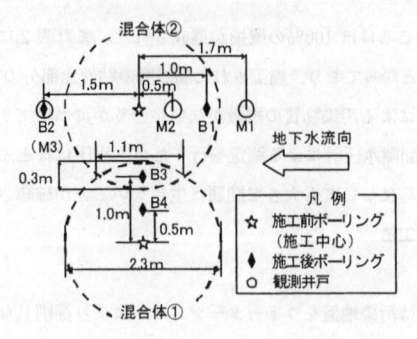

図6 鉄粉混合地盤とボーリング・観測井戸配置

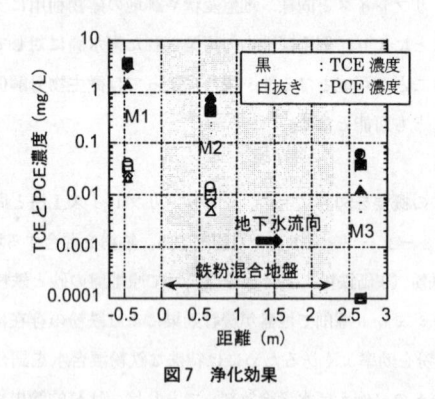

図7 浄化効果

である。

③ 実施例

図6のように2箇所で鉄粉混合体を構築し、それぞれの中心で施工前ボーリングを実施して原地盤の土質を調査し、さらに周辺観測井戸や孔内の地下水サンプルから地下水濃度の測定を行った。対象帯水層はG.L.-7.0～-11.5mの被圧帯水層であり、環境基準値100倍近いTCEと数倍程度のPCEの汚染があり、本工法によりG.L.-7.0～-11.5mに鉄粉を混合して還元分解による浄化を行った。また、地下水は地下水が右から左へ実流速約10cm/dayで流れていることが分っている。鉄粉混合体は事前の室内試験によって土1m^{3}あたりの必要混合量（設計鉄粉量）を求め、鉄粉水の流量、噴射管の引き上げ速度等を調整して施工を行った結果、ほぼ想定どおりの量の鉄粉を地盤中に均質に混合することが出来、また透水係数も周辺地盤と同等以上となった[1]。

第1章 浄化技術

　施工後,図6中に示すM1~M3の地下水サンプルを経時的に採取してTCE・PCEの濃度分析を行い,地下水の実流速に従って各点通過日の濃度分析結果を同じプロットで示したのが図7である。M1を通った地下水が鉄粉混合地盤を通過することによってTCE・PCE汚染地下水は指数関数的に減少し,混合地盤下流側では上流側の1/100程度の濃度に低下している結果が得られた。M3では,施工から1年後に実施した地下水中のエチレン濃度分析により0.3mg/Lのエチレンが検出され,TCE・PCEが分解無害化されたことが確認された。

(4) おわりに

　エンバイロジェット工法は,比較的広範囲の地下水を短期間で浄化したり,透水性浄化壁を深部帯水層で構築することができる等,他の原位置浄化技術では従来難しかった多くの特徴を有する技術である。今後の原位置浄化を進める上で浄化手法の新たな選択肢として期待される。またこの工法と他の生化学的な手法を組合せることにより,様々な汚染に対して浄化可能な範囲が拡がるものと考えられる。

文　　献

1) 川端淳一,伊藤圭二郎,河合達司,上沢進（2002）：ウォータージェットを用いた汚染地盤の修復技術について,土と基礎（地盤工学会誌）,Vol.50, No.10, pp.25-27.

1.1.2 スパーテック（エアースパージング）工法

福浦 清*

(1) はじめに

「スパーテック」は米国 Shaw Environmental&I Inc. 社が保有し，日本では前澤工業㈱が使用権を持つ，エアースパージング技術の商標である。

エアースパージングは 1990 年台前半に米国を中心に実用化が進んだ技術であり，日本においては平成 7 年度（1995 年度）の環境庁委託業務[1]として，前澤工業㈱が実証試験を行った。

(2) 原理

スパーテックフローシートを図1に示す。

飽和層（帯水層）中に空気等のガスを注入する。ガスは不規則な流路を取りながら上昇して不飽和層（通気帯）に達する。飽和層中のガス流路（気液界面）では揮発性汚染物質が高濃度側（地下水）から低濃度側（ガス）へと移行する。

通常は不飽和層に対する土壌ガス抽出システムを併用し，不飽和層に移動した揮発性汚染物質を地上に回収し，吸着設備・分解設備等で処理する。

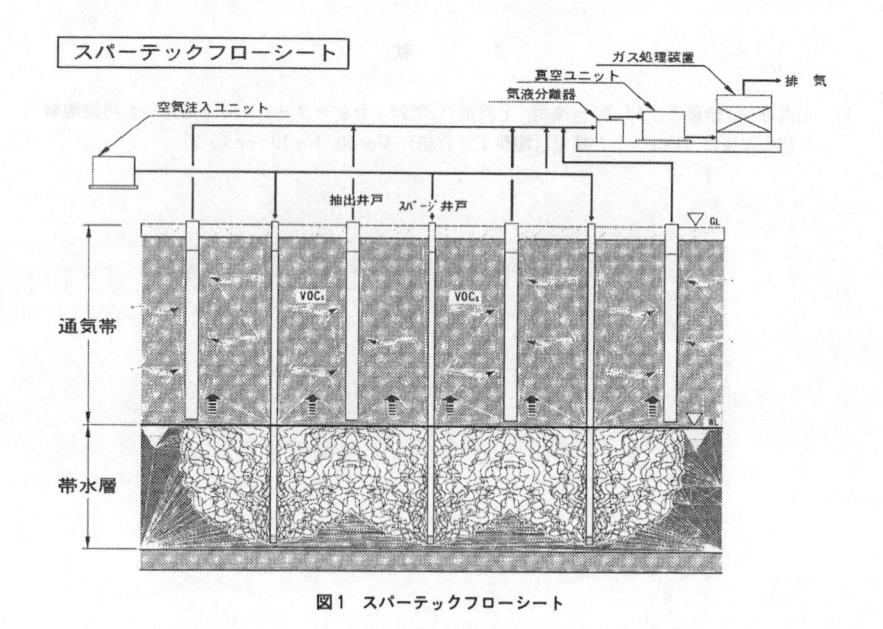

図1　スパーテックフローシート

* Kiyoshi Fukuura　前澤工業㈱　産業環境事業部　土壌環境部　技術課長

第1章　浄化技術

(3) 特徴～揚水法との比較

① 地下水汚染だけでなく，土壌汚染対策あるいは汚染源対策としても有効である。揚水法では土壌に吸着された，あるいは原液として存在する難水溶性汚染物質の回収は，汚染物質の地下水への溶出速度による制約を受け，長い浄化期間を必要とする場合が多い。スパーテックでは注入されたガスが帯水層中を移動し，土壌あるいは原液と接触して汚染物質を取り込むため，汚染物質の水への溶出速度による制約を受けない。

② 揚水を行わないので周辺での地下水位の低下あるいは地盤沈下等の懸念がない。また，排水処理が不要である。

③ 曝気装置等の水処理設備が不要となるため，地上設備は比較的小規模なものとなる。

④ 通常は土壌ガス抽出システムと併用されるため，飽和層だけでなく不飽和層の浄化も並行して行われる。

⑤ 注入ガスとして通常は空気が使用されるが，空気に含まれる酸素によって好気的生物分解の促進効果が期待できる。

(4) 制約条件

① 地質によって適用性が左右される。粘土や岩盤など空気注入が困難な地質に適用できないのは当然だが，比較的透過性の良い地質であってもその不均一性，特に垂直方向の変化が大きい場合は，注入ガスの上昇が阻害され適用困難となる場合がある。

② 被圧帯水層のように上部を難透水層で抑えられている場合や，不圧帯水層であっても地下水位が非常に高い場合には，注入ガスの回収の問題で適用困難となる場合がある。

(5) 設計上の留意事項

1) 抽出システム

抽出システムは通常の真空抽出システムと本質的に変わるところはない。留意すべき点は注入ガスの到達範囲全体を抽出システムの影響範囲で覆うようにすることと，注入量を上回る抽出量を確保することである。

2) 注入井戸

注入ガスは注入井戸スクリーンの上端から帯水層へ注入される。従って注入井戸スクリーンはその上端が浄化対象深度より下方に設置される必要があるが，あまり長いものとする必要はない。注入井戸径は注入空気流量に対して，配管抵抗が十分小さくなるように設計すればよい。

3) 運転条件

注入流量は大きい方が浄化の観点からは望ましいと言えるが，自然地盤である帯水層中では注入空気の流れに偏りが発生することが避けられないため，注入流量に比例した浄化効果を期待できるとは限らない。また注入空気量の増加に伴う圧力の増加が地盤の強度に悪影響を与えたり，

地下水中の汚染を拡散させることのない程度に抑える必要がある。

4) 現場予備試験

注入流量・注入圧力・注入井戸間隔については、それらが互いに関連し、かつ地質の微小な変化が注入特性に影響を与えるため、スパーテックにおいては現場での予備試験により決定する。

現場での予備試験は地質の水平方向の不均一性を考慮し、通常1本の注入井戸に対して観測井戸を複数の方向に設置して行う。

注入ガスの垂直方向の動きを把握することが重要であるため、現場予備試験に用いる観測井戸のスクリーンはあまり長くしないで、帯水層が厚い場合には深さを変えて何段か設置するのが望ましい。スクリーンが長すぎると観測した結果がどの深度で起こったのかを見分けることができないばかりでなく、観測井戸の存在が試験結果に与える影響が大きくなると考えられる。

注入井戸間隔は各観測井戸における圧力・溶存酸素濃度・汚染物質濃度等の測定結果に、地質や地下水流動の状況、目標浄化期間や安全率等を併せて検討することにより決定する。

5) 連続運転と間欠運転

各注入井戸について運転・停止を繰り返す（間欠運転）ことにより、注入ガスの影響範囲内における地下水の移動を促進することで、浄化を促進することができると考えられる。これはガス注入の開始時および停止時に帯水層中に一時的な圧力勾配が発生することによる（図2）。開始時と停止時の圧力勾配の向きは逆になるため、一方向への継続的な地下水移動ではなく限られた範囲内での往復運動となる。注入ガスの影響範囲内で地下水の移動が促進されることにより、注入空気と汚染地下水の接触効率が増加し、浄化が促進される。

間欠運転による地下水浄化の促進に関しては、前澤工業㈱が特許[2]を申請している。

(6) 現場予備試験の実施例

1) 典型的な観測事例

ある現場予備試験での観測井戸における圧力の時間変化を図3-1・3-2に示す。空気注入井戸を起点として直交する2方向に等間隔で4本ずつ合計8本の観測井戸を設置した。帯水層厚が約2.5mと比較的薄いため観測深度は1段とした。

以下の観測結果が得られ、この現場はスパーテック適用可能であると判断された。

①すべての観測井戸で運転開始後に圧力上昇が、運転停止後に圧力低下が観測された。
②運転開始後の圧力上昇と運転停止後の圧力低下の大きさは注入井戸に近いほど大きかった。
③運転を継続しても観測井戸での圧力変動は維持されずに徐々に減少し、1～2時間後には観測井戸間の圧力差はほとんど無くなった。

注入井戸から8mの観測井戸でも小さな圧力変化が観測されたが、この現場では安全率を大きめにとり、注入井戸を8m間隔で設置した。

第1章 浄化技術

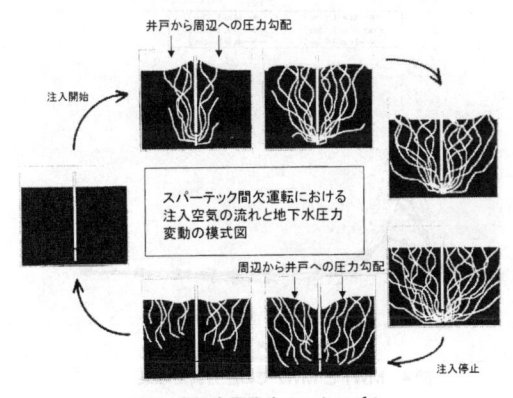

図2 圧力勾配発生のメカニズム

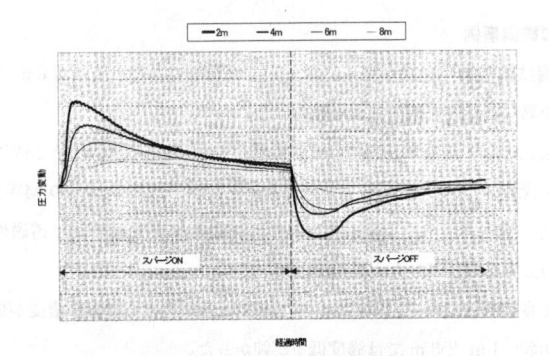

図3-1 方向1での圧力測定結果

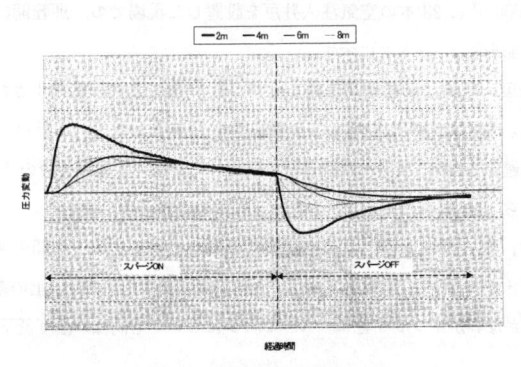

図3-2 方向2での圧力測定結果

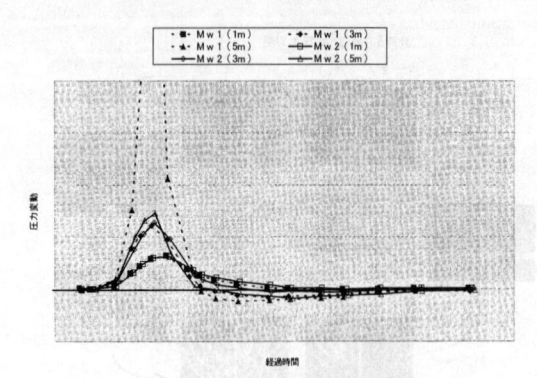

図4 MW1 と MW2 での圧力測定結果

2) 厚い帯水層での観測事例

別の現場での予備試験結果の一部を図4に示す。この現場では帯水層厚が6mと厚いため，観測地点毎に深度の異なる3段の観測井戸を設置した。

空気注入井戸を起点として異なる方向にほぼ等距離（4m）にある MW1 と MW2 の圧力変動は，地下水面からの深度1mと3mについてはほぼ同じだが，深度5mでの MW1 の圧力が極端に高く MW2 の約5倍もあった。MW1 の方向では深度3mと5mの間に透過性の悪い地層が存在し注入空気の上昇を妨げていたと推測された。

予備試験に続いて長期的な運転を行ったが，MW2 では各深度とも順調に濃度が低下したのに比較して，MW1 の深度1mと3mでは濃度低下が鈍かった。

(7) 長期運転経過

浄化対象面積約 5000m^2 に 23 本の空気注入井戸を設置した現場での，運転開始後約1年間の地下水観測結果の一部を図5-1・5-2に示す。

現場予備試験の結果，明瞭な影響範囲は約6mだが数十mm水柱程度の小さな圧力変化は約10mまで確認された。費用対効果を勘案して影響範囲を 10m とした設計を行い，23 本の空気注入井戸による浄化経過を 14 本の地下水観測井戸で観測した。地下水観測井戸のうち 12 本は最寄りの空気注入井戸から 10m 離れた地点に，2本は5m離れた地点に設置した。

図5-1はベンゼン，図5-2はトルエンの濃度変化を示している。約1年間のスパーテック運転により，ベンゼン・トルエンとも 14 本の観測井戸中 10 本で1桁～2桁以上の濃度低下が観測され，グラフでは示さないがキシレンとエチルベンゼンについても同様の濃度低下が観測された。

第1章　浄化技術

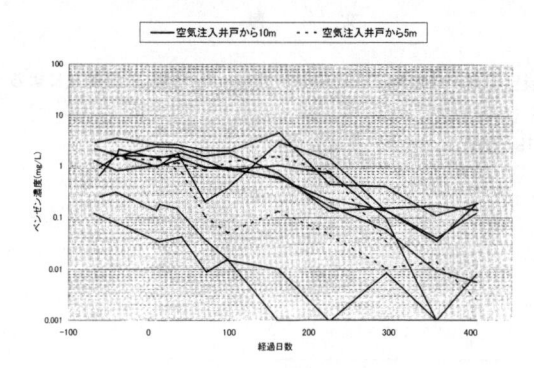

図5-1　ベンゼン濃度の経時変化

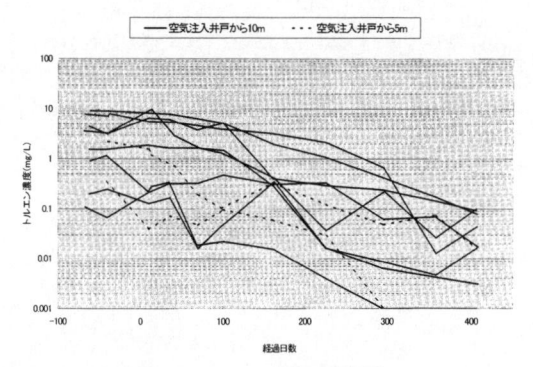

図5-2　トルエン濃度の経時変化

(8) まとめ

　エアースパージングのような原位置浄化技術では現場での適用事例の蓄積が重要である。複雑かつ把握の難しい地下環境に直接働きかけを行うのであるから，始めは手探りでの試行錯誤を行い，経験の蓄積によって徐々に技術が確立されていく。エアースパージングの国内での適用事例は数年前まで非常に少なかったが，ここ数年増加しているように見受けられる。今後は成功例だけに留まらず課題の多い事例等についての情報交換も行われ，エアースパージング技術の理解が進むことを期待している。

文　献

1) 前澤工業株式会社　平成7年度地下水汚染対策調査「原位置気液曝気法による土壌・地下水の浄化」報告書 (1996)
2) 特開平 11-207319　地下水へのガス供給方法

1.1.3 エアースパージング・揚水システム

笠水上光博*

(1) システムの概要

エアースパージング（土壌ガス吸引法も併用）法は，地下水中に空気を注入して揮発性有機化合物の土壌ガス中への揮発を促し，土壌ガス吸引によって汚染物質を回収する方法で，地下水面直上の毛管水帯にトラップされた汚染物質の回収にも有効であり，汚染物質の好気的分解を促す効果もある。しかしながら，エアースパージング箇所付近の地下水面が上昇することにより汚染地下水が周辺に拡散する危険性や連続運転により注入した空気の"選択的通り道"が地層中にでき，汚染物質の回収効率が低下するといった危険性がある（図1上参照）。特に帯水層中に原液状の汚染物質（DNAPL：Dense Non-Aqueous Phase Liquid［水より重い難水溶性液体］の略）が存在しているサイトではエアースパージングにより地下水濃度が飽和濃度レベルまで上昇することから，汚染地下水の拡散の可能性は高いものとなる。

エアースパージング・揚水システム（Air-Sparging/Pump-and-Treat System）はエアースパージング箇所やその近傍の井戸での揚水を併用することで，水位のコントロールにより汚染地下水の拡散防止が図れるとともに，エアースパージングと揚水の交互運転等様々な組み合わせ運転により"選択的通り道"の形成を防ぎ，回収効率の低下を防ぎながらの汚染物質の回収が可能となる（図1下参照）。なお，図1下ではエアースパージング井の近傍に揚水井を設置し，エアースパージング停止時に揚水する場合を示したが，サイトの状況により，エアースパージングと同時に揚水する場合やエアースパージング井を揚水井として併用する場合もある。

(2) 適 用

エアースパージング法が適用できる地層状況，汚染状況の場合に適用可能である。特に帯水層中にDNAPLが存在している場合のエアースパージングにより高濃度になった汚染地下水の回収や周辺への拡散防止に有効である。

(3) 事 例

ここでは，礫質砂からなる海浜性粗粒堆積物中のに浸透した揮発性有機化合物の滞留状況とそのサイトに対して，エアースパージング・揚水システムを適用した例について紹介する。

① 対象サイトの状況

本サイトの地質は礫〜極粗粒砂を主体としており，粒度分析から深度3.2m付近に相対的に細粒粒子の多い層が存在している。地下水位は深度1.0〜1.5m付近にある。

調査の結果，深度2.5〜3.0m付近の飽和帯の礫質砂層中で，テトラクロロエチレン（以下，

---

* Mitsuhiro Kasamizukami 国際航業㈱ 地盤環境エンジニアリング事業部

土壌・地下水汚染の原位置浄化技術

＜エアースパージングシステム＞

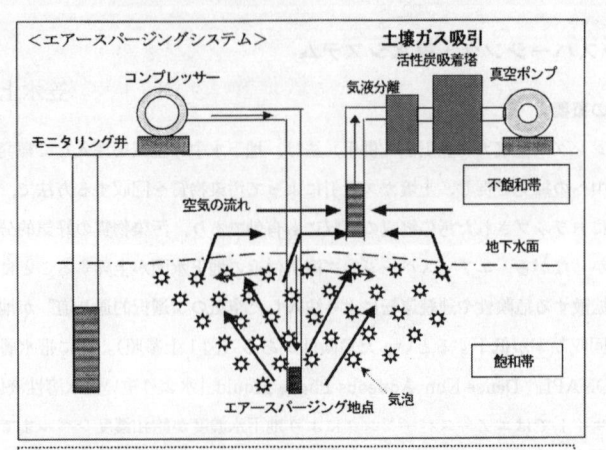

エアースパージング法では、エアースパージング地点を中心に地下水面が盛り上がり（一点鎖線）、周辺への地下水の流れが発生する。そのため、エアースパージング地点付近の汚染地下水が周辺に拡散する可能性がある。

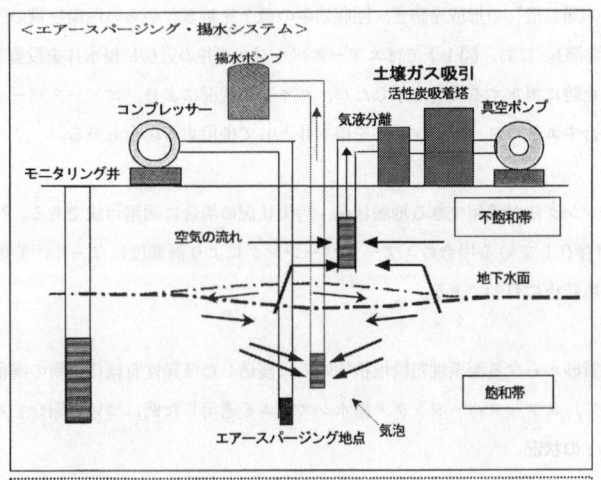

＜エアースパージング・揚水システム＞

エアースパージングを停止し、揚水することにより、地下水面を低下させ（太い一点鎖線）、周辺へ拡散した地下水を回収する。また、この間エアースパージングを停止する事により、空気の通り道の形成も防止できる。

図1 エアースパージングシステムとエアースパージング・揚水システム

第1章 浄化技術

PCE）のDNAPLが点在していることが明らかとなった。これは，細粒分の多い深度3.2m付近の地層が相対的な難透水層として作用して，その上面に原液状のPCEが滞留したためと見られる。このDNAPLから地下水中にPCEが徐々に供給されることが地下水汚染の主な発生源であると推定された。

② エアースパージング法の適用性

本サイトの地質は中礫質極粗粒砂からなり，透水性が高い（透水係数で $3.8 \times 10^{-2} \sim 5.6 \times 10^{-2}$ cm/sec）ため，エアースパージングによる浄化が十分適用可能であると判断した。

③ エアースパージング・揚水法の有効性

本サイトにおいては，従来の揚水処理だけの対策ではDNAPLから地下水中に徐々に溶け出してくる汚染物質を回収することになり浄化が長期に渡る可能性があったことから，主要な地下水汚染源と想定される深度2.5～3.0mに点在するDNAPLをエアースパージングで壊して土壌ガス中への揮発や地下水中への溶解を促進しながら土壌ガス吸引や地下水揚水により回収することにより，浄化に要する期間を短縮することを計画した。また，本サイトは敷地境界に近接しており，汚染地下水の拡散防止の観点においても揚水処理を併用するのが必要であると判断した。

④ システムの概要

本浄化システムは，高濃度帯に下方からエアースパージングを行う深さ8mと6mの空気注入管（計2本），高濃度帯に直接エアースパージングを行いまたは高濃度となった地下水を揚水する深さ3mの空気注入・揚水両用管（計14本）（空気注入管と揚水・空気注入管はϕ30mm，スクリーン長30cmの鋼管仕様とした），注入した空気を回収する土壌ガス吸引井戸と土壌ガス吸引トレンチおよび地下水と地下空気のモニタリングを行う地下空気・地下水観測井戸（計19本）より構成されている（図2，3参照）。

なお，エアースパージングの影響半径は，運転前と運転後の水位測定の結果から深さ3mの空気注入井戸において，約2.9mという値が得られている（地下水位：GL-1.3m，空気注入量：$0.3m^3$/minの場合）。

揚水・空気注入両用管（PIW）は，基本的にはエアースパージングの空気注入管として使用するが，高濃度の地下水塊が生じた場合には揚水処理用の井戸として使用する。

空気注入管（IW）は，エアースパージング用の空気を注入することを主目的として設置している。本管もPIWと同様に，揚水することも可能である。

土壌ガス吸引管（VW）・土壌ガス吸引トレンチ（VT）は，PIW，IWから注入した空気を回収する目的でスクリーン区間を設置している。

⑤ 運転条件

4ヶ月に渡って，浄化実験を行った結果，運転条件は，以下に示すパターンAとパターンB

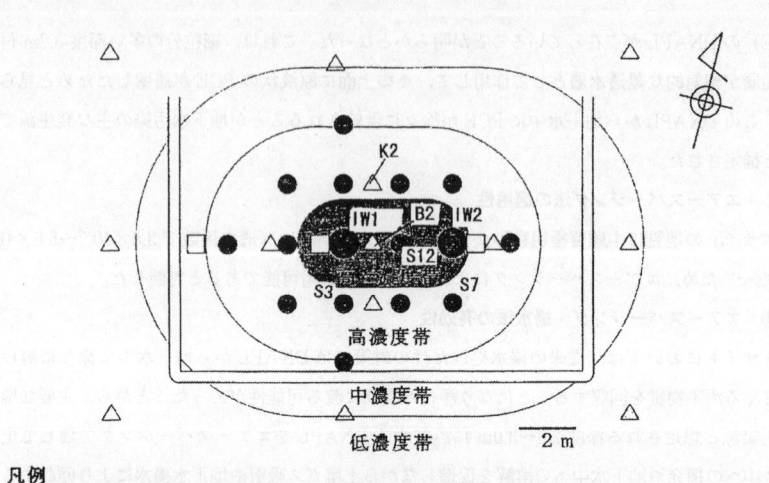

土壌・地下水汚染の原位置浄化技術

凡例
△：地下空気・地下水観測井　(MW)，●：揚水・空気注入両用管　(PIW)
●：空気注入井　(IW)，□：ガス吸引井　(VW)，▨：ガス吸引トレンチ　(VT)

高々濃度帯：10 mg/l 以上，高濃度帯：1 mg/l 以上
中濃度帯：0.1 mg/l 以上，低濃度帯：0.01 mg/l 未満

図2　エアースパージング・揚水システムの配置（平面）

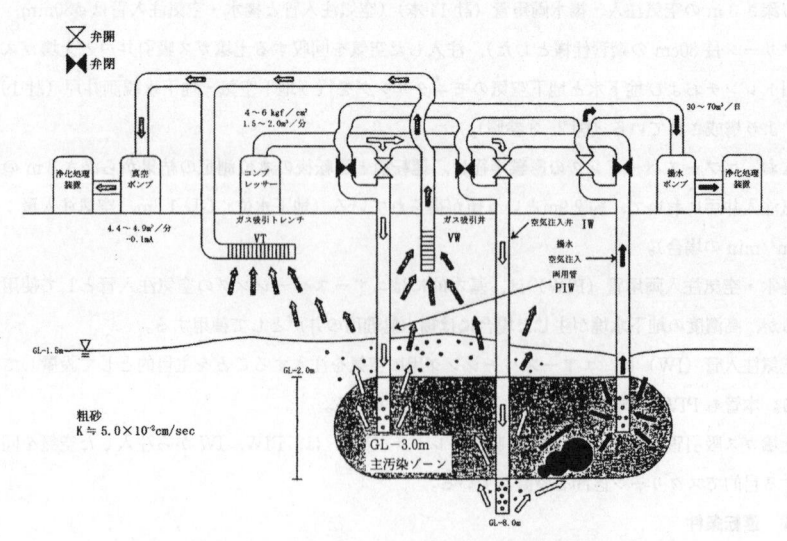

図3　エアースパージング・揚水システムの配置（断面）

第1章 浄化技術

地下水PCE相対濃度推移

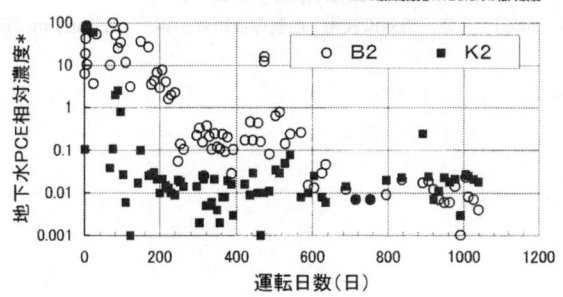

図4 地下水 PCE 濃度の推移

を交互に繰り返すものとした。なお，地下水観測井のモニタリング結果で濃度の上昇が見られた場合には，その近傍にある揚水・空気注入両用管の運転をエアースパージングから揚水に切りかえるものとした。

パターンA（1週間）：エアースパージング＋ガス吸引

パターンB（2週間）：エアースパージング＋高濃度域（S3, S7, S12）の揚水処理＋ガス吸引

⑥ 浄化効果

地下水観測井の濃度変化を図4に示す。観測井戸の地下水濃度は急激に減少し，1040日目では2初期濃度の1/10〜1/100程度（最高濃度時の1/1,000〜1/10,000程度）の値まで低下している。この濃度レベルは，PCEの地下水環境基準（0.01mg/l）程度の濃度であり，本システムによる浄化は，十分な浄化効果をあげていると判断した。

文　　献

1) Jimmy H. C. Wong, Chin Hong Lim, Greg L. Nolen (1997)：Design of Remediation Systems, in Lewis Publishers
2) Andrea Leeson., *ET AL.*, (2002)：Air Sparging Design Paradigm, in Battelle
3) Matthew J. Gordon, P. HGW. (1998)：Case History of a Large-Scale Air Sparging/Soil Vaper Extraction System for Remediation of Chlorinated Volatile Organic Compounds in Ground Water, Ground Water Monitoring & Remediation, Spring 1998, pp 137-149
4) 笠水上光博・山内仁（1998）：粗粒堆積物中の揮発性有機塩素化合物の挙動とエアースパー

ジング・揚水システムによる浄化, 地下水学会誌第 40 巻第 4 号 pp.403-416
5) 松下孝 (2003):建築技術 No.639 2003 April pp.142-143
6) 笠水上光博 (2003):土壌汚染対策技術, 地盤環境研究会編, 日科技連, pp.87-94

1.1.4 DUS（原位置蒸気抽出法 Dynamic Underground Stripping）工法

谷口 紳*

(1) 技術概要

　土壌・地下水中の原液（NAPLs）及びその近傍の汚染浄化対象域に，蒸気を直接吹き込むことで，雰囲気温度を水の沸点100℃程度まで急速に上昇させる。団粒構造を持つ土壌の表面及び隙間に存在する汚染物質は，温度の上昇に伴う溶解度の増大で，一部が地下水中に溶解・拡散する。更に粘性の低下による流動化と，蒸気そのものの移動に付随する衝撃力を持つ物理的なエネルギの広がりで，汚染物質のNAPLsが原液状のまま土壌から外れ，順次地下水中に移行する。この地下水を揚水処理することで土壌の浄化を図る。

　一方溶解に伴う，水－汚染物質系での有効沸点の下降により，NAPLs表面及び汚染地下水中から汚染物の蒸発が促進される。気相中に移行した揮発物質は土壌ガス吸引で土壌中から取り除かれ，処理設備で吸着回収，又は分解処理される。更に土壌・地下水中に残留するNAPLsは，長期間高温で酸化的雰囲気に保持されるため，化学酸化分解が進む。以上のNAPLsの土壌からの溶解，離脱，揮発，分解のメカニズムを図1に示す。

　なお，経済的で確実な浄化処理を行うには，長期にわたる加熱期間中の地中，地下水中の温度管理が極めて重要である。図2に，汚染場所に設置した，多数の温度モニタリング井からの測定データに基いた，DUS運転中の地下の温度分布を示す。現状の運転温度を3次元的に正確に把握した上で，当初の汚染分布，水文地質的状況を加味した理想的な計画温度分布との差異を明らかにし，追加蒸気の投入位置，深度，量を制御することで，浄化速度の促進を図っている。

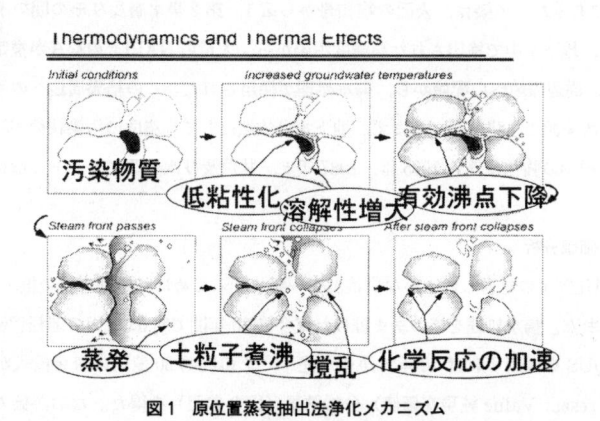

図1　原位置蒸気抽出法浄化メカニズム

* Shin Taniguchi　㈱荏原製作所　環境修復事業センター　技術部　部長

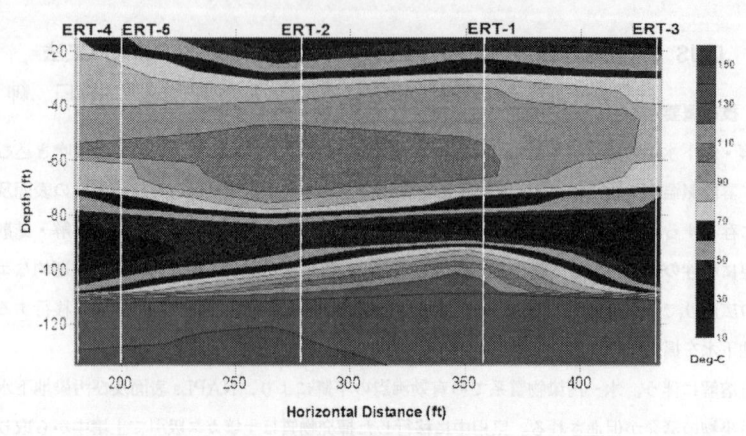

図2 地中温度断面図
（電気抵抗断層解析，熱伝対観測結果）

(2) 実施例1・・高沸点有機化合物処理

① 経　緯

カリフォルニア州ビサリアで，1920年代から操業を続けている木材処理工場の近傍から，地下水の油汚染が検出された。調査の結果，汚染物質は防腐剤として同工場で使用されていた，アスファルトに似た性状を持つ，高沸点有機化合物のクレオソートで，汚染面積は7,300m^2，汚染深度は30mであった。汚染は，表面の飽和帯から第1，第2帯水層及びその間の不透水層まで広がっており，地下水中で検出された高濃度汚染から，大量のNAPLsの存在が推定された。当初（1976年），周辺環境への配慮から，揚水処理が採用された。この結果周辺への汚染拡散は防止できたが，汚染源の浄化は殆ど進まず，地下水は依然として高濃度の汚染状態が続いた。このため州政府の規制の強化に伴い1985年，1987年と，井戸及び水処理プラントの増設を余儀なくされた。

② 純現在価値分析

1993年，浄化完了の見通しがつかない状況を一新させるために，処理方式の根本的な再検討，見直しがなされた。揚水処理をそのまま続ければ今後30年間で約50億円の運転管理費が必要になり，一方DUSを採用すれば10年で浄化が完了，その間約30億円の資金投入が必要というNPV（Net Present Value 純現在価値）分析結果（図3参照）を得た。なお評価のベースとして，土壌／地下水中の汚染物の処理目標値には，リスクベースの解析から，ダイオキシン，ベンゾ（a）ピレン，ペンタクロロフェノールに関し表1の濃度を採用した。

第1章 浄化技術

DUS vs. 揚水処理

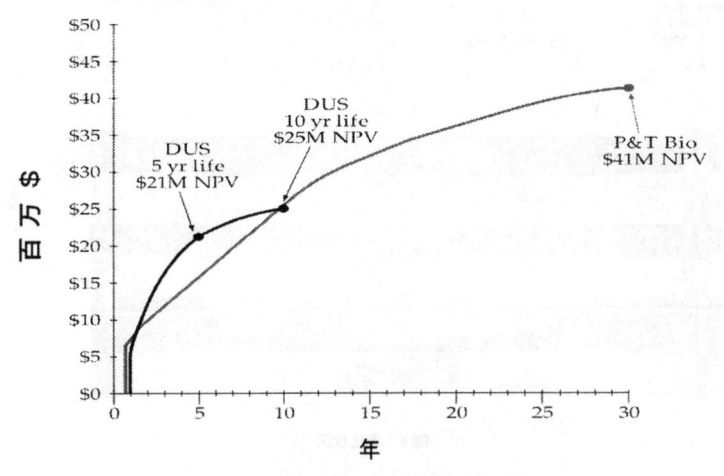

図3 (Net Present Value 純現在価値) 分析

表1 処理目標

物質名	土壌	地下水
TCDD ダイオキシン毒性等量	1 ppb	30 ppq
ベンゾ (a) ピレン	0.39 ppm	0.2 ppb
ペンタクロロフェノール	17 ppm	1 ppb

1995年, DUSシステムに関する, 種々の検討,審査の結果所轄の行政からの承認が得られ, 翌96年の設計,製作,工事完了の後, 97年, 運転が開始された。

③ 浄化運転

サイトキャラクタリゼーションから得られた, 汚染状況・水文地質状況に基き, 図4に示すように, 汚染土壌・地下水中の浄化施工範囲内に, 複数の蒸気注入井, 地下水揚水井, 土壌ガス吸引井, 温度モニタリング用井戸を配し, 熱の効果的伝達・分散による最適運転制御を行った。汚染浄化は各帯水層, 不透水層ごと個別に対応し, 一つの層が完了後次に移るという手法を採用した。特に不透水層中に浸透したNAPLsの抽出除去には, 底面からの集中的な加熱方式の採用等, 工夫を凝らしている。また運転中にも, 井戸配置を適宜追加変更し, 揚水・投入蒸気・回収ベーパーのショートパス防止を図った。同時に, 汚染の拡散を起こさないよう充分な配慮を行った。

設置された処理プラントは,

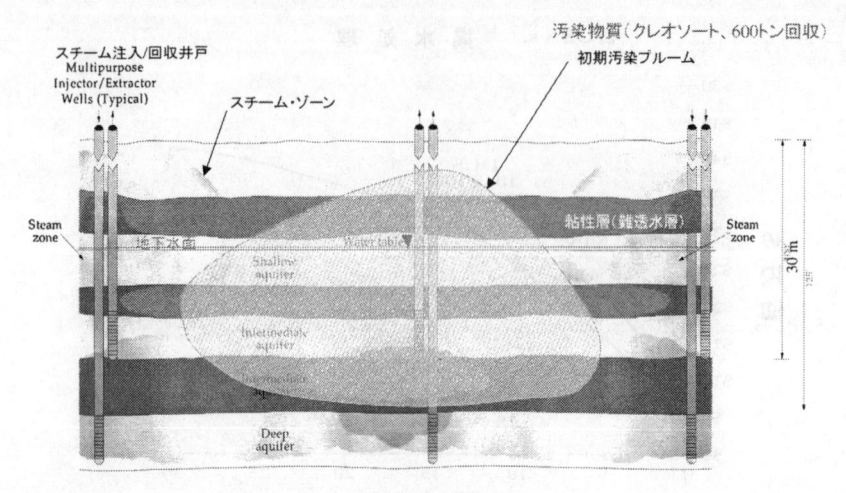

土壌・地下水汚染の原位置浄化技術

図4 浄化状況

写真1 ビサリア全景

・ボイラ，燃料タンク等の蒸気供給設備
・ベーパー冷却用熱交換器，気水分離機，真空ポンプ，活性炭吸着槽等の排ガス処理設備
・曝気塔，原液回収装置，活性炭吸着槽等の排水処理設備

第1章 浄化技術

・データロガー・温度センサー等の温度制御計装設備

から構成されている。写真1にビザリアサイトの全景を示す。

④ 浄化結果

2000年，3年間の運転が終了，この間で原液としてのNAPLs回収を含め合計600トンのクレオソートが除去された。内訳を表2に示す。蒸気加熱終了後には，高温のため一旦大幅に減少し

表2 汚染除去量明細

内訳	重量 (kg)	割合 (%)
原液回収	301	51
溶解	83	14
揮発	106	18
分解	100	17
計	590	190

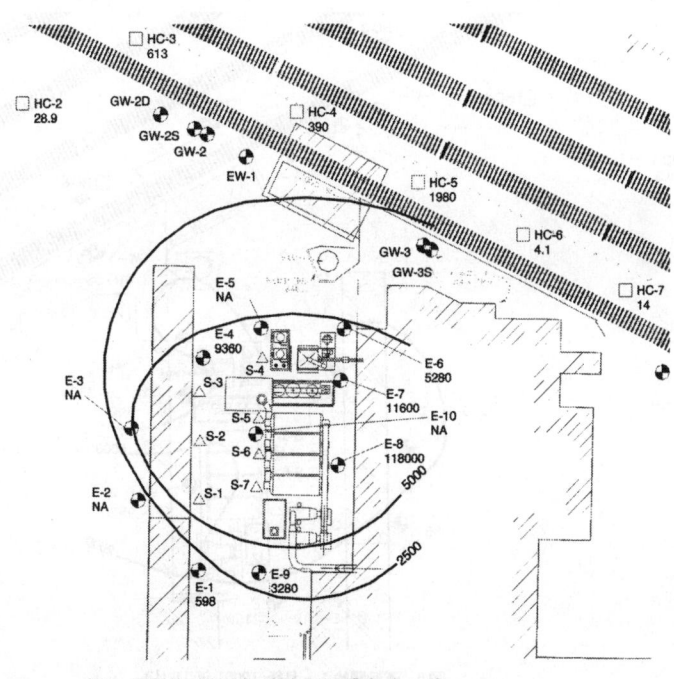

図5 運転前 (2001年9月) TCE濃度 (mg/l)

ていた土着微生物数が，温度の低下とともに回復・増加し，バイオレメディエーションにより更に汚染物の分解が行われており，自然減衰の促進による長期的な浄化が進んでいることが確認された。

なお，本法による汚染除去量600トンを，以前の揚水処理を続けて，同じ結果を得るには，あくまで計算上の値であるが，3250年間の運転が必要という天文学的な数値をシミュレーションで得ている。

(3) 実施例2・・揮発性有機塩素化合物処理
① 経　緯

1980年代から稼動している，オレゴン州ポートランドにある化学工場近傍の地下水で，トリクロロエチレン（TCE）濃度250mg/Lを超える汚染が判明した。調査の結果，汚染源は工場で稼動中の洗浄剤（TCE）リサイクル設備の直下で，汚染プルームの面積は3700m^2，深度は10m迄達していた。当該地の地質層序は，地下0.5mまでは盛土，0.5〜1.5mはシルト，1.5〜10mは砂礫，10m以深は固結シルトであった。また降雨量の多い当地の地下水位は，地下1〜3.5mで，

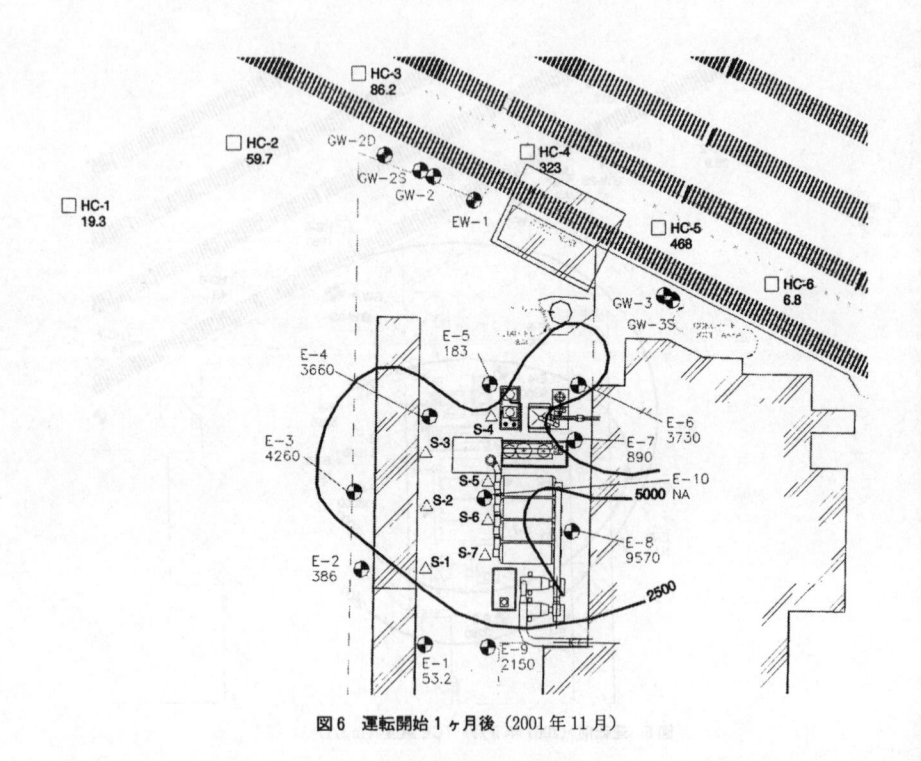

図6　運転開始1ヶ月後（2001年11月）

第1章　浄化技術

季節により変動していた。

　汚染の調査結果は所轄官庁である州環境局に提出され，各種浄化対策技術を比較検討した結果，汚染の敷地外拡散を防ぐ揚水処理と，汚染源を除去するDUSの組み合わせが選定され，環境局指定の浄化プログラム（DEQ' clean up program）として登録された。DUSが選定された大きな理由として

- 早期にDNAPLsを処理することで，垂直方向の不透水層への浸透拡散とそれに続く下層の帯水層への汚染拡散を防ぐことが可能となり，単なる揚水処理に比べ大幅なリスク低減が図れる。
- 揚水処理の期間の大幅な短縮が可能。
- 既設ボイラから発生する工程中の余剰蒸気が使用可能。
- 既設の排ガス処理プラントが利用可能。
- 既設の排水処理設備が利用可能。
- 回収溶剤の再利用が可能。

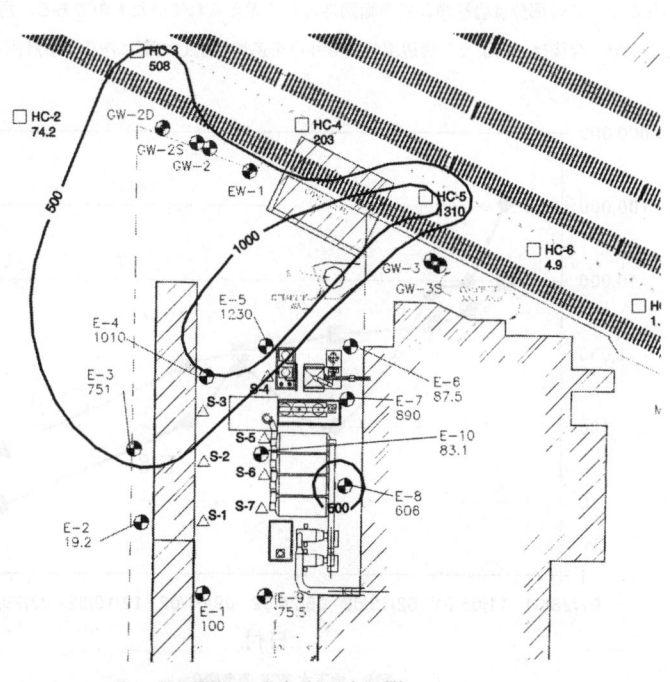

図7　運転開始9ヶ月後（2002年7月）

が上げられ，結果として浄化コストの大幅な低減が見込める，と結論された．

② 浄化運転

サイトキャラクタリゼーションの結果に基き，蒸気投入井，ベーパー回収井，地下水揚水井の数量，配置を決定した．運転にあたっては，温度モニタリング井内に設置した熱電対・測温抵抗体からのデータを処理した3次元温度分布から，熱の最適化運転を行った．地下水中 TCE 濃度の運転中の経時変化を，2001年9月の運転開始前，同11月の開始1ヵ月後，2002年7月の開始9ヵ月後の TCE 濃度分布としてそれぞれ図5, 6, 7に示す．当初 TCE 濃度が $5000\mu g/L$（$=5$ mg/L）を超えていた浄化対象範囲内の地下水が，運転開始1ヵ月後にはごく一部を除いて 5 mg/L～2.5mg/L となり，ほぼ半減以下になっていることが分かる．

③ 浄化結果

9ヶ月合計で 1800kg の TCE を除去した．図8に示す如く，調査時最高濃度を示した E8 井戸では，運転開始前の 118mg/l（2001年9月）から9ヵ月後には 0.083mg/l（2002年7月）にまで低下した．また TCE の地下水中の濃度は 100mg/L を超えていた部分が全て 0.1mg/L 以下まで大幅に低下した．9ヵ月後のデータにおいて図の左上に $1000\mu g/l$（$=1$ mg/l）以上の汚染部分が残るが，この部分は当初浄化処理範囲外として考えられていたものである．汚染源が浄化されたことで，今後はこのような周辺部分にも井戸を追加施工して更に浄化する計画を進めている．

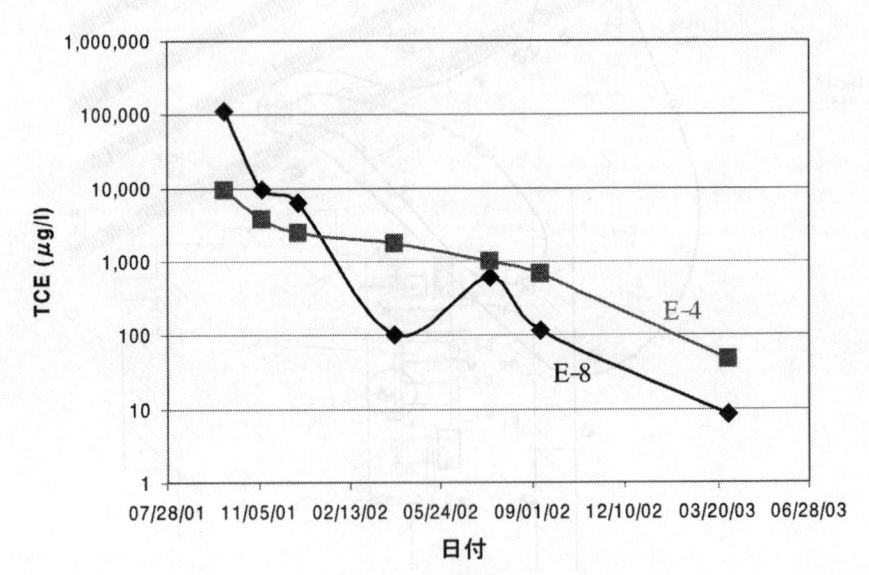

図8 地下水 TCE 濃度変化

第1章 浄化技術

(4) 評　価

　DUS工法を用い，3年間でクレオソート600トンを，9ヶ月でTCE1800kgを回収・分解処理等で浄化した。熱エネルギーを集中して投入することで，短期間の浄化が図れ，更に運転終了後，バイオレメディエーションを主としたNA（ナチュラルアテニュエーション）が促進される。揚水曝気等では浄化が困難な対象物（高沸点油等），土質（粘土等）への適用が期待される。

1.1.5 LAIM（石灰混合抽出）工法

氏家正人[*]

(1) 技術の概要

現在普及している汚染土壌を掘削せず原位置にて浄化する技術は，土壌ガス吸引法を筆頭に物理的手法による汚染除去法が一般的である。しかし多くの対策技術は，長い時間を経て浸透した難透気性である粘土層地盤などへの適用が難しい。

本技術は，そのような粘土地盤へ吸着した揮発性汚染物質（以下 VOC と称す）を化学的・物理的に除去する技術である。主な特長を以下に示す。

① サイトの土質条件にとらわれない浄化が可能である。

② 土壌ガス吸引法等のように長期的なモニタリングは必要なく，施工期間中に浄化が完了する。

③ 高濃度汚染に対し短期間で浄化が達成できる。

他方，課題としては，

① 施工エリア内に埋設支障物がある場合には，迂回等の準備が必要である。

② 対象エリアに，透水性が高く地下水流速の早い地層が存在する場合には，pH に対する検討が必要となる。

施工概念を図1に示す。

(2) 浄化原理

浄化に伴う添加剤として生石灰を用いる。

対象土壌中に生石灰を混合すると，式1に示す反応式によって土中水と生石灰が，化学反応によって消石灰を生成する。

$$CaO + H_2O \rightarrow Ca(OH)_2 + 15.6 \text{ kcal/mol} \tag{式1}$$

このとき土壌は，以下に示す水和反応によって砂状化する。

① 生成された消石灰の一部は残留土中水に溶解し，カルシウムイオンと水酸イオンを生成する。

② カルシウムイオンは粘土粒子の表面マイナス電荷と結合し団粒化する。

また，水和反応と同時に発熱して水分を蒸発させる。写真1に生石灰混合前土壌を，写真2に混合後の土壌の一例を示す[1]。

言い換えるならば，粘性の高い粘土質地盤へ生石灰を混合することで，粘土を砂状化させVOC の揮発しやすい環境を作り，土壌が昇温することで VOC の揮発を促進させる。

＊ Masato Ujiie 大成建設㈱ 土壌環境事業部 シニア・エンジニア

第1章 浄化技術

図1　LAIM 施工状況概念図

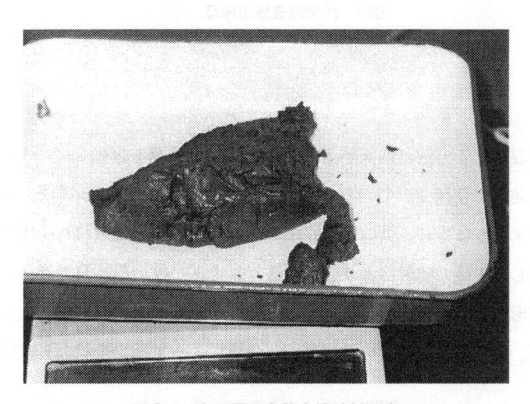

写真1　生石灰混合前土壌試料写真

写真 2　生石灰混合後土壌試料写真

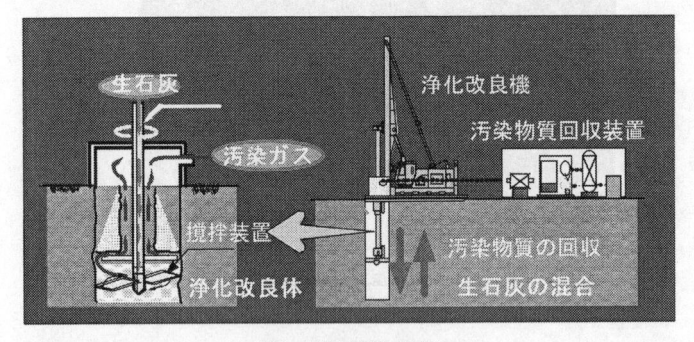

図 2　汚染除去施工原理

(3) 施工方法

　土壌中に生石灰を混合する方法は，深層の汚染土壌に対し土壌を掘削せずに VOC を除去するために，軟弱地盤安定用に使用されている DJM (Dry Jet Mixing) を用いる。DJM による混合原理は，図 2 に示すように生石灰供給機より圧縮空気の流れにのせられた紛体の生石灰を，攪拌軸の中空部を経由して先端の噴射口より土中に送り，上下 2 枚の攪拌翼で混合する。圧送した空気は，攪拌軸が角形のため軸のまわりに生ずる空隙を通して地上に送り出される。地上に送り出された汚染ガスは，活性炭吸着あるいは溶剤回収装置によって汚染を除去した後に大気放出する。

　実際の施工は，φ1.0m 程度の攪拌翼を用いて 1 本（コラム）あるいは 2 本同時に行う。

第1章 浄化技術

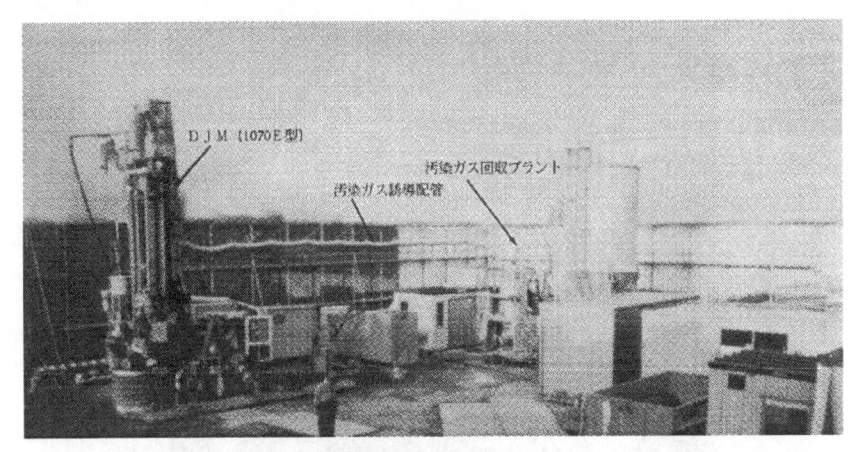

写真3 現地施工状況写真

一連の施工手順は，以下のとおりである。
① 攪拌翼を所定の深さまで貫入する。（地盤をほぐす）
② 生石灰と空気を攪拌翼先端部より吐出させながら攪拌翼を引き抜く。（生石灰の混合）
③ 再び攪拌翼を所定の深度まで貫入する。その際エアを吐出させる。（再攪拌による汚染ガスの回収）
④ 攪拌翼を引き抜く。その際エアを吐出させる。（再攪拌による汚染ガスの回収）

以上のような浄化コラムを対象エリア全域に配置することによってエリア全体の浄化を達成する。写真3に現地施工状況を示すと共に，図3に汚染サイトにおけるコラム配置例を示す。

(4) 浄化効果を高めるために

浄化運転の仕様を決めるにあたり，浄化を左右するいくつかの重要な要素がある。浄化達成の鍵は，事前にサイトの土壌試料を用いてトリータビリティー試験を行う際に，特に以下の項目について十分に検討を行う。

① 生石灰混合量

土木的地盤改良であれば1m^3あたり50〜80kg程度の生石灰を混合することによって，期待する地耐力は得られるが，この場合，土壌をマスとして捕らえた評価となる。一方，浄化に必要な生石灰の混合量は，地盤改良の場合とは異なり土壌中に生石灰を均一に混合することが重要であり，従って室内試験で得られた結果を基に，余裕をもった配合を検討する必要がある。通常，1m^3あたり100kg以上の混合量が必要である。

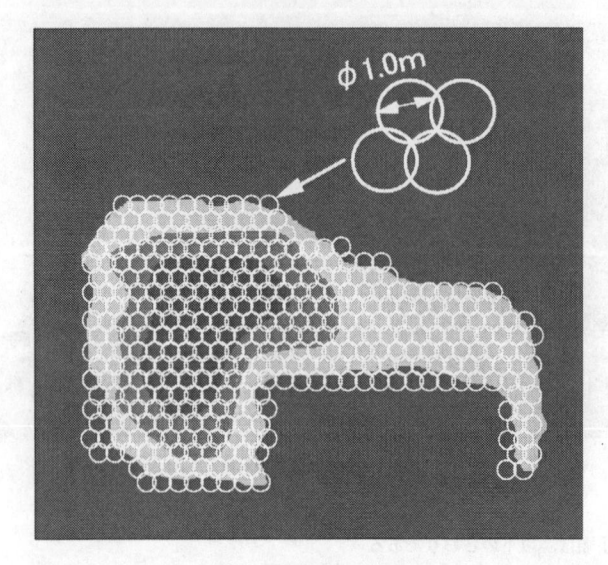

図3 コラム配置図（例）

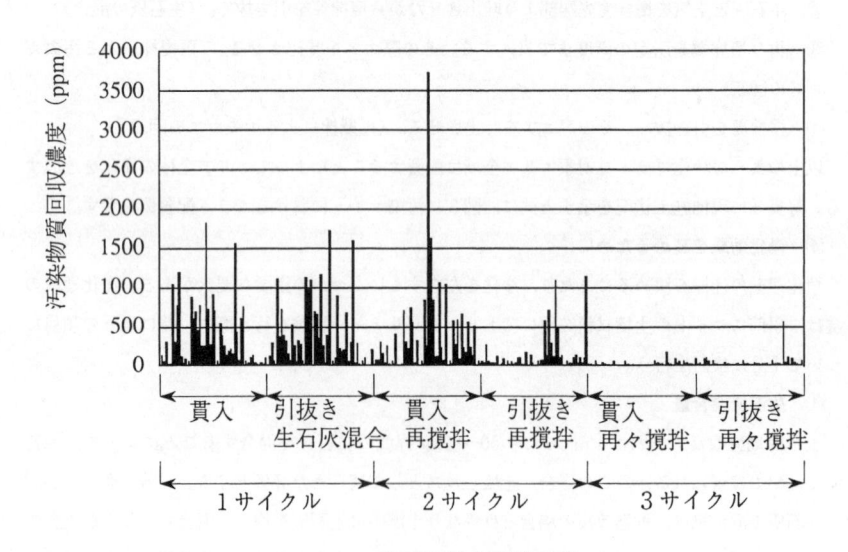

図4 撹拌工程とVOCの回収量

第1章　浄化技術

② 浄化運転の手順

施工方法で述べたように，浄化を達成するためには生石灰混合後の再攪拌工程が重要である。1例であるが図4に示すように，浄化効果は生石灰混合後の最初の再攪拌工程が最も高く，この工程における効果的な運転条件の設定を行う。

他方，攪拌ばっきの時間を長くすることと浄化率とは比例せず，攪拌時間を長くすることによって，生石灰混合によって細粒化した土壌が，表面の粘着力によって再び大きな塊となる可能性も有り，事前に紛体である生石灰を土壌中に均一に混合するために，土質と浄化効果と運転条件（羽切回転数，管入速度，生石灰吐出圧力等）について十分に検討する必要がる。

また，事前試験及び検討によって決定した浄化運転仕様を基に本施工を行う際には，事前確認施工を行い，浄化の確認及び施工管理方法を決定する。

文　　献

1) 長藤　哲夫，揮発性有機塩素化合物による汚染土壌浄化技術の開発と設計手法に関する研究（1998.6）

1.1.6 CAT（炭酸水処理）工法
－炭酸水による VOC 汚染土壌の処理－

野原勝明[*]

(1) 工法の概要

揮発性有機化合物で汚染された地下水飽和層の原位置浄化技術として、地下水揚水工法が広く採用されているが、浄化効率は時間とともに低下するので、環境基準までの完全な浄化は難しく浄化作業は長期にわたる場合が多い[1]。このような問題を解決するために、CAT工法（Carbonic Acid Treatment）は開発された。CAT工法は土壌・地下水中に炭酸水を通水することにより揮発性有機化合物の地下水中への溶出を促進し、回収効率を高めることが特徴である。汚染された地盤に注水井と揚水井を配置し、注水井から炭酸水または水を注水し、同時に揚水井から地下水の揚水を行う（図1）。炭酸水（炭酸濃度 500～2000mg/l）が有効な理由[2, 3]、適用の範囲および施工上の留意点を下記に示す。

■炭酸水が有効な理由
- 炭酸が土粒子の表面を僅かに浸食して揮発性有機化合物を土粒子から脱離しやすくする。
- 疎水性の物質である揮発性有機化合物が炭酸の気泡に付着し地盤中を移動しやすくする。
- 炭酸が溶解した地下水は揮発性有機化合物の溶解度が上がる。

■適用の範囲および施工上の留意点
- 対象は揮発性有機化合物に汚染された地下水飽和帯である。
- 汚染濃度に制限はないが、低い濃度では回収効率が低く、汚染濃度がある程度高い地下水

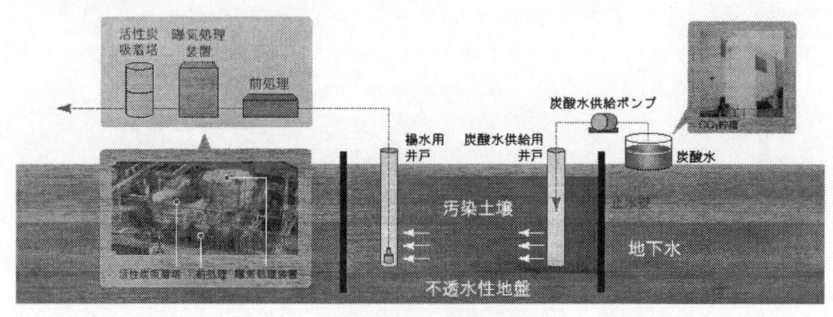

図1 CAT工法概念図

---

[*] Masaaki Nohara ㈱間組 技術・環境本部 環境修復事業部 主任

第1章 浄化技術

への適用が効率的である。地下水環境基準に近づくと濃度低下は遅くなる。
- 3次元の汚染状況,地質状況および地下水流向・流速など十分に調査し,シミュレーション等を利用した井戸の配置計画を実施することが必要である。
- 地下水揚水工法と比較してVOCの浄化効率は高いが,環境基準までの浄化を行うためには数年間を要する。

(2) 室内試験

炭酸水による揮発性有機化合物の溶出効果を確認するために2種類の室内試験を実施した。

トリクロロエチレンで汚染した土壌(成田砂層から採取したシルト)を2本の異なったカラムに充填し,1本には水道水を他の1本には1000mg/lの炭酸水を通水した時の累計通水量とカラムから流出する水のトリクロロエチレン濃度を測定した。炭酸水が水道水の4～9倍のトリクロロエチレンを溶出していることがわかる(図2)。

また図3はカラム内に豊浦の標準砂を25g充填し,カラムの上部にトリクロロエチレンを0.15g滴下後2000mg/lの炭酸水あるいはミネラルウォーターを通水した時の流出水中のトリクロロエチレン濃度である。炭酸水が効果的にトリクロロエチレンを移動させていることがわかる。

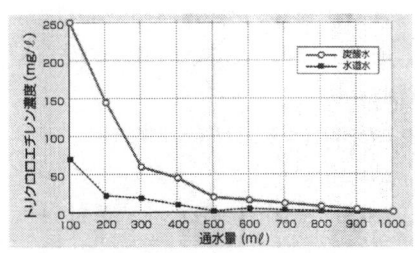

図2 炭酸水による洗浄効果　　図3 炭酸水によるトリクロロエチレンの移動効果

(3) 適用事例

地下水揚水法を改良したCAT工法を実汚染サイトへ適用した事例を紹介する。本事例では炭酸水と工業用水を交互に注水する方法(パルス法)を採用し,炭酸水と工業用水の注水時間の比率を変化させることで,最適な揮発性有機化合物の除去促進効果を示す炭酸水添加条件についての検討を行った。

① サイトの概要

某工場敷地内で土壌汚染調査を実施したところ,テトラクロロエチレン(PCE),トリクロロエチレン(TCE),シス-1,2-ジクロロエチレン(1,2-DCE),1,1-ジクロロエチレン(1,1-DCE)による土壌・地下水汚染が判明した(表1,表2)。当該地質はGL-0～4mがローム層で,GL-

表1 地下水調査結果

各ブロックの地下水濃度最大値（簡易分析による）

ストレーナー深度	ブロック	Aブロック		Bブロック		Cブロック	
GL-4m	TCE	2.43mg/l	基準の81倍	1.4mg/l	基準の47倍	0.72mg/l	基準の24倍
～-24m	PCE	0.7mg/l	基準の71倍	0.61mg/l	基準の61倍	0.27mg/l	基準の27倍

表2 土壌溶出量調査結果

各ブロックの土壌溶出量値最大値（簡易分析による）

深度	土質	ブロック	Aブロック		Bブロック		Cブロック	
GL-0m ～-4m	ローム	TCE	0.03mg/l	基準の1倍	0.16mg/l	基準の5倍	0.04mg/l	基準の1倍
		PCE	0 mg/l	—	0 mg/l	—	0 mg/l	—
GL-4m ～-14m	粘土・砂の互層	TCE	0.82mg/l	基準の27倍	0.34mg/l	基準の11倍	0.24mg/l	基準の8倍
		PCE	0.13mg/l	基準の13倍	2.06mg/l	基準の206倍	0.13mg/l	基準の13倍
GL-14m ～-24m	砂	TCE	0.46mg/l	基準の15倍	0.21mg/l	基準の7倍	0.38mg/l	基準の13倍
		PCE	0.14mg/l	基準の14倍	0.21mg/l	基準の21倍	0 mg/l	—

4～14mが粘土と砂の互層（第1帯水層），GL-14～24mが砂層（第2帯水層），GL-24m以深が粘土層（難透水層）を形成しており，地下水位はGL-4mであった。汚染は土壌・地下水ともにGL-4～24mの地下水飽和層に広範に分布している。

本工事は操業中の工場内で限られた工期内に浄化しなければならないという制約条件のため，建屋等が支障となり掘削等大規模な対策を講じることはできない。そこで，オンサイトで土地の形質の変更を必要としないCAT工法を適用した。サイトの平面図と揚・注水井戸配置を図4に

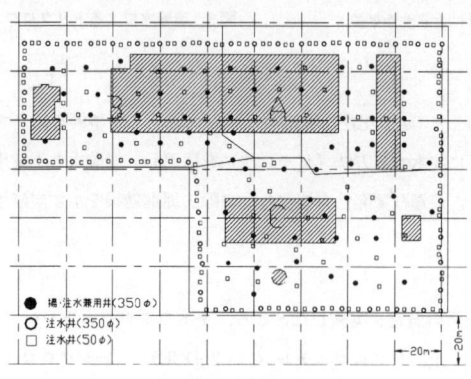

図4 サイト概要図

第1章 浄化技術

示す。

　CAT工法は揚・注水井及び曝気槽，砂ろ過槽，活性炭吸着槽からなる水処理設備で構成されている（写真1，図5）。井戸配置は，対象エリアの周囲にバリア井戸を兼ねた注水井（$\phi=350$

写真1　水処理設備

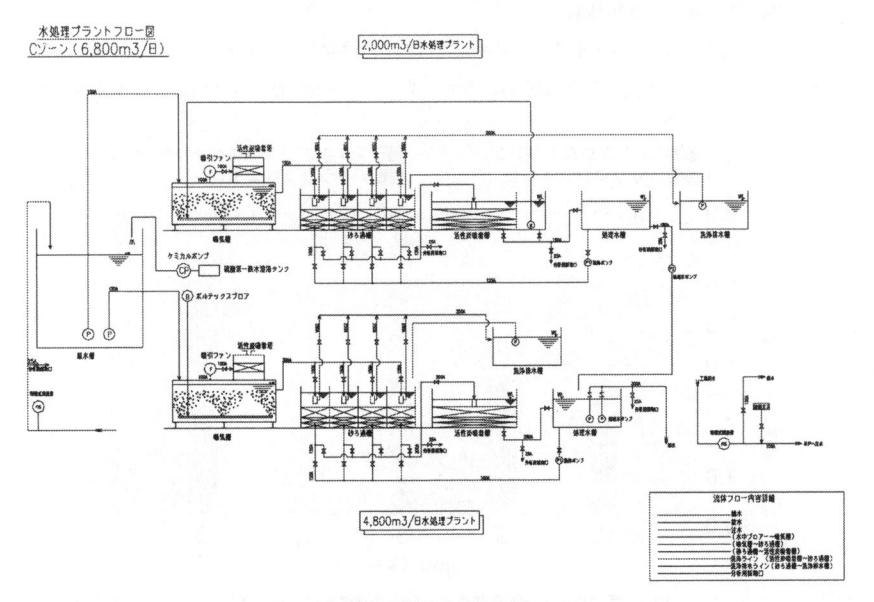

図5　プラントフロー図

または 50mm，L=25m）を設け，内側は効果的に浄化するために，ほぼ 10〜20m ピッチで揚・注水兼用井（φ=350mm，L=25m）と注水井（φ=50mm，L=25m）を千鳥に配置した。水処理設備は 2 系統で構成されており，日最大処理量は 6,800m³/日である。

② 炭酸水添加条件

炭酸水添加時の初期全炭酸濃度は 2,000mg/l とした。炭酸水の添加パターンは施工期間中，試行錯誤的に変更し，表 3 の 5 ケースについて実施した。添加パターン①では炭酸水を使用せず，

表 3 炭酸水添加パターン

添加パターン	添加日数	パルス炭酸水	パルス水	炭酸水：水	1 日当りの炭酸水添加時間	1 日当りのパルス回数
①	15	0 hr	24hr	0 : 1	0 hr/day	0
②	33	24hr	24hr	1 : 1	12hr/day	0.5
③	13	6 hr	6 hr	1 : 1	12hr/day	2
④	15	3 hr	3 hr	1 : 1	12hr/day	4
⑤	29	3 hr	9 hr	1 : 3	6 hr/day	2

工業用水のみで運転を行った。その後，添加パターン②〜⑤では炭酸水と工業用水を切り換えて運転を行った。

③ 炭酸水添加条件の検討結果

揚水された地下水（プラント原水）の各汚染物質の平均濃度を，添加パターン①を基準にして各添加パターン②〜⑤と比較した（図 6）。添加パターン③〜⑤ではパルス法による揮発性有機

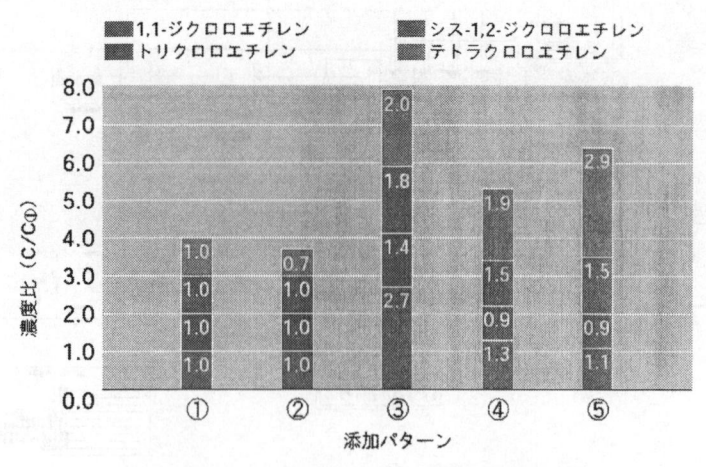

図 6 添加パターン①を基準とした原水濃度比の累積グラフ

化合物除去の促進効果がみられ，添加パターン③の場合は添加パターン①と比較して約2倍の促進効果があった。

④ **隣接サイトへの適用**

ほぼ同じ土質条件の隣接するサイトで，最適な炭酸水添加パターンでCAT工法による浄化を行った。地下水中の汚染物質濃度の変化を図7に示す。運転開始当初は添加パターン③，約4.5ヶ月後に添加パターン⑤に変更した。揚水量は2000～3000m^3/日で，約1年間の運転で総揚水量約100万m^3，揮発性有機化合物の回収量は1,409kgであった。地下水中の汚染物質濃度は揚水井毎に異なっており，環境基準以下の揚水井もあるが，濃度の高い揚水井もあり，揚水全体の最終濃度はTCE，PCEともに0.2mg/lであった。

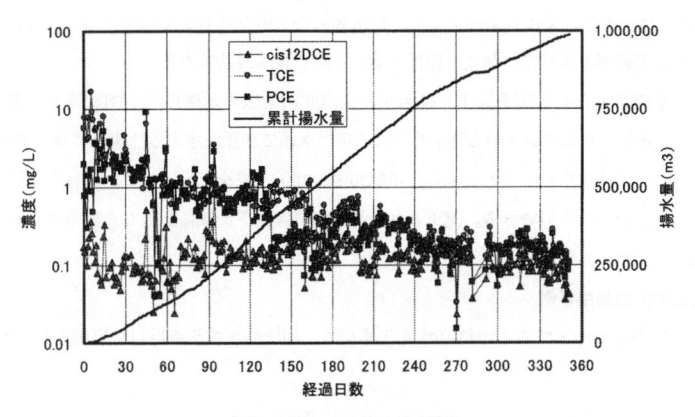

図7 プラント原水の濃度変化

文　献

1) ㈳地盤工学会, 土壌・地下水汚染の調査・予測・対策, pp.186-187（2002）
2) 今井久ほか, 炭酸水を用いた土壌・地下水汚染対策工の適用事例, 第7回地下水・土壌汚染とその防止に関する研究集会講演集, pp.43-46（2000）
3) 前田照信, 炭酸水によるVOC汚染土壌の修復, 環境技術, Vol.29, NO.2, pp.120-122

1.1.7 加圧注水法

中川哲夫[*1], 黒川博司[*2]

(1) 加圧注水法の概要

揮発性有機化合物（以下 VOCs という）による汚染の浄化サイトにおいては，揚水曝気法が広く適用されている。しかし，図1-1の概念図に示すように，稼動中の工場建屋直下の不飽和帯に高濃度汚染域が存在している場合，揚水曝気法では，高濃度汚染域の直接的な浄化ができない上に，浄化対策用の揚水井戸の設置も制限され，汚染拡散リスクを低減するには長期間を要する。一方で，土壌の掘削除去法が考えられるが，工場設備の存在により実施できない。また，土壌ガス吸引法の適用も考えられるが，不飽和帯が地下水位の気象変動などにより地下水の影響を受けている場合には，浄化効果を得にくい。

加圧注水法[1]は，上述のような条件下でも，揚水曝気法と組み合わせて適用することにより，揚水曝気法の適用範囲を広げて，浄化を促進することができる技法である。

加圧注水法を適用した概念図を図1-2に示す。高濃度汚染域の近傍に，不飽和帯を対象とした注水井戸を設置し，貯水タンクから注水井戸に所定の水頭で加圧注水する仕組みになっている。この注水井戸から加圧注水することにより，不飽和帯の地下水位を上昇させて，滞留した汚染物質の流動を促進させることができる。流下させた汚染物質は，下流域に配置した揚水井戸から回収し，曝気装置で浄化処理する。

(2) 加圧注水法の適用事例

実際の VOCs 浄化サイトである稼動中の A 工場にて，加圧注水法を適用した事例を紹介する。

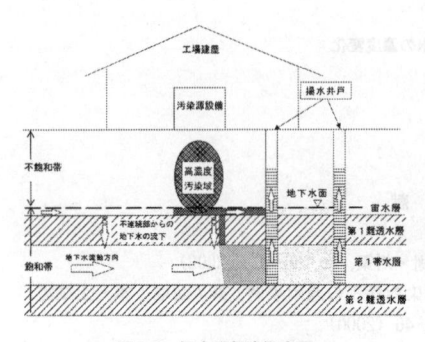

図1-1 揚水曝気法概念図　　**図1-2 加圧注水法概念図**

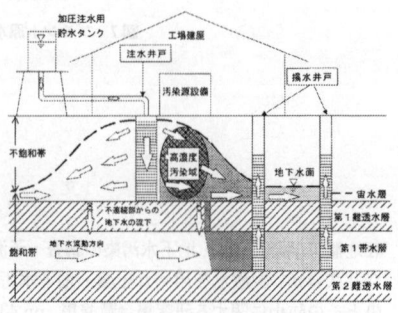

*1　Tetsuo Nakagawa　三井金属鉱業㈱　環境事業推進部　事業推進室　室長補佐
*2　Hiroshi Kurokawa　三井金属鉱業㈱　環境事業推進部　事業推進室　主査

第1章　浄化技術

① 事例サイトの地質と汚染状況

地質状況は，概ね図1-1の概念図のとおりである。地表から深度約3mの間に，上部から埋土，ローム層，凝灰質シルト層が存在し，深度約3m以深には，第1難透水層（深度約3～4.5m，粘性土層），第1帯水層（深度約4.5～6.5m，砂層），第2難透水層（深度約6.5～10m，粘性土層）が存在している。第1難透水層上部境界の深度3m付近に宙水が存在し，降雨等により地下水位は変動している。その上部が不飽和帯である。第1難透水層は，基礎杭などの人工構造物が貫通しており，第1難透水層を挟んで宙水と第1帯水層とは一部連通している。

汚染状況は，汚染源設備直下の不飽和帯に高濃度汚染域が存在し，汚染物質が第1帯水層に拡散している。

② 加圧注水設備

浄化サイトの状況と，加圧注水法の主要設備を，図2, 3, 4に示す。

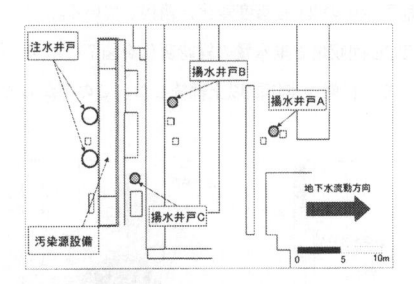

図2　加圧注水設備配置図

図3　加圧注水井戸

図4　加圧注水用の貯水タンク

③ 浄化効果

汚染源設備近傍上流側に設置した2箇所の大口径井戸(直径φ300mm)を使用して加圧注水を実施した。注水圧はゲージ圧で0.3〜0.8kgf/cm^{2}とし、注水流量は14〜25L/minであった。

加圧注水の開始前、2ヵ月後、5ヵ月後、および1年後の各時点での宙水層における地下水中のTCE濃度分布を、図5-1〜4に示す。加圧注水の開始前には、汚染源設備周辺にTCE濃度3〜30mg/Lの高濃度汚染範囲が広がっており、地下水の流動により汚染物質が希釈されながら拡散している状況であった。注水開始2ヵ月後では、TCE濃度が上昇して30mg/L以上の範囲が大きくなり、その後、5ヵ月後、1年後と経過するに従いTCE濃度が低下した。そして1年後には、TCE濃度3mg/L以上の高濃度汚染範囲がほぼ無くなった。

第1帯水層を対象とした揚水井戸Aにおける地下水中のTCE濃度経時変化を図6に表す。注水開始後に汚染濃度が急速に上昇した後、約3ヵ月後から1年後までの間に濃度が低下した。この状況は、宙水層における地下水中のTCE濃度変化と調和している。

浄化サイトの揚水によるTCE回収量と揚水量の経時変化を図7に示す。注水開始後、TCEの回収量が急激に大きくなり、その状態が半年間以上継続した。この事からも、加圧注水法の適用

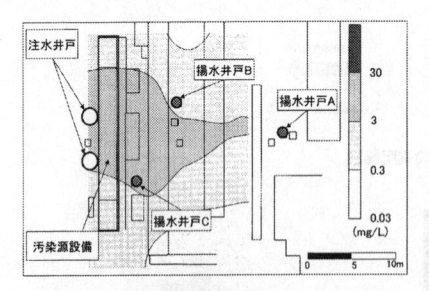

図5-1 宙水層のTCE濃度分布(注水開始前)

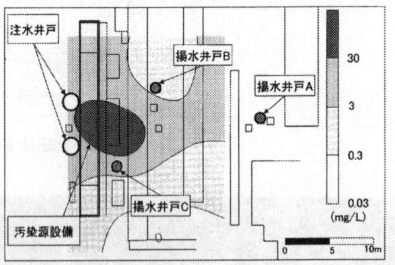

図5-2 宙水層のTCE濃度分布(2ヵ月後)

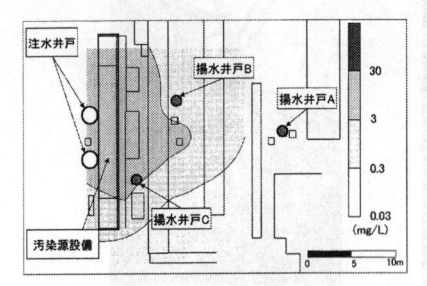

図5-3 宙水層のTCE濃度分布(5ヵ月後)

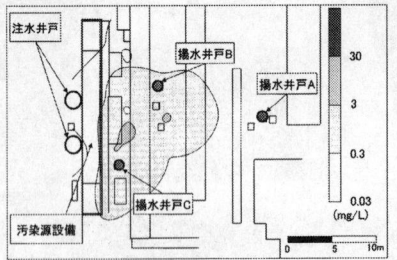

図5-4 宙水層のTCE濃度分布(1年後)

第1章　浄化技術

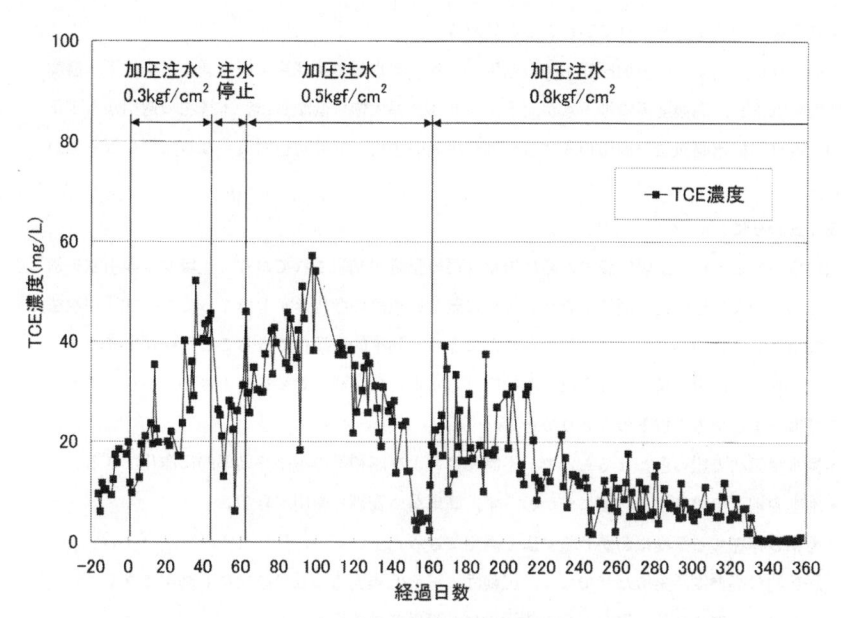

図6　揚水井戸 A の TCE 濃度経時変化

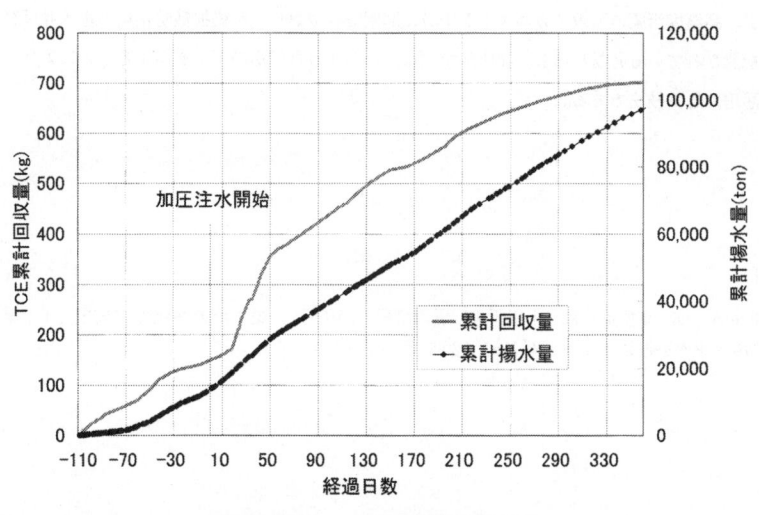

図7　浄化サイトの TCE 回収量と揚水量

により汚染の浄化が加速されていたことが分かる。

このように，約1年間の加圧注水法の適用により，宙水層および第1帯水層の汚染地下水濃度が格段に低下し，高濃度汚染地下水が流下するリスクが大幅に低減した。本技法の適用から1年経過以後は，揚水曝気法の適用のみでも有効な汚染の浄化・拡散防止対策となる状況になっている。

(3) おわりに

適用事例のように，工場設備のために揚水井戸の配置が制限されており，土壌ガス吸引法を適用しても十分な浄化効果が期待できないような厳しい条件の浄化サイトであっても，加圧注水法を，揚水曝気法に組み合わせて適用することにより，効率的に浄化できることが確認できた。

加圧注水法は，揚水曝気法の適用範囲を広げるとともに，浄化効率を向上させる技法である。その特徴をまとめると以下のとおりである。

- 揚水曝気法と組み合わせることで，不飽和帯および飽和帯の汚染を効率的に浄化できる。
- 地上や地下の構造物の有無にかかわらず，簡単かつ安価に適用できる。
- 汚染の存在する深度にかかわらず広く適用できる。
- 局部的な高濃度汚染域だけでなく，広範囲に亘る低濃度汚染域の浄化にも適用できる。
- 関東ローム層や粘性土層などの土壌汚染にも適用できる。

なお，加圧注水法の適用にあたっては，浄化サイトにおける地質構造，汚染分布状況，地下水流動状況，高濃度汚染の拡散メカニズムが十分に解明できており，汚染拡散防止用の揚水井戸が適正に配置されている必要がある。加圧注水法は，このような前提の下で適用することにより，有効に活用できる技法である。

文　　献

1) 藤井伸一郎，高橋英一郎，中川哲夫，黒川博司：「VOCs汚染土壌の浄化促進技術」，『土壌環境センター技術ニュース』，No.7, 2003年, 47-48ページ

1.1.8 水平井戸を用いた土壌・地下水汚染の浄化方法

勝田　力[*]

(1) はじめに

　近年，人々の周辺環境に対する安全への意識の高まりや行政による環境基準関連法の整備・施行，不動産の証券化にみられる土地・建物資産価値の見直しの動向に伴い土壌汚染の問題が顕在化してきている。土壌汚染は，人々の生活及び企業活動に起因している場合がほとんどで，企業者も主体的な土壌・地下水の修復に向けた行動を活発化してきている。最近では，企業者の浄化対策工事に対する考え方も変わってきており多少時間がかかっても安く修復する対策方法を選択する傾向にある。更に，対策工事中の企業活動への影響も重視するようにもなり，つまりは，企業活動を続けながら多少時間がかかっても安く土地修復が行える技術ニーズが高まってきている。このようなニーズに対して，土地修復技術のなかでも原位置での浄化方法が注目されはじめ，揚水，吸気浄化法やバイオレメディエーション法，エアースパージング法，化学的還元法等々，各技術に関して多くの企業が技術開発に取組み，様々な技術が実用化されつつあり，今後も，期待できそうである。しかし，いずれの技術も浄化の基礎となるソフト的な面は充実しつつも，地中内にアプローチするハード的な面は縦型のボーリング機械による縦井戸に依存しているため，原位置浄化技術の適用範囲が限定されてしまっているのが現状である。そこで，今後は，ハード的な面において水平井戸の活用が有効となる。

　水平井戸は，汚染域・深度にあわせ，従来の縦井戸を水平に設置するもので，次の特徴があげられる。

　特徴1　有効井戸範囲を長く設定できるため1本の井戸効果が大きい。

　特徴2　特に，水平に広く分布する汚染域に効果的である。

　特徴3　操業中の建物下部の汚染域に対し稼働に支障なく浄化が出来る。

但し，水平井戸は一概に縦井戸よりもすべて優位であるとは限らず，コスト的に見ても状況によっては高いケースもある。よって，原位置浄化サイトの環境等にあわせて縦と水平を使い分け又は併用することが，今後の原位置浄化技術を充実させるポイントになるものと考えている。

(2) 水平ボーリング技術

① 概　要

　浄化用井戸の設置には，縦型のボーリング機械と並び，水平井戸には専用の水平ボーリング機械を用いる。水平ボーリング機械のタイプは主に，井戸を設置する深度を低部とするピットに設

---

[*]　Chikara Katsuta　㈱関配　パイプライン事業部　テクノセンター　技術開発チーム
　　所長代理

置する立坑設置型の小口径推進機と，地上に設置する誘導式ボーリング機があげられる。小口径推進機については汎用機種が多く比較的多くの工事会社が取り扱えることから容易に工事への適用が可能であるものの，浄化深度がある深さを（2m程度以上）を超える場合にはピット築造費用が高額となり水平井戸の低コスト効果を妨げることになりうる。

誘導式ボーリング機は，一般的に自在型ボーリング機やHDD（Horizontal Directional Drilling の略称）と呼ばれておりいずれも同じ機械を示している。誘導式ボーリング機の普及については，欧米ではかなり以前から多くの機械が稼働しており，国内においては1992年頃から東京ガス㈱がガス管の敷設に採用を開始し適用が拡大されてきた技術である。東京ガスグループの工事会社である㈱関配も誘導式ボーリング機械の開発・事業化をガス工事への採用当初からすすめており，現在はガス・上水・下水・電気・通信関連の工事まで普及を拡大し，㈱関配の実績だけでも170,000m以上の累積延長を納めている。最近では，国内においても10機種程度の誘導式

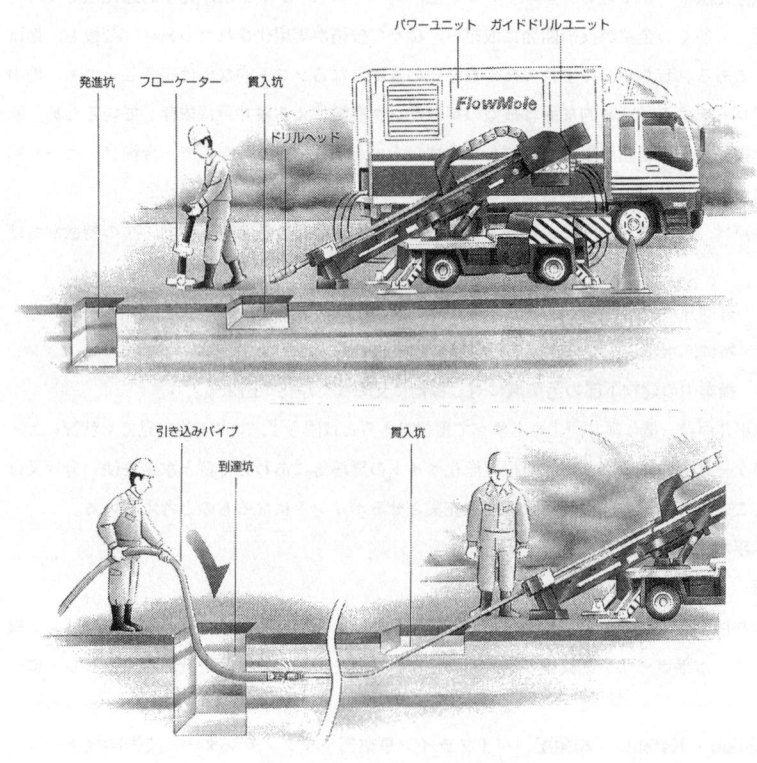

図1 管敷設工事における施工概要

第1章 浄化技術

ボーリング機械が導入されており，工事に関して対応できる会社も増えてはきているが，小口径推進機と比べると誘導式ボーリングはまだ特別な機械の域にあると感じている。誘導式ボーリング機械は，大掛かりなピットを必要とせず径100mm程度の掘削ビットが貫入する穴と井戸管を引込む簡易なピットがあれば，水平井戸を設置することができ，深度3m程度以上の浄化域についてはコスト的な効果も発揮出来るものである。

誘導式ボーリングの施工イメージを説明するために，図1に通常の管敷設工事における施工概要を示すが，基本的にはパイロット掘削から管引込みを行う2工程の推進技術である。この際，パイロット掘削において地上検知機等により，掘削先端を把握し任意な方向に誘導しながらボーリングを行うことから誘導式ボーリング機と呼んでいる。

また，誘導式ボーリング機の特徴について主に次の事項があげられる。
・地上に機械をアンカー杭だけで機械を固定するため機械本体の設置・撤去が迅速。
・大掛かりな立坑が不要。
・パイロット掘削の際，ロットの曲率特性にあわせた任意な推進線形が描ける。
・パイロット掘削の際，障害物回避，線形変更のための掘削後退・経路変更が可能。
・基本的に圧密推進を行うため排土泥水が少量。
・適用土質は，圧密可能な粘性土，砂質土等（レキ質土，N値の高い砂は施工不可能）。

② 掘削ビットと方向修正原理

パイロット掘削を行う掘削ビットは，土壌を掘削する役割と掘削方向を変化させる役割を負っている。写真1の中で左側から砂質土用，一般土用①，一般土用②，軟弱土用の掘削ビットであるが，土質，地盤の硬さ，推進線形，地下水の有無から経験的に判断し数種類のものを使い分け工事を行っている。また，方向修正について，図2に概念を示すが，基本的には，直進の際には掘削ビットを回転させながら直進し，推進方向の制御の際には押込まれるビットのテーパー面にうける地盤の反力と，ドリル先端から推進方向に噴出するジェット水の効果により推進方向も任意に定める原理となっている。

③ 先端位置検知

パイロット掘削を行う際，通常，計画ラインにあわせた掘削を行うために掘削ビットの位置を直上で確認しながら推進する。基本的な方法として，位置の確認は掘削ビットに内蔵されている電磁型の発信機と地上受信機（写真2参照）により行い，受信情報により必要に応じて方向修正を行い計画ライン上の軌跡を確保する。この誘導方法を用いると高い精度で管を敷設することが出来るが，電磁型の発進を妨げる環境（例えば，磁界が歪められる金属物が近傍にあったり，受信の障害となる他の磁界が存在したり，発信と受信の間が鉄筋等でシールドされている等）においては先端ビットの誘導が困難となる。現在，国内においては5種程度の発信受信システムが採

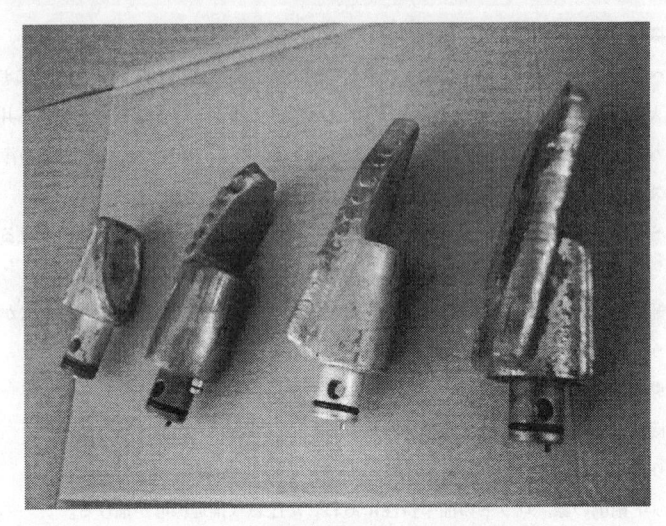

写真1 掘削ビット

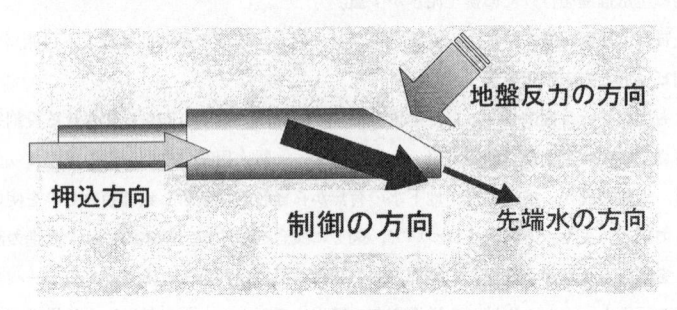

図2 方向修正の概念

用されており,基本的には同様の機能だが,受信機の表示方法(信号の感度,深さ,先端の鉛直角度等),周波数,受発信距離が若干異っており現場環境により使い分けている。

また,建物下等の推進工事については,㈱関配の場合,掘削先端での受信作業はせず,先端の鉛直角度を推進ロット内の有線で伝達するシステムと推進押込み距離から軌跡を累積しながら遠隔誘導する方法をとっている。但し,この方法は直上受信方法に比べ推進精度が落ちることとなる。最近では新しい技術として,小型ジャイロや加速度計を掘削ビットに搭載又は掘削ロッド内に挿入する機構が開発され,より確実な遠隔誘導方法として期待されている。しかし,いずれの検知誘導方法にしろ,浄化設計者が,掘削ビットやロッドがもつ特性からの精度の限界,水平ボー

第1章 浄化技術

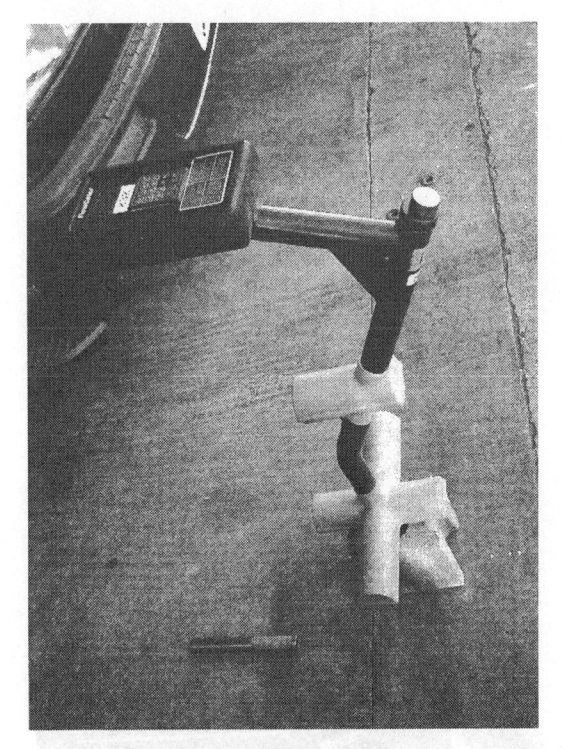

写真2 発信機と地上受信機

リングが担うコスト的効果,実績等から判断し,それぞれの選択肢から工事環境にあわせて使い分けることが重要である。

④ 推進機械

推進機械に関しては先に述べたとおり,国内で既に10種程度の機械が主に管敷設工事に関して稼働しており,㈱関配は押引き力10〜200kN程度の小型タイプの機械を5機種保有している。中でも多く利用するフローモール機のDタイプとFタイプに関する機械仕様を表1に示すが,推進軌跡の自由度が高いDタイプと長距離・直進性が高いFタイプとの認識で工事に合せ使い分けている(Dタイプ機写真3参照)。特に,Dタイプの掘削ロッド径25mmの特性を生かした推進自由度は高く,金属塑性上の最小曲率は半径9m程度である。技術の適用に際しては,浄化工事の場合もパイプライン工事と同様に,対象サイトの規模,推進ラインの線形,距離,コスト,運搬車両等から判断し掘削機械を選定し運用している。

表1 フローモール機のD.Fタイプの機械仕様

		Dドリル	Fドリル
全長		4800mm	5650mm
全高		1300mm	1880mm
全幅	移送時	813mm	1630mm
	作業時	2083mm	1880mm
重量		2t	3t
最大掘削圧入力		1000kg	15000kg
最大引込牽引力		8000kg	20000kg
ドリル標準回転数		120rpm	200rpm
回転トルク		598N・m	2700N・m
ベントナイト圧		70kg/cm^2	173kg/cm^2
ロッド長さ		3m	
ロッド径		25mm・32mm	54mm

写真3 推進機械Dタイプ機

(3) 水平井戸での浄化技術

　上記で説明した水平ボーリング機械を，土壌・地下水浄化のソフト技術に利用した原位置浄化工法の例を以下に示すが，現状では，いずれの工法もまだ実績数量的に乏しいものの，浄化事業各社で開発，実用化がすすめられており，近々に実用効果の高い技術が完成してくるものと考えている。

第1章　浄化技術

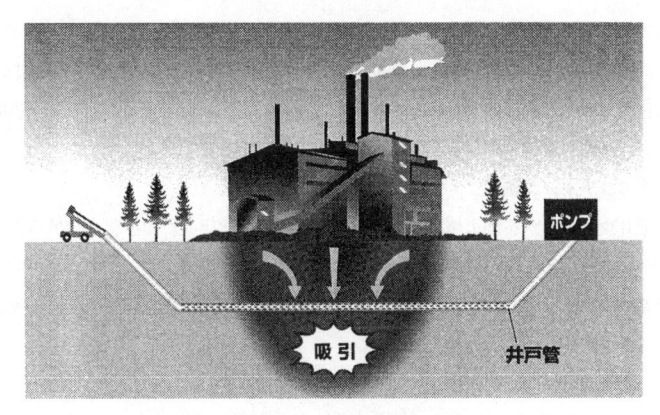

図3　揚水・土壌ガス吸引法

① **揚水・土壌ガス吸引法**
　水平井戸での揚水及び土壌ガス吸引により土壌・地下水浄化行う技術で，揚水，ガス吸引のみ又は両方同時に行った工事実績があり，最も一般的な工法（図3）。

② **エアースパージング法**
　水平井戸でエアースパージングを行い，上層の縦井戸または水平井戸，地表の飛散防止シートにより吸引回収し，土壌・地下水浄化を促進する技術で，最近，浄化技術各社により実証実験，工事が盛んに計画，実行されている。

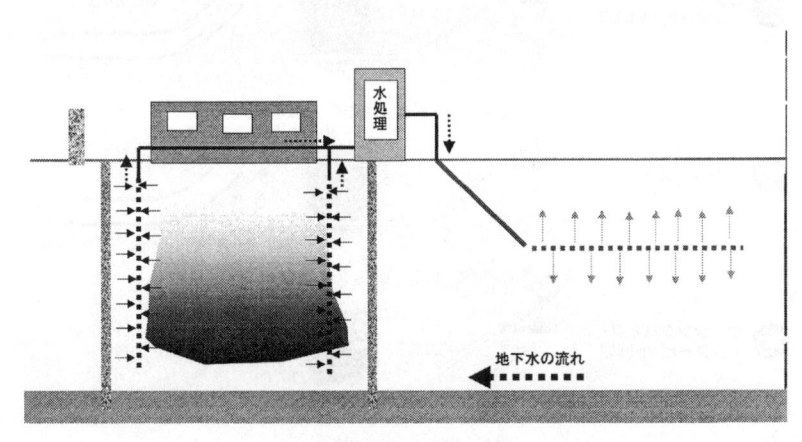

図4　浄化水のリチャージ法

③ バイオレメディエーション法

水平井戸で効果的に，汚染物分解能力の高い微生物活性化剤を注入し土壌の浄化を図る技術で，米国では微生物そのものを注入する例も多い。原位置でのバイオレメディエーションは開発中の会社も多いが，一部，実現で効果を発揮しているとの情報がある。

④ 浄化水のリチャージ法

水平又は縦井戸での揚水を地上施設で浄化処理した後に，水平井戸で浄化上流域の土中に戻し（リチャージ），地下水系への影響を制御しながら浄化を行う技術で，特に，大流量の地下水はリチャージ効率の高い水平井戸が効果的である。既に，実証実験及び実現場での効果が実証されたとの情報がある（図4）。

(4) 新しい誘導式ボーリング技術

ここまで説明した誘導式水平ボーリング技術は，適用土質に限界があり（レキ質土，N値の高い砂は施工不可能），2工程式のため掘削側の反対に到達スペースが必要であることから適用現場が限定されてきた。この問題を本質的に解決するために，現在，㈱関配は，東京ガス㈱と鉱

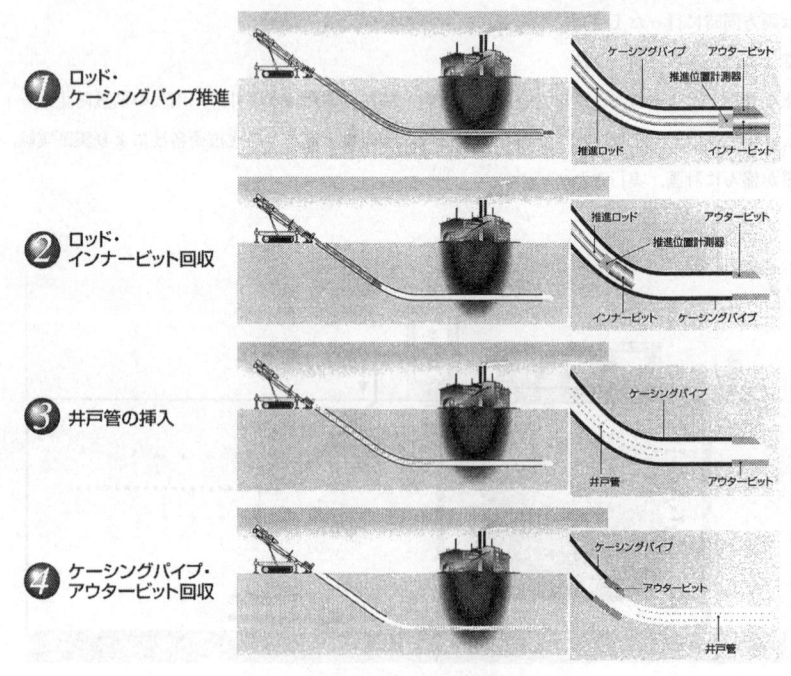

図5 水平ボーリング機械

第1章　浄化技術

研工業㈱とともに新しい水平ボーリング機械を開発している（図5参照）。この機械は，掘削側だけで井戸の設置まですべて行う技術で，砂，レキ質土に対応したロータリー・パーカッション型の誘導式水平ボーリング機である。耐衝撃仕様の先端発信機構によりパーカッションを使用しながらの位置検知が可能となっている。既に試作機は完成し，実現場での実験が準備されているところである。このような機械の開発が実現することにより，水平井戸による原位置土壌浄化への貢献が大きく拡大するものと考える。

(5) おわりに

今後，土壌汚染に悩む方々にとって，効果的で低コストな原位置の土壌浄化技術は必須であり，広く土壌の修復活動を普及させるためにも種々の技術の確立は重要課題である。そのなかで，水平井戸技術が果たす役割は大きく，水平井戸による土壌・地下水浄化技術の実用化及び開発を積極的に進めるべきであると考えている。

1.1.9 二重管真空抽出法

松久裕之*

(1) はじめに

二重管真空抽出法は，原位置浄化措置である原位置抽出法の一形式である。原位置抽出法とは，対象物質を含んだ土壌ガスや地下水を地盤中から抽出除去して，対象汚染土壌中の対象物質の含有量及び溶出量を低下させる方法であり，抽出除去された対象物質を含むガスや地下水は，地上に設置する処理プラントにて活性炭に吸着させる等適正に処理した後，大気や公共下水等の周辺環境に放出する。この方法は，これまでに多くの実績があり，吸引井内部に水中ポンプを設置し地下水の揚水を行う二重吸引法等種々の補助工法が開発されてきている。

ここでは，原位置抽出法の抽出井構造と上部配管を改良することにより，一つの吸引ポンプを用いて同一の抽出井より土壌ガスを吸引したり地下水を揚水できるようにした二重管真空抽出法のシステム紹介と，その特長を実際に現場へ適用した事例を2件紹介する。

(2) 二重管真空抽出法とは

二重管真空抽出法は，一つの吸引ポンプで，同一の抽出井より土壌ガスを吸引したり地下水を揚水できる工法である。抽出井の構造としては，図1にイメージ図を示すようにボーリング削孔後，必要に応じて孔壁保護管を挿入し，外管として土壌ガス吸引管を，内管として地下水揚水管を設置する。外管のスクリーン部は浄化対象深度に相当する範囲に設け，内管のスクリーン部は最も深い位置に20cm程度設ける。抽出井からの配管には，途中外管に気圧計とバルブを，内管にバルブを設置し，合流させた後にポンプまでの吸引管本管へと接続する。このように外管及び内管にバルブを設置することにより，土壌ガスと地下水を各々個別に吸引したり，同時に吸引したりすることが可能となる。また，別途外管の立ち上がり部にY字の枝管を設けバルブを設置することにより，モニタリング孔や吸気井としての役割も果たすことが可能な構造となっている。

この二重管真空抽出工法の特長を整理すると，各部に設置したバルブの開閉操作により，地盤状況や汚染状況に応じて一つの抽出井で下記に示す役割を果たすことが可能となることである。

1) 土壌ガス抽出井：外管のバルブを「開」，内管のバルブを「閉」，枝管のバルブを「閉」にすることにより，外管のみの抽出すなわち通常の土壌ガス吸引となる。雨水や季節による地下水位の変動を受けやすい不飽和地盤に対しては，二重管抽出法の適用が有利となる。

2) 地下水揚水井：外管のバルブを「閉」，内管のバルブを「開」，枝管のバルブを「閉」にすることにより，内管のみの抽出すなわち地下水の吸引揚水となる。

3) 気液混合抽出井（土壌ガス及び地下水抽出井）：地下水位が高く透水性が低い場合，外管

---

* Hiroyuki Matsuhisa ㈱鴻池組 大阪本店 土木技術部 主任

第1章　浄化技術

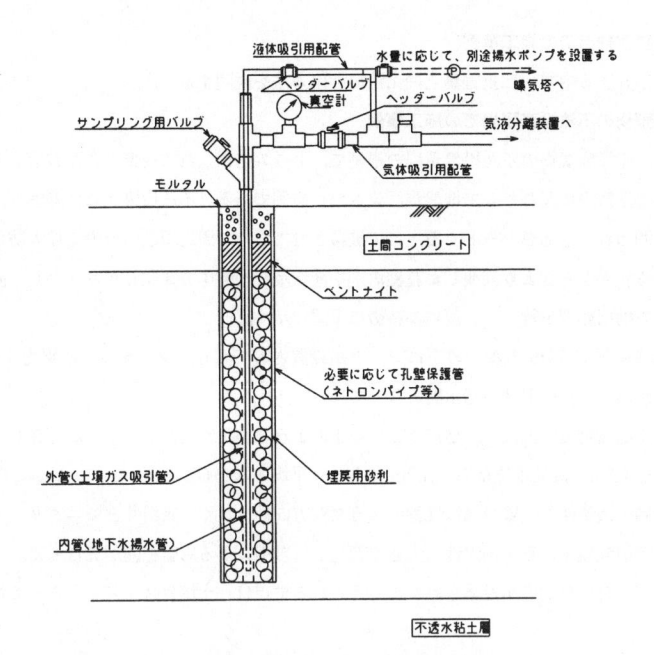

図1　二重管真空抽出法断面図

のバルブまたは/及び内管のバルブを「開」，枝管のバルブを「閉」にすることにより，外管または/及び内管からの気液混合抽出となる。

4) 気液同時抽出井（土壌ガス及び地下水抽出井）：地下水位が高く透水性が高い場合，外管のバルブ及び内管のバルブを「開」にし，枝管のバルブを「閉」にして外管及び内管を別々のポンプで吸引することにより，二重管二相抽出法となる。一般に言われている二重吸引法と同様の処理となる。

5) 吸気井：外管及び内管のバルブを「閉」にして，枝管のバルブを「開」にし，周囲に設置した抽出井でガス吸引を行うことにより，当該抽出井は枝管から外気を取り込み吸気井となる。

6) モニタリング井：外管及び内管のバルブ開閉状況に関わらず，枝管のバルブを「開」にしサンプリング器具を用いることにより，土壌ガス及び地下水のサンプリングが可能となる。

このように，抽出井を二重管真空抽出法の構造で作製すると，抽出井は色々な目的で利用でき，現地で複数の抽出井を群井として設置し抽出処理を行う場合には，個々の抽出井の利用方法を切り替えることにより，幾通りもの抽出パターンが可能となる。

(3) 二重管真空抽出法の施工事例

施工事例を紹介する中で，二重管真空抽出法の利用方法を説明する。

① 産業廃棄物の不法投棄現場での施工事例

この事例は，産業廃棄物の不法投棄現場の事例で，ドラム缶に入れて投棄された有機溶剤等が何らかの原因で地盤中に漏れだして地盤が汚染された事例である。不法投棄された範囲は，周囲を鋼矢板にて囲われ，上部をシートと覆土にて被覆されており，周辺環境への汚染拡大防止措置が取られている。ドラム缶より漏洩した有機溶剤を液状及び地盤中で揮発したガスとして回収するために原位置抽出処理を行った。現地の特徴を下記に示す。

1) 地盤構成：平均0.7mの覆土の下にシートが設置されており，シートの下に平均4.8mの廃棄物層があり，その下は不透水層となっていた。
2) 地下水：廃棄物層内のため，地点ごとに宙水のような地下水（たまり水）が存在し，最高水位はGL-2.3m，最低水位はGL-4.9mであり，平均するとGL-3.9mであった。
3) 廃棄物層の透気性：土壌の層状地盤のような双方向性はなく，吸引井とモニタリング井を逆にして吸引試験を行うと透気性も大きく変化し，吸引による影響範囲が異なった。
4) 汚染状況：有機溶剤等が投棄されたと考えられる地点は，土壌ガスが％オーダーで検出されていた。

廃棄物層に対する抽出工法は不明点が多かったため，数十本の二重管真空抽出法の抽出井を写真1に示すように設置し，その特長を次のように活かして，現地での施工を行った。

写真1 二重管真空抽出井施工事例

第1章 浄化技術

1) 原液が存在しているような高濃度汚染地点は，内管による液体抽出を行った。
2) 宙水のように存在する地下水が確認された地点においては，内管による液体抽出除去を行い，その後外管による土壌ガス吸引を行った。
3) 各抽出井を土壌ガス吸引井にしたり，吸気井としたりして，回収効率の良い抽出井の配置の検討を行った。
4) 浄化の進捗状況を各井戸のモニタリング孔より土壌ガスを採取して測定し評価した。

廃棄物層を対象とした当該サイトにおいては，二重管真空抽出法を採用することにより，一つの吸引井を土壌ガス吸引井，地下水揚水井，吸気井及びモニタリング井として活用し，種々の吸引パターンを現地で確認しながら，局所的な液状物の回収等汚染状況に応じた抽出運転を行うことができた。

② 地下水位が高く透水性が低い現場での施工事例

この事例は，クリーニング店からテトラクロロエチレンが漏洩し，局所的に周辺地盤が汚染された事例である。現場周辺は水道が普及しており，井戸水を飲用することはないが，周辺住民の健康への影響及び汚染拡大の防止のため浄化を行った。現地の特徴を下記に示す。

1) 地盤構成：地表はコンクリートで被覆されており，GL-0.75m までが砂質土で，その下に砂混じり粘土があり GL-2.0m 以深は不透水層となる粘性土となっていた。
2) 地下水：GL-1.1m と高く，降雨等の影響を受けやすかった。
3) 透気性及び透水性：砂質土は透気性が中位であり土壌ガス吸引には適していたが，砂混じり粘土は透気性及び透水性は低位であった。

単管式の土壌ガス吸引を行った場合，地下水の上昇により抽出管内で地下水が停滞し閉塞したり，透気性が低い土質のため土壌中の真空度が上がりすぎて吸引ポンプに負荷がかかり停止するおそれがあったため，図2に断面図を示すように二重管真空抽出法の井戸構造を活用した設備を設置して一つのポンプで土壌ガスの抽出と地下水の揚水を下記のように自動的に繰り返した。

1) 外管に設置したモーターバルブを開放して，地盤中の圧力を大気圧にする。
2) 内管より地下水を吸引揚水して処理設備まで送る。
3) 一定時間経過後，外管のモータバルブを閉塞する。
4) 内管を吸引することにより，外管のストレーナーを通して土壌ガスを吸引し処理設備まで送る。
5) 地盤中圧力の極度の低下，若しくは地下水位の上昇を検知すると吸引を停止する。
6) 1) の動作に戻り，以下同様に作動していく。

地下水位が高く透水性の低い当該サイトにおいては，二重管真空抽出法を採用することにより，一つの吸引ポンプを用いて一つの抽出井より土壌ガスと地下水を交互に吸引して，ポンプに負荷

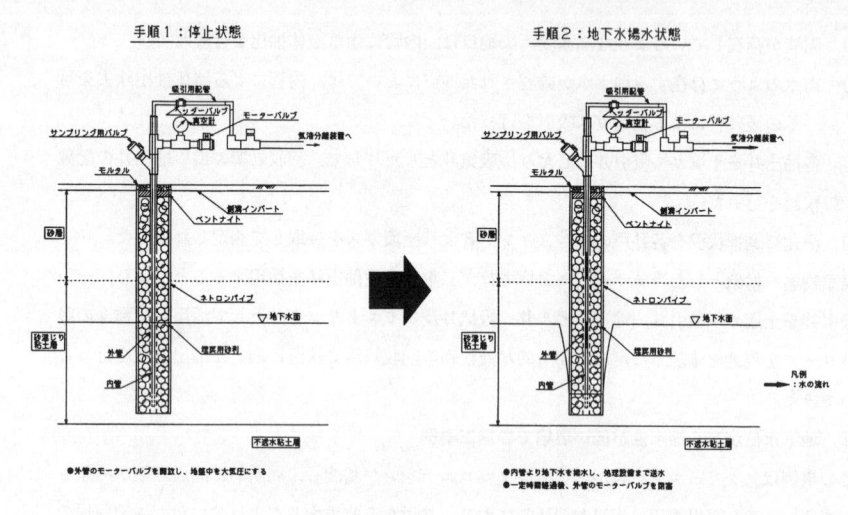

手順1：停止状態　　　　　　　　　　**手順2：地下水揚水状態**

手順3：地下水揚水および土壌ガス吸引状態

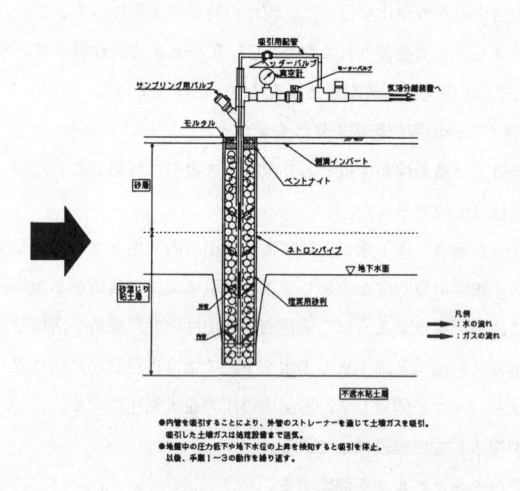

図2　高地下水位・難透水性現場での施工事例

をかけない効率の良い抽出運転を自動的に行うことができた。

(4) おわりに

　ここでは，真空抽出の抽出井を二重構造にし上部配管を改良することにより，一つの吸引ポンプで土壌ガスまたは／及び地下水を吸引し処理設備まで送ることができる二重管真空抽出法につ

第 1 章　浄化技術

いて，システムと適用した事例を 2 件紹介した。

　このように，既存技術のシステム及び構造を改良することにより，現地の状況に応じた効果的な浄化が可能となることが多い。既存技術を現地にあてはめるだけではなく，各サイトに応じた改良を行っていくことが重要である。

1.2 分解による土壌・地下水原位置浄化技術
1.2.1 過マンガン酸カリウム分解法

鈴木義彦*

(1) 本法の概要

本方法は地下水に過マンガン酸カリウム（以下 $KMnO_4$ と記載）を注入し，地下水中の揮発性有機塩素化合物を地下で短時間に分解する方法であり，短期浄化を目的として適用されている。

注入した $KMnO_4$ 水溶液は地下水中に拡散し，地下水中の揮発性有機塩素化合物と反応してこれを分解する。地下水に直接 $KMnO_4$ 水溶液を注入方法であるため，建屋が存在する場所の地下水についても浄化が可能である。

(2) 適用手順

本法の適用手順を図1に示す。

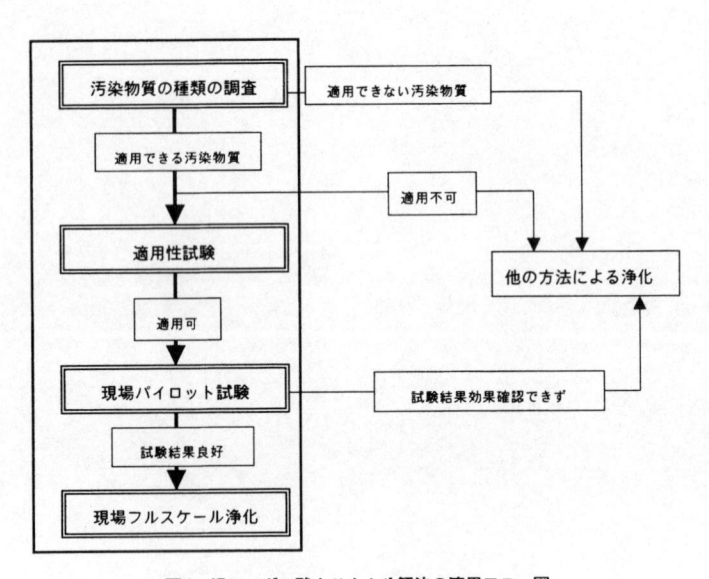

図1 過マンガン酸カリウム分解法の適用フロー図

---

* Yoshihiko Suzuki 栗田工業㈱ アドバンスト・マネジメント事業本部 アーステック事業部 技術部 技術二課

第1章 浄化技術

表1 KMnO$_4$による有機化合物の分解率[1]

物質名	分解率（％）
ジクロロメタン	17
1,1-ジクロロエチレン	100
cis-1,2-ジクロロエチレン	100
1,2-ジクロロエタン	14
1,1,1-トリクロロエタン	26
ベンゼン	24
四塩化炭素	28
トリクロロエチレン	100
cis-1,3-ジクロロプロペン	100
trans-1,3-ジクロロプロペン	100
1,1,2-トリクロロエタン	13
テトラクロロエチレン	100

① 適用可能な汚染物質の種類

KMnO$_4$は全ての有機塩素化合物を分解できるわけではない。表1[1]に有機塩素化合物に対する分解率を示すが，二重結合を持つ物質（塩素化エチレン類）はKMnO$_4$によって分解されやすいが，二重結合を持たない物質は分解されにくいことがわかる。したがって，本法を適用する場合，汚染物質である有機塩素化合物の種類をあらかじめ調べておく必要がある。

② 適用性試験

適用の前に，現場帯水層の土壌および地下水を対象に適用性試験を行う。適用性試験では土壌および地下水によるKMnO$_4$消費量を求め，土壌および地下水によるKMnO$_4$消費量が少ない場合には適用可能と判断する。KMnO$_4$消費量が多い場合は，多くの薬剤注入が必要となり，費用が高くなるためである。

③ 現場パイロット試験

適用可能と判断された場合，つぎに小規模の現場パイロット試験を実施する。

この試験においては，適用性試験で得られたKMnO$_4$消費量，現場帯水層の透水係数，地下水流速（揚水試験から求める）から対象とする区域を浄化するのに必要な酸化剤量を決定する。

そして，現場パイロット試験では想定したKMnO$_4$注入量で土壌および地下水の浄化が可能であることの確認をする。

④ 全汚染区の浄化

ついで，全汚染域区域の浄化を実施する。この場合，全汚染区域について，パイロット試験と

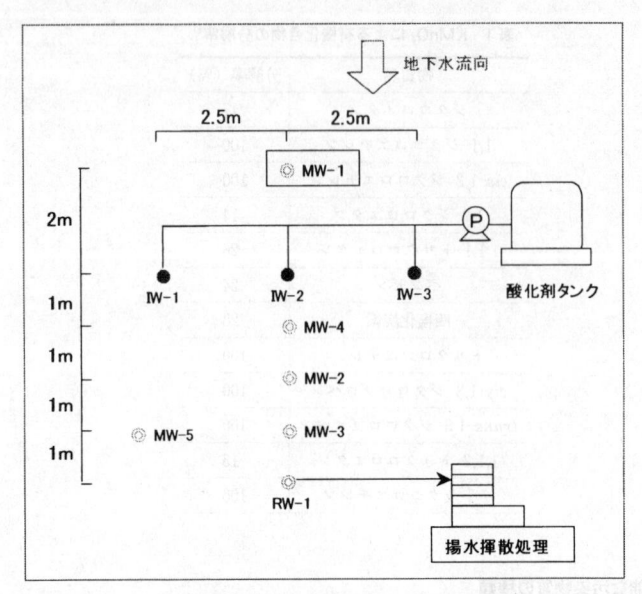

図2 現場パイロット試験実施エリアの概略図

同様に KMnO₄ 消費量，現場帯水層の透水係数，地下水流速を調査し，適切な量の KMnO₄ を適切な箇所から注入する必要がある。

(3) 適用事例（現場パイロット試験）

適用事例として，パイロット試験の結果を紹介する。

パイロット試験実施エリアの概略図を図2に示す。IW-1～3井戸は注入井戸，MW-1～5はモニタリング井戸，RW-1は揚水井戸を示す。

揚水井戸 RW-1 から揚水した地下水は，揚水揮散処理装置による曝気処理を行い，地下水環境基準にまで処理した後放流した。これは，注入井戸 IW-1～3で注入した KMnO₄ が揚水井戸 RW-1 に到達するまでの期間は環境基準を超える TCE 濃度の地下水が揚水されることを考慮したものである。地下水位は約 GL-7m であった。揚水試験[2]から，帯水層の透水係数は 0.5 m/day であった。

土壌および地下水による KMnO₄ 消費量と透水係数を参考に KMnO₄ 注入量を決定した。原液タンク内の KMnO₄ 濃度を1％とし，各井戸に 25 mL/min の流量で注入した。なお，KMnO₄ 注入期間中は揚水井戸 RW-1 から 2.5 L/min の揚水量で揚水を実施した。

注入期間中の地下水中 TCE 濃度の経時変化を図3に示す。KMnO₄ 注入前は RW-1 で約 1000

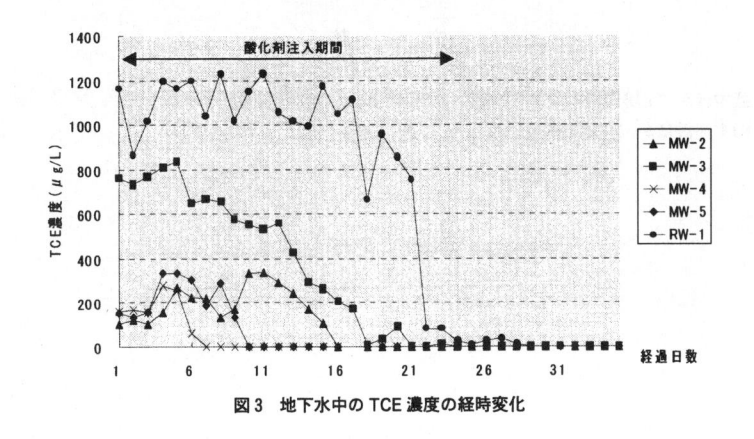

第1章　浄化技術

図3　地下水中のTCE濃度の経時変化

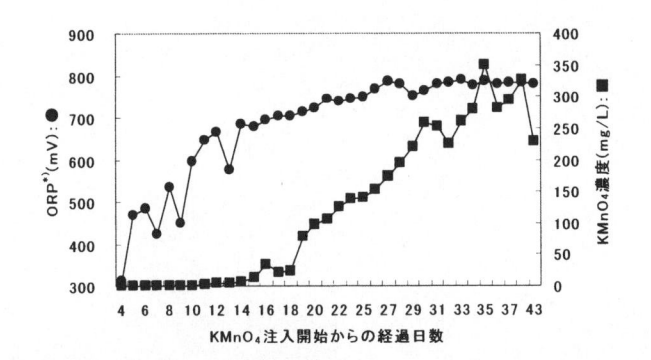

*)ORPは銀－塩化銀電極を参照電極として使用

**図4　モニタリング井戸（MW-3）地下水中のKMnO₄注入開始後の
ORPとKMnO₄濃度の経時変化**

μg/L，MW-3で800μg/L，IW-3で約500μg/L，その他の井戸で約300μg/Lであった。KMnO₄注入開始から時間の経過に伴い，注入井戸から近い順でTCE濃度の減少が確認された。注入開始から1ヵ月後には全ての井戸でTCEは地下水環境基準を満たした。

MW-3における酸化還元電位（ORP）及びKMnO₄濃度の注入開始からの経時変化を図4に示すが，地下水のORPの上昇は，KMnO₄の検出に先行して起こることが分かる。すなわち地下水中のORP測定により，KMnO₄の到達を予測することができる。したがって，地下水中のORPが上昇した時点で，KMnO₄注入を停止すれば，地下水中のTCEを分解するために過剰な酸化剤を注入することなく地下水中のTCEを分解できる。

文　献

1) 藪中ほか, 土壌環境センター技術ニュース, No.2, p.25 (2001)
2) 山本荘毅ほか, 水文学講座6 地下水水文学 (共立出版), p.185 (1992)

1.2.2 過酸化水素注入による分解促進工法

笹本　譲*

(1) はじめに

揮発性有機化合物による土壌・地下水汚染でこれまで最も多用されてきた浄化方法は，ガス吸引や揚水曝気法である。これらの方法は，地中に吸引井戸または揚水井戸を施工し，回収したガスまたは汚染地下水を地上の浄化設備で処理するという工法である。本工法の日本での適用実績は，既に10年以上を経過しているが，揮発性有機化合物をガスとして回収する場合には効率も高く浄化の処理期間もそれほど問題とはなっていないが，揚水井戸を用いた地下水の回収では，深部や局所的に滞留した汚染物質が少しずつ脱着し回収されるため，揚水量に比較し回収効率が悪く，2～3年以上の長期運転でもなかなか浄化目標を達成できないという問題点がある。

過酸化水素注入による分解促進工法は，そのような揚水処理工法により浄化効率が低下した状況に対して，既応の設備を利用し最小の費用負担で浄化効率の改善を図ることができる工法である。

また，本工法は，揮発性有機化合物による土壌・地下水汚染のみならず，現時点では日本で規制されていない油汚染の浄化にも有効である。

ここでは，既に北米では多用されている実施例を踏まえ筆者らが行った実験結果を紹介し，その効果と実工事への適用方法について述べる。

(2) 過酸化水素注入による分解促進工法とは

過酸化水素を注入することにより，土壌・地下水中の汚染物質が分解される原理は，フェントン反応またはフェントン的反応といわれる化学的酸化分解による現象と，過酸化水素から得られる酸素の発生で促進する好気的微生物分解による現象とがある。

実際の分解の過程は，汚染対象物質の種類や土中の鉱物や有機物，pHなどさまざまな要因で変化するが，ここでは，浄化についての基本的な原理とその特徴を述べる。

① 化学的分解の原理と特徴

過酸化水素は，土中に存在する鉄などの遷移元素触媒の存在で，ハイドロオキサイド（OH⁻）とヒドロキシルラジカル（OH・）に分解する。このヒドロキシルラジカルは，非選択的に多くの有機化合物を酸化分解する能力があり，この反応は，以下の式であらわされる。

$$Fe^{2+} + H_2O_2 \rightarrow Fe^{3+} + OH\cdot + OH^-$$

これまで，この反応はフェントン法と呼ばれ，溶液中の実験では，pHのレンジが2～4という酸性状態でかつ過酸化水素の濃度が数%という高濃度での効果が確認されてきた。しかしなが

---

* Yuzuru Sasamoto　㈱鴻池組　大阪本店　土木技術部　課長

ら，中性領域の土壌中でしかも低濃度の過酸化水素を添加した場合においても，分解効率はフェントン法に比べ低いものの，多くの適用効果が確認される事例が北米では報告されている[1]。本反応のメカニズムは，現時点では正確に解明されていないが，これは Fenton-like Reaction（フェントン的反応）と呼ばれている。

このヒドロキシルラジカルにより分解浄化することができる物質には，多くの有機化合物があり，揮発性有機塩素化合物，有機溶剤，石油系炭化水素，多環式芳香族化合物，エステル，農薬などが報告されている[1,2]。このうち，揮発性有機塩素化合物および油汚染に適用した場合の主な長所としては，以下の点が挙げられる。

・過酸化水素は水と混じり易く，有機物と接触すると均一に分解反応が進み，その分解量の限界がない。
・有機塩素化合物の脱塩素化反応のように，分解過程で有害な塩素化合物の生成がない。
・過酸化水素と鉄は入手しやすく廉価な薬剤であり，また，低濃度であれば過酸化水素も鉄も有害ではない。
・微生物分解が難しい有害な有機物質への適用が可能である。
・浄化期間が比較的短期間である。

また，欠点としては，以下の点が挙げられる。

・非選択的に多くの有機物に対して分解が進むため，対象とする物質以外の有機物が多量に含まれる場合には，使用量が増大するなど適用性が悪い。
・鉄分が多い地盤においては，鉄が酸化され析出し，目詰まりの原因となる可能性がある（一般の地盤では，鉄を積極的に添加する必要はなく，目詰まりが問題となることはない）。

② 微生物分解の原理と特徴

過酸化水素は，以下の式に示すように，土壌・地下水中の鉱物や有機物により分解され，その過程で酸素を放出する。これにより，地下水中の溶存酸素量が増加し，好気的バイオレメディエーションが促進する。

$$H_2O_2 \rightarrow H_2O + \frac{1}{2}O_2$$

バイオレメディエーションによる浄化の留意点は，微生物が活性する最適な環境をつくり出すことであり，その条件としては，栄養塩，温度，湿度，pH，酸素量などが重要な因子である。地中では一般的には貧酸素状態であり，好気性の微生物が活性化する条件として酸素量の存在は微生物分解反応の律速となる重要な因子である。

1) 油の好気的微生物分解

微生物の働きにより炭化水素分解菌が，エネルギー源となる炭化水素化合物を利用し，水分，

二酸化炭素とエネルギーを代謝し生育する。この結果，油や多くの炭化水素は分解され，土壌・地下水が浄化される。

2) 揮発性有機塩素化合物の好気的微生物分解

トリクロロエチレン（TCE）やシス 1,2-ジクロロエチレン（DCE）の微生物分解には，嫌気的分解と好気的分解とがある。これらの物質の好気的分解では，誘導体の添加により，微生物がそれらを基質として代謝する過程で生成される酵素により，TCE またはシス 1,2-DCE は CO_2，Cl^- まで分解が進む。これらの，分解過程は以下のように考えられている[3]。

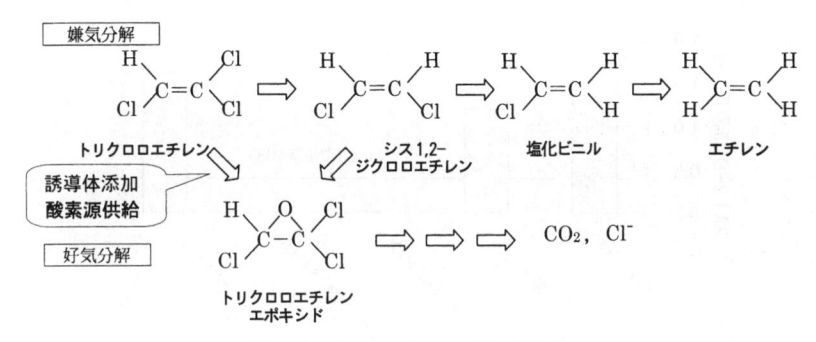

図1　トリクロロエチレンの生物分解過程

以上の好気的微生物分解には，次のような長所がある。
・分解速度が速く，有害な中間生成物が生成されない。
・分解に寄与する微生物は，多くの場合土壌中に存在する。
一方，短所としては以下のような点が挙げられる。
・好気的な環境を維持するための酸素供給を継続する必要がある。

(3) 酸化分解による効果

シス 1,2-DCE で汚染された地下水をサンプリングし，試験室内で，鉄分や汚染現地の土壌（砂）共存下での過酸化水素による酸化分解状況を調べた。

① 試験手順

100ml 容量のガラスびんに，各条件ごとに，過酸化水素，砂，硫酸第一鉄（$FeSO_4 \cdot 7H_2O$）を入れ，シス 1,2-DCE 汚染地下水（初期濃度 1.6mg/L）を満水にしたのち 18 時間静置した後に分析する。

② 試験結果

		H_2O_2のみ	砂+H_2O_2	砂+Fe+H_2O_2	Fe（中性）+H_2O_2	ブランク
初期条件	H_2O_2 (mg/L)	100	100	100	100	0
	砂 (g/L)	0	100	100	0	0
	$FeSO_4 \cdot 7H_2O$ (mg/L)	0	0	1000	1000	0
18時間後	シス1,2-DCE (mg/L)	1.66	1.18	0.009	0.001	1.61
	pH	7.27	7.34	5.38	7.20	7.55

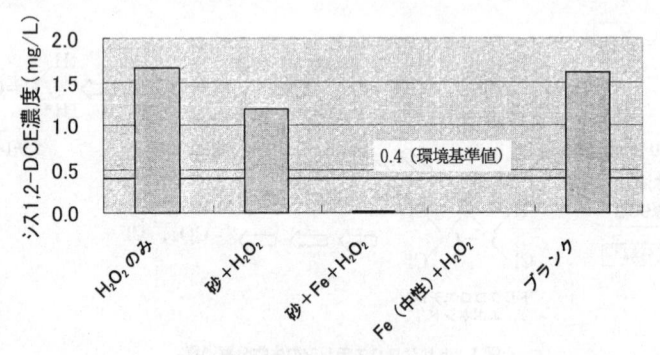

図2　過酸化水素の酸化分解能

図2に示すように，$FeSO_4 \cdot 7H_2O$共存下では，酸性，中性いずれでも地下水中のシス1,2-DCEは環境基準値（0.04mg/L）を満足するレベルで除去された。使用した砂は，掘削後の大気にさらされた土壌であるために鉄は酸化され土壌中の形態を維持しているわけではないが，砂のみ共存の場合でも，1/4程度が除去された。中性下であっても過酸化水素が100mg/Lという濃度であれば砂中に含まれる鉄等が分解に寄与し酸化分解作用が進むことが確認された。

(4) バイオレメディエーションによる効果

シス1,2-DCEでほぼ一様に地下水が汚染され，すでに実施中の揚水曝気法では濃度減少がほとんどみられないサイトにおいて，好気性のバイオレメディエーション効果を確認する現地実験を実施した。図3に示すように4本の井戸（PW-1～PW-4）をほぼ等間隔に設置し，上流のPW-1より過酸化水素を連続注入し，PW-2より添加剤をパルス注入した。下流側の井戸PW-4で揚水することにより，注入した過酸化水素および添加剤（誘導体）を移動させ，PW-3における微生物分解の効果をモニタリングした。

第1章　浄化技術

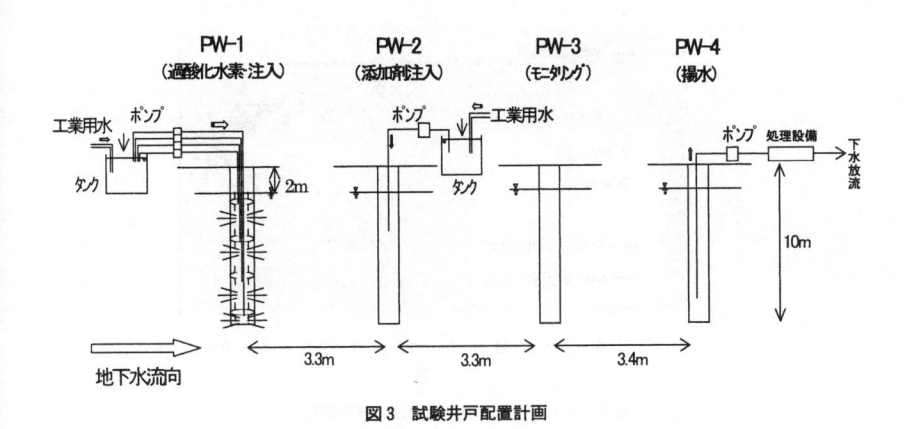

図3　試験井戸配置計画

① 実施条件
- シス1,2-DCE初期濃度（地下水濃度）：4〜5 mg/L
- 土質条件：シルト混じり砂（透水係数　9.6×10^{-3} cm/sec）
- 試験期間：8ヶ月
- 揚水量：2 L/min で24時間連続運転

② 試験結果

1) 溶存酸素量（DO）の確認実験

事前に，PW-3でDOが3 mg/L以上確保できるような，過酸化水素の注入濃度および注入流量の仕様を決めるため，それらを段階的に変化させる実験を実施し設定した。その結果，過酸化水素濃度400mg/Lの工業用水を，注入流量2 L/minで24時間連続運転することによりPW-3で目標DOが得られることを確認した。

なお，その際注入井戸PW-1から3.3m離れたPW-2では，過酸化水素濃度は1 mg/L以下であった。

2) シス1,2-ジクロロエチレン（DCE）の分解効率

このエリアですでに実施している揚水浄化の効果は，図4におけるPW-4のグラフで示されるように，試験開始前0〜8ヶ月間の濃度は4〜5 mg/L程度でわずかながら減少している状況であった。その後，13ヶ月〜21ヶ月間で本試験を実施したが，試験サイトエリア外の濃度低下状況をPW-4のデータから延長させると，その変化は波線のように推定される。一方，PW-3では，試験開始8ヶ月後で濃度が25%〜30%減少し，浄化の促進効果が確認された。

また，PW-3の地下水中の有用微生物菌数も，実験開始前には1×10^4（cells/ml）であったも

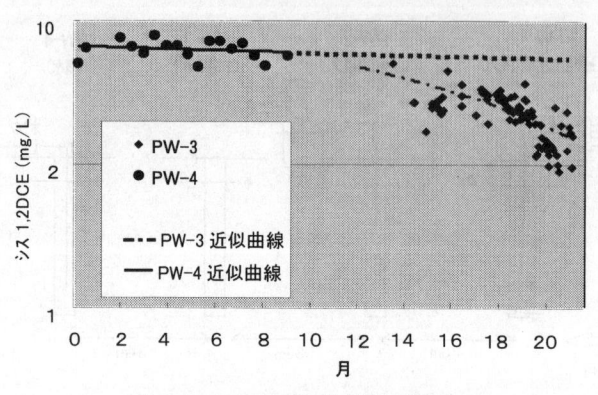

図4 シス1,2-DCE 地下水濃度の経時変化

のが，実験終了時には$1×10^7$（cells/ml）に増加しており，バイオレメディエーションによる浄化促進効果が裏付けられた。

(5) 実工事への適用

過酸化水素を用いた効率の良い浄化方法の形式は，原位置で注水井戸から過酸化水素を注入し，一定距離はなれた隣接井戸にて揚水し地下水を動かすという工法が，最も実用的である。（図5参照）注入井戸周辺では，酸化分解の効果により油や揮発性有機塩素化合物が分解され，酸化分解の影響範囲を超えると微生物分解により浄化が促進される。さらに，油汚染土の場合には，発生する微細気泡により土粒子表面から油を離脱させる効果もあるため，浄化効果は一層高まる。

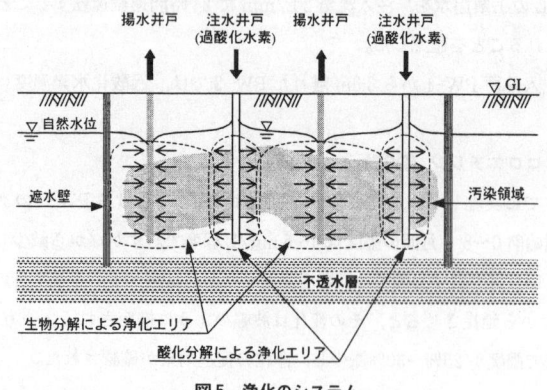

図5 浄化のシステム

第1章 浄化技術

このシステムでは，揚水井戸と注水井戸を交互に切り変えることにより，酸化分解による領域を広げることができると共に，地下水の水道（みずみち）を変えることができるため，浄化効率が高くなる。

なお，過酸化水素は，土壌中での分解性が速く，また土壌のpHにも大きな影響を与えることはないが，適用に際しては，不測の事態を考慮して，浄化対策エリア外に悪影響を及ぼさない対応（遮水壁やバリアー井戸などの設置）や，モニタリングなどの管理を十分に行う必要がある。また，揮発性有機塩素化合物の好気性微生物分解での適用では，添加剤の残留性についても十分な管理・対応が必要である。

文　　献

1) U. S. E. P. A., EPA 542-R-98-008, September 1998, Field Applications of *In Situ* Remediation Technologies : Chemical Oxidation, pp3-pp11
2) Ground-Water Remediation Technologies Analysis Center, July 1999, *In Situ* Chemical Treatment, pp8-pp9, pp30-pp32
3) John T. Cookson, Jr., 1995, Bioremediation engineering : design and application, pp147-pp154

1.2.3 触媒酸化法

江口正浩*

(1) はじめに

土壌環境基準値が設定されて以降,土壌・地下水汚染調査実施数が増えたことを受けて,有機塩素化合物,油,重金属の環境基準値超過事例判明数[1,2]が急激に増加し,大きな社会問題となっている。特に,汚染原因物質として報告例が多いトリクロロエチレン(TCE),テトラクロロエチレン(PCE)等の揮発性有機塩素化合物(VOC)は,発癌性が疑われている物質であり社会的に大きな関心を集めている。現状,VOCに汚染された土壌の浄化法としては真空吸引法と揚水ばっ気処理法が主流であるが,浄化完了までに要する時間が長いこと,汚染物質の分解手段ではないことが問題視されている。また,近年の不景気に伴う土地取引の活発化,および平成15年2月15日に施行された土壌汚染対策法の影響を受けて,短期間で浄化を行うことが強く望まれている。このニーズに対応する浄化技術として,酸化剤を用いた原位置化学酸化法(In Situ Chemical Oxidation)が注目されており[3],米国では主流な浄化法として普及している。本項では,触媒酸化法を用いた汚染土壌浄化法[4,5]と過硫酸塩を用いた汚染地下水浄化法[6,7]に関して,原理,特徴,浄化事例を記載する。

(2) 触媒酸化による汚染土壌の浄化

① 原 理

掘削した汚染土壌に酸化剤と金属触媒を添加,混合することで,酸化力が非常に強いヒドロキシルラジカルを生成させて,汚染化学物質を分解する。汚染対象物は,有機塩素化合物や油などの有機物が対象となる。

② 特 徴

・土壌中の汚染物質を直接酸化分解するため,浄化期間が従来法より大幅に短い(ただし,浄化性能は土壌の質,汚染物質の種類,濃度などで大きく異なるため事前検討が必要)。
・酸化分解反応であるため,有害なジクロロエチレン類の副生成物が生じない。
・掘削した土壌に薬剤を添加混合し処理するため,通気性の悪い土壌などへの適用も可能。
・浄化終了後に,土壌をもとの場所に戻すことが可能。
・土壌改良機を用いた汚染原位置での薬剤添加,浄化が可能。

③ 浄化事例

図1に浄化法の概要を示す。汚染土壌を掘削し,あらかじめ現地の汚染土壌を用いて行ったバイアル試験の結果を基に薬剤添加量を決定し,汚染現場において攪拌処理装置を用いて浄化を実

---

*　Masahiro Eguchi　オルガノ㈱　総合研究所　開発センター　課長代理

第1章 浄化技術

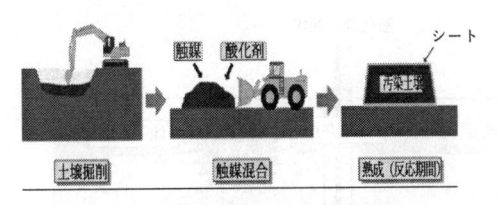

図1 触媒酸化法による土壌浄化法概要

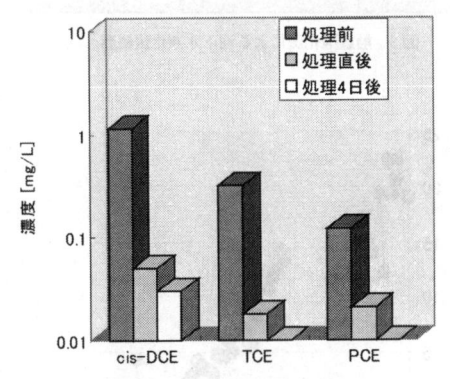

図2 処理前後の汚染物質濃度

施した。土壌に応じた触媒および酸化剤を添加・混合し反応させ，処理前後の汚染物質溶出濃度を測定した。

図2に処理前後における汚染物質濃度の変化を示す。処理前土壌ではcis-DCE 1.1mg/L，TCE 0.32mg/L，PCE 0.12mg/Lであったものが本処理法により酸化分解され，処理後約4日で3成分とも環境基準値以下となり浄化が終了した。

(3) 過硫酸塩による汚染地下水の浄化

① 原　理

汚染地下水に酸化剤として過硫酸塩を所定濃度で注入することで，酸化剤，および硫酸ラジカルにより，原位置で汚染化学物質を分解し浄化する。汚染対象物は，有機塩素化合物や油などの有機物が対象となる。

② 特　徴

・汚染物質を原位置で酸化分解するため，浄化期間を従来法より短縮できる（ただし，浄化性能は透水性，土壌の質，汚染物質の種類，濃度などで大きく異なるため事前検討が必要）。

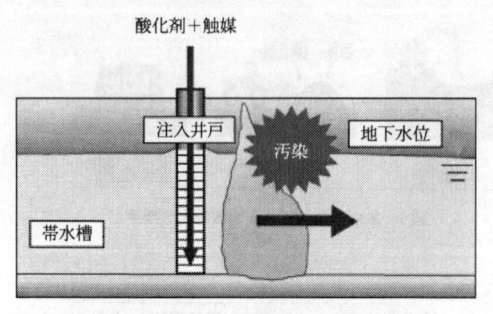

図3 触媒酸化法による地下水浄化法概要

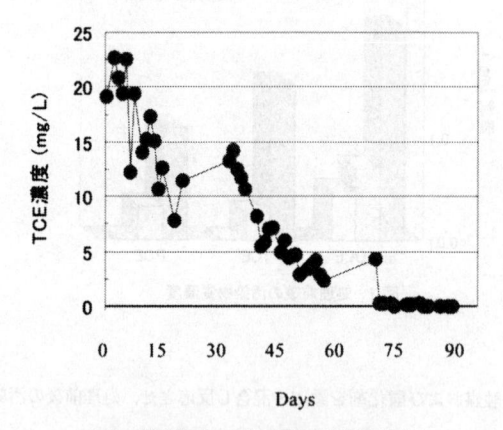

図4 浄化期間における汚染物質濃度変化

・従来法と組み合わせることで,浄化を促進することが可能。
・酸化分解反応であるため,有害なジクロロエチレン類の副生成物が生じない。
・過硫酸は,過マンガン酸より毒性が低く酸化力が強い。

③ 浄化事例

図3に浄化法の概要を示す。あらかじめ現地の汚染地下水・土壌を用いてテストを行い,薬剤添加量を決定する。次に,汚染現場の地下水流向,透水性などをもとに地下水シミュレーションを実施し,注入量,薬剤濃度,井戸配置などに関して最適な浄化システムを決定後,必要最低限の薬剤を注入し,原位置で汚染物質を分解する。

図4に,本処理法でフルスケールの実浄化をした際のTCE濃度変化を示す。本事例では,最大20mg/LのTCE汚染地下水を約3ヶ月という短期間で浄化作業を終了することができた。

第1章　浄化技術

(4) 今後の展望

　今後，土壌汚染対策防止法の実施も受けて汚染土壌・地下水の短期浄化のニーズがますます高まるものと予測されている。酸化剤による原位置浄化技術は，浄化期間，処理コストの面で非常に有望であり今後普及していくものと予想されるが，充分な事前テスト，シミュレーションを行い効果と安全性に配慮した浄化を実施していくことが重要である。

文　献

1) 環境省環境管理局水環境部：平成12年度土壌汚染調査・対策事例及び対応状況に関する調査結果の概要（2002）
2) 環境省環境管理局水環境部：平成12年度地下水質測定結果（2001）
3) US, EPA542-R-98-008：Field Applications of In Situ Remediation Technologies：Chemical Oxidation, September（1998）
4) 長谷部吉昭，江口正浩，三宅酉作，落合寿昭，武内宏，宗像元明：触媒酸化法による有機塩素化合物汚染土壌の浄化，地下水・土壌汚染とその防止対策に関する研究集会第8回講演集 67～68（2002）
5) 江口正浩，長谷部吉昭，三宅酉作：土壌触媒酸化システムによる土壌浄化処理，用水と廃水，**45**（11）59～61（2003）
6) 長谷部吉昭，江口正浩，宮嶋隆広，竹井登，古市登，細見正明：過硫酸を用いた汚染地下水の原位置化学酸化処理，地下水・土壌汚染とその防止対策に関する研究集会第9回講演集 514～515（2003）
7) 江口正浩，長谷部吉昭，三宅酉作：触媒酸化法による土壌・地下水浄化技術，環境浄化技術，**2**（1）22～23（2003）

1.2.4 DIM 工法による有機塩素化合物汚染土壌の浄化

友口　勝[*1]，白鳥寿一[*2]

有機塩素化合物によって汚染された土壌の浄化として，金属鉄粉による還元分解が有効である。本項では，汚染土壌に対して直接金属鉄粉を混合する工法として DIM 工法を紹介する。またその浄化事例を 2 例挙げその有効性を明らかとし，DIM 工法を適用するにあたっての検討事項についても併せて述べた。

(1) はじめに

工業製品の洗浄剤やドライクリーニングに用いられてきたトリクロロエチレン（TCE）やテトラクロロエチレン（PCE）など，有機塩素化合物による地下水・土壌の汚染が顕在化している[1]。こうした汚染に対する浄化技術としては，これまで高揮発性という物理特性を利用した土壌ガス吸引や汚染地下水の揚水処理法といった物理的浄化手法が一般的であるが，近年の報告ではこうした技術が必ずしも安価な技術ではないこと，浄化完了までに長い年月を要することが指摘されている[2]。このため，土地改変に伴う工事など地中の土壌浄化に一定の期限が定められる場合は，汚染土壌の入れ替えなど大規模な土木工事に依存する面が大きかった。

こうした側面から，有機塩素化合物の汚染については種々の新しい浄化技術が検討されている。中でも金属鉄粉による有機塩素化合物の還元的分解は，汚染地下水を対象とした透過反応壁などで実績があり，その有効性が確認されている[3,4]。また日本国内においては，この原理を汚染土壌中の有機塩素化合物の化学的分解に使用する試みが既に実用化されている[5]。本項では，この金属鉄粉を用いた汚染源の浄化対策技術として，金属鉄粉を直接地中に混合する DIM（Direct Iron Mixing）工法[6]を紹介する。DIM 工法とは同和鉱業株式会社がエコシステムエンジニアリング株式会社と共同開発した地中への直接鉄粉混合の工法であり，地中の汚染源に所定の鉄粉量を直接混合し，エアによる鉄粉の圧送とアースオーガーによる地中削孔との組み合わせ技術である。

(2) DIM 工法の原理

図 1 は DIM 施工システムの概略図である[6]。DIM 工法の施工にあたっては，あらかじめ浄化対象となるべき汚染区画を特定する必要がある。このシステムを用いて，特定された対象区画についてアースオーガーを用い，所定の汚染深度まで削孔を行うと同時にオーガーヘッド先端から所定量の金属鉄粉を供給することで，機械的に原位置で汚染土壌と金属鉄粉を混合する。金属鉄

---

*1　Masaru Tomoguchi　同和鉱業㈱　ジオテック事業部　技術主任
*2　Toshikazu Shiratori　同和鉱業㈱　ジオテック事業部　浄化担当部長

第 1 章　浄化技術

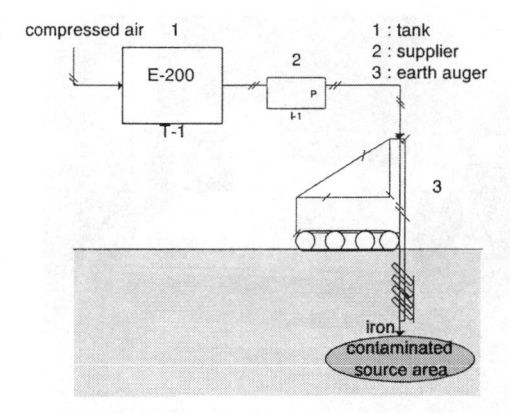

図 1　DIM 施工システムの概略図

粉の供給にはコンプレッサーによる圧送を用いる。使用する金属鉄粉は，そのハンドリングや対象となる物質の反応性，中間生成物の挙動などを考慮したものである必要があり[7]，同和鉱業では特殊還元鉄粉 E-200 を基材として用いている。この工法では，山留め工事などの付帯工事が大幅に削減できる。また供給にあたり水を使用しないことで，施工後の区画が軟弱化することを抑制できる。施工深度は最大で 60m，N 値 50 程度の地盤でも工事可能であり，用いるアースオーガーの選択によって建屋内や狭小区画の浄化工事も可能である。

(3) DIM 工法による浄化事例

有機塩素化合物による汚染源の対策事例として，DIM 工法を適用した事例 2 件を，その浄化過程を含めて紹介する。

① 事例紹介－A サイト－

A サイトは TCE および c-DCE によって汚染された稼働中の工場であり，工場全体の敷地面積は約 5000m^2 であった。サイト内の土壌は主に砂混じりシルト層であった。含水率は約 30%で，GL-4 m までに汚染の大部分が滞留している状況となっていた。地下水位は GL-2 m 付近であり，飽和帯，不飽和帯双方で汚染が検出された。環境省告示 18 号に従う溶出試験（以下溶出試験とする）において，土壌中 TCE の最大値は 19mg/l（環境基準は 0.03mg/l），c-DCE は 7.3mg/l（同 0.04mg/l）であり，環境基準を大幅に超過していた。このサイトについて，DIM 工法の対象区画を汚染源を中心とした約 50m^2 に絞り込み，深度 4 m までの 200m^3 を DIM 工法によって浄化した。分解浄化にあたっての鉄粉混合量は，対象土壌に対して重量比 1.0wt%を用いた。対象となる区画が小規模であったため，選択したアースオーガーは単軸オーガーヘッドを持つ小型混合機とした。図 2 に小型混合機による DIM 施工状況を掲載する。

図2 小型混合機（単軸アースオーガー）を用いた DIM 工法の施工状況

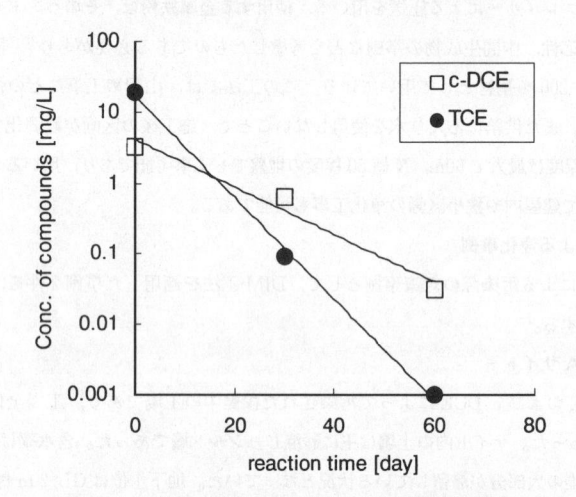

図3 A サイトにおける TCE および c-DCE 濃度の経時変化
（濃度は溶出試験値による）

　図3は深度 GL-2 m 地点の土壌について，DIM 施工からの TCE および c-DCE 濃度の経時変化を示している。TCE，c-DCE 共に指数関数的減少を呈しており，金属鉄粉による有機塩素化合物の分解が確認されている。この A サイトでは，DIM 工法の実施から2ヶ月で TCE, c-DCE ともに環境基準を満たし，汚染源の土壌浄化が完了している。

第1章 浄化技術

　またこのサイトにおける DIM 工事の工期は，単軸の小型混合機を選択したことにより，付帯工事（機材の運搬および設置，機材の搬出，土間復旧など）を含めて4日間であった。狭小区域や工場の休転期間など，限られたスペース，工期で汚染源の直接対策を行う場合に有効である。

② **事例紹介－B サイト－（土地改変に伴う浄化）**

　B サイトは TCE によって汚染されたサイトであり，土壌はローム質土壌であった。含水率は約 30%で，GL-2 m 付近に TCE の溶出試験における最大濃度 0.6mg/l が検出された。環境基準を超過する TCE が検出された区画はおよそ 400m^2 であったため，この区画すべてに対して DIM 工法による TCE 汚染の分解浄化を適用した。土壌中への金属鉄粉の混合量は 1.0wt%とした。対象となる区画が大規模となる本事例においては，混合効率の向上を目的として，選択するアースオーガーは3軸オーガーヘッドを持つ大型混合機とした。図4に3軸オーガーによる DIM 施工状況を示す。

　図5は，DIM 施工前および施工から2ヶ月後の TCE 汚染分布図を平面上に示したものである。溶出値で 0.3mg/l を超過する区画（図5の濃灰色部分）が時間と共に縮小し，2ヶ月後において

図4　大型混合機（3軸オーガー）を用いた DIM 施工状況

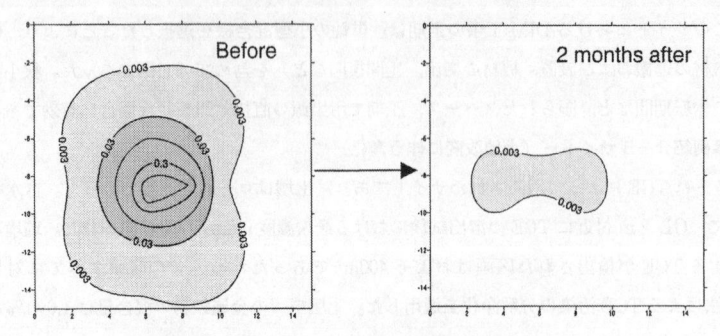

図5 BサイトにおけるTCE濃度分布図－GL-2 m－
濃灰色部分：環境基準を超過する区画
淡灰色部分：定量できるレベルのTCEが検出された区画

は定量下限である 0.003mg/l の区画（図5の淡灰色部分）がわずかに存在する程度まで分解浄化が進行したことが確認できた。

(4) DIM工法の適用にあたって

DIM工法を適用するにあたっては，事前に浄化対象となる部分を絞り込むことが必要である。また，金属鉄粉による有機塩素化合物の還元分解は，その分解速度や二次生成物の発生を十分に考慮した上で実施しなければならない[7]。

DIM工法の特徴は，浄化事例でも紹介したように，その規模の大きさに関わらず浄化対策ができることや制限されたサイト状況に広く対応できること，土地改変に伴う浄化工事でもその浄化予測を含めて適用できることにある。

文　献

1) 中杉修身, 水環境学会誌, **17** (2), 76-80 (1994)
2) 平田健正, 水環境学会誌, **17** (2), 86-90 (1994)
3) O'Hannesin, S. F et al., *Ground Water*, **36** (1), 164-170 (1998)
4) Farrell, J., et al., *Environ. Sci. Technol.*, **34**, 514-521 (2000)
5) 伊藤裕行ほか, 資源と素材, **119**, 675-680 (2003)
6) 白鳥寿一ほか, 資源・素材2001（熊本）講演予稿集, vol.CD, p117-120
7) 伊藤裕行ほか, 水環境学会誌, **26** (10), 637-642 (2003)

1.2.5 DOG（コロイド鉄粉混合）工法
－コロイド鉄粉による VOC 汚染土壌の処理－

野原勝明*

(1) 工法の概要

DOG 工法（Decomposition of Organic chloride compound in Ground）は鉄の微粒粉末 CI（Colloidal Iron）を含む懸濁液（CI 剤）をトリクロロエチレンなどの揮発性有機化合物に汚染された地盤中に注入または攪拌混合し，土壌・地下水中の揮発性有機化合物を脱塩素還元反応等により分解無害化する工法である。昨今は土壌汚染対策法が整備されたことや土地売買に係る土壌汚染に対する関心度の高さから，稼働中の工場で十分に施工ヤードが確保できないケース，土地売却のため建屋は解体されているが浄化工期が厳しいケースなど様々な条件のもとでの浄化工法が期待されている。揮発性有機化合物の土壌・地下水浄化対策は図1[1]のように分類されるが，DOG 工法は原位置浄化（原位置分解）に位置づけられ，前述の条件にも対応することが可能である。

(2) 浄化の原理

ゼロ価の鉄による揮発性有機化合物の分解にはいくつかの反応が知られている[2]。一般的には水添分解（hydrogenolysis）により順次脱塩素していく反応が知られており，トリクロロエチレン（TCE）の場合は，TCE からシス-1,2-ジクロロエチレン（cis-1,2-DCE）を経て塩化ビニル（VC），エチレンまで分解される（式1～4）。また，還元的脱離反応により TCE がクロロアセチレン，アセチレンを経てエチレンまで分解する経路もあるといわれている。いずれの場合も生成されたエチレンは地盤中の微生物などにより二酸化炭素と水に容易に分解される。この他にもゼロ価の鉄と水が反応した際に発生する水素ガス（H_2）が鉄表面で鉄の触媒作用で脱塩素反

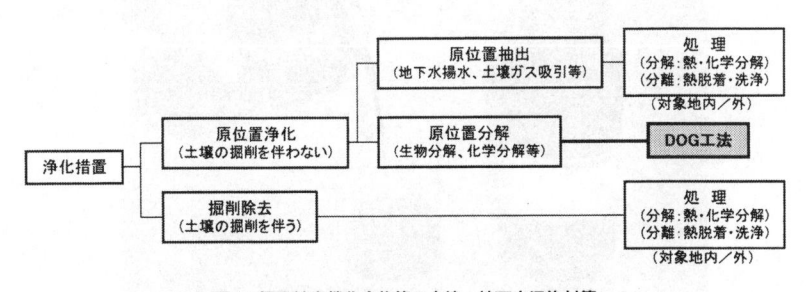

図1 揮発性有機化合物等の土壌・地下水汚染対策

* Masaaki Nohara ㈱間組 技術・環境本部 環境修復事業部 主任

応を引き起こす例や，2価の鉄が3価の鉄に酸化される際に放出される電子によっても脱塩素が行われているといわれている。このように鉄粉による揮発性有機化合物の脱塩素反応機構や速度などは十分に解明されているとは言えないのが現状であるが，実際の浄化事例でVCなどの有害な中間生成物が障害となるほどの濃度で検出されたことはない。

$C_2HCl_3 + 3Fe + 3H_2O$ (1)

$\rightarrow C_2H_2Cl_2 + 2Fe + 2H_2O + Fe^{2+} + Cl^- + OH^-$ (2)

$\rightarrow C_2H_3Cl + Fe + H_2O + 2Fe^{2+} + 2Cl^- + 2OH^-$ (3)

$\rightarrow C_2H_4 + 3Fe^{2+} + 3Cl^- + 3OH^-$ (4)

揮発性有機化合物の脱塩素反応に影響を及ぼす要因としては，土壌・地下水中に含まれる溶存酸素，溶存イオンやpH，温度などがある。溶存酸素はゼロ価鉄を酸化してしまうため，鉄粉に対して揮発性有機化合物と競合する物質となり，鉄粉による揮発性有機化合物の分解を阻害することになる。地下水流速の大きい地域では地盤中に添加された鉄粉により還元状態が維持されにくく反応速度が下がる傾向がみられる。また，pHが10を越えるような環境では分解速度が遅くなることを確認している。

(3) CI剤の概要

浄化に使用される鉄粉は種々のものがあることが報告されている[3~6]。その大きさは0.3～100μm以上のもの，鉄粉表面の状態も滑らかなものや多孔質のものまで様々である。本工法では転炉ダスト由来の鉄の微粒粉末（CI）（写真1，写真2）を使用する。CIは真球状で平均粒径が0.6μmと非常に小さく活性が高い微細鉄粉である。粒度および濃度調整処理を行ったCIを主成分とし

写真1 CI剤原液

第1章 浄化技術

写真2 CI剤電子顕微鏡

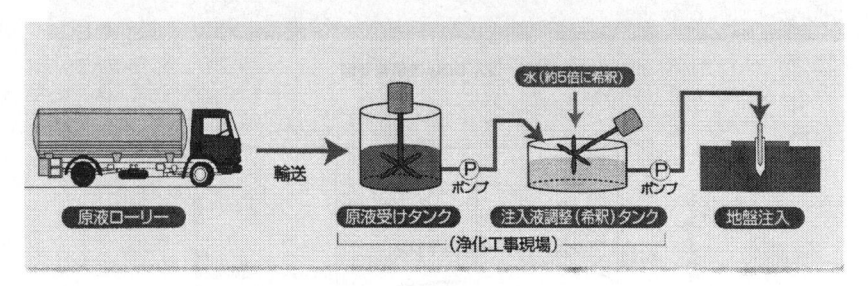

図2 CI剤の搬入フロー

て分散剤などを含む懸濁液（CI剤）は，一般的な薬液注入機械による地盤への注入やポンプ圧送が可能であり，現場施工における操作性が非常に優れている。プラントで製造されたCI剤原液は専用ローリーで施工現場に運搬する。CI剤原液には約25％と高濃度のCIが含まれるため，現場で地盤の汚染状況等を考慮して適宜希釈して使用する（図2）。以下にCI剤の特徴を示す。

- CI剤微粒子（0.6μm）の為，土壌への浸透性に優れている。
- CI剤原液のpHは約11とアルカリ性が維持され，鉄の活性が高い。
- 高濃度の有機塩素系化合物汚染の浄化にも使用できる。
- CI剤は通常の薬液注入装置による注入又はポンプ圧送が可能である。
- CI剤を地盤中に注入する場合，透水係数 10^{-4} cm/s 程度のシルト層まで施工可能である。
- CI剤中に含まれる成分に環境負荷はなく，安全上問題ない。
- 六価クロムの還元及びシアンの不溶化にも適用可能である。

■ 施工イメージ

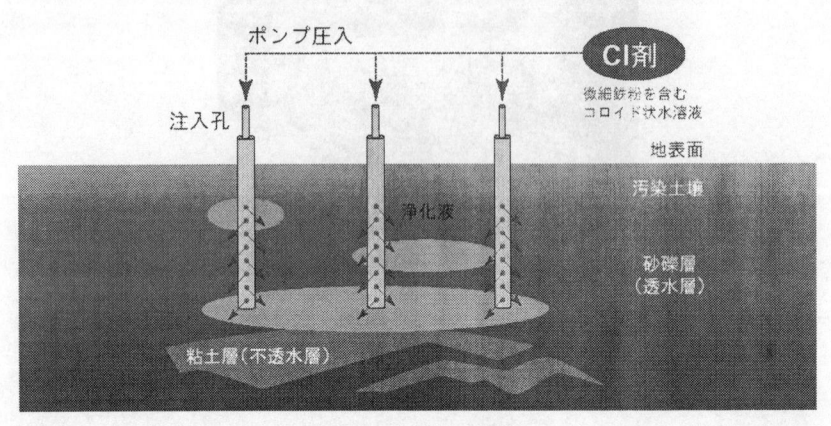

図3 注入DOG工法概要図

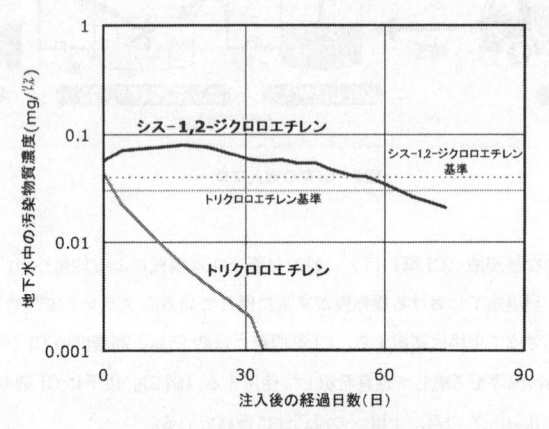

図4 Cl剤注入後の地下水測定結果

(4) 注入DOG工法

　注入DOG工法は，比較的透水性が良い汚染域に対して適用する方法である。特徴および適用の範囲を以下に示す。また注入DOG工法の概要図を図3に，また二重管ダブルパッカー注入による施工事例を写真3～4，図4に示す。

第1章 浄化技術

写真3 注入 DOG 工法事例

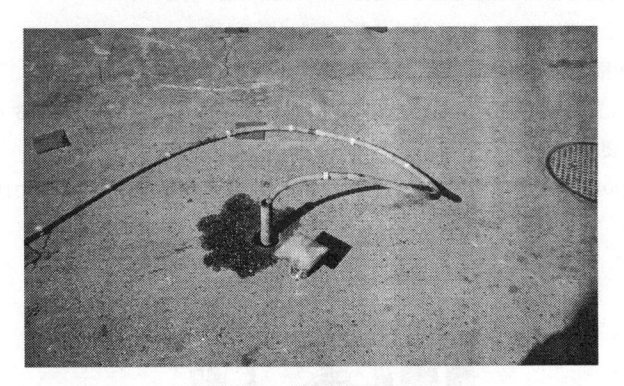

写真4 CI 剤注入井戸

■特徴
- 一般的に使用される薬液注入機械を用いて注入することが可能である。
- 大規模な掘削が必要でないため,排土が発生しない。
- 汚染が局所的な場合,ピンポイントで注入できる。
- 既設構造物下へ斜注入等が可能である。

■適用の範囲および施工上の留意点
- 対象土層は透水係数 10^{-4}cm/sec 程度のシルト層まで注入可能である。
- 現地条件及び目的に合わせた注入方式を選択する必要がある。
- 土壌中に油分が含まれる複合汚染の場合,浄化効果が低い場合がある。
- 施工に先立ち汚染状況の3次元的な分布を正確に把握する。

- CI剤注入量は汚染の程度，土質，地下水流動状況により決定する。
- 対象地の土質，土壌・地下水環境や汚染状況により効果が異なるので事前のトリータビリティー試験が必要である。

(5) 攪拌DOG工法

強制的に汚染された土壌とCI剤を攪拌混合する工法で，対象土層が透水係数の小さいローム層や粘土・シルト層に適用する工法である。適用の範囲および施工上の留意点を以下に示す。

■適用の範囲および施工上の留意点
- 施工機械が軟弱地盤対策用であり，N値50以上の砂れき層などの高強度地盤には適用が困難である。
- 施工機械の能力により最大GL-30m程度まで施工可能である。
- 土壌中に油分が含まれる複合汚染の場合，浄化効果が低い場合がある。
- 施工に先立ち汚染状況の3次元的な分布を正確に把握する。
- CI剤添加量は汚染の程度，土質，地下水流動状況により決定する。
- 対象地の土質，土壌・地下水環境や汚染状況により効果が異なるので事前のトリータビリティー試験が必要である。

浅層と深層の別に代表的な施工概要図を図5に示す。浅層混合攪拌法（図5上）ではベースマ

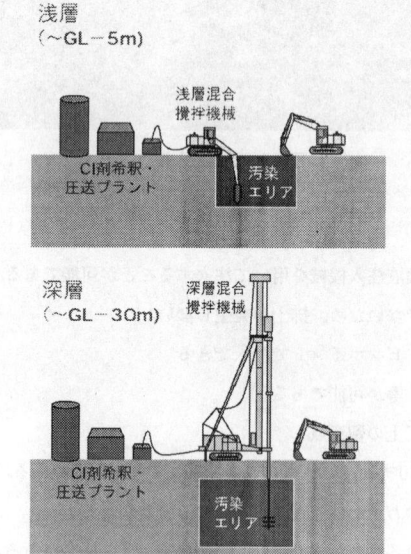

図5 攪拌DOG工法概要図

第1章 浄化技術

写真5 攪拌 DOG 工法施工事例

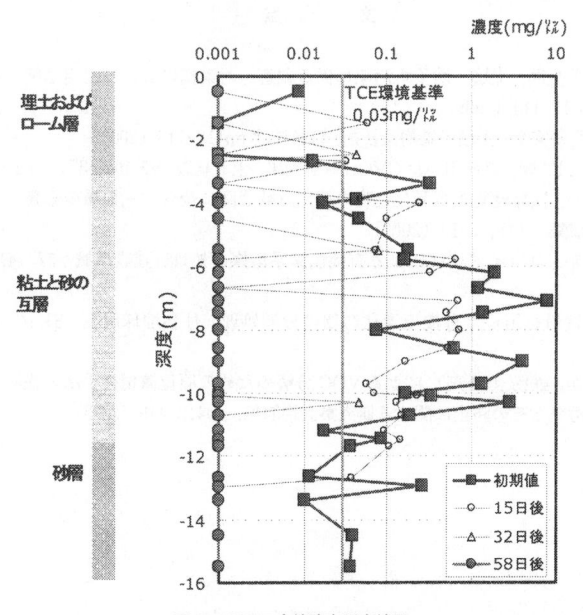

図6 TCE の土壌溶出測定結果

シンにバックホウを使用し，アーム先端に取り付けた攪拌機より垂直攪拌を行う。比較的浅い深度範囲（最大 GL-5 m 程度）の施工が可能である。

深層混合攪拌処理（図5下）は，浅層混合攪拌では対応できない深い深度を対象とし，攪拌翼により所定深度での攪拌混合が可能であり，ベースマシンにより最大深度 GL-30m 程度まで施工が可能である。この工法は従来の地盤改良（固化剤等による地盤強化）を目的とした攪拌混合の応用であるが，揮発性有機化合物と鉄粉の化学反応を前提とした浄化の場合は施工条件を事前に検討しておくことが望ましい。具体的には攪拌翼形状・寸法を含めた攪拌工法の違いや，羽根切り回数にはサイト毎に最適なパターンがあることが報告されている[7]。揮発性有機化合物の地盤中の存在形態として土粒子表面に付着しているものと地下水中に溶解しているものがあり，適切な攪拌混合を行った場合には土粒子に付着した揮発性有機化合物と鉄粉の接触の効率が良いためだと考えられている。深層混合攪拌処理の施工事例を写真5，図6に示す。

文　献

1) 環境省水質保全局，土壌・地下水汚染に係る調査・対策指針および運用基準，㈳土壌環境センター pp112-114（1999）
2) 地盤環境技術研究会，土壌汚染対策技術，日科技連 pp112-113（2003）
3) 桜井薫ほか，MT 酸化鉄を用いた CVOC 分解効果，土と基礎，**50-10**（537），pp28-30（2002）
4) 中丸裕樹ほか，揮発性有機塩素化合物の還元分解速度に及ぼす鉄粉種の影響，日本水環境学会年会講演集，36th，p510（2002）
5) 前田照信ほか，コロイド状鉄による有機塩素系溶媒の処理，建設機械，**37**（4），pp52-55（2001）
6) 白鳥寿一，鉄粉を用いた有機塩素化合物の分解処理，月刊地球環境，**31**，4，pp120-121（2000）
7) 村井貞人ほか，鉄粉（CI 剤）による VOC 分解のための原位置攪拌手法の検討，第9回地下水・土壌汚染とその防止に関する研究集会講演集，pp418-419（2003）

1.2.6 透過反応壁法

榎本幹司[*1], 伊藤裕行[*2]

(1) はじめに

トリクロロエチレン（TCE）を始めとする揮発性有機塩素化合物（VOC）による地下水汚染の対策技術として，一般的な揚水揮散処理後，気相中の VOC を活性炭に吸着する方法以外に，汚染源対策として，各種の方法が実用化されつつある。しかし，実際には，汚染源対策が経済的な理由で難しいケース，あるいは汚染源が稼動中の工場の直下にあるために汚染源の直接的な浄化が難しいケースが多い。このような場合，汚染源よりも下流側で揚水し，敷地外への流出を防止する対策が一般的であるが，揚水にかかる動力費が継続的に発生し，揮散処理装置や活性炭吸着処理装置などの動力費，メンテナンスのコストがかかる。

透過反応壁法は，帯水層に鉄粉を埋設するのみで，地下水を汲み上げることなく VOC を環境基準値以下まで処理することができるため，設置後は，動力費，メンテナンス費が要らず，コストが比較的安価である系外流出防止技術として期待される方法である。また，設置後も地上に建造物が残らないため，地上の利用に関しても制限が少ない。

本稿では，透過反応壁法の原理とサイト A における透過反応壁施工実施例について述べる。

(2) 透過反応壁の原理

透過反応壁法とは，VOC に汚染された地下水が通る帯水層中に，鉄粉を充填した壁を設置し，この壁を透過する地下水中の VOC を鉄の還元力により，エチレン，エタンなどの無害な物質に分解する技術である。図1に本技術の適用概念図を示す。

(3) 透過反応壁の施工

① 透過反応壁に用いる鉄粉の選定

鉄粉による VOC 分解反応は鉄粉表面で起こると考えられており，表面積が大きいほど反応性の高い鉄粉となる。鉄粉の粒径が小さいほど表面積は大きくなるが，帯水層を構成する砂の粒径に比べて鉄粉の粒径が十分に大きくないと，汚染地下水が透過反応壁内を流れにくくなるために効率的に VOC を分解することができないばかりか，汚染地下水の流れを周辺に広げることになり，かえって汚染を拡散させる危険がある。図2にサイト A における透過反応壁設置後の地下水流のシミュレーション結果を示した。帯水層の5倍の透水係数を持つ透過反応壁を設置した場合には汚染地下水が透過反応壁を通過し，1/5 の透水係数の場合には汚染地下水が透過反応壁の

---

*1 Kanji Enomoto 栗田工業㈱ アドバンスト・マネジメント事業本部
　　　　　　　　　　アーステック事業部 技術部 技術二課
*2 Hiroyuki Ito 同和鉱業㈱ 環境技術研究所 技術主任

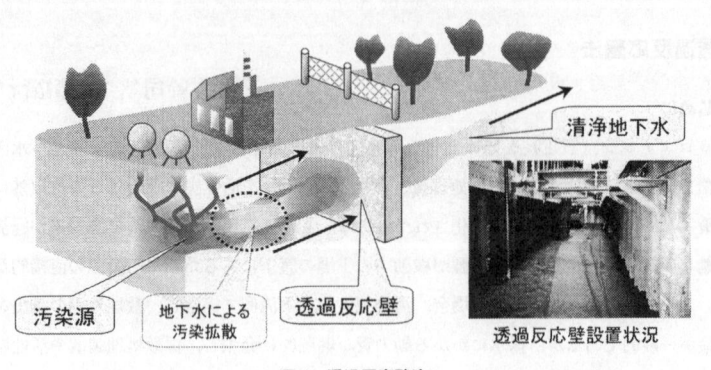

図1 透過反応壁法

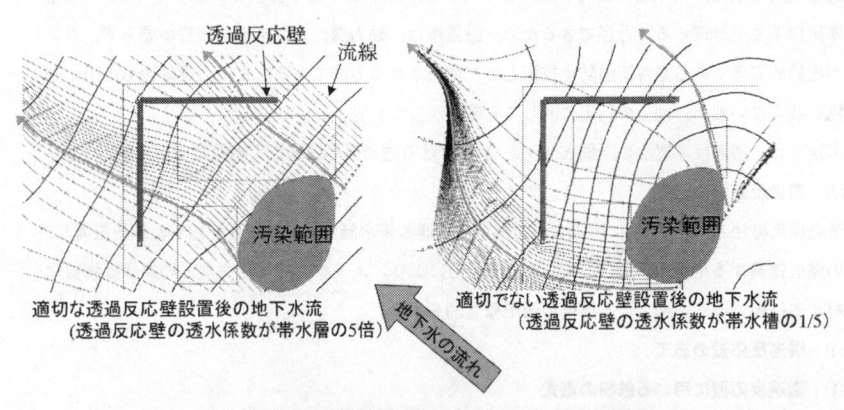

図2 透過反応壁設置後の地下水流のシミュレーション結果

(左)適切な透過反応壁設置後の地下水流
（透過反応壁の透水係数が帯水層の5倍）

(右)適切でない透過反応壁設置後の地下水流
（透過反応壁の透水係数が帯水槽の1/5）

外側に広がりながら流れている様子が示されている[1]。このように，透過反応壁に用いる鉄粉は，表面積が大きく，なおかつ粒径が大きいことが必要である。

このような要件を満たす鉄粉としては，Connelly-GPM, Inc. 製鉄粉（IRON AGGREGATE ETI CC-1004（-8+50））：以下，C社製鉄粉）がある。C社製鉄粉は粒径が0.25〜2.0mmであり，砂質土に相当する粒径を持ち，透水係数が40m/day（$5×10^{-2}$cm/sec）と比較的高い。一方，比表面積は，1.8m^2/g あり，高い反応性を持つ。C社製鉄粉は欧米でも透過反応壁用の鉄粉としてすでに実績があり，その実用性は実証済みであることから，C社製鉄粉をサイトAにおける透過反応壁用鉄粉に選定した。

第1章 浄化技術

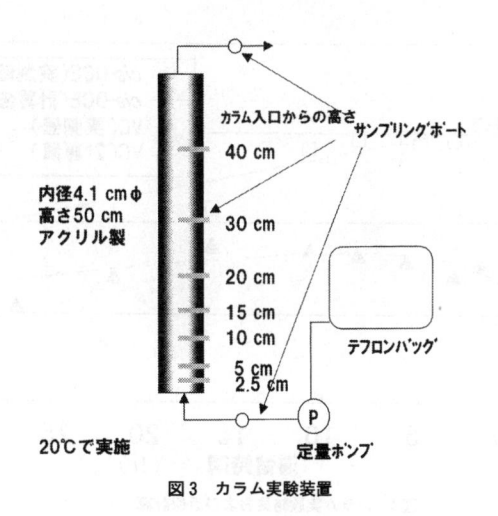

図3 カラム実験装置

（内径4.1 cmφ、高さ50 cm、アクリル製、20℃で実施、カラム入口からの高さ：2.5 cm, 5 cm, 10 cm, 15 cm, 20 cm, 30 cm, 40 cm のサンプリングポート、テフロンバッグ、定量ポンプ）

② カラム試験における鉄粉によるVOC分解挙動の把握

VOCと鉄粉の反応は，以下の様な一次反応に従うことが知られている。

$$\ln(C/C_0) = -kt \tag{1}$$

C：VOC濃度(mg/L)，C_0：VOC初期濃度(mg/L)，k：一次反応速度定数(h^{-1})，
t：時間(h)

したがって，VOCの一次反応速度定数とVOC初期濃度がわかれば反応時間とVOC濃度の関係が把握でき，VOC濃度が環境基準に適合するための必要最小時間（鉄粉で充填された壁を地下水が通過する際の最小滞留時間）が求められる。

図3に示したカラム実験装置に，C社製鉄粉を充填し，サイトAから採取したシスジクロロエチレン（cis-DCE）1.4mg/Lを含む汚染地下水を通水した際のVOCの滞留時間（カラム入り口から各サンプリングポートまで到達する時間）に対する各サンプリングポートから採取した試料水のVOC濃度の実測値をプロットした結果を図4に示した[2]。

図4が示すように，ビニルクロライド（VC）が滞留時間の増加と共に増加し，その後減少している。これは，VCが cis-DCE の副生成物として生成するが，VCも鉄粉との反応により分解するためと考えられる。

図4に示した実線は，cis-DCE の実測値を最小二乗法により(1)式に近似計算させたものであり，この実線の傾きから一次反応速度定数 k を求めた。

VCに関しては，現在，日本での環境基準項目ではないが，副生成物として毒性のより高いも

223

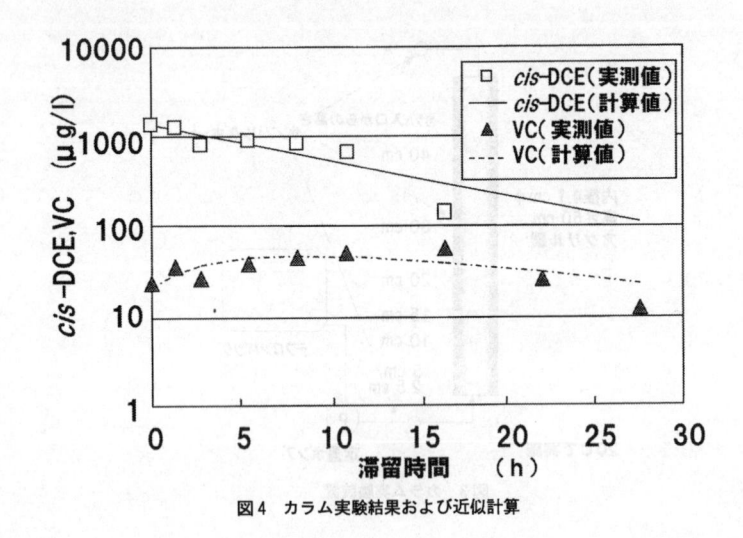

図4 カラム実験結果および近似計算

のを生成することは好ましくなく，安全な濃度まで処理できるよう透過反応壁を設計する必要がある。

鉄粉によるVOCの分解は，塩素がひとつずつ外れる逐次脱塩素反応が主反応と考えられているが，これによらない分解経路の存在も確認されている[3]。この考えに基づき，cis-DCEの分解物の一部がVCとなると仮定し，一次反応速度定数$k_{cis\text{-}DCE}$に係数（$f_{cis\text{-}DCE}$：0〜1）を乗じたものをVCの生成反応速度定数と仮定し，生成したVCは一次反応速度定数k_{VC}に従って一次反応で分解すると仮定して，近似計算を行うことで，k_{VC}と$k_{cis\text{-}DCE}$を求めた[4]（図4の点線は，近似曲線を示す）。

このようにして求めた一次反応速度定数を用いて，滞留時間とVOC濃度の関係を計算することで，すべてのVOCが環境基準を満たす濃度まで分解するための最小滞留時間を決定した結果を図5に示す（VCについては米国のEPAの基準［2μg/L以下］を採用。日本でも現在，VCは指針値2μg/L以下で要監視項目へ追加される動きがある[5]）。なお，反応速度定数は，実際の地下水温度での分解速度に近づけるために温度補正したものを用いた（The University of Waterlooのデータを利用し，20℃で行ったカラム実験結果を実際の地下水温度15℃の値に補正[4]）。

このように，VOCの鉄粉による分解反応は，副生成物を伴うため，これらの挙動を含めて解析し，最終的にすべてのVOCが環境基準を満たす濃度になるための必要滞留時間を決定することが重要である。ここでは，cis-DCE汚染水についての解析例を示したが，PCEやTCE汚染水や多数のVOCを含む汚染水に対しても同様の手法で解析が可能である。

第1章 浄化技術

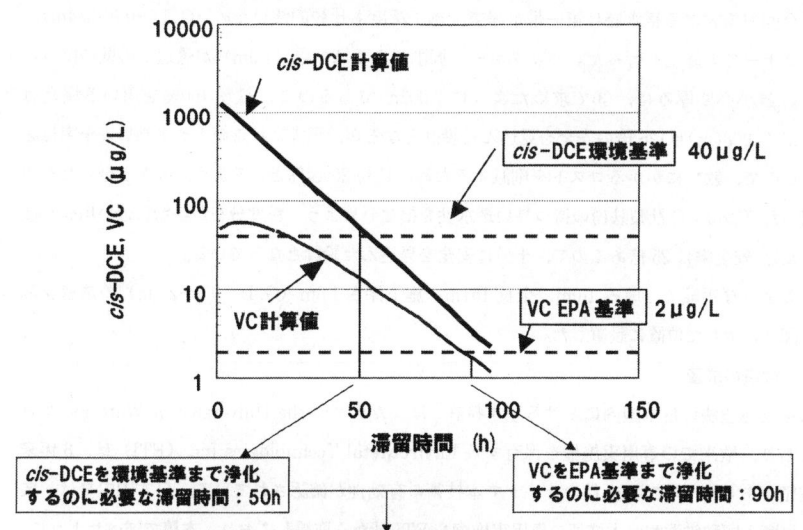

図5 必要滞留時間の決定

③ 透過反応壁の厚みの決定

透過反応壁の厚みは，②で求めたすべてのVOCを環境基準まで浄化するための必要滞留時間と実際の地下水流速を用いて，次式により計算される。

透過反応壁の厚み（m）＝地下水流速（m/h）×必要滞留時間（h）

実際には，季節変動による地下水流速の変化や，汚染領域の移動にも対応できるよう，安全サイドに設計した厚みが必要となる．

サイトAでは，地下水流速：0.002m/dであるので，以下のようになる

透過反応壁の厚み＝0.002（m/d）×90（h）/24（h/d）＝0.008（m）

ここで求められた厚みは，最小必要厚みであり，実際に施工される透過反応壁の厚みは，以下に示すように施工法によって決定される。

④ 施　工

透過反応壁設置のための工法としては，さまざまな方法があるが，最も基本的な方法は，バックホーなどの掘削機で溝状に土壌を掘削した後，溝に鉄粉を充填する掘削工法方法である。深度が深く，バックホーでは難しい場合には，連壁工法，注列式などの高深度に対応した掘削機が選定されるが，いずれの工法でも，透過反応壁の最小施工厚みが掘削機の施工幅によって決定され

る。今回対象となる帯水層は第一帯水層で，施工深度も比較的浅いため（G.L. -0.9~2.4m），バックホーでの施工を行った。バックホーで掘削できる溝の幅（1.0m）が透過反応壁の厚みとなる。最小必要厚みは，③で求めたように 0.008m であるので，鉄粉100%を用いる場合は 1.0(m)/0.008(m)=125 倍の安全を見込んだ設計となるが，現実にはこのように高い安全率は必要ないので，鉄粉にかかるコストを削減するため，鉄粉 20vol%となるよう，砂を混合したものを用いた（砂は，C社製鉄粉の持つ高い透水性を損なわぬよう，粒度分布が鉄粉に近い川砂を使用した）。安全率は25倍あるので，十分に安全を見込んだ設計となっている。

このような手順で，厚み 1.0m，全長 151m，施工深さ 1.5m（G.L. -0.9~2.4m）の透過反応壁を図2に示した位置に設置した。

(4) 今後の展望

透過反応壁法の日本国内における基本特許[6]は，カナダの the University of Waterloo が有しており，欧米での専用実施権を保有する EnviroMetal Technologies Inc. (ETI) は，8年来の実績があり[7]，すでに80件のサイトで本技術の有効性が確認されている。日本国内では，栗田工業㈱と同和鉱業㈱が本技術の専用実施権を ETI 社から取得しており，本稿で述べたように，既に国内での適用実績を有している。今後，現場での透過反応壁による地下水のモニタリングを継続し，国内での実証データを蓄積していく予定である。

文　献

1) 榎本幹司ほか，第8回地下水・土壌汚染とその防止対策に関する研究集会講演集, 391 (2002)
2) 榎本幹司ほか，土壌環境センター技術ニュース, No.6, 7 (2003)
3) A. L. Roberts *et al., Env. Sci. Technol.*, **30**, No.8, 2654 (1996)
4) EPA : Permeable Reactive Barrier Technologies for Contaminant Remediation, pp.22 EPA/600/R-98/125 (1998)
5) 環境省：水質汚濁に係る人の健康の保護に関する環境基準等の見直しについて（第1次報告（案））平成15年12月 中央環境審議会水環境部会環境基準健康項目専門委員会
6) 特許第3079109号，「地下水中のハロゲン化汚染物質の除去方法」
7) EnviroMetal Technologies, Inc., Metal-Enhanced Dechlorination of Volatile Organic Compounds Using an *In-Situ* Reactive Iron Wall. U.S. Environmental Protection Agency, Innovative Technology Evaluation Report EPA/540/R-98/501 (1998)

1.2.7 土壌還元法

谷口　紳*

(1) 応急処理の長期化

地下水帯まで広がる，揮発性有機塩素化合物の汚染サイトでは，敷地外への汚染の拡散を防ぐために，応急処理として，揚水処理がまず採用される例が多い。この方法では，揚水した地下水の処理には有効であるが，地下水そのものの浄化はなかなか進まない。これは

- 汚染物質が土壌隙間にまで浸透しており，揚水に伴う洗浄効果が充分には期待できない。
- 高透水部では大量の水が移動し，一方低透水部では水の円滑な流れがない。結果として，場所ごとの浄化の程度に大きな差異が生じる。
- 汚染物質の溶解度が小さく，短時間の溶解消失は期待できない。

ことによる。

汚染拡散源である地下水帯中に存在する原液（NAPLs）からは常に汚染物が少量づつ供給され続けているため，浄化運転を継続しているにも拘わらず，地下水中の汚染物濃度は殆ど低減せず，終点の見えない設備の長期間運転が行われている例も多い。

一方，地下水帯より上の汚染に関しては，土壌ガス吸引法が主に採用されている。一般的に我が国の土質は不均質であり，透気性に大きな差異があるため，上述した揚水処理と同様に，

- 汚染物の存在する土壌隙間には，充分なガス流量を確保できず，揮散が進まない。
- 透気性の高い部分には大量の空気が流れ，透気性の低い部分には殆ど流れない。結果として浄化の程度が大きく異なる。

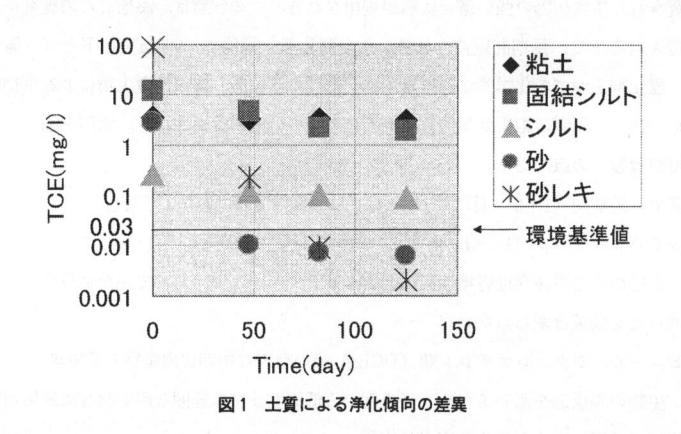

図1　土質による浄化傾向の差異

---

* Shin Taniguchi　㈱荏原製作所　環境修復事業センター　技術部　部長

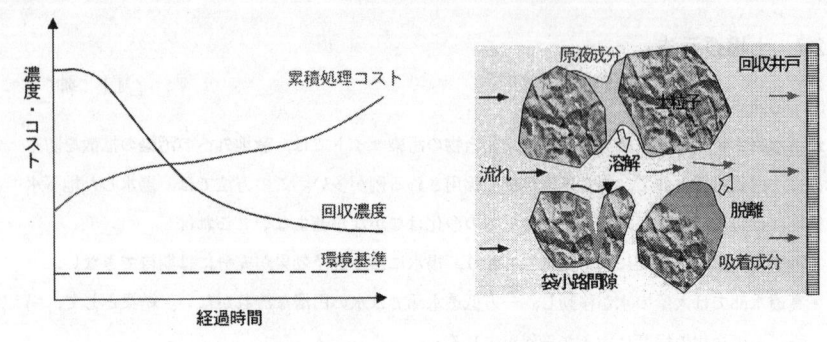

図2 揚水抽出法・土壌ガス吸引法の限界

という技術的限界があり，透気係数の高い砂，砂礫以外の土質では，環境基準の達成は容易ではない（図1参照）。以上に述べた揚水抽出法・土壌ガス吸引法の限界を図2に示す。両方法とも，運転当初は透気性・透水性の高い部分からの，高濃度の汚染物の除去が進むが，時間と共に回収速度・回収量は激減し，それに伴う処理コストは累積すると，多大なものになっている。長期運転後も，透気性・透水性の低い部分には大量の汚染物が残留している，というのが現状である。

(2) 技術概要

有機塩素化合物で汚染された地層に，微生物の増殖基質となる栄養剤と微量の還元剤を添加し，充分に攪拌混練する。栄養剤で大量に増殖した微生物の呼吸作用・代謝作用で，土壌中の酸素は急速に消費され，生物起因の強い還元状態が創出される。この状態は，添加した栄養剤が全て微生物に消費されるまで，長期間維持される。この酸化還元電位で$-500mV$以下という還元雰囲気の中で，還元剤表面での化学的な脱塩素反応が進行する一方，嫌気性微生物による生物的な脱塩素反応が加わり，両者の相乗効果で有機塩素化合物の分解が促進される。原理を図3に示す。

本法の特徴は以下の点である。

- 原位置で，短期間（1～6ヶ月，平均3ヶ月）に土壌環境基準値まで浄化。
- テトラクロロエチレン（PCE），トリクロロエチレン（TCE），1,1,1-トリクロロエタン，四塩化炭素等の全ての揮発性有機塩素化合物をエチレン，エタンにまで完全に分解し，複合汚染であったも効果は変わらない。
- 塩化ビニール，ジクロロエチレン類（DCEs）等の有害な中間代謝物の蓄積無し。
- 化学，生物の両反応を用いるため，高濃度から低濃度まで広範囲な汚染濃度に適用可能。
- 添加物は自然界に広く存在する安全な物質。
- 土着微生物を活用し，特定微生物は添加しない。

第1章 浄化技術

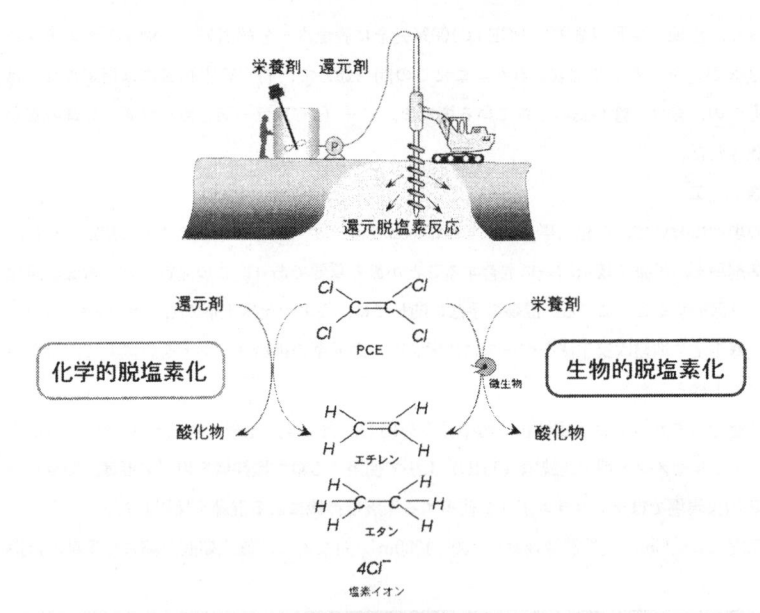

図3 土壌還元法の原理

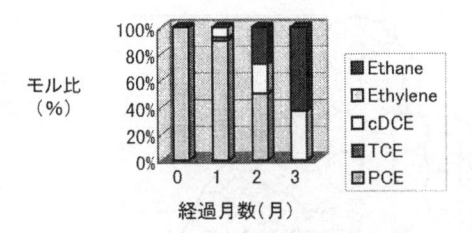

図4 PCE脱塩素過程のマスバランス

(3) トリータビリティテスト（適用性評価試験）

浄化工事に先立ち，添加する栄養剤，還元剤の種類と量，及び反応の最適条件を把握する為，実汚染土壌・地下水を用いて評価試験を行なう。これにより浄化期間，浄化費用が定まる。

図4にPCE汚染シルト質土壌の試験結果を示す。混練直後（0ヶ月目），系内は全て100% PCEとして検出された。混練1ヶ月後にはモル比で約10%のPCEが，塩素1つ又は2つ分脱塩素されTCE，c-DCEが生成した。混練2ヶ月目には50%が未だPCEのまま存在したが，残りの50%は完全にエチレン，エタンにまで脱塩素され，TCE，c-DCE等の中間代謝物は見ら

229

れなかった。混練3ヶ月目までにPCEは100%完全に脱塩素・分解消失し，約1/3がエチレンに，約2/3がエタンとして回収された。またこの間を通して，特定有害物質には指定されてはいないものの，発ガン性が認められている塩ビモノマー（VC）は一切認められず，処理の安全性が確認された。

(4) 施　工

汚染の現地において，浄化工事を施工するにあたり，トリータビリティテストで決定された所定量の薬剤種を，汚染土壌に均一に混合することが最も重要であり，この品質管理の徹底が浄化の確実性を保証することになる。混練の手法に関しては，従来の土木工事で広く用いられてきた，地中連続壁工法や地盤改良工法をベースに，栄養剤，還元剤の供給プラントを併設して，土壌浄化工事の施工機とした。

工法の選定にあたっては土壌性状，汚染深度を勘案，例えば，土丹，固結シルトのA汚染現場には，ソイルセメント地中連続壁（TRD）工法で使用する縦型攪拌機を用いて混練，関東ローム層のB汚染現場ではテノコラム工法で使用する深層攪拌機による混練を採用した。

施工深度は3〜25m，攪拌混練速度は100〜1000m^3／日であり，施工期間短縮には多軸混合攪

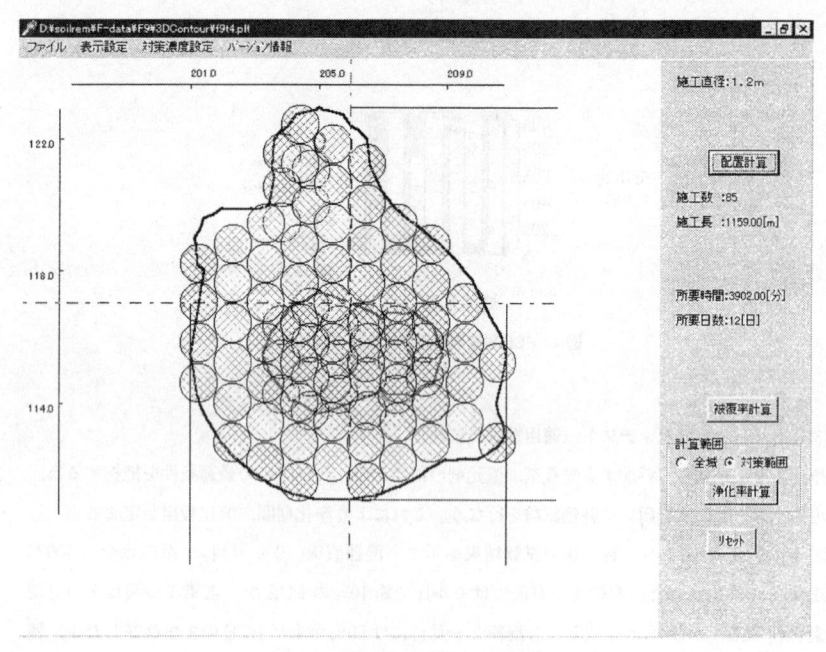

図5　混練円配置計画ソフト画面

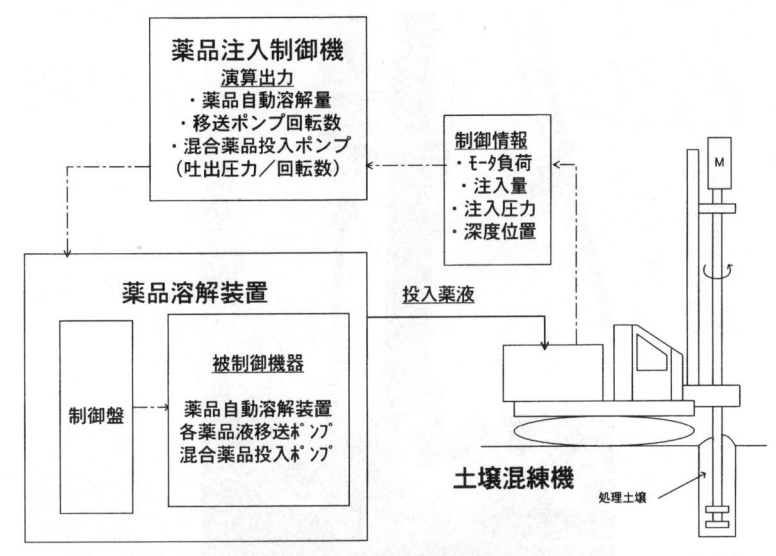

図6 土壌還元法施行フロー

拌機を用いた。

B現場の施工例を示す。

- 調査データをもとに、3次元汚染分布を把握、施工範囲を確定した。
- 「混練円配置計画ソフト」により、テノコラムでの混練円の配置及び混練円の中心座標、混練深度を決定した。図5に配置計画図を示す。図中の円の1つが、テノコラム1回の上下動を伴う混練を表しているが、汚染範囲を円で全て覆っていることは勿論、重機の移動を最少回に押さえるよう、円配置を決定する。
- 土壌の貫入・混練・引抜速度及び薬液の供給速度を図6のように制御し、品質管理を徹底した。施工例を写真1に示す。

(5) モニタリング結果

混練施工後、汚染範囲・濃度に応じて予め定められたモニタリング地点・深度を、定期的にサンプリング、分析することで浄化速度を確認し、トリータビリティテストとの差異も含め解析する。

全ての浄化例において、混練施工直後の濃度は調査時の濃度とほぼ同一で、混練による汚染物の大気放散は認められなかった。また殆どのケースで、トリータビリティテスト結果との良好な相関を示した。汚染物濃度の経時変化例を図7に示す。ここではPCE濃度は、モニタリングの

写真1 施行例

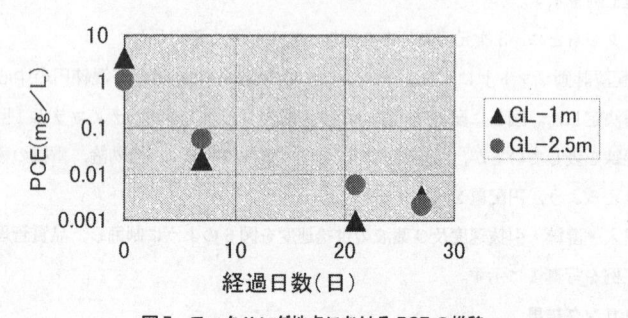

図7 モニタリング地点における PCE の推移

2深度とも，施工3週間後に環境基準値以下まで低下した。

図8に，その間の土壌の酸化還元電位の推移を示す。地表面に近い GL-1m の地点でも-300〜-450mV で，多少深い-2.5m の地点では-370〜-620mV という良好な還元状態が維持されていた。

混練施工2ヵ月後にチェックボーリングを行ない，全地点全深度で，対象となる全ての揮発性

第1章 浄化技術

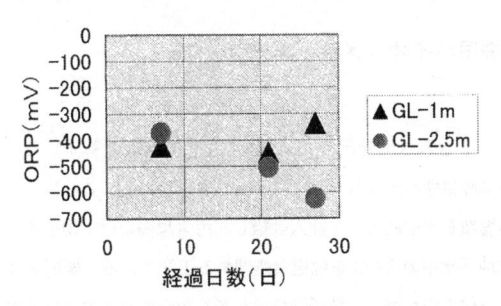

図8 モニタリング地点における土壌の酸化還元電位の推移

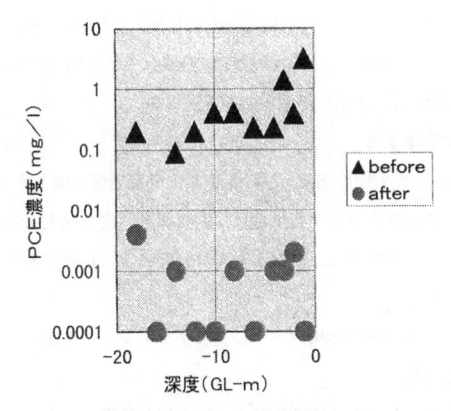

図9 修復前後のPCE濃度分布

有機塩素化合物濃度が環境基準値以下であることを確認した。図9に調査時最高濃度地点における修復前後のPCE濃度分布の比較を示す。修復前は，地表から地下18m迄の深度で，環境基準地（PCE 0.01mg/L）の10倍から100倍までのだらだらと連続した汚染であったが，修復後は概ね環境基準値の1/10から1/100程度まで浄化が進み，同一地点で修復前に比べ濃度は二桁から四桁低下していた。

(6) 評　価

土壌還元法をもちい，合計約10万 m^3 の揮発性有機塩素化合物による汚染土壌処理を行なった。土壌に栄養剤と微量の還元剤を添加し混練することで，速やかに酸化還元電位−500mV以下の強い還元環境が得られ，長期にわたり維持される。全ての事例で有害な中間代謝産物の蓄積も無く，施工開始より1〜6ヶ月（平均3ヶ月）で土壌環境基準値を達成することが出来た。短期間で確実に土壌環境基準以下の達成が求められる場合に，採用される技術である。

233

1.2.8 地盤加熱併用バイオレメディエーション

奥田信康[*]

(1) 技術の概要

TCE, cis-DCE に代表される塩素化エチレン類（以下，VOC と称す）による土壌・地下水汚染の対策技術の一つに嫌気性バイオスティミュレーションがある。これは，汚染地盤に適切な水素供与体および栄養塩類を水溶液として注入供給し，汚染現場の微生物を活性化させ強い嫌気性雰囲気とすることで地下水中の VOC を脱塩素処理する工法である。掘削を伴わない環境負荷の小さい原位置地下水浄化工法だが，土粒子細粒分が多くかつ含水率の高い地盤に適用する場合には，汚染物質や浄化剤の拡散が極めて遅いため対策の完了までに長期間を要することが多い。

地盤加熱併用バイオレメディエーション工法とは，主として透水性の低い VOC 汚染地盤において，小容量電気ヒーターで地盤を 20～40℃程度に加熱し，微生物活性を高い状態に維持することにより，VOC 汚染地下水の浄化を促進させる方法である。

本工法の利点を以下に列挙する。

・VOC の浄化にかかわる微生物の増殖活性が増加し，分解速度が向上する。
・汚染対象物質の水への溶解，揮発が促進され，物質移動速度が向上する。
・小容量電気ヒーターによる加熱は，対策が必要な範囲だけに設置することができ，設備費および運転費を抑えられる。

以下に，実施例を中心に地盤加熱併用バイオレメディエーション工法の概要を紹介する。

(2) 地盤加熱の方法と効果[1)]

小容量電気ヒーターを用いた地盤の直接加熱の方法と加温効果を，実施例を用いて説明する。事例の地盤等の断面図を図1に示す。GL-1.1m から GL-3.7m のローム層，黒ぼく土層に存在する土壌環境基準値の数倍から最大 30 倍程度の TCE, cis-DCE に対し，土壌ガス吸引工法で対策を実施した。対象地盤は飽和度が高く，通気性が低い状態であったので，土壌ガス吸引法の浄化効果を促進するために地盤加熱を併用した。

地盤加熱ヒーター（400W/本）は，表面温度を 200℃固定とし，GL-1.1m から GL-3.6m の深度の加熱を目的に吸引井戸から 1.2m の距離に 3 本設置した。

図2に，地盤加熱ヒーターより 0.85m 離れた地点での深度別の温度変化を示す。期間中の地表面付近の平均気温が −1.2℃であったが，ローム層，黒ぼく土層は加熱開始後 40 日後に，各々 24℃, 28℃となりほぼ定常状態となった。加熱前より地盤温度が約 10℃上昇し，小容量電気ヒー

---

[*] Nobuyasu Okuda ㈱竹中工務店 技術研究所 先端研究開発部 環境ビジネス技術開発グループ 主任研究員

第1章 浄化技術

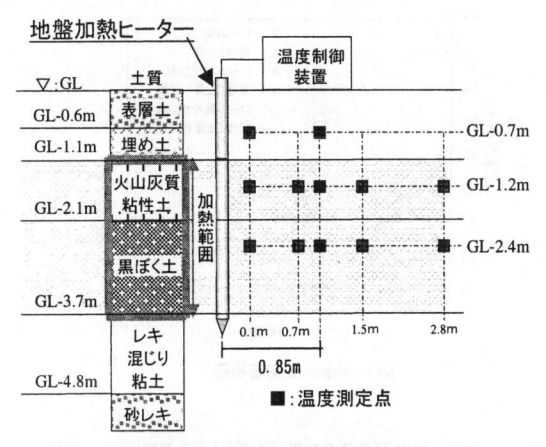

図1 地盤加熱事例（断面図）

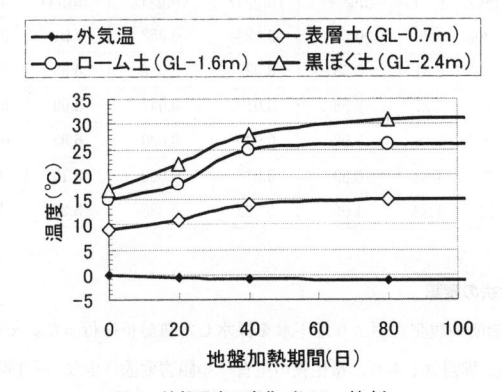

図2 地盤温度の変化（0.85m 地点）

ターでも効果的な地盤加熱が可能であることが確認できた。ヒーターからの距離と地盤温度の関係より，本事例でのヒーター1本の加熱の影響範囲は最大2mと判断した（図3）。

本事例では，地盤加熱を併用したガス吸引を継続することで，地盤の通気性が改善され徐々に吸引風量が増加した。加熱開始3ヵ月後には土壌環境基準値以下となり，対策を完了した。

(3) 加温による微生物活性の向上の効果[2]

現場適用に際し，現地の地下水を用いたトレータビリティ試験を実施し，加温によるVOC分解活性の向上効果の確認を行った。

235

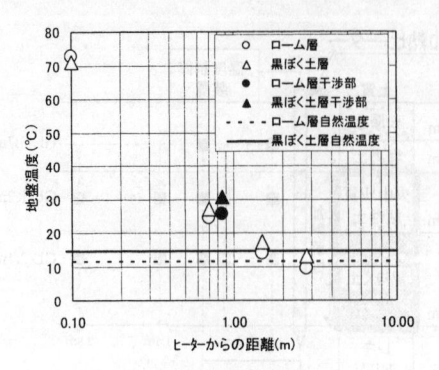

図3 地盤加熱影響範囲

表1 培養28日後の結果(水質, VOC濃度)

炭素源	ORP (mv)	pH (−)	塩化ビニル (mg/l)	1.1-DCE (mg/l)	trans-DCE (mg/l)	cis-DCE (mg/l)	TCE (mg/l)	PCE (mg/l)
乳酸	−300	6.70	0.57	0.023	0.053	7.94	0.004	0.007
ポリ乳酸	−230	5.81	0.58	0.022	0.032	3.66	5.23	0.017
酢酸ナトリウム	−330	7.27	2.58	0.013	0.047	3.09	0.004	0.002
クエン酸ナトリウム	−427	7.26	1.02	0.025	0.030	6.85	0.003	<0.001
ブランク	0	7.58	0.39	0.016	0.022	3.13	1.49	3.41
初期濃度	11	7.33	1.09	0.033	0.038	3.36	1.38	6.43

① 現地地下水の性状の確認

VOC濃度の高い3箇所の観測井戸より地下水を採水し水質分析を行った。その結果, pHは中性付近, かつ弱い還元雰囲気であり, 微生物の生育への阻害要因は少ないと判断した。

また, 標準濃度改良 ISA 培地[3] を用いた微生物試験を実施し, 嫌気性微生物群として硫酸塩還元細菌が少なくとも $10^{1\sim 4}$ cells/ml 以上存在することを確認した。

② 炭素源の選定

乳酸, ポリ乳酸エステル, 酢酸ナトリウム, クエン酸ナトリウムの4種から, VOC還元分解を活性化させるために適切な炭素源の選定を行った。汚染地下水を採取し, 炭素源濃度各 1000 mg/l, 栄養塩類として硫酸アンモニウム, リン酸塩, 微量ミネラル分を加え, 40ml 容量のテフロンライナー付ねじ口ビンに満水まで注水し 20℃恒温・静置にて嫌気性条件で培養した。一定期間ごとに残留する VOC 濃度, pH, ORP の測定を行った。

培養 28 日後の結果を表1に示す。嫌気性バイオスティミュレーションでは, PCE→TCE→

第1章 浄化技術

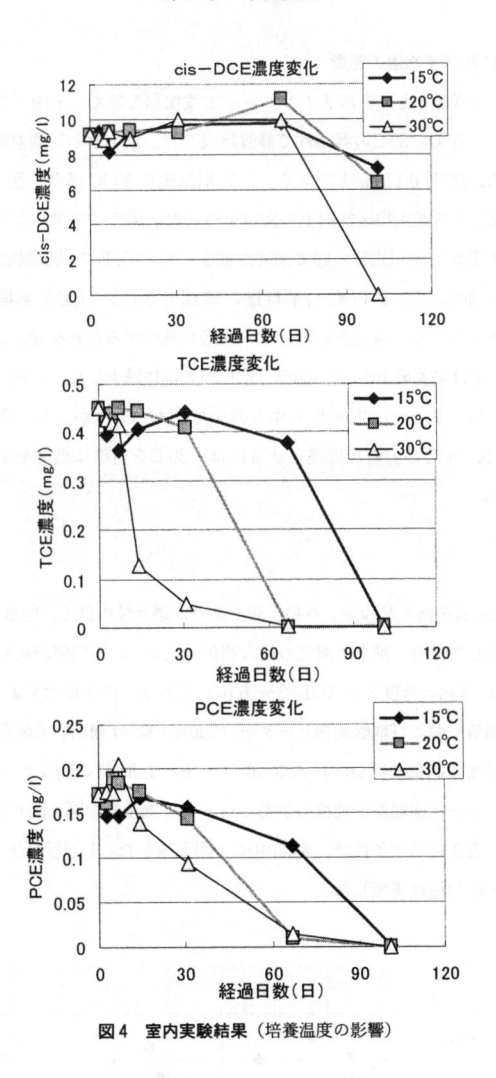

図4 室内実験結果（培養温度の影響）

cis-1,2-DCE→塩化ビニルの順に塩素が1つずつ順番に脱塩素されるといわれている。今回の結果でも同じ傾向が認められた。炭素源を添加した系は，ORP が $-200\sim-400\mathrm{mv}$ の強い嫌気性となり，微生物の増殖による培養液の白濁が認められ，PCE が大幅に減少した。その後の脱塩素進行には，炭素源の種類の差が認められ，唯一 cis-1,2-DCE を分解する可能性がある酢酸ナトリウムを本サイトで使用する炭素源として選定した。

③ VOC分解速度に及ぼす水温の影響

実サイトの地下水に炭素源として酢酸ナトリウムと栄養塩類を加え，密閉ガラス瓶に気相部が無いように充填し15℃，20℃，30℃恒温条件で静置培養した。地下水の初期濃度はcis-DCE 9.2 mg/l，TCE 0.45mg/l，PCE 0.17mg/lである。一定期間後のVOC濃度を測定し，VOC濃度の減少速度から，加温による微生物活性向上の検討を行った。図4に結果を示す。

試験では，TCE＞PCE＞＞cis-DCEの順で濃度が減少した。TCEの減少開始時期は30℃＞20℃＞15℃の順に早く，加温によるVOC分解促進が確認できた。TCE分解開始時のORPは−100mv以下まで低下しており，還元雰囲気下での反応が進行することを確認した。

培養温度30℃の条件では培養後101日目にcis-DCEが大幅に減少した。一方，培養温度15℃・20℃の条件では101日目でもcis-DCEの明らかな減少は認められなかった。通常の地下水温度は15～20℃なので，cis-DCEの分解を促進させるには，30℃を目標に地盤を加温することが効果的であると判断した。

(4) 現地浄化試験[2]

① 浄化試験条件

対象地盤は，薄い細砂層を挟んだ砂混じり粘土層であり，透水性の低く，動水勾配も殆ど無い。主な汚染物質はcis-DCEであり，地下水濃度の最大値が4.2mg/l，平均値が0.9mg/l程度であった。対策エリアは2m×6m×深度3m（GL-3～-6m）であり，図5に示すように注入井戸（2箇所），観測井戸（7箇所）および地盤加熱ヒーター（200W/本，4箇所）を設置した。ヒーターは電源のオンオフで温度の制御を行い，注入前20日～注入後35日の間はヒーター上限温度を50℃，35日以降はヒーター上限温度で地盤の加熱を行った。施工概念図を図6に示す。

炭素源等の注入は，表2に示す条件で，期間中に2回実施した。1回目の注入は0～1日目に実施し，2回目は37～47日目に実施した。

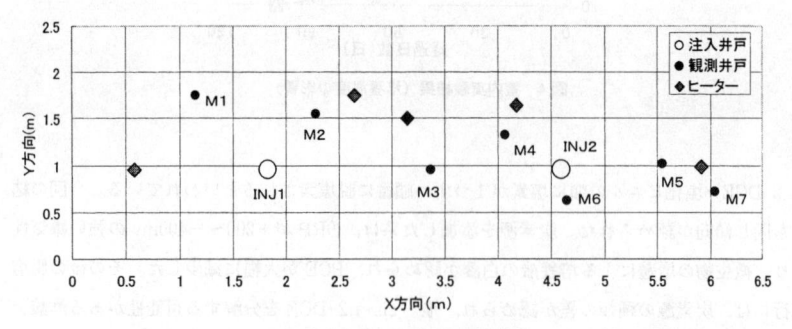

図5 浄化対象エリアの平面配置図

第1章 浄化技術

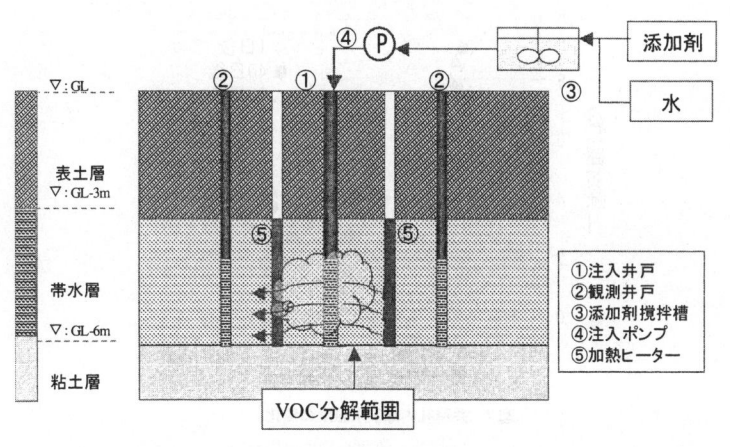

図6 施工方法 概念図

①注入井戸
②観測井戸
③添加剤撹拌槽
④注入ポンプ
⑤加熱ヒーター

表2 注入液組成

組成	注入1回目	注入2回目
酢酸Na	17g/l	3.4g/l
乳酸	1.7g/l	0.34g/l
硫酸アンモニウム	8.3g/l	0.66g/l
燐酸塩類	5g/l	0.25g/l
注入量（m³）	1.2m³	6m³

② 地盤加熱の結果

本サイトの自然地下水温度18～19度であった。加熱ヒーターからの距離と上昇温度の結果を図7に示す。ヒーターから0.4m離れた地点では40日目で初期より約8℃，約1m離れた地点では約4℃上昇した。試験期間中は，対象の地盤温度は25～28℃で維持し，微生物活性の向上に適した温度範囲とすることができた。

③ 注入の効果（水質・VOC濃度変化）

注入井戸を除く観測井戸でのTOC濃度の平均値，最大値，最小値の時間変化を図8に示す。注入液の地盤中の拡散状態はTOC濃度の消長により判断した。1回目の注入では注入液量が少なく，TOC濃度の上昇範囲が狭かった。液量を増やした2回目の注入条件では，ほぼ全域の観測井戸のTOC濃度が上昇した。その後徐々にTOC濃度が低減し，140～150日目には50mg/l以下となった。これより今回の注入方法での炭素源の持続期間は3ヶ月程度と判断される。

図7 井戸孔内地下水温度の変化

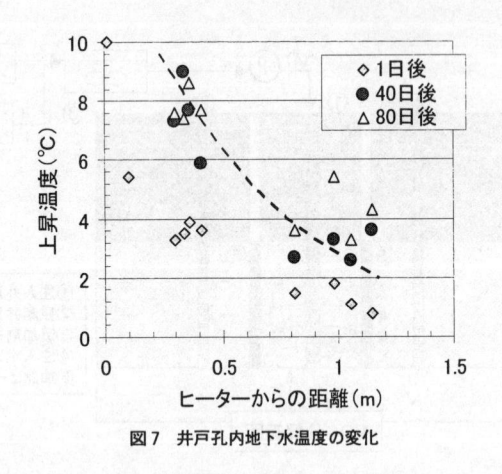

図8 観測井戸のTOC濃度変化

地下水の酸化還元状態は，ORPの変化により確認した。注入1回目以降に全ての観測井戸のORPが低下し，−300〜−400mvの強い還元雰囲気が維持された（図9）。

地下水VOC濃度の経時変化を図10に示す（全観測井戸の平均値）。PCE，TCEは，対策開始時に環境基準値をやや上回る程度であったものが，2回目の注入以降大幅に減少し全ての観測井戸で環境基準値を大きく下回った。cis-DCEは，対策開始時に0.9〜1mg/l程度であったものが，2回目の注入以降徐々に低減し，120日目以降は環境基準値程度まで低下した。炭素源の

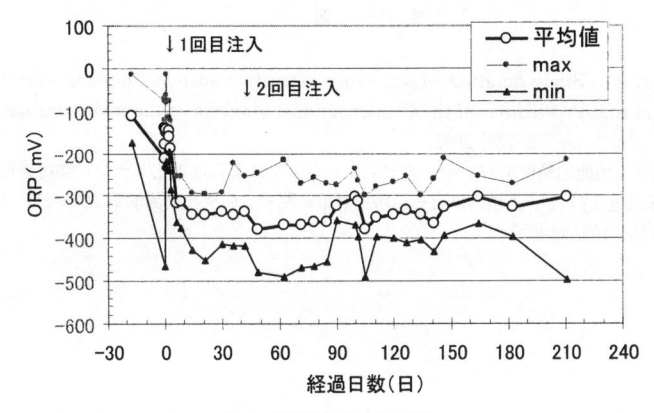

図9 観測井戸のORP変化

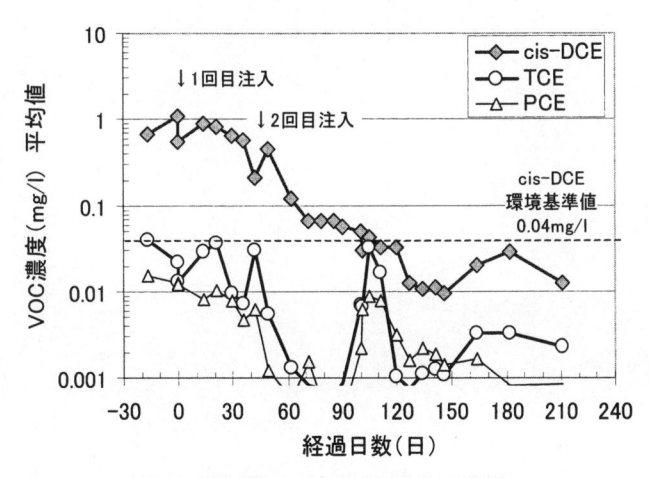

図10 観測井戸VOC濃度（観測井戸の平均値）

濃度が低減した140日目以降は，TCEやcis-DCEに微少な増減があるが，ほぼ環境基準値以下の状態を継続している。

(5) **おわりに**

以上の結果より，透水性の低い地盤を対象にした小容量電気ヒーターによる地盤加熱が，地下水中VOCの嫌気バイオスティミュレーション効果を向上できることが確認できた。VOCは透水性の低い地盤に残留しやすく，実施例と似た汚染状況も多く存在すると考えられる。今後，本工法が地下水原位置浄化の促進に寄与できれば幸いである。

文　献

1) Shimizu *et al.* : Study on effect of soil vapor extraction with soil heating in low permeable ground, Proceedings of the 4th international congress on the environmental geotechnics, Vol.2, pp.773-778, 2002
2) 奥田信康ら：地盤加熱併用バイオレメディエーションによる塩素化エチレン類汚染地下水の浄化, 第8回地下水・土壌汚染とその防止対策に関する研究集会講演集 209～211, 2002
3) 上水試験方法 1993年度版

1.2.9 サイクリック・バイオレメディエーション
－地下水循環法による原位置バイオスティミュレーション－

川原恵一郎*

(1) 原位置バイオスティミュレーションの開発

原位置バイオスティミュレーションとは，原位置つまり汚染が地中に存在すれば，その地中でその地中に存在する微生物の機能を使って汚染物質を分解させる技術である。一般に，テトラクロロエチレンなど，揮発性の有機塩素化合物による地下水汚染対策として，揚水処理が用いられている。しかし，低濃度汚染が広範囲に拡散している場合，揚水処理後の排水先がない場合，あるいは短期浄化を目標とする場合など，揚水処理にも適用限界がある。このような課題に対して，揚水などによる地上への汚染物質の回収効率に依存しない原位置バイオスティミュレーションは有効な解決法となる。

原位置バイオスティミュレーションの真価は「原位置」をあるがままの状態で活用することにあるから，地質学的技術の役割は大きい。また，複雑な原位置の状態をシステム解析的に入力と出力の関係からそのシステムを同定・解析・制御するような施工システムの開発が重要である。

国内では，原位置バイオスティミュレーションの普及はこれからとみられるが，欧米では，すでに10年以上の実務経験をもつ企業も存在する。当社は，環境バイオテクノロジーの基礎的研究はもとより，浄化業務を通じて成功や失敗など多くの経験を有する海外専門企業との提携によりケーススタディの共有，提携技術の国内向け改良あるいは国内独自の応用も図りながら，原位置バイオスティミュレーションの開発を行っている。

(2) サイクリック・バイオレメディエーション

① 技術概要

地下水循環法による原位置バイオレメディエーションを当社では，「サイクリック・バイオレメディエーション」，またこの応用として汚染拡散防止の手法を「サイクリック・バイオスクリーン」とよぶ。本技術の特徴は，従来の原位置バイオスティミュレーションの浄化に時間がかかるという課題を「地下水循環法」により解決するところにある。平成12年度には，環境省事業において，民間工場の一区画で現場実証試験を実施し，本技術が短期間でテトラクロロエチレンの環境基準を達成するレベルまで浄化できることを実証している。

本技術の対象物質は，生分解可能な汚染物質である油類，揮発性有機塩素化合物，硝酸性窒素・亜硝酸性窒素である。地下水循環法については，汚染物質の物性，汚染濃度，汚染範囲，水理・地質構造などを指標として，設備配置，地下水循環量，あるいは栄養剤量などを設計する。原位

---

* Keiichiro Kawahara 東和科学㈱ 土壌環境エンジニアリング部 部長

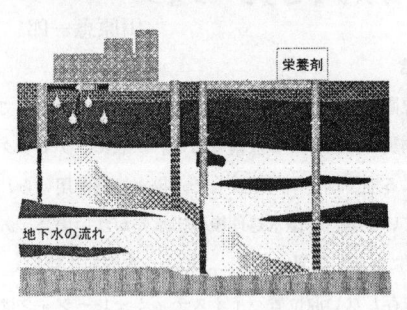

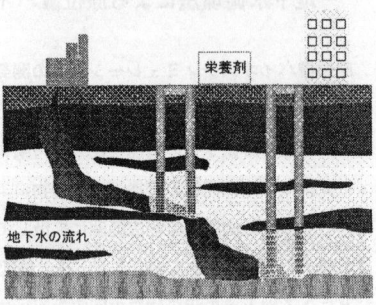

土壌・地下水汚染の原位置浄化技術

図1 サイクリック・バイオスティミュレーションの概念図

置での分解促進に用いる微生物の栄養剤は，多くの地質条件において汎用的に利用できる。その一方で，サイトごとに栄養剤の改良を行い，浄化工事中に，再調合された栄養剤に交換し，現場を最適化していく場合もある。この栄養剤は天然成分からなり，情報開示，モニタリングにより利用する。

浄化のプロセスとしては，まず地下水を循環させ，汚染された帯水層部をブロック区分し，ブロック毎に地下水を循環させる。循環は，浄化エリアの下流側から揚水し，上流側に再注入する。循環の過程で，地下水に栄養剤を添加する。この結果，土壌中の微生物が活性化され，汚染物質が原位置で分解される。基本的には，地上での処理は行わない。有機塩素系化合物の嫌気的脱塩素反応においてよく課題として挙げられる分解中間生成物の残存はなく，最終生成物の確認が可能である（図1）。

② 実証試験

1) 試験地概要

テトラクロロエチレン（PCE）に汚染されたエリアの一部に，南北4m×東西11mのバイオスクリーン・エリアを設定し，深度約5mの循環井（揚水・注水井）計7本を配置した。観測井は，地下水の流れにあわせて4本を利用した。浄化装置は，地下水循環量を平均約11 [L/min]，栄養剤の添加量を平均約1.1 [L/日] として運転した。試験期間は約120日であり，そのうち浄化運転は約75日，また運転終了後は約45日であった。

PCEによる地下水汚染のある試験地は，地盤標高約9m，河川に面した比高約4mの段丘面上にある。地質は，下位から，黒色粘土層，礫層（砂礫層を含む），砂層，ローム層および表土である。このうち黒色粘土層は，不透水層とみなされる。また，その下層は礫層〜砂層となり，

第1章 浄化技術

地下水が透過可能な層で，その層厚は約4mである。ローム層～表土の層厚は約1mである。地下水位は標高約5m（GL-4m）付近にある（図2）。

2) トリータビリティ試験

現地の地下水および土壌を使用して栄養剤の効果について確認のための実験を行った。地下水20［ml］のみ，地下水15［ml］および土壌懸濁液5［ml］，地下水15［ml］，土壌懸濁液5［ml］，および栄養剤0.01［ml］，の3ケースを設定した。試験方法は，滅菌した30［ml］容量のバイアルビンに地下水，土壌懸濁液，または栄養剤を添加し，気相部分を窒素で置換後，ブチルゴムセプタム，アルミシールで密封し，20［℃］で静置した後，数日おきに気相部のガス0.1［ml］をガスクロマトグラフにより分析した。地下水および土壌は未滅菌で，PCEの添加はない。この地下水分析によると，このサイトはPCEの汚染サイトであるが，微生物分解の過程で生成されるトリクロロエチレン（TCE），シス-1,2-ジクロロエチレン（cis-1,2-DC）も観測され，自然の状態で生化学的に分解が進んでいることがわかった（図3）。

実験結果を図4に示す。28日間の試験期間において，ケース1の脱塩素化はほとんど認められなかった。また，ケース2についてもTCEは減少したが，その他はほとんど減少しなかった。一方，ケース3については，PCEほか，塩素化合物全体が徐々に分解していく様子が確認された。これらより，PCEを脱塩素化する微生物が土壌中に存在し，今回の試験で用いた栄養剤で

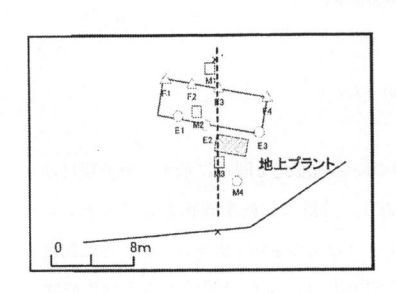

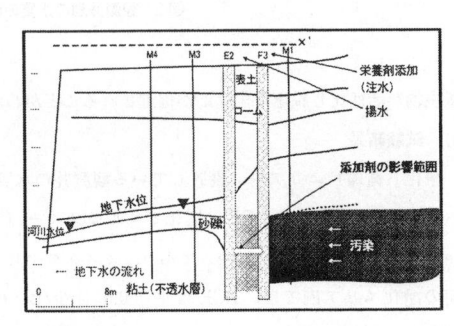

図2 試験地の平面と断面概要

図3 テトラクロロエチレンの脱塩素化の経緯

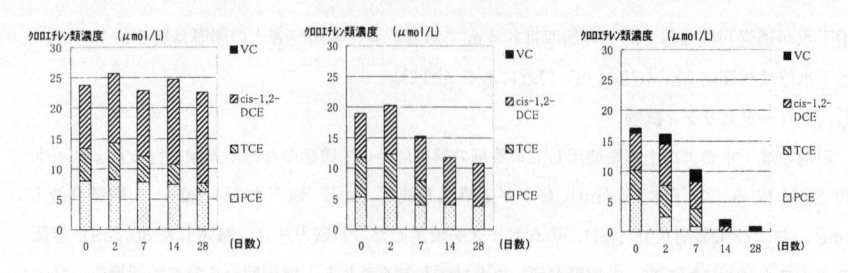

(1) ケース1・地下水のみ　(2) ケース2・地下水・土壌のみ　(3) ケース3・地下水・土壌に栄養剤添加

図4　室内試験における分解効果

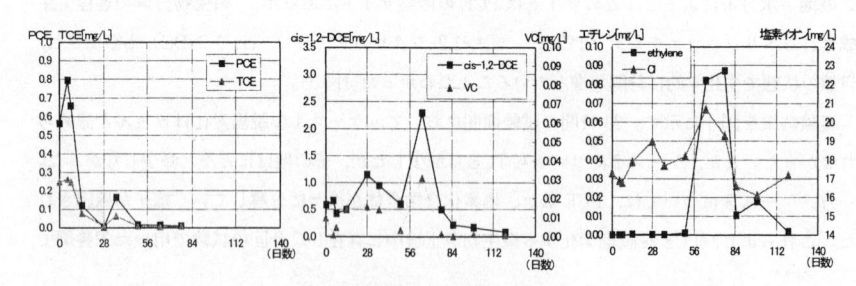

図5　観測井別の水質の時系列変化

微生物が活性化し脱塩素化反応が促進されることがわかった。

3) 試験結果

浄化（循環）エリア内に設置している観測井の水質の時系列変化を図5に示す。分析項目はPCE, TCE, cis-1,2-DCE, 塩化ビニルモノマー（VC），分解の最終生成物としてエチレン（ethylene），塩素イオン（Cl）であり，ガスクロマトグラフによる室内分析を行った。運転開始前の浄化エリア内では，PCEは平均0.6[mg/L]程度であり，また分解による中間生成物（TCE, cis-1,2-DCE）は確認されたが，最終生成物のエチレンは定量下限値未満であった。同等の汚染が常時循環エリア内に流入する中で，循環エリア内での浄化を試みた。その結果，PCEとTCEは約1ヶ月で環境基準未満となった。また，cis-1,2-DCEは一時的に増加するが，嫌気環境が十分形成された2ヶ月目ごろに分解が進んだ。さらに，同時期に最終生成物（ethylene, Cl）の増加も確認され，浄化エリア内で分解が完結することが示された。

現地では，循環エリア周辺での汚染の流出・拡散，および栄養剤の残留・拡散がないこともモニタリングにより検証した。栄養剤についてはその挙動を監視するため，有機酸を主成分とする

第1章 浄化技術

栄養剤の監視指標として COD についてモニタリングした。運転開始前の COD は 3 [mg/L] 程度であった。運転中,COD は約 24 [mg/L] まで上昇したが,運転停止 1 週間後は,運転開始前と同様の値で,その後も一定であった。循環エリア外については,運転中,運転後ともに COD の変動はなかった。これらより,栄養剤の地下水循環エリア内における残留,および周辺への流出・拡散がないことが確認できた。

③ 施工現場のイメージ

原位置バイオスティミュレーションの施工事例として現在技術提携している BioSoil 社(オランダ)の現場写真を紹介する(写真 1)。

写真 1 の左上は,クリーニング工場の建屋の下を浄化している現場で,工場と民家の間の路地に埋設および壁に設置した循環施設のものである。右上は,油と PCE の複合汚染の現場で,循環設備の配管および送水チューブが前面に横たわっている写真である。左下は,バイオスクリーンによる PCE の拡散防止現場におけるブロック単位で制御しているユニット群の一つの写真である。右下は,ガソリンスタンドの浄化事例で,写真右下に循環ユニット類がある。いずれの写真でも循環用の井戸は埋設しており,配管やチューブ類が地上もしくは埋設となり循環ユニット

写真 1 原位置バイオスティミュレーションの実施サイト風景

と連結しているものである。このように，当技術は現場状況に応じて幅広く利用できる。

(3) 原位置浄化のための評価技術

① 汚染原液相の探査の必要性

土壌・地下水汚染浄化の精度向上のためには，対策を長期化させるおそれのある NAPL：Non-Aqueous Phase Liquid（非水溶性液体）の存在あるいは分布をできる限り見逃しを少なく把握することが重要である。特に，原位置バイオスティミュレーションの実施においては，原位置汚染状態および浄化の進度を逐次，浄化設備の改良あるいは運転システムの改善に反映させることが施工システムとして要求されるため，原位置浄化を簡易に現場で実施できる低コスト技術の役割は大きい。

② 比色式 NAPL 検出法

比色式 NAPL 検出法とは，現場で NAPL を確認できる簡易調査法である。疎水性の不織布に非水溶性・不退色性の特殊な染色剤で染色したリボン，膨張させられるナイロン製ライナー，およびポリエチレン製回収用チューブからなる「NAPL ウォッチャー」をボーリング孔に挿入し，孔壁にリボン側を密着させ，NAPL がリボンに接触し変色した位置を測定する。この変色の位置から汚染深度を決定できる。写真2に示すようにリボンとライナーが二重になった筒状構造であり，先端を閉じ回収用チューブを取り付けている。簡便な構造であるため，設置，回収とも大変容易である。対象物質は揮発性有機塩素化合物，油類などの原液である。当工法は，米国 FLUTe 社の特許技術で，この工法の性能を確認するために，米国エネルギー省で実証試験が行われ，その結果（U.S. Department of Energy（2000）：Ribbon NAPL Sampler, Innovative Technology, Summary Report DOE/EM-0522）が公表されている。この報告によると，従来法と比較して50％程度のコストダウンにつながると評されている。

(4) 原位置バイオスティミュレーションの普及に向けて

原位置バイオスティミュレーションは，特に地下水汚染のように，掘削工事や地盤改良式の原位置攪拌工事が適用できない場合，あるいは，揚水による回収効率の改善もしくはそのような課題の回避の場合に適用できる。これまでの浄化に時間がかかる，または精度にばらつきが多いと

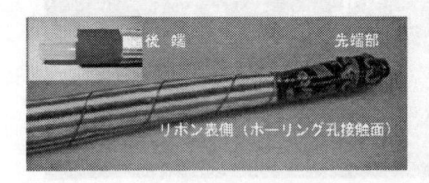

写真2 NAPL ウォッチャーの使用前（左）および使用後（右）の状態

第1章 浄化技術

いった原位置バイオスティミュレーションそのものの課題については「地下水循環法」による情報化施工，いわば地下水循環法を用いた情報化バイオレメディエーションにより解決できる。今後は，さらなる原位置バイオスティミュレーションの普及に向けて，原位置の調査法あるいは原位置の評価法などの課題も含めて，多種多様な問題解決に貢献していきたい。

1.2.10 嫌気性バイオ法

上野俊洋[*]

(1) はじめに

揮発性有機化合物汚染に係る恒久対策は，図1に示す通りに分類できる[1]。原位置浄化技術としてはこれまで原位置抽出処理が主流であったが，揮発性有機化合物は土壌に吸着され易いため，これを効率的に抽出することは難しく，短期間で環境基準まで浄化することは容易ではない。浄化開始から十年以上を経過しても顕著な濃度低下が見られないケースも数多く報告されている。それに対し，原位置分解処理は汚染された土壌粒子の表面近くで直接揮発性有機化合物を分解するため，効率的に浄化が進み，また地上部に大規模な処理設備を設置する必要もないことから，近年様々な技術が開発されており，その適用例も増加してきている。

ここでは，揮発性有機化合物で汚染された土壌・地下水の浄化技術として近年開発，実用化された嫌気性バイオ法を解説する。

(2) 嫌気性バイオ法の概要

嫌気性バイオ法は，栄養剤を帯水層に供給することにより，もともと自然に生息している微生物を活性化させ，原位置（帯水層中）で揮発性有機化合物を還元的に分解，無害化する浄化技術である（図2）。代表的な地下水汚染物質であるテトラクロロエチレン（PCE）やトリクロロエチレン（TCE）の場合，図3に示すように，分子内の塩素がひとつずつ水素に置換（還元的脱塩素化反応）し，エチレンやエタンに無害化される。

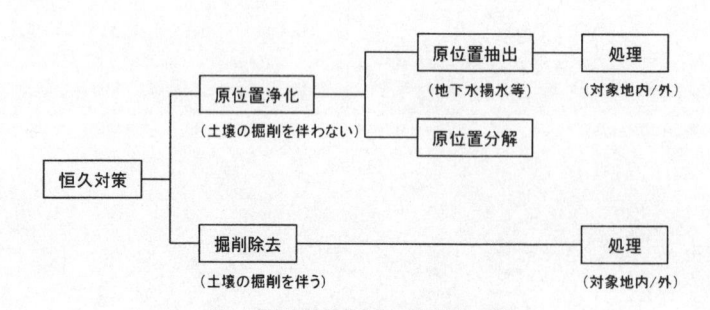

図1 揮発性有機化合物に係る恒久対策
（出典：環境庁水質保全局：土壌・地下水汚染に係る調査・対策指針および運用基準，1999）

---

[*] Toshihiro Ueno 栗田工業㈱ プラント・サービス事業本部 アーステック事業部 技術部 技術一課

第1章　浄化技術

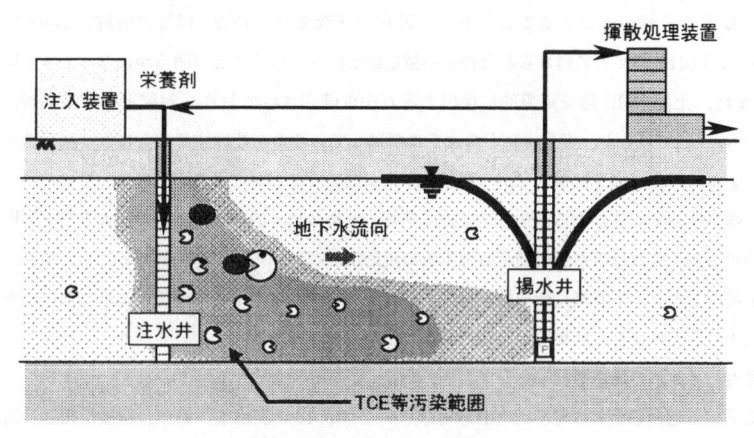

図2　嫌気性バイオ法の概念図

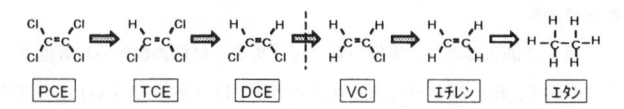

図3　テトラクロロエチレン・トリクロロエチレンの分解反応経路
PCE：テトラクロロエチレン，TCE：トリクロロエチレン，DCE：ジクロロエチレン，VC：塩化ビニル。

　嫌気性バイオ法の最大の特長は，原位置で対象物質を分解処理することにより，これまで主流であった原位置抽出処理よりも大幅に浄化完了までの期間を短縮できることであり，その他，以下のような特長を有する。
＜嫌気性バイオ法の特長＞
・従来技術である原位置抽出処理に比べて浄化技術を短縮できる。
・従来技術である原位置抽出処理に比べて低費用で処理できる。
・土壌・地下水中にもともと生息している微生物の力，つまり自然の自浄作用を利用した環境に優しい浄化技術である。
・食品・食品添加物原料の栄養剤を使用するため，安全に浄化作業を進めることができる。
　嫌気性バイオ法による浄化を効果的に進めるためには，まず，微生物相の的確な把握が必須である。嫌気性バイオ法においては，有用な分解微生物が系内に存在していない場合，分解反応が途中で停止してしまうことがあり，例えばPCEやTCEの分解においては，ジクロロエチレン

(DCEs) などで分解が停止することがある。近年の研究では，DCEs 以降の分解は *Dehalococcoides* 属（DHC 菌）と名付けられた特定の微生物が担っていることが明らかになってきている[2,3]。また，上記 DHC 菌を定量的に検出する方法が確立されており，対象とする帯水層に DHC 菌が存在しているか，浄化中にどのように増殖しているかを把握することにより適用性を評価し，また，浄化進捗を把握しながら実際の浄化が進めることができるようになっている。

また，嫌気性バイオ法による浄化を効果的に進めるためには，的確な栄養剤の注入方法を選択する必要がある。これは帯水層の構造や地下水の流動状況が対象地によって異なるためであり，地下水を循環したり，栄養剤に徐放性を付与するなど，帯水層や地下水流の特性に応じた注入方法を選択することにより，効果的かつ経済的な浄化が行われている。

(3) 嫌気性バイオ法の適用事例

ここで述べる適用事例[4]は環境省（旧環境庁）の「平成10年度土壌汚染浄化新技術確立・実証調査」において実施されたものである。

① 浄化手順

1) 地質・汚染状況の把握

事前に行ったボーリング調査により，実施現場（以下現場）は地表面から地表面下 6 m あたりまでがシルト混じり粘土，6 m から 11m あたりまでが砂，11m から 12m あたりまでがシルトで構成されていることがわかった。また，6 m から 11m が被圧帯水層となっており，この帯水層がシス-1,2-ジクロロエチレン（*cis*-1,2-DCE）と塩化ビニル（VC）で汚染されていた。

2) 嫌気性バイオ法の適用性評価

現場から採取した土壌・地下水を用いて室内試験を実施し，嫌気性バイオ法により *cis*-1,2-DCE が分解処理できる（嫌気性バイオ法が適用できる）ことを確認した。

なお，上記適用性試験は 5 ヶ月間を要したが，現在では，*cis*-1,2-DCE 分解菌である DHC 菌の検出を行うことにより，数日間で嫌気性バイオ法の適用性を判断できるようになっている。この検出法は，DHC 菌特有の遺伝子 DNA を標的とした Real-Time PCR 法を利用したものであり，迅速かつ高感度に DHC 菌の定量検出が可能である[5]。

3) 栄養剤の供給

図4に示すように井戸およびサンプリングポイントを設置し，同図に示す帯水層部を浄化対象エリア（以下対象エリア）とした。揚水井（Ex-3,4,5）より揚水した地下水に栄養剤を混合，対応する注水井（In-3,4,5）に注入することにより栄養剤を供給した。揚・注水条件は表1の通りである。

② 結　果

対象エリア内サンプリングポイントおよび揚水井（Ex-3,4,5）におけるエチレン類の平均濃度

第1章 浄化技術

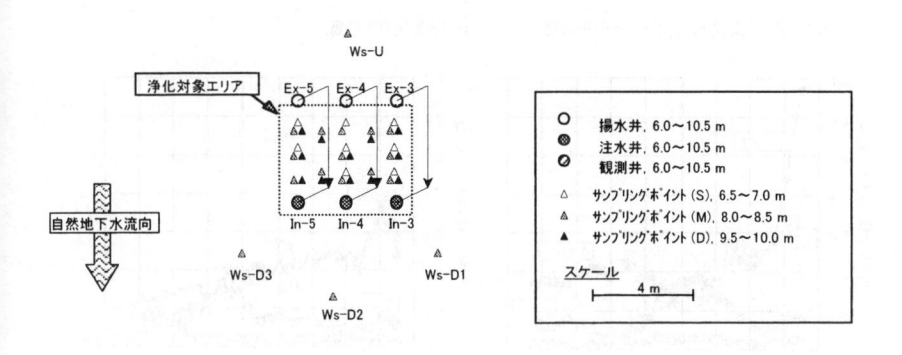

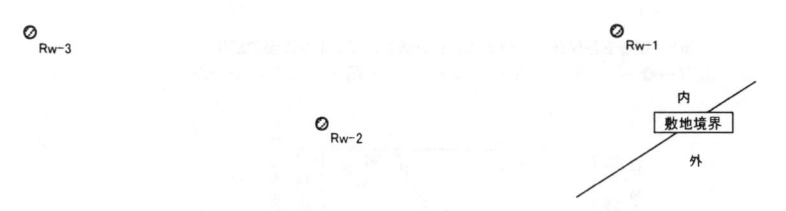

図4 浄化対象エリア,井戸・サンプリングポイントの配置

表1 揚・注水条件

	第一段階（0〜141日）	第二段階（141〜247日）
注水量	各2.3m³/d（合計6.9m³/d）	各10m³/d（合計30m³/d）
揚水量	各10m³/d（合計30m³/d）	各10m³/d（合計30m³/d）

変化をそれぞれ図5に示す。対象エリア内の cis-1,2-DCE および VC は実験開始当初，それぞれ 0.7mg/L および 0.3mg/L であったが，栄養剤の供給とともに低下し，実験170日以降いずれも 0.04mg/L 以下（cis-1,2-DCE の地下水環境基準）となった。これに伴い，エチレンおよびエタンが上昇した（図5A）。同様に揚水井でも cis-1,2-DCE と VC が低下し，エチレンとエタンが上昇した（図5B）。対象エリア内と揚水井における濃度を比較すると，実験140日（第二段階）以降では，cis-1,2-DCE と VC はともに対象エリア内の方が揚水井よりも濃度が低く，エチレンとエタンはともに対象エリア内の方が高かった。これらのことから，栄養剤の供給により，cis-1,2-DCE および VC がエチレンおよびエタンに分解されることが確認された。

対象エリア内で cis-1,2-DCE の地下水環境基準を満たすサンプリングポイントの本数および割合を図6に示す。環境基準を満たすサンプリングポイントは実験60日あたりから増加し，190

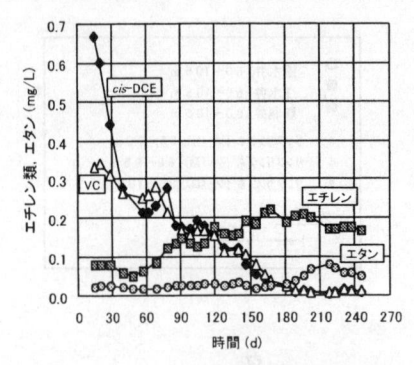

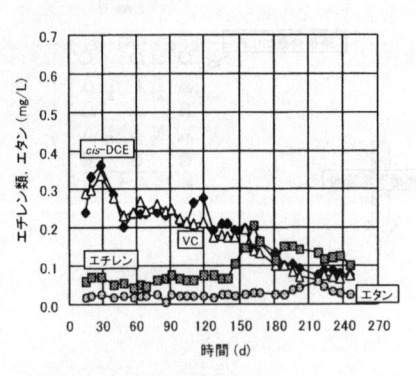

図5 現場実証試験におけるエチレン類およびエタンの濃度変化
cis-DCE（—◆—），VC（—△—），エチレン（—▨—），エタン（—○—）。

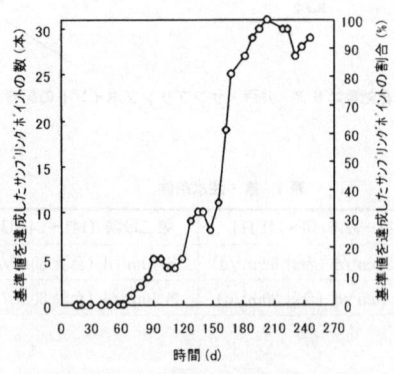

図6 対象エリア内で環境基準を達成したサンプリングポイント数および割合

日以降は対象エリア内サンプリングポイント31本中27本（約9割）以上で地下水環境基準を達成した。

(4) おわりに

実施例で例示したように，嫌気性バイオ法はこれまで主流であった原位置抽出処理に比べて大幅に短い期間で浄化できる（実施例では190日でほぼ環境基準に浄化）という点で優れた技術と言える。ただし，本技術はもともと帯水層に生息している土着微生物を利用することから，帯水層中に有用な分解菌が生息していない場合，本技術を適用することはできない。したがって，事

第1章 浄化技術

前の適用性評価が極めて重要となる。また，注入条件，例えば注入井の配置や注入量等によってその効果が変わり浄化期間も変動する。適用にあたっては，地質・汚染状況の把握，適用性の評価を十分行ったうえで設計・施工することが必要である。

文　献

1) 土壌・地下水汚染に係る調査・対策指針および運用基準, 環境庁水質保全局 (1999)
2) E. R. Hendrickson, *et al.*, *Applied Environmental Microbiology*, **68** (2), 485 (2002)
3) 上野俊洋ら, 地下水・土壌汚染とその防止対策に関する研究集会 第9回講演集, 74 (2003)
4) 上野俊洋ら, 土壌環境センター技術ニュース, (4), 13 (2002)
5) 中村寛治ら, 土壌環境センター技術ニュース, (7), 1 (2003)

1.2.11 水平井を用いたバイオスパージング工法

河合達司*

(1) はじめに

　国内における汚染土壌や汚染地下水の浄化技術は，ここ10年間長足の進歩を遂げ，様々な浄化技術が商品化に至っている。このうち，最近ニーズが高まっているのは，低コストな対策技術である。とりわけ，汚染されたサイト内で浄化する原位置処理技術や安価に汚染物質を分解除去できる生物処理技術等が注目されている。バイオスパージング技術はこのような観点から，有望な技術の一つに数えられる。しかしながら，これまでのバイオスパージングは，鉛直井戸を利用した技術であるため，鉛直井1本あたりに浄化できる範囲は限られ，また適用サイトの地上に構造物などがある場合には適用が難しいとされていた。本技術は，利用する井戸を鉛直から水平に転換することにより，この問題を解決するとともに，鉛直井よりも注入効率の良い水平井の特徴により，さらに低コスト化が可能となった原位置処理技術である。

(2) 本工法の概要

① バイオスパージングの原理

　バイオスパージングとは，帯水層への空気の注入（スパージング）により揮発性の高い汚染物質を地下水や土壌から分離・除去する（原位置ばっ気）効果と，地下水中の溶存酸素濃度（DO）

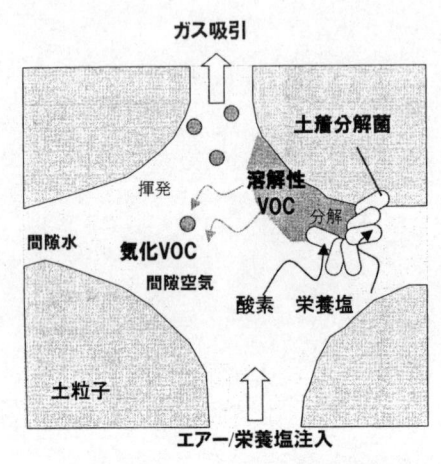

図1　バイオスパージング浄化原理概念図

---

*　Tatsushi Kawai　鹿島建設㈱　技術研究所　主任研究員

第1章　浄化技術

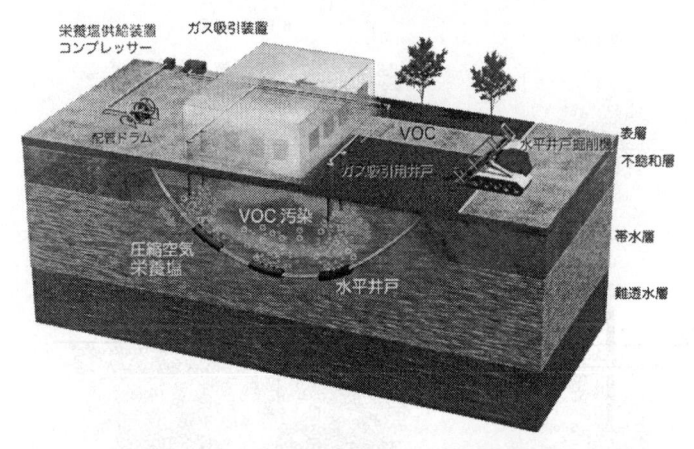

図2　水平井戸を用いたバイオスパージング適用概念図

を高めて好気性微生物による対象物質の分解を促進させる効果を併せて浄化を行う技術である（図1）。ベンゼン等を分解する微生物は通常多くの土壌中に存在しており，バイオスパージングではこのような土着の分解微生物を利用する。微生物分解を促進するために，空気(酸素)と共に地盤中に分解に必要な栄養塩（肥料成分と同じ窒素源やリン源，各種ミネラル）を加える。また，不飽和層にガス吸引井を設け，土壌ガス吸引法のスパージング効果により気化した汚染物質を回収する。この方法が適用可能な地盤は，主にシルトより大きな透気性を有した地盤であり，対象物質としては，ベンゼン等の揮発性が高く，好気性微生物による分解が可能な化学物質である。

② 本工法の特徴

本工法の特徴は，注入井として自在ボーリングにより設置した水平井を用いる方法を採用している点である。水平井を用いることにより得られる一般的なメリットを以下に示す。

1) 建物直下の汚染への適用

地上構造物の有無に関らずバイオスパージング工法を適用することができる。図2に示したように，地面に対して「水平の井戸」を構築するため，建物はそのままの状態で浄化工事が可能となる。横穴の水平井戸から汚染地盤に均一に空気を噴出し，地下水中で空気がVOCを揮発させながら上昇する。揮発したガスは，地下水の水面上に設置したガス吸引井戸で回収されるシステムである。

2) 影響範囲拡大による井戸数の削減

浄化が可能な影響範囲は，注入するエアー量が多いほど広くなる傾向があるが，ある圧力以上での注入は非効率となる。そこで，注入井のストレナー長を長くし，表面積を拡大することで低

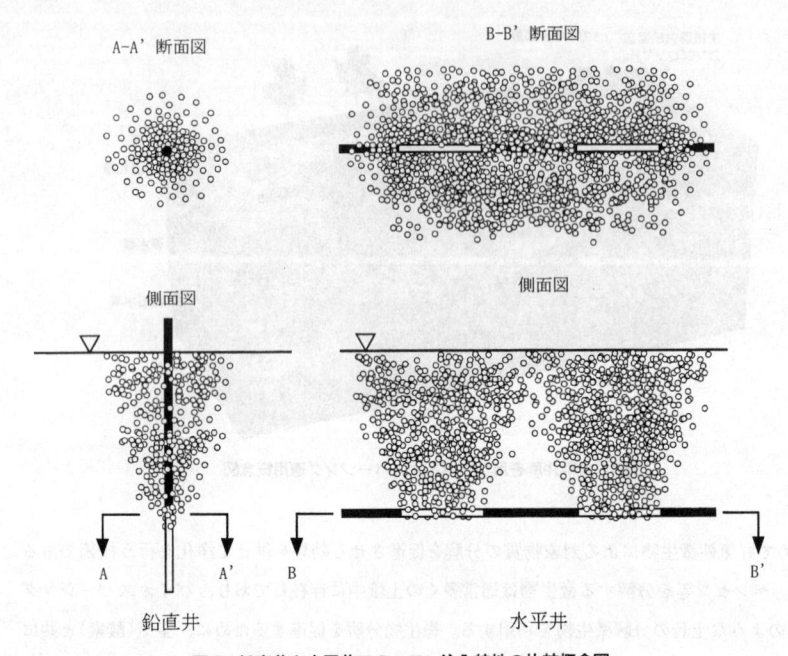

図3 鉛直井と水平井でのエアー注入特性の比較概念図

圧でより多くのエアーを地盤に注入することが可能となる。しかしながら、鉛直井の場合、地盤にかかるエアーの注入圧 (entry pressure) は深度が深いほど大きくなるため、ストレナーの長さを長くしても、圧の小さなストレナー上部から集中してエアーが出てしまい、有効な表面積の拡大に限界がある。これに対して、水平井は鉛直方向の注入圧の差が小さいため、理論的にはストレナー長を任意の長さに設けることが可能である[1] (図3)。従って、水平井は従来の鉛直井に比べて低圧でより多くのエアーを注入することができ、影響範囲が広くなり、注入井の必要本数が少なくなる[2,3] (図4)。また、浄化コストは浄化対象範囲の面積や形状に依存しているためサイト毎に異なるが、一般的に水平井を用いた技術は浄化の対象面積が広いほど従来の鉛直井技術と比較してコスト低減となる。

3) 複数注入孔を用いた独立制御エアー注入

これまでの水平井を用いたエアースパージング技術では、注入井のストレナー長を長くするほど、相対的にエアー流路が不均一化 (channeling) する可能性が高くなることが指摘されている[4]。これはストレナー長が長いほど対象地盤の不均一性の影響を受けやすく、エアーが流れやすいところに集中して流れてしまう可能性が高くなるためである。この不均一化を防止する方法として、

第1章 浄化技術

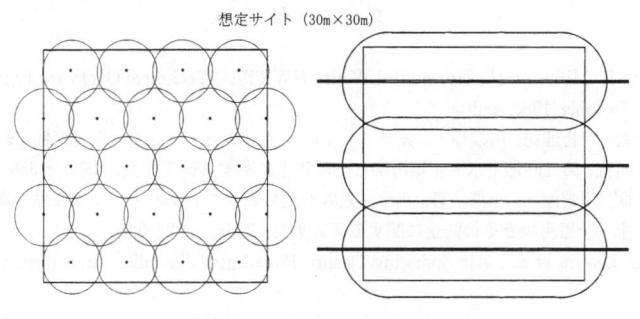

想定サイト（30m×30m）

鉛直注入井 22 本 （影響半径 r₁=4m）　　水平注入井 3 本 （影響半径 r₂=7m）

図 4　鉛直井と水平井の影響範囲に基づく井戸配置例

水平井に複数の注入孔を設け，各々独立制御によりエアーを注入できる仕様とし，長いストレナー長を有しつつ，限られた箇所からエアーが集中的に流れることを防止する方法が提案されている[3]。

(3) 実サイトへの適用

現在，環境省平成15年度低コスト・低負荷型土壌汚染調査対策技術検討評価調査において，鹿島建設㈱と東京ガス㈱，東京ガス・エンジニアリング㈱の共同によるベンゼンを対象とした実証実験を実施しており，本工法の低コスト性と環境負荷低減性の評価を試みている。

これに先立ち注入井から栄養塩とエアーを注入する方法によるバイオスパージング実証試験を実施し，同一サイトで実施したエアースパージング[3]との浄化効果の比較を行った。

主な結果として，

① 注入井に近いほど促進効果が高く，促進効果範囲は時間経過とともに拡大する
② エアースパージングに比べて頭打ちの傾向が低減される
③ 環境基準値の100倍程度のベンゼン汚染地下水を対象とした場合，環境基準値以下まで浄化できる可能性がある

等の本工法の特性が明らかになりつつある。

(4) おわりに

水平井戸を用いた対策技術は，地上構造物直下の汚染に適用でき，また影響範囲が広いなどの特性を有している。今後は，サイトの状況に応じて水平井と鉛直井各々の特性を考慮した浄化設計を行うことにより，より効果的もしくは効率的な浄化が可能となると考えられる。さらに，水平井戸を用いた原位置処理技術はエアースパージングやバイオスパージングに留まらず，揚水処理や各種の原位置分解法などにも応用可能な技術であり，今後様々な汚染対策技術に適用されることを期待する。

文　献

1) Ralinda R. Miller *et al.*, Horizontal Wells, GWRTAC Technical Overview Report, TO-96-02, October 1996, p.3
2) 小澤一喜, 河合達司, 川端淳一, 実サイトでのエアースパージングの浄化特性と影響範囲に関する研究, 第九回地下水・土壌汚染とその防止に関する研究集会, 2003, p.356-359
3) 小林弘明, 川端淳一, 小澤一喜, 水平注入井を用いたエアースパージング工法の開発, 第九回地下水・土壌汚染とその防止に関する研究集会, 2003, p.322-325
4) Andrea Leeson *et al.*, Air Sparging Design Paradigm, Battelle, June 1999, p.48

1.3 土壌ガス・汚染地下水の処理技術

1.3.1 促進酸化処理による汚染地下水の浄化

関　廣二[*]

(1) はじめに

土壌浄化に伴い揚水されたVOC汚染地下水は一般的には曝気＋活性炭吸着法で処理される。しかし，高濃度に汚染した場合，排水基準まで地下水を処理するにはかなり大がかりな装置が必要で，揮散塔1段（気／液比50）での除去率は90％前後であることから，濃度によっては2段，3段の装置が必要となる。さらに，取り出された汚染ガスは活性炭に吸着させ回収されるが，汚染総量が多い場合は多額の処理費用がかかるばかりでなく，VOCで飽和した活性炭の取り替え，移動，再生処理等による2次汚染の可能性も高くなり，多くの課題を抱えていたと言える。

地下水中のVOCをその場で簡単に分解無害化できる技術があればこうした課題も克服できることから，当社では紫外線，過酸化水素，オゾンを組み合わせた促進酸化法による浄化技術を「AOプラスシステム」として商品化しており，適用事例も含めてその概要を紹介する。

(2) 促進酸化法の原理

促進酸化法では紫外線，過酸化水素，オゾンのうち2種類以上を組み合わせて反応槽内に供給することにより，お互いに反応しOHラジカルを生成する。こうして生成したOHラジカルによりTCE等の分解が進行する。

① OHラジカルの生成反応

2種類の組み合わせによるOHラジカル生成の基本反応を以下に示す。3種類を組み合わせるとそれぞれの反応が平行して進行することになる。

紫外線と過酸化水素の反応（過酸化水素が直接紫外線と反応してOHラジカルを生成する）

$$H_2O_2 + h\nu \rightarrow 2OH\cdot \tag{1}$$

紫外線とオゾンの反応（オゾンと紫外線が反応して1重項の酸素原子が生成した後，酸素原子と水が反応してOHラジカルあるいは過酸化水素が生成する）

$$O_3 + h\nu \rightarrow O + O_2 \tag{2}$$

$$O + H_2O \rightarrow 2OH\cdot \tag{3}$$

$$O + H_2O \rightarrow H_2O_2 \tag{4}$$

オゾンと過酸化水素の反応（反応により生成したスーパーオキシド等がさらに反応しOHラジカルを生成する）

---

[*] Kouji Seki　アタカ工業㈱　環境研究所　専門部長

$$HO_2^- + O_3 \rightarrow O_3^- \cdot + H^+ + O_2^- \cdot \tag{5}$$

$$O_2^- \cdot + O_3 \rightarrow O_3^- \cdot + O_2 \tag{6}$$

$$O_3^- \cdot + H^+ \rightarrow OH \cdot + O_2 \tag{7}$$

このように紫外線と過酸化水素の反応ではそれぞれ1当量ずつ反応し,直接OHラジカルが生成するが,紫外線とオゾンとの反応では一部過酸化水素が生成するため紫外線と過酸化水素の反応も生じる。オゾンと過酸化水素との反応ではトータルの反応としては過酸化水素1当量とオゾン2当量が反応しOHラジカルが2当量生成する。

② 促進酸化反応の速度論的取り扱い

促進酸化反応を速度論的に取り扱う場合,紫外線の取り扱いが特に重要である。紫外線ランプから照射された紫外線は水中のオゾンあるいは過酸化水素と反応する。紫外線ランプは一般的に254 nmの波長の紫外線を照射する低圧水銀ランプが使用されるが,単色光での光反応装置(円筒座標系,内部照射型)では体積平均光吸収速度式として式(8)が知られている[1]。式(1)と式(2)に従い,紫外線を吸収して過酸化水素はOHラジカルを,オゾンは酸素原子を生成するが,その量子収率(式(1)と式(2)における生成物の収率)はそれぞれ0.5[2],1.0[3]として報告されている。

$$Q = \frac{2R_1 I_0}{R_2^2 - R_1^2}(1 - \exp((-\varepsilon_1 [H_2O_2] - \varepsilon_2 [O_3])L)) \tag{8}$$

Q:体積平均光吸収速度 [einstein/L/s], R_1:保護管外半径 [cm], R_2:反応槽内半径 [cm], I_0:保護管表面紫外線強度 [W/cm²], ε_1:過酸化水素モル吸光係数=19.6 [1/M/cm], ε_2:オゾンモル吸光係数=3000 [1/M/cm], [H_2O_2]:過酸化水素濃度 [M], [O_3]:オゾン濃度 [M], L:$R_2 - R_1$ [cm]

式(8)より紫外線との反応が生じる割合はモル吸光係数に依存することから,過酸化水素,オゾンと紫外線との反応性を比較すると,オゾンとの反応が速く進むことがわかる。一般的に紫外線・過酸化水素法は速度が遅いと言われているが,このことが原因と考えられる。

過酸化水素の反応装置への供給速度は溶液中の濃度と水量から計算できる。オゾンの供給速度については総括オゾン移動容量係数(KLa)より式(9)により計算する。

$$S = KLa\left(\frac{P}{H} - [O_3]\right) \tag{9}$$

S:溶存オゾン供給速度 [M/s], KLa:総括オゾン移動容量係数 [1/s], P:ガス中オゾン分圧 [atm], H:オゾンのヘンリー定数=83.9 [atm/M]

式(1)から式(9)も含めてその他の素反応も考慮したシュミレーションモデルをすでに組み立てており[4],VOC分解の実試験値と計算値を比較し良く一致していることを確認している。以上の議論により生成したOHラジカルにより汚染地下水中のVOCは分解除去されるが,その分解速

第1章 浄化技術

表1 汚染物質の分解速度係数[5, 6]

物質名	速度係数	分子量
TCE	4.0×10^9	131.4
PCE	2.3×10^9	165.8
1,1,1-TCA	4.0×10^7	133.4
1,1-DCE	7.0×10^9	96.94
ジクロロメタン	5.8×10^7	84.9
ベンゼン	7.8×10^9	78.1
2,3,7,8-TCDD	4.0×10^9	322
酢酸	8.5×10^7	60.05

度はOHラジカルとの反応速度係数に依存する。表1に各種汚染物質における値を示したが，ジクロロメタン，1,1,1-TCAはかなり遅いことがわかる。汚染物質の分解はOHラジカルとの反応速度係数以外の因子にも依存することがわかっており，地下水水質も汚染現場によって変化することから，そうした影響をある程度前もってシュミレート出来ることは装置設計と運転管理上大きなメリットとなっている。

(3) 汚染地下水の促進酸化処理システム

① 促進酸化処理システム

当社の促進酸化処理システム「AOプラスシステム」は図1に示すように大きく促進酸化工程，後処理工程の2つの工程から成り立っている。促進酸化工程では紫外線，過酸化水素，オゾンを適宜組み合わせて汚染物質の分解を行っている。後処理工程では生物活性炭装置により残存する酸化剤や副生成物の除去を行っている。地下水中に濁質や鉄・マンガンが存在する場合は前処理工程として凝集沈殿装置と砂ろ過装置を設置する。

② 各種汚染物質の分解試験結果

表2にTCE，PCE，1,1,1-TCA，ジクロロメタン，ダイオキシン類の分解試験結果より，シミレーションプログラムに条件を入力し，分解試験結果ともっともよく一致するそれぞれの物質の反応速度係数を求めた結果をまとめた。表1の速度係数と比較するとTCE，PCE，1,1,1-TCA，ジクロロメタンについてはよく一致するが，ダイオキシン類の実際の速度係数はかなり低い結果となった。この原因はダイオキシン類は実際の埋立処分場浸出水を利用しているが，その他は水道水を利用したためで，促進酸化反応を妨害する物質の影響であることがわかっている。浸出水では臭素イオンがその原因と考えられたが[9]，それ以外にも，一般的にダイオキシン類はSSに吸着する傾向が強く，その場合には水中に均一に分布するのではなく，局在するために分

図1 AOプラスシステム

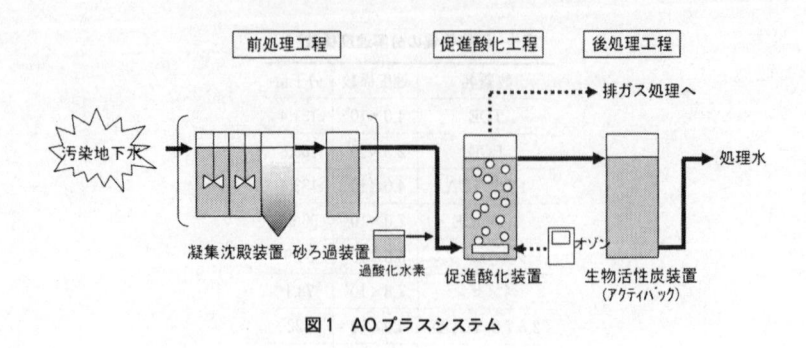

表2 シュミレーションモデルにより求めた速度係数

化合物名	反応系	初期濃度	速度係数（計算値）	文献	備考
TCE	UV，H_2O_2	2.7mg/l	3×10^9	4)	水道水
PCE	UV，H_2O_2	35mg/l	3×10^9	4)	水道水
1,1,1-TCA	UV，H_2O_2	0.35mg/l	4×10^7	4)	水道水
ジクロロメタン	UV，O_3	19mg/l	6×10^7	7)	水道水
ダイオキシン類	O_3，H_2O_2	200pg/l	1×10^7	8)	浸出水

解されにくくなることも一因と考えられる。

③ 後処理行程の役割

表1に示したように，促進酸化反応ではほとんどの有機化合物が早い速度で分解される。それぞれの化合物はOHラジカルにより分解されると当然分解生成物に変化するが，分解生成物も同様に早い速度で分解されるため，有機化合物は炭酸ガスと水まで分解されることとなる。しかし，一般的に酢酸のような有機酸は分解が非常に遅くなるため（表1），副生成物として有機酸が生成するとどうしても残存するようになる。TCE，PCEの分解では，一部ジクロロ酢酸のようなハロ酢酸が生成することがわかっている[4]。AOプラスシステムでは生物活性炭装置を設置することにより促進酸化行程で残存するオゾン，過酸化水素等の酸化剤の分解とともにハロ酢酸の分解を行っている。

(4) 促進酸化妨害物質

促進酸化を妨害する代表的因子としてはpH，炭酸イオン，臭素イオン，TOCなどが知られており，その概要を以下にまとめた。

第1章　浄化技術

① pH

オゾンと過酸化水素の反応系では，式(5)に示すように水素イオンが解離した過酸化水素イオンとオゾンが反応するため，弱アルカリ性とする必要があるが，その他の反応系では炭酸イオンの妨害を少なくできる酸性領域が最適となる。

② 炭酸イオン

炭酸イオンはOHラジカルと反応して消費するため，ラジカルスカベンジャーとしてよく知られている。重炭酸イオンは炭酸イオンよりもOHラジカルとの反応性は劣っているため，一般的には酸性領域で反応させるが，アルカリ度が少ない環境水ではあまりこだわる必要はない。

③ 臭素イオン

臭素イオンはオゾンを用いる系では反応を妨害する。オゾンと反応して臭素酸イオンとなることによりオゾンの消費量を増加させるとともに，臭素酸イオンとなる前段の次亜臭素酸イオンや亜臭素酸イオンはOHラジカルのスカベンジャーとして働き[10]，さらに反応を妨害する。また，アンモニア性窒素が同時に存在すると次亜臭素酸イオンとアンモニア性窒素との反応が優先し[11]，さらにオゾン消費量が増加する。

④ TOC

TOC成分はOHラジカルのスカベンジャーとして働き，促進酸化を妨害する。TOC濃度が数ppmであれば問題とならないが，それ以上であればOHラジカルと反応することによりOHラジカルを消費し，その濃度が低下する。このため，目的とする汚染物質の分解速度も低下し，酸化剤必要量と反応時間の増加をもたらす。

(5) AOプラスシステムの適用事例

AOプラスシステムに代表される促進酸化処理を適用した事例は2004年1月現在，浸出水処理設備で5カ所，汚染地下水処理設備で1カ所，合計6カ所で採用されている。その概要を表3にまとめた。浸出水処理設備では一般的に生物処理＋凝集沈殿処理＋砂ろ過処理（膜処理）の後

表3　促進酸化適用事例一覧

原水	対象物質	反応系	処理水量	場所
地下水	PCE	O_3, H_2O_2	最大48m^3/日	某県
浸出水	ダイオキシン類	O_3, H_2O_2	60m^3/日	大根田衛生管理組合
浸出水	ダイオキシン類	UV, O_3	70m^3/日	尾道市
浸出水	ダイオキシン類	O_3, H_2O_2	40m^3/日	人吉球磨広域行政組合
浸出水	ダイオキシン類	O_3, H_2O_2	55m^3/日	桜井市
浸出水	ダイオキシン類	O_3, H_2O_2	55m^3/日	茅ヶ崎市

に設置されており,COD成分やSSなどを除去した後にダイオキシン類を分解することを目的としている。汚染地下水処理設備では凝集沈殿処理+砂ろ過処理後に設置されており,主にPCEを分解することを目的としている。この現場では地下から吸引された汚染ガスの紫外線分解装置[12]も稼働しており,両者を組み合わせることにより効率的な処理を行っている。表3の適用事例の内,地下水の処理設備と浸出水のうち大根田,尾道,人吉球磨の合計4カ所は既に稼働している。

文　献

1) 化学工学便覧,改訂5版,p.1007 (1988)
2) D. H. Volman *et al.*, *J. A. Chem. Soc.*, **81**, 4141 (1959)
3) 宗宮功,オゾン利用水処理技術,公害対策技術同友会 p.75 (1989)
4) 関廣二,塩谷隆亮,土壌環境センター技術ニュース,No.1, 7 (2000)
5) 男成妥夫,水環境学会誌,**20**, No.2, 72 (1997)
6) 山田晴美,水,**42**, No.8, 16 (2000)
7) 宮前博子,関廣二,第40回下水道研究発表会講演集,p.871 (2003)
8) 宮前博子ほか,第37回環境工学研究フォーラム講演集,p.13 (2000)
9) 船石圭介ほか,第12回廃棄物学会研究発表会講演集,p.897 (2001)
10) 茂庭竹生ほか,水環境学会誌,**22**, No.11, 867 (1999)
11) 船石圭介ほか,第11回日本オゾン協会年次研究講演会講演集,p.167 (2001)
12) 関廣二ほか,用水と廃水,**40**, No.6, 497 (1998)

1.3.2 VAAPシステム
(液中オゾンUV分解＋曝気併用処理による汚染地下水の浄化)

二見達也*

(1) はじめに

テトラクロロエチレン（PCE）などの揮発性有機化合物（VOCs）による土壌・地下水汚染が深刻な問題になっている。

一般的な地下水中のVOCsを浄化する方法としては，水と空気を効率よく接触させることで地下水中の揮発性有機化合物を空気に移行させて，その空気中のVOCsを活性炭で吸着除去する曝気－活性炭処理法が用いられているが，活性炭交換作業などのメンテナンスコストが高価という問題がある。また，汚染物質を完全に分解する方法としては促進酸化法（AOP）が注目されている。AOP処理はオゾン（O_3），紫外線（UV），過酸化水素などを組み合わせ，酸化力の非常に高いヒドロキシルラジカル（OHラジカル）を発生させ，有害有機物を分解除去する技術である。しかし，促進酸化処理単独の場合，高出力のオゾナイザー等が必要となるため設備コストが高くなる。

そこでO_3/UV法と曝気－活性炭処理法とを併用し，曝気処理前に分解処理をすることで，曝気処理後の活性炭吸着にかかる負荷を低減させて，処理コストを削減できるプロセス（VOCs Advanced-Oxidation Aeration Process：VAAP/図1）を開発した。図2に示したように，一般的に地下水の揚水処理では汚染原水中の浄化前半に濃度が高く，活性炭への負荷が高くなるのでこの期間に併用処理を行い，濃度が低い状態がつづく後半は単独処理を行うことでトータルの浄化コストを下げることが可能となる。さらに，図3のようにVAAPでは揚水曝気法と比較して廃棄物発生量を非常に少なくできる。

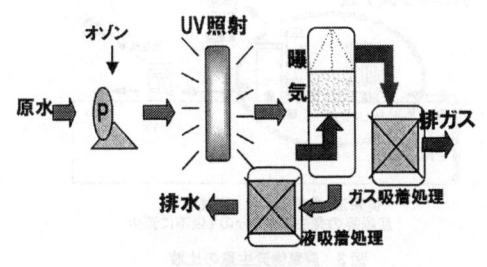

図1 VAAPの基本フロー

---

* Tatsuya Futami　スミコンセルテック㈱　技術開発部　取締役　技術開発部長

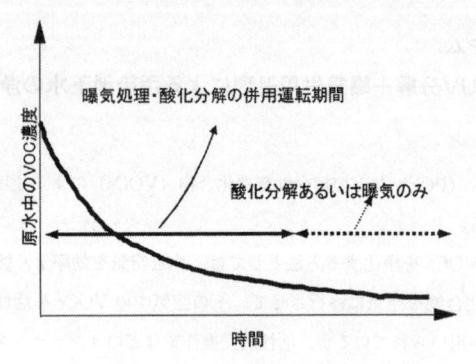

図2 VOCs濃度と浄化方法の例

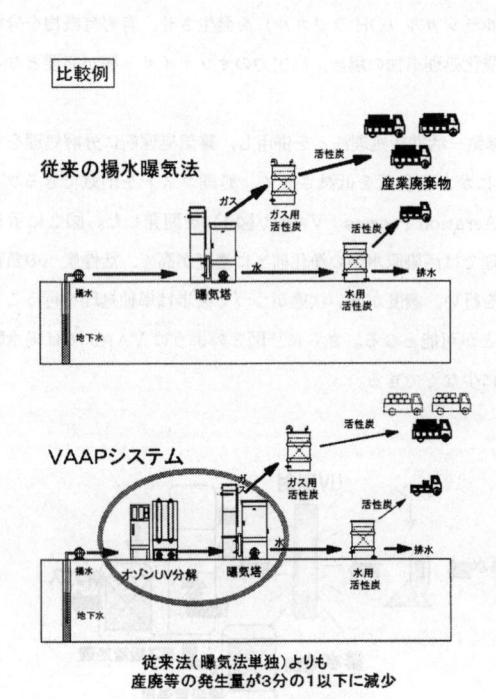

比較例

従来の揚水曝気法

VAAPシステム

従来法（曝気法単独）よりも
産廃等の発生量が3分の1以下に減少

図3 廃棄物発生量の比較

第1章 浄化技術

本報では，このプロセスを用いて行った汚染濃度数 mg/l の低濃度汚染サイトでの浄化結果と現在進行中の汚染濃度数十 mg/l の高濃度汚染サイトでの浄化事業の状況について紹介する。

(2) 実験方法

① 各汚染サイトの水質

表1に各汚染サイトの水質（例）を示した。低濃度汚染サイトはPCE単独汚染であるが，高濃度汚染サイトは主にPCE，トリクロロエチレン（TCE），シス-1,2-ジクロロエチレン（DCE）によって複合的に汚染されていた。

② 処理条件

1) 低濃度汚染サイト

図1のようにプロセスは O_3/UV 処理部，曝気処理部，水およびガス用活性炭処理部で構成され，O_3/UV 処理部（290×490×1330mm）の対象はVOCs初期濃度 3〜5 mg/l の汚染水（処理流量 0.6m³/h）である。

O_3/UV 処理は，渦流ポンプを用いて O_3 化ガスを汚染水に混合した後，UV 照射装置（低圧水銀ランプ：主波長254nm，外部照射式）に送り，処理する方式とした。表2に低濃度汚染サイトの処理条件を示した。

2) 高濃度汚染サイト

VOCs初期濃度 30mg/l の汚染水（処理流量 1.2m³/h）をプロセス全体で最終的に環境基準（0.01mg/l）以下にするために，O_3/UV 処理部（写真1：3400×860×1975mm/原水槽含）では除去率70％となるような設計とした。この O_3/UV 処理部は O_3 混合→UV 照射→気液分離（自然分離）の順で処理を行い，これを2段で行う方式とした。

表1 各汚染サイトの水質（例）

	PCE mg/l	TCE mg/l	DCE mg/l	pH	COD_{Mn} mgO_2/g
低濃度汚染サイト	3.4	―	―	6.5	<1
高濃度汚染サイト	22	7.9	0.63	8.1	3

表2 低濃度汚染サイトの処理条件

O_3 注入率（mg/l）	3.5
UV 照射率（Wh/l）	0〜0.02
処理水量（m³/h）	0.6
曝気風量（m³/min）	0.6

写真1 高濃度汚染サイト用（O₃/UV 処理部）

表3 性能確認試験条件（高濃度）

O₃ 注入率（mg/l）	20.0
UV 照射率（Wh/l）	0.022
処理流量（m³/h）	1.2
VOCs 初期濃度（mg/l）	8〜60
複合模擬水 PCE/TCE 濃度比	約 2.2

表4 高濃度汚染サイトの処理条件

O₃ 注入率（mg/l）	32.8
UV 照射率（Wh/l）	0.049
処理流量（m³/h）	0.55
曝気風量（m³/min）	0.9

　また，高濃度汚染サイトの浄化の前に，O₃/UV 処理部の性能確認のための試験を，模擬水の濃度を変化させて行った。表3に高濃度汚染サイト対応装置の性能確認試験条件を，表4に高濃度汚染サイトの処理条件を示した。なお，表1の高濃度汚染サイトの水質に準じる組成の複合模擬水と PCE 模擬水は，飲料用の地下水に PCE 試薬と TCE 試薬を添加・混合して作製した。

③ 分析方法

　サンプル後の処理水はねじ口瓶に採取するとともに還元剤（アスコルビン酸）を入れて残留酸化剤を除去した。PCE などの揮発性有機塩素化合物はヘッドスペース−ガスクロマトグラフ質量分析（GC/MS）法で，ジクロロ酢酸などのハロ酢酸類は溶媒抽出-GC/MS 法で分析した。

(3) 結果および考察

① 低濃度汚染サイトでの検討事例

1) O₃/UV 処理部の試験（UV 照射率の影響）

　PCE 分解によって一部ハロ酢酸類（ジクロロ酢酸，トリクロロ酢酸）が副生したが，環境基準に存在する揮発性有機化合物の副生は確認されなかった。

　図4に O₃/UV 処理単独での UV 照射率と PCE 除去率の関係を示した。UV 照射率 0.01Wh/l

第1章 浄化技術

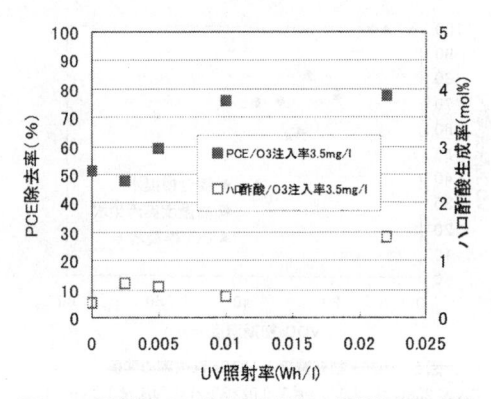

図4 UV照射率とPCE除去率およびハロ酢酸生成率の関係

まではUV照射率の増加とともにPCE除去率が向上する傾向を示し,PCE除去率は最大で約76%に達した。これから活性炭の交換間隔を4倍にできる可能性が示された。しかし,UV照射率を0.02Wh/lまで上げてもPCE除去率はほとんど変化せず,反対にハロ酢酸類の生成率は明らかに増加した。これは,O_3注入率に対するUV照射率が高いので光化学反応の寄与が大きくなったためと考えられる。低圧水銀ランプ(主波長254nm)のエネルギーは473kJ/molであるため原理的にはC-Cl結合(結合エネルギー347kJ/mol)などを切断でき,こうして生成したラジカルが副生物生成の要因となった可能性が考えられる。生成したハロ酢酸はOHラジカルでも容易には無機化できない。

以上のことからO_3注入率に対する適正なUV照射条件が存在することを確認した。

2) O_3/UV-曝気併用法による連続処理

小型化のために曝気塔の高さを低くし,曝気効率を低下させた曝気装置(平均曝気率約86%)を用いて,O_3/UV処理との併用処理を行ったところ,汚染地下水のPCE濃度を約3mg/lから排水基準0.1mg/l未満にすることができた。また,この装置を用いて4ヶ月の連続試験を行ったが,PCE除去率の低下は見られなく,低濃度汚染サイト用の装置が実用に耐えうることを確認した。

② 高濃度汚染サイトでの検討事例

1) 性能確認試験(VOCs初期濃度の影響)

図5にO_3/UV処理部のみで行ったVOCs初期濃度とVOCs除去率の関係を示した。模擬水の種類によらずVOCs初期濃度が増加するほどVOCs除去率は低下する傾向を示した。複合模擬水の場合,VOCs濃度約10mg/lでは除去率99%に達し,処理後のPCE濃度は排水基準(0.1

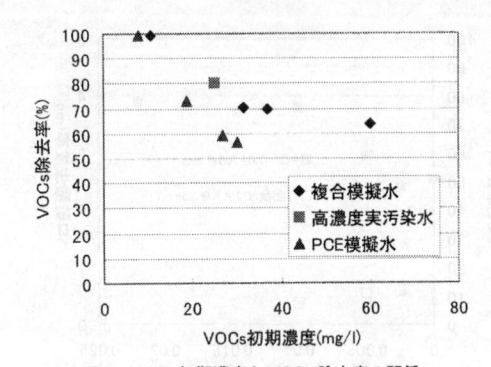

図5 VOCs初期濃度とVOCs除去率の関係
O₃注入率 20mg/l，UV照射率 0.022Wh/l 処理流量 1.2Nm³/h
複合模擬水 PCE/TCE 濃度比約 2.2

mg/l)，TCE濃度は環境基準（0.03mg/l）以下まで低下した。VOCs濃度約30mg/lでは除去率は70％，VOCs濃度60mg/lでは除去率が64％であった。高濃度汚染サイトの実汚染水（VOCs初期濃度25mg/l）を用いた場合でもVOCs除去率は80％に達した。これらのことから，装置の設計仕様（VOCs濃度30mg/lで70％の除去率）を満足することを確認した。

初期濃度が同じ場合，PCE模擬水では，複合模擬水と比べて除去率が低下した。PCEの方がTCEより難分解性であるためPCEの割合が多くなるほど除去率は低下すると思われる。

pHはVOCsの分解によって酸性側にシフトするが，VOCs濃度60mg/lの分解後でもpH6.5以上と環境基準内であった。したがって，中和の必要はないと考えられる。

低濃度汚染サイトの場合と同様，模擬水，実汚染水ともVOCsの分解によって一部ハロ酢酸類が副生した。図6にVOCs初期濃度とハロ酢酸生成率の関係を示した。生成率は初期VOCs濃度が増えるほど高くなる傾向を示した。同じ処理条件では初期濃度が高いほど副反応がおきやすいと考えられる。また，PCE模擬水の方が複合模擬水よりハロ酢酸生成率が高くなった。

これらのハロ酢酸類については活性炭で除去できることを確認している。また，高濃度実汚染水の分解生成物からも環境基準に存在する揮発性有機化合物の副生成物は確認されなかった。

2) 実汚染サイトの浄化

図7に実汚染サイトでのVOCs初期濃度とO₃/UV処理後のVOCs除去率の推移を示した。VOCs初期濃度は浄化初期には50mg/l以上あったが，2ヵ月後には30mg/l以下まで低下した。O₃注入率が性能確認試験の1.6倍の条件では，O₃/UV処理後のVOCs除去率が浄化初期の濃度が50mg/lのときでも80％を超えた。また，活性炭処理後のVOCs濃度は約1年後でも環境基準未満（検出限界以下）であった。

第1章 浄化技術

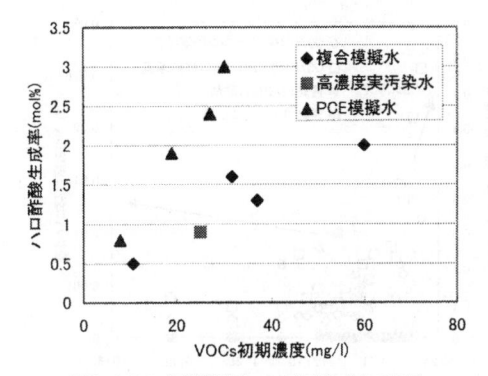

図6 VOCs初期濃度とハロ酢酸生成率の関係
O₃注入率 20mg/l, UV照射率 0.022Wh/l 処理流量 1.2Nm³/h
複合模擬水 PCE/TCE 濃度比約 2.2

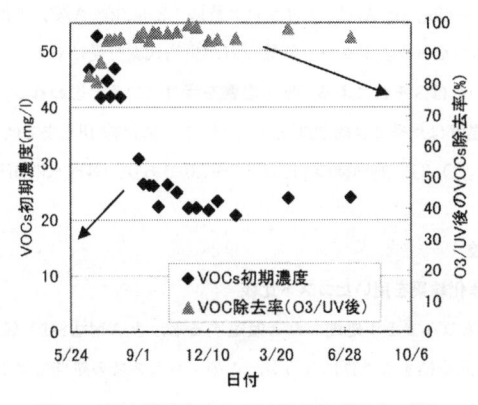

図7 VOC初期濃度とO₃/UV後VOC除去率の推移
O₃注入率 33mg/l, UV照射率 0.049Wh/l, 処理流量 0.55m³/h

図8にO₃/UV分解後および活性炭処理後（最終）のハロ酢酸濃度の経時変化を示した（水用活性炭を8ヶ月目に交換したため7ヶ月までのデータで比較）。7ヶ月後でもジクロロ酢酸はほぼ検出限界未満（0.003mg/l）であった。しかし、トリクロロ酢酸は上水基準未満ではあるが、破過が認められた。しかし、ハロ酢酸濃度が最大になるO₃/UV処理後でもトリクロロ酢酸濃度は上水基準未満なのでこの基準を超えることはない。7ヵ月後のジクロロ酢酸の活性炭吸着量は約 0.90g/kg-A/C, トリクロロ酢酸は約 1.7g/kg-A/C であり、事前に行った活性炭の吸着テス

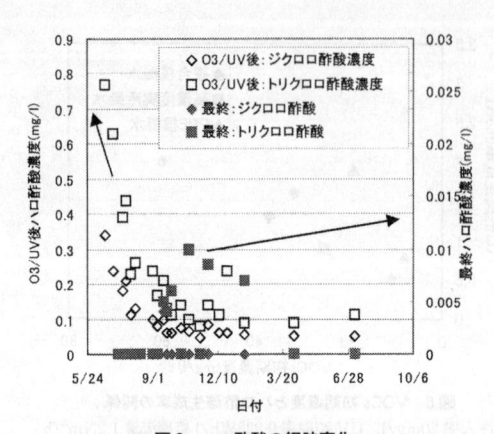

図8 ハロ酢酸の経時変化
O_3 注入率 33mg/l, UV 照射率 0.049Wh/l, 処理流量 0.55m^3/h

ト結果（ジクロロ酢酸：0.50g/kg-A/C，トリクロロ酢酸：2.0g/kg-A/C）と比較して，ジクロロ酢酸の吸着量は1.8倍になった。ジクロロ酢酸の方が生物代謝を受けやすいことから，活性炭槽に微生物が生育していれば，それによる分解の影響を受けていると思われる。

処理前の実汚染水の温度は夏季では約20℃あったが，1月には約18℃まで低下し，O_3/UV 処理後は2～3℃増加した。O_3/UV 処理後の pH は 6.7～7.0 であり，処理水の pH 調整は必要としなかった。

③ 処理コストの比較

1) 高濃度汚染サイト浄化結果を用いたコスト比較

同様の実汚染水を曝気のみで1年処理したと仮定すると，ガス用活性炭（45kg：吸着量 0.3 kg-voc/kg-AC）を10回交換する計算になるが，このプロセスでの処理では1年経過後でも依然交換には至っていない。

この1年の浄化状況をもとに表5の単価表を基準として VAAP 法と曝気法の処理コストを比較した。表6に結果を示した。VAAP 法は曝気法より約74万円削減できたことになる。これまでの結果から，このサイトの浄化に対してメンテナンスを含めた処理コストを大幅に下げられていることを確認した。

2) モデルケース（設計仕様の条件）での処理コスト比較

高濃度汚染サイトでは諸事情により処理装置の設計仕様とは異なった条件で浄化をおこなっているが，性能確認試験の結果と表5の単価表をもとに，設計時に想定した VOCs 濃度 30mg/l，処理流量 1.2m^3/h の条件をモデルとして月当たりの VAAP 法と曝気法の処理コストを算出し，

第1章 浄化技術

表5 単価表

電力代	活性炭材料・処理費	活性炭交換費
18円/kWh	1000円/kg	60000円/回

表6 VAAP法と曝気法の処理コスト比較

処理方法	電気代（万円）	活性炭関連費用（万円）	その他（万円）	合計（万円）
VAAP	68	0	4	72
曝気	41	105	0	146

＊その他：UVランプ，フィルター代

表7 モデルケース（設計仕様）での処理コスト比較

対象水	処理量(m^3/h)	VAAP法 電気代(万円)	VAAP法 活性炭関連費用(万円)	VAAP法 その他(万円)	VAAP法 合計(万円)	曝気法 電気代(万円)	曝気法 活性炭関連費用(万円)	曝気法 合計(万円)
VOCs	1.2	5.9	3.5	0.3	9.7	3.4	11.7	15.1

＊O_3/UV処理部の除去率は70％と仮定した。

比較を行った。表7にモデルケースでの処理コスト比較結果を示した。設計仕様通りの浄化であってもVAAP法は曝気法より36％ランニングコストを削減できたと考えられる。

(4) おわりに

- ①UV照射率が高いと副生物が発生すること，②ある水準のUV照射率以上でPCE除去率の増加が鈍化することから，O_3注入率に対する適正なUV照射条件が存在することを確認した。
- 高濃度汚染サイト用処理装置のO_3/UV処理部の性能を複合模擬水や実汚染水を用いて試験したところ，装置の設計仕様であるVOCs濃度30mg/lで70％の除去率を満足することを確認した。
- 最終処理排水のVOCs濃度は1年後でも環境基準未満（検出限界以下）であり，副生するハロ酢酸も上水基準未満であった。
- VAAPプロセスでは1年経過後でも活性炭交換を必要とせず，電気代を考慮しても曝気処理単独と比較して大幅に処理コストを下げられることを確認した。

1.3.3 繊維活性炭による土壌ガス浄化

三宅酉作*

(1) はじめに

土壌ガス真空吸引法（SVE法）は揮発性有機化学物質（VOC）により汚染された土壌の浄化に効果的な方法である。

土壌真空吸引ガス（土壌ガス）の処理には，吸着剤による吸着法と物理化学的または生物学的に処理する分解法に大別される。その中で活性炭の吸着作用を利用する吸着法が一般的に用いられているが次のような課題がある。SVE法のコストは活性炭の容積に委ねられる部分が大きいため，コスト削減のため，活性炭の量を極端に切り詰める場合が見受けられる。その場合は活性炭の破過時間（寿命）が短く頻繁に交換するなどの煩雑さが伴う。また活性炭が破過しても真空吸引を継続して行うことができるため，未処理の土壌ガスが放散される恐れがある。また土壌ガスは地下水温度における飽和蒸気に近い水分を含むためシステム構成によっては水蒸気が活性炭相内で結露し，活性炭の吸着能力を生かせない装置も見受けられる。さらに少量の廃活性炭を再生活用することは困難であり，廃棄物として処分されることになり，廃棄物としての行方や資源の使い捨ての点から問題がある。

これら課題を解決する方法として，汚染現場で活性炭を再生・再利用することにある。粒状活性炭ではコスト高になるが，吸着，脱着速度の早い繊維活性炭を用いる事により，活性炭量も少なくて済み，再生水蒸気量も少なくて済み実用化ができた。

再生用水蒸気発生装置をあらたに設置する場合は，中小規模の事業者にとっては負担になる。テトラクロロエチレン汚染が懸念されるクリーニング工場においては，衣類の乾燥やスチームアイロンを使用する関係で必ずボイラーを設置しているので，工場の水蒸気の一部を活用することにより，経済的負担を少なくすることができる。

(2) 土壌ガス吸引法の基本構成

SVE法は不飽和帯から有害物質を除去する方法であり，基本的なシステム構成は①1本または複数の抽気井戸②1箇所または複数の空気の流入または注入井戸③配管ならびに集合管④真空ポンプまたは吸引ブロワ⑤流量計ならびにコントローラー⑥真空計⑦サンプリングポート⑧気液分離器⑨土壌ガス処理装置よりなる。

---

* Yusaku Miyake オルガノ㈱ 地球環境室 部長；環境テクノ㈱ 常務取締役 研究本部長

第1章 浄化技術

(3) 繊維活性炭の特性
① 繊維活性炭の原料と特性
1) 繊維活性炭の原料

繊維活性炭の原料にはピッチ系，PAN系，フェノール系，レーヨン系などがある。ピッチ系は理論炭素含有量が93.1％と高く，特に酸素原子，窒素原子の含有量が少なく，極性を持たないガスとの親和性は高いと考えられる。

2) 一般特性

繊維活性炭の特性として次の点をあげることができる。①繊維活性炭は繊維径が10数ミクロンと細く熱の伝達が早い，②平均細孔半径が小さいミクロポアー構成されているので吸着物質が繊維表面に接触するだけで吸着が可能であり，③外表面積が大きいため吸脱着速度が速い，④非極性であり表面が疎水性のため，水分を含むガスには有利である，などである。

一方①充填密度を大きくすると圧力損失が大きくなる②粉末炭，粒状炭，成形炭など他の活性炭に比べて重量あたりの価格が高いなどの欠点もある。

吸脱着速度が早いので粒状炭に比べて吸着帯を短くでき，装置化をコンパクトかつ，低コストにする事ができる。

表1にピッチ系繊維活性炭，大阪ガスケミカル製A-10，A-20の物理特性と吸着特性を示す。

表1 活性炭素繊維の特性

Sample		A-10	A-20
比表面積	(m²/g)	1000	2000
BET 表面積	(m²/g)	1461	1768
細孔容積	(ml/g)	0.66	1.03
アセトン吸着量	(g/g)	0.20	0.45
ヨード吸着量	(g/g)	1.3	1.8

② 活性炭の平衡吸着

環境関連の活性炭の平衡吸着にはLangmuir式，Freund式が用いられているが，有機化合物蒸気の吸着剤として広く用いられる活性炭などのミクロ孔を多く有する吸着剤に関しては，飽和吸着量と液体密度から求めた飽和吸着容量が異なる吸着物質でも良く一致した値を示すことから，表面吸着より細孔容積を充填する形で吸着が行われているという容積充填理論にもとづいたDubininin式（Dubininin-Polanyi式）によって整理できる。

[Dubininin-Polanyi式]

Polanyiはある活性炭についての気相吸着平衡を吸着ポテンシャルに対する吸着量としてプロッ

トした場合，温度，ガスの種類によらず1本の曲線で整理できるとした。この曲線は活性炭の細孔分布などの特性によって決まるとされ，吸着特性曲線とよばれる。
吸着容積は次式で示される。

$$W = q/\rho^* = W(A) \tag{1}$$

ここで W は吸着される成分の体積，q は吸着量（質量），ρ^* は吸着される成分の密度，A は吸着ポテンシャルを示す。吸着ポテンシャル A は次式で表される。

$$A = RT \ln(p_s/p) \tag{2}$$

ここで R は気体定数，T は気相の絶対温度，p_s は吸着される成分の飽和蒸気圧，p は吸着される成分の分圧を示す。

吸着特性曲線は吸着により活性炭の最孔が充填されていく形の吸着を表現しているものである。(1)式，(2)式に示した Polanyi の吸着特性曲線の形を正規分布で近似すると Dubinin-Radushkevich 式（D-R 式）となる。D-R 式の吸着平衡関係は

$$W = W_0 \exp[\kappa \cdot (A/\beta)^2] \tag{3}$$

ここで W_0 は吸着が生ずる活性炭細孔の体積，κ は活性炭細孔の形状によって決まる定数，β は吸着される成分によって決まる定数で親和定数と呼ばれる。D-R 式は活性のガス吸着にはよく適合し，W_0，κ，β が決まると同一の物質－活性炭の組み合わせについては吸着平衡の推算を正確に行うことが出来る。

図1，図2にVOCの中から代表的なトリクロロエチレン（TCE）とテトラクロロエチレン（PCE）塩化メチレン（MC），1,1,1-トリクロロエタン（1,1,1-TCA）を㈱大阪ガスケミカル製A-10の等温吸着線とD-R 吸着線図を示す。

(4) 繊維活性炭土壌ガス処理装置

土壌ガス処理装置はコストダウンを計るため吸着塔を1塔とし，吸着と脱着を交互に行う方式とした。SVE において，一般的に吸引開始直後に土壌ガス濃度が高濃度でも，時間の経過と共に濃度が低下する傾向にある。また吸着体の重量が一定であれば，濃度が薄くなると吸着時間が延びていく傾向にある。したがって再生時間を同じにした場合，全工程に対する再生時間の比率は低下していく。これらを考慮するとSVEを連続して行なう必要はなく，再生時はSVEを停止した。

図3に装置フローシートを，表2に装置の仕様を示す。

(5) クリーニング工場における**繊維活性炭による土壌ガス処理**

① **汚染現場の状況と浄化計画**[1, 2]

テトラクロロエチレン（PCE）等の揮発性有機塩素化合物による土壌汚染が明らかとなった A 町 A クリーニング工場内は敷地面積200m² の中規模工場である，過去20年ドライクリーニング

第1章 浄化技術

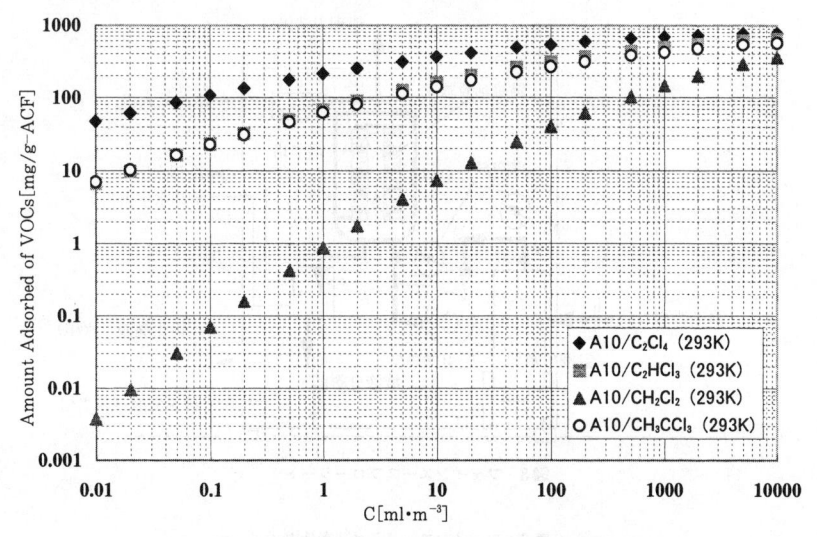

図1 活性炭素繊維 A-10 の 298K における VOC の等温吸着線図

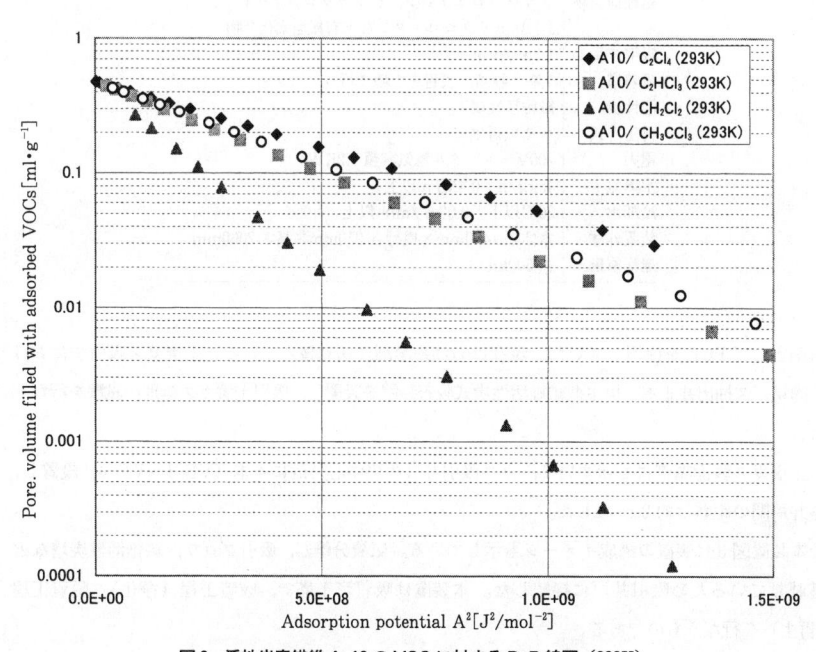

図2 活性炭素繊維 A-10 の VOC に対する D-R 線図 (293K)

土壌・地下水汚染の原位置浄化技術

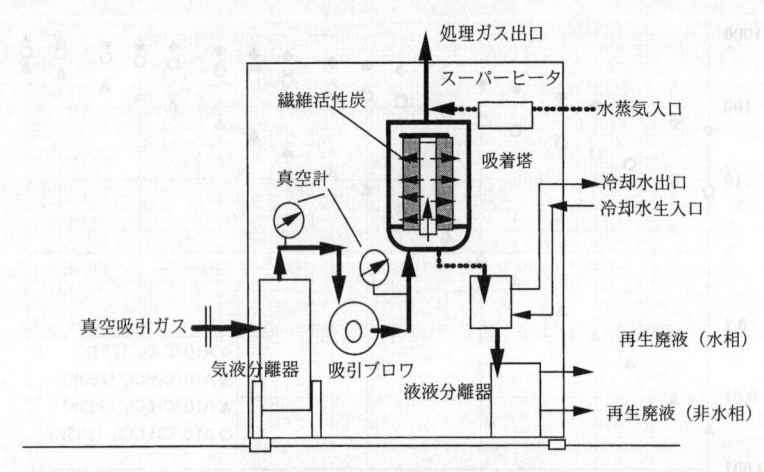

図3 ファインエースフローシート

表2 ファインエースミニ装置仕様

処理対象物	トリクロロエチレン，テトラクロロエチレン，1,1,1-トリクロロエタンなど有機塩素化合物
吸引流量	$1.3 m^3/min$
吸着塔	1塔　吸着，脱着を1塔で行う
活性炭	繊維活性炭
再生方式	水蒸気再生
電力	200V　トータル電気容量 7.2KW
水蒸気	45kg/h　0.4MPa 以上
冷却水	30℃以下　$0.02m^3/min$ 以上
装置外寸	本体幅 1450mm×奥行き 950mm×高さ 2060mm
運転重量	約 500kg

溶剤として PCE を使用していた。現在は石油系溶剤に切り替えている。土壌ガス吸引法における簡易ガス抽出井4本と再生型繊維活性炭式吸着装置を設置し，吸引土壌ガス処理の試験を行なった。

土壌ガス表面調査にもとづいて，ガス吸引井は汚染中心付近に4本（VE-1～VE-4）設置し，各井戸間の距離は約2mとした。

本装置図3は装置の構成イメージも示している。気液分離器，吸引ブロワ，繊維活性炭塔など搭載しているため吸引井戸に接続した。本装置は吸着塔1塔で，吸着工程（浄化），脱着工程（再生）を行なうものである。

本装置運転のためのユーティリティとして電力，脱着再生のためのスチーム，冷却水が必要と

第1章 浄化技術

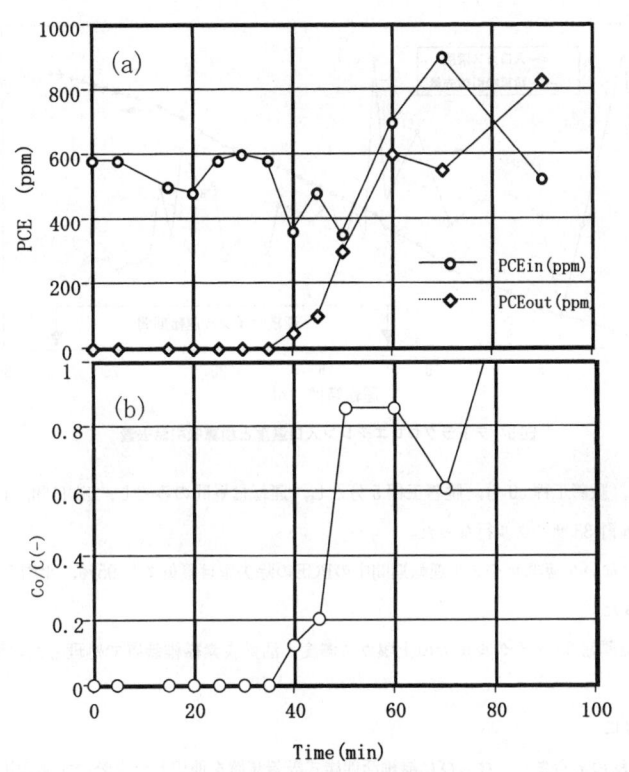

図4 繊維活性炭による吸着特性
(a)吸着塔入口,出口の PCE 濃度(ppm)
(b)吸着塔入口,出口の PCE 濃度比(−)

なるが,実験した工場から供給を受けた。これらは通常のクリーニング工場ならば容易に供給できるものである。

② 吸着特性

実際の汚染物質を含む土壌ガスを吸引除去した場合の水蒸気脱着再生処理における繊維活性炭吸着塔の挙動を検討した。段階試験により土壌ガスが安定して吸引できる流量,$1\,m^3/min$ で吸引した。

図4に繊維活性炭吸着特性試験を行なった際の入口・出口有機塩素化合物濃度経時変化を示した。本試験の際の入口 PCE 濃度は平均 550ppm で,PCE の破過は運転開始後 35 分後から始まった。破過曲線はシャープな立ち上がりを見せ繊維活性炭の特色を示した。

初期の性能確認試験に引き続き連続サイクル運転を行い安定性を確認した。運転条件は吸引風

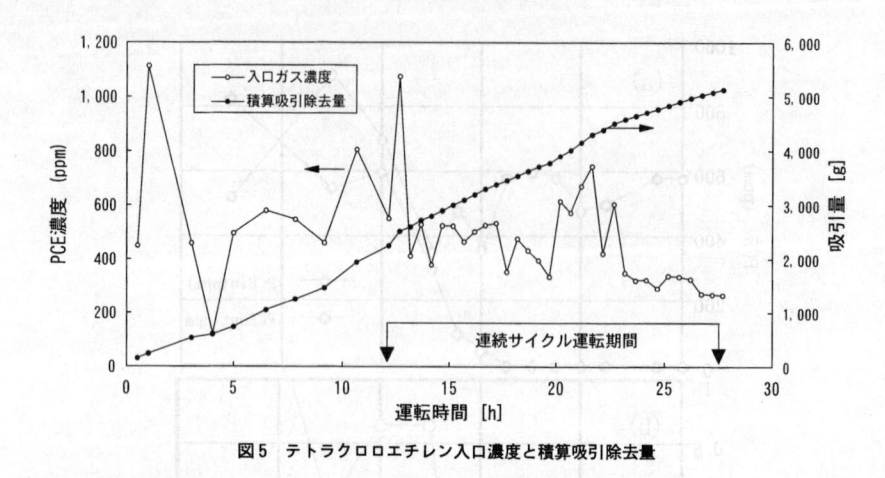

図5 テトラクロロエチレン入口濃度と積算吸引除去量

量1m³/min，吸着工程30分，脱着工程5分とし，運転は昼間のみとし，14日間，1日あたり4〜6サイクル計33サイクル行なった。

記載していないが連続サイクル運転期間中のPCEの除去率は最低でも95％，平均98％と良好な結果であった。

図5は連続運転33サイクルまでの土壌ガス濃度と活性炭素繊維装置で処理した累積PCE量を示した。

(6) おわりに

以上SVE法のあらまし，ならびに繊維活性炭式吸着装置を使用した実際の汚染現場での浄化事例を示した。クリーニング工場では汚染の主要物質であるPCE以外に多量の石油系成分が存在し，吸着装置に影響を及ぼす[3]。石油系成分を含むガスを処理する場合はPCEと石油系成分の共吸着が起こるので吸着容量の決定には注意が必要である。また引火性溶媒が存在する場合は装置の安全対策の配慮が必要となる。

文　　献

1) 吉岡昌徳ほか　水環境学会誌 **15**（10）719-725（1992）
2) 三宅酉作　資源環境対策 **33**（10）896-899（1997）
3) 三宅酉作ほか　水環境学会誌 **25**（7）395-401（2002）

1.3.4 紫外線分解処理による土壌ガスの浄化

松谷 浩[*]

(1) はじめに

揮発性有機化合物により汚染された土壌や地下水から汚染物質を原位置抽出する代表的な方法に，土壌ガス吸引法（soil vapor extraction を略して SVE 法と呼ばれる）と揚水・揮散法がある。土壌ガス吸引法は，トリクロロエチレン（TCE）等の汚染物質が比較的大きな蒸気圧を持ち土壌間隙ガスとして存在する性質を利用して，真空ポンプにより土壌から直接ガスとして地上に取り出す方法である。この方法は汚染物質が比較的高濃度に存在する条件（主に汚染源付近）で有効な方法である。一方，揚水・揮散法は汚染された地下水を汲み上げて適当な容積の空気と接触させることにより，溶存する汚染物質を気相に移行させる方法である。

一般に土壌ガス吸引法，揚水・揮散法ともその後段にガス用の活性炭吸着塔を設けることにより，汚染物質を気相から除去する操作が行なわれる。したがって，通常は使用済み活性炭を現場外の処理施設に移送し汚染物質の処理を行う必要があり，また，汚染物質濃度が高い場合には活性炭の交換頻度が高くなり，維持・管理費が増大する問題を生じる。そのため，揮発性有機化合物を土壌あるいは地下水中から気相中に取り出した後，現場で効率良く分解処理することができれば実用上の意義は大きい。その一つの方法として TCE 等に紫外線を照射することにより分解処理する方法がある。

ここでは紫外線照射によるガス状有機塩素化合物分解装置を紹介する。

(2) TCE の紫外線分解挙動と実装置化[1]

① TCE の紫外線分解挙動[2]

TCE の紫外線分解反応を，図 1 に示すような隔壁により多段分割可能な光反応装置を用いて流通方式で行った。図 1 では反応槽内部を隔壁により 3 等分した状態を示している。

反応槽に供給するガス流量から計算される反応槽内平均滞留時間 θ と入口 TCE 濃度 c_0 を変化させて，次の式(1)で定義される分解率 x を測定した。c は反応槽出口における TCE 濃度である。

$$x = (c_0 - c)/c_0 \tag{1}$$

ここでは θ が 20.1s のときの結果を図 2 に示す。隔壁を入れない条件では分解率は約 1 となり，ほぼ 100% の TCE が分解されていることがわかる。しかし，隔壁の挿入枚数を増加するにつれて，TCE の分解率は低下する傾向を示した。隔壁を挿入していない条件を一段の完全混合流れ型の反応槽と考えると，これを多段に分割し，反応槽全体としては押し出し流れ型に近づけるほ

---

[*] Hiroshi Matsutani 栗田工業㈱ アドバンスト・マネジメント事業本部 技術開発部 三課 課長

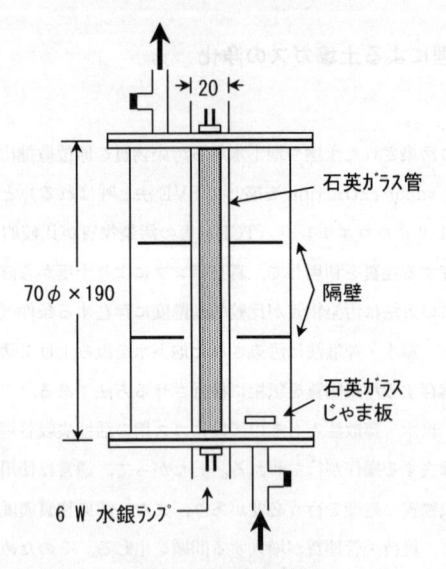

図1 机上紫外線反応装置（数値単位：mm）

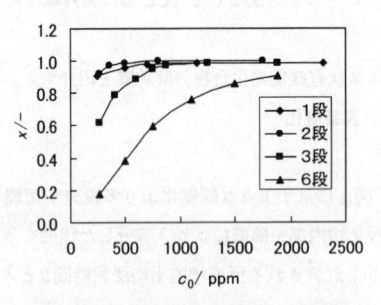

図2 入口TCE濃度 c_0 と分解率 x の関係

ど，特に c_0 が低い条件で分解率は低下することを示している。このことは TCE が紫外線分解する過程で生成する反応生成物が触媒的に作用して反応を促進させていることを示唆している（連鎖反応）。すなわち TCE の紫外線分解反応においては反応過程で生成する塩素原子が連鎖担体となっており[3]，その機構は図3のように表される[2]。

② パイロット試験による TCE の紫外線分解[4]

パイロット試験装置を図4に示す。紫外線反応槽は攪拌扇を備えた完全混合流れ型の第一反応槽と4つの等容積に分割された多段型の第二反応槽からなり，原ガスは最初に第一反応槽に入り，

第1章 浄化技術

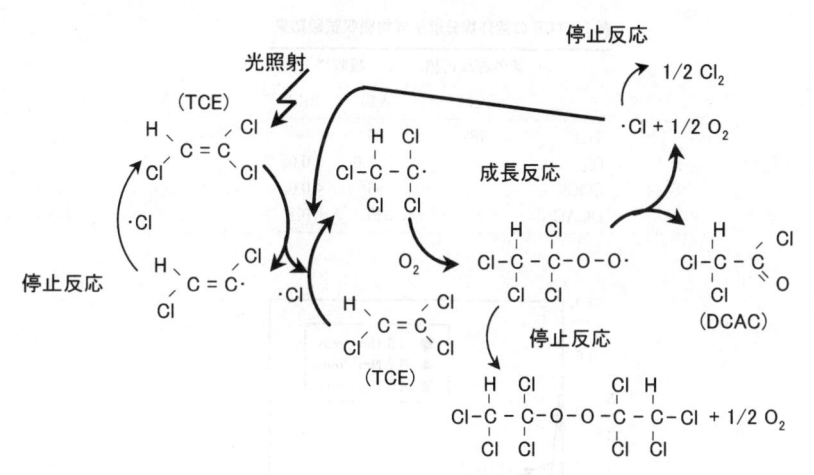

図3 トリクロロエチレンの紫外線分解機構

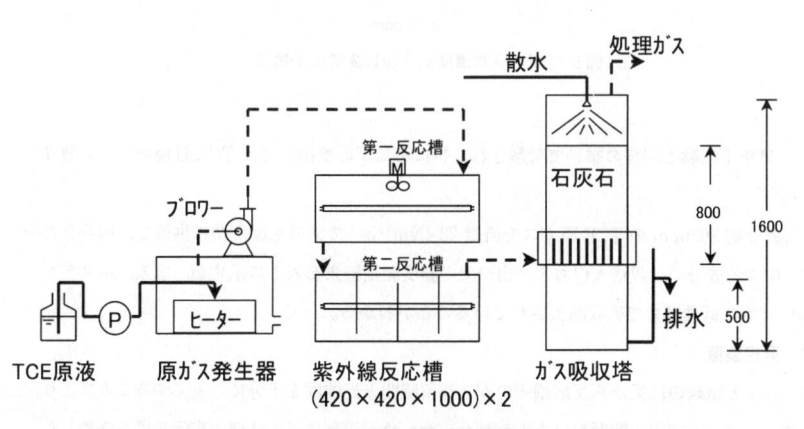

図4 パイロット試験装置の概略図（数値単位：mm）

次いで第二反応槽に入る。それぞれの反応槽には65Wの紫外線ランプが4本装着されている。ランプは各反応槽において2本または4本の点灯が可能である。ガス風量は5.6〜44.7Nm^3・h^{-1}に設定可能である。

また，TCEに紫外線を照射すると塩化水素の他，塩素，ジクロロアセチルクロライド（DCAC）やホスゲン等を生成することがわかっており，これらを吸収除去する必要がある[5, 6]。そこで図4に示すように石灰石を充填した吸収塔を反応槽の後段に設置した。

表1 TCEの紫外線分解生成物吸収試験結果

	紫外線反応槽	吸収塔	
	入口	入口	出口
TCE	787	26	―
Cl_2	―	1.6	0.03
$COCl_2$	―	56	<0.05
DCAC	―	320	<0.1

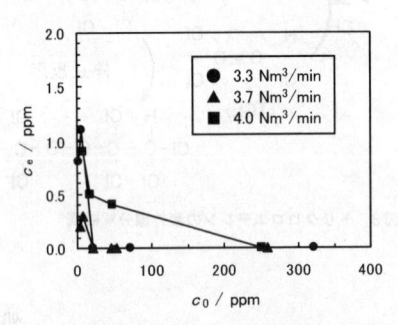

図5 反応槽入口濃度 c_0 と出口濃度 c_e の関係

TCEは机上試験と同様の挙動で分解され,特に第二反応槽出口ではTCEは極めて低い濃度を示した[4]。

次に濃度約800ppmのTCE原ガスを流量22.4Nm³·h⁻¹で紫外線反応槽に供給し,得られた分解ガス中の各成分の吸収塔入口および出口での濃度測定結果を表1に示すが,塩素,ホスゲン,DCACともに低濃度まで吸収除去されていることがわかる。

③ **実用装置**

パイロット試験の結果から反応槽内のガス滞留時間と光強度を十分にとってやることにより,反応槽は一槽でも実用上問題ないことがわかったため,以下に示す仕様の実用装置を作製した。

紫外線反応槽:円筒型(容量約1m³,撹拌機付き)
　　　　　　鋼板製(内面フッ素系樹脂ライニング)
紫外線ランプ:低圧水銀ランプ65W×12本(計0.78kW)
吸収塔:直径1000mmφ,全高2500mm(有効高さ約1500mm)
　　　　ポリ塩化ビニル樹脂製
吸収塔充填材:石灰石(直径7～10mmの破砕状粒子)
吸収塔排水量:約300L/day(上部より間欠的に散水)

第1章 浄化技術

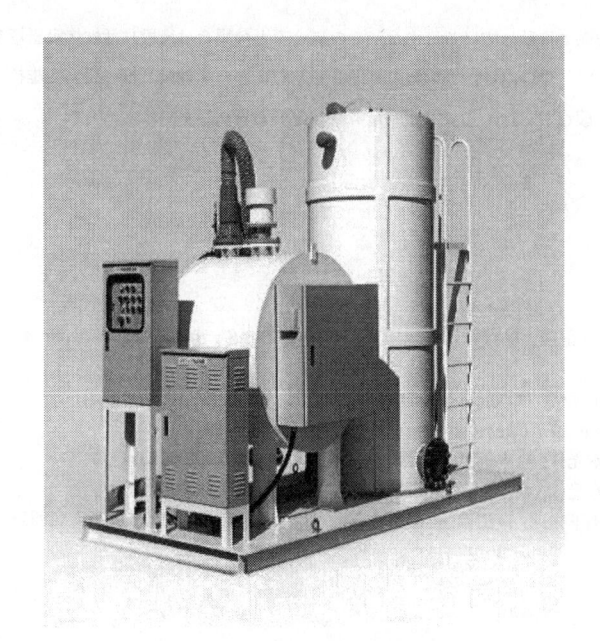

写真1 ガス状有機塩素化合物分解装置

　　　ガス流量：〜4.4Nm³/min
　ガス風量 3.3〜4.0Nm³/min における反応槽入口濃度と出口濃度の関係を図5に示す。入口 TCE 濃度範囲はおよそ 10〜300ppm である。この条件では紫外線分解反応槽出口濃度はほぼ 1ppm 以下となることが確認され，また入口濃度が高いほど出口濃度が低下する傾向が認められた。これは TCE の紫外線分解反応が先に述べたように連鎖反応により進行すると考えられるため，入口濃度が高くなるほど分解には有利になったものと考えられる。

　また，反応槽入口 TCE 濃度約 60ppm，ガス風量 4.0Nm³/min の条件で紫外線反応槽にガスを供給し，さらにそのガスを吸収塔に供給したところ，紫外線分解反応槽出口でのホスゲン濃度は約 5ppm であり，吸収塔通過後はそれを 0.1ppm 未満にできた。

　本装置の外観を写真1に示す。本装置は紫外線反応槽と吸収塔により構成され，コンパクトであり設置面積は小さくてよい。また紫外線ランプの照射に必要な電力は約 0.8kW と小さく，電気料金も高額にはならない。

(3) **今後の展望**
　国内では 1990 年代から土壌ガス吸引法や揚水・揮散法が採用されることが多くなり，現在で

もかなりの汚染現場で稼動している。また、そのほとんどの場合は後段に活性炭吸着塔を設置している。したがって、現場内で汚染物質の処理を完結し、また活性炭交換に要する維持・管理費を削減するという観点からは、ここで述べたような分解処理法が有利と考えられる。

文　献

1) 松谷浩, 橋本正憲, 星野敦, 福原博, 土壌環境センター技術ニュース, No.3, pp.18-23 (2001)
2) 松谷浩, 橋本光代, 橋本正憲, 水環境学会誌, **21**, pp.29-34 (1998)
3) R. Gurtler, *et al.*, *Chemosphere*, **29**, pp.1671-1682 (1994)
4) 松谷浩, 橋本光代, 橋本正憲, 水環境学会誌, **22**, pp.977-982 (1999)
5) 松谷浩, 橋本光代, 橋本正憲, 水環境学会誌, **22**, pp.403-408 (1999)
6) 原口公子, 山下俊郎, 東田倫子, 城戸浩三, 大気汚染学会誌, **26**, pp.72-77 (1991)

2 重金属等の原位置浄化技術

2.1 原位置フラッシング法

徳島幹治*

2.1.1 概　要

　原位置ソイルフラッシング法は，廃棄物や汚染土壌・地下水に，水や化学物質を注入することによって，含まれている有害物質を洗浄・浄化する方法であり，揚水処理法の浄化効果を向上させるための手法とも言える。

　具体的には，図1に示すように水もしくは化学物質（界面活性剤，溶媒など）を注水井戸，涵養枡もしくは散水等によって地下に浸透させ，廃棄物や汚染土壌内を通過させた後，揚水処理する。廃棄物や汚染土壌内を通過させる際に，浸透した水が汚染土壌中の有害物質を洗浄し，この汚染水を揚水処理によって，地上に有害物質を抽出する原位置浄化法である。

　原位置での浄化が可能なため，掘削を行う必要がない。また，汚染地下水を揚水するため，汚染の拡散防止効果もある。

　揚水された汚染水を処理する地上の水処理システムは，抽出されてきた有害物質の種類や濃度に応じた水処理プロセスを選択・組み合わせることで対応する。また，この水処理プロセスから排出される処理水を循環利用することも可能である[1]。

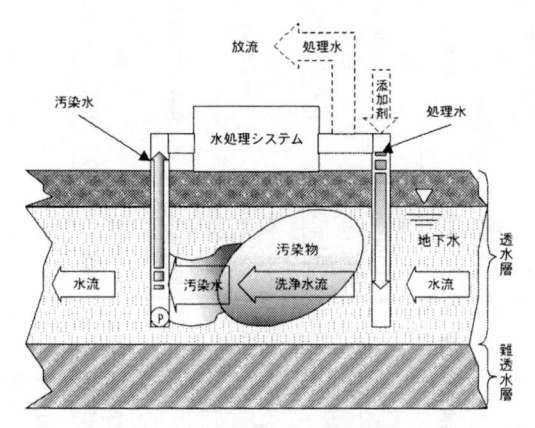

図1　原位置フラッシング法概念図

---

*　Mikiharu Tokushima　㈱クボタ　水環境エンジニアリング技術第二部　担当課長

表1 原位置フラッシングの適用条件（サイト特性）[2]

項　　目	処理の可能性			根　　拠	検討に必要なデータ
	少	中	高		
土壌中の汚染物質状態	気体	液体	溶存	抽出水（溶媒）への汚染物質の溶解度に影響する。	土壌とフラッシング溶液間の汚染物質の平衡分配係数
透水係数	低 ($<10^{-6}$ cm/sec)	中 (10^{-5}～10^{-3} cm/sec)	高 ($>10^{-3}$ cm/sec)	透水性が良いとフラッシング流体を効果的に移送できる。	地質的特性（透水係数の範囲）
土壌の表面積	多 (>1 m²/kg)	中 (0.1～1 m²/kg)	少 (<0.1 m²/kg)	表面積が増大に従い、汚染物質の吸着が増加する。	土壌の比表面積
炭素含有量	多 (>10 wt.)	中 (1～10 wt.)	少 (<1 wt.)	一般的に土壌の有機炭素含有が少ないほどフラッシングの効果が高い。	土壌の全有機炭素成分（TOC）
土壌のpH	限界レベルなし	限界レベルなし	限界レベルなし	フラッシングの添加剤や建設資材の選択に影響を及ぼす可能性がある。	土壌のpH
陽イオン交換容量（CEC）及び粘土含有量	高（限界レベルなし）	中（限界レベルなし）	低（限界レベルなし）	金属結合と吸着が増加し、汚染物質の分離を妨げる。	土壌のCEC、構成、粒度組成
岩石の割れ目など	あり	—	なし	岩石の割れ目などは、フラッシング液と汚染物との接触を妨げる。	地質的特性

第1章 浄化技術

表2 原位置フラッシングの適用条件(汚染物質)[2]

項 目	処理の可能性			根 拠	検討に必要なデータ
	少	中	高		
水溶性	低 (<100mg/L)	中 (100〜1000mg/L)	高 (>1000mg/L)	水溶性の化合物は、フラッシングで除去できる。	汚染物質の溶解度
土壌吸着量	高 (>10,000L/kg)	中 (100〜10,000L/kg)	低 (<100L/kg)	汚染物質の土壌への吸着能が高いほど、フラッシングの効果が減少する。	土壌吸着定数
蒸気圧	高 (>100mmHg)	中 (10〜100mmHg)	低 (<10mmHg)	揮発性化合物は、気相に分離する傾向がある。	運転温度における汚染物質の蒸気圧
液体粘度	高 (>20cPoise)	中 (2〜20cPoise)	低 (<2cPoise)	粘度が低いほど流体が土壌間を流れ易い。	運転温度における流体粘度
液体密度	低 (<1g/m³)	中 (1〜2g/m³)	高 (>2g/m³)	密度の高い不溶性有機液体は、移流・回収しやすい。	運転温度における汚染物質密度
オクタノール・水分配係数	限界レベルなし	限界レベルなし	10〜1,000 (単位なし)	高親水性化合物はフラッシング水により除去しやすい。	オクタノール・水分配係数

291

2.1.2 特　徴
① 廃棄物や汚染土壌を掘削することなく原位置で処理できる。
② VOC類や油類だけでなく，重金属類も処理できる。
③ 洗浄水量をコントロールできるため，揚水処理法に比べて浄化速度の制御・促進が容易になる。
④ 水では抽出できない有害物質についても，注入水に化学物質（界面活性剤，溶媒など）を添加することにより，脂溶性物質の抽出を促進できる。
⑤ 処理水を注入水として再利用することが可能なため，注入水の確保が容易となる。
⑥ 揚水した水を近傍に注入できるため，周辺地下水への影響が少ない。

2.1.3 処理対象物質
溶解性物質については，単純な水による処理が可能。また難水溶性の物質についても界面活性剤や溶媒を注入水に添加することによって，処理することが可能になる。
処理可能な物質を以下に例示する。
・重金属類（鉛，クロム，シアン化合物など）。
・VOCs, NAPL, PCBsなど。

2.1.4 適用条件
原位置フラッシング法の適用に関しては，表1に示したサイト特性，および表2に示した主要な汚染物質特性を事前に把握しておく必要がある。各々の特性を事前に明確化して浄化効果を検討することで，原位置フラッシング法の採否を判断できる。

各特性の把握については，現地調査と実際の汚染土壌や汚染地下水を用いたトリータビリティテストが有効となる。

添加剤として界面活性剤や溶媒を使用する際，添加剤自身による汚染の二次拡散リスクが重要となるサイトに関しては，浄化範囲周辺を遮水壁などで囲いこむことも可能である。

2.1.5 原位置フラッシング法の浄化運転
原位置フラッシング法による浄化において，浄化運転上の留意点は以下の通り。
① 揚水される汚染水の汚染濃度は，浄化の進展に伴って変化する。このため地上の水処理システムは，あらかじめ濃度変化に追従できる仕様としておく必要がある。この水処理システムの運転条件を最適化するために，揚水される汚染水のモニタリング（水量，汚染濃度）が重要となる。
② 揚水井戸，注入井戸の定期的洗浄により，井戸の目詰まりを防止する。
③ 揚水井戸と注入井戸の変更などによって，汚染土壌内における洗浄水流が"水みち"を作ることを抑制する。

第1章 浄化技術

文　献

1) CDR 研究会, 有害廃棄物による土壌・地下水汚染の診断　環境産業新聞社（2002）
2) Diane S Roote, P. G. In Situ Flushing, Technology Overview Report, Ground-Water Remediation Technologies Analysis Center（1997）

2.2 原位置土着微生物の活性化によるシアン汚染修復

牛尾亮三*

2.2.1 シアン分解能のある土着微生物の活性化

シアンで汚染された地下土壌を原位置で浄化したいケースを考えるとき,酸化剤直接注入によるシアンの化学分解を実施して汚染浄化することは現実的ではない。なぜならば土中の鉄と錯結合したようなシアン錯体はどんな酸化剤を用いても容易には分解しないからである。一方,そんな汚染土壌中であっても無数の種類の土壌微生物がバランスを保持して棲息している。汚染サイトにシアンを分解する土着微生物が生息している場合,「原位置バイオスティミュレーション」といわれる微生物利用技術を用いてその土着微生物の働きを活性化させ得れば,土壌のシアン汚染を根本から浄化できる(図1)。汚染サイトから分離したシアン分解微生物の写真を図2に示す。一般の土壌には潜在的にシアン分解能を有する土着の有用微生物が眠っていることが多いのである。

スミコンセルテック㈱は,親会社の一つである住友金属鉱山㈱と共同で,土壌・地下水汚染の修復技術開発に取り組んでいる。バイオ修復技術開発については,各種油土壌汚染とシアン土壌汚染への適応を中心に取り組んでいるが,なかでもとりわけ,土着微生物活性化によるシアン化合物汚染土壌の原位置修復技術の研究開発において良好な成果が得られたため,シアン汚染処理プロセス「セル バイオ シーエヌ(Cer-Bio CN)」として既に商品化・事業展開をしている。

この開発技術は,自然状態よりも格段にシアンの分解時間を短縮させる技術(特許出願中)で,土壌は,掘削された状態や未掘削の地中状態のどちらでも処理が可能で,単体のシアンイオンだけでなく,従来除去が困難であった鉄などの重金属と結合(錯体)したシアン成分が分解可能である(図3)。本技術を適用した試験では,適用しないケースと比較しシアンの分解速度が10倍以上に加速することを実地で確認している(図4)。

微生物による難分解性シアンの分解

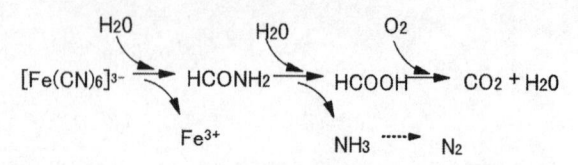

$$[Fe(CN)_6]^{3-} \xrightarrow{H_2O} HCONH_2 \xrightarrow{H_2O} HCOOH \xrightarrow{O_2} CO_2 + H_2O$$
$$\searrow Fe^{3+} \quad \searrow NH_3 \cdots\cdots N_2$$

図1 錯体シアンを酸化的に分解して最終的に二酸化炭素へ代謝する系

---

* Ryozo Ushio スミコンセルテック㈱ 技術開発部 次長

第1章　浄化技術

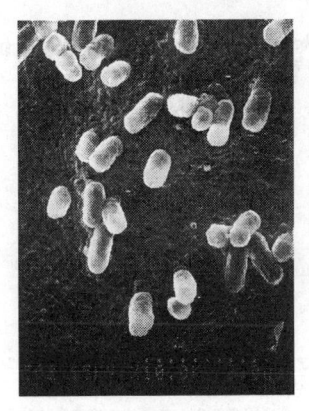

図2　土着微生物から分離した，難分解性シアン分解菌

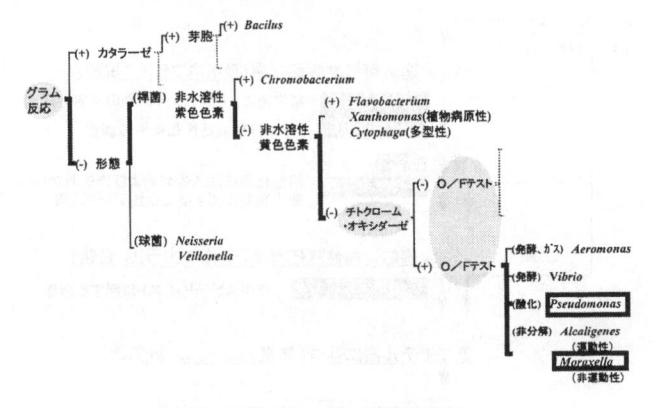

図3　分離土着シアン分解菌の同定例
（16SrDNA 塩基配列からの属種判定も可能）

　具体的には，処理対象の土壌や地下水にシアンを分解する菌が存在することを確認した後，栄養源と酸素を含んだ液を添加システムより注入，分解菌を増殖・活性化させて各種シアン成分を分解する。

　分解菌は，通常の土壌に棲息しているものであり，注入される栄養等もごく低濃度の糖類を主成分とした安全なものである。また，活性化された菌は，栄養等が消化され，シアン成分が分解された後，通常の状態に戻る。

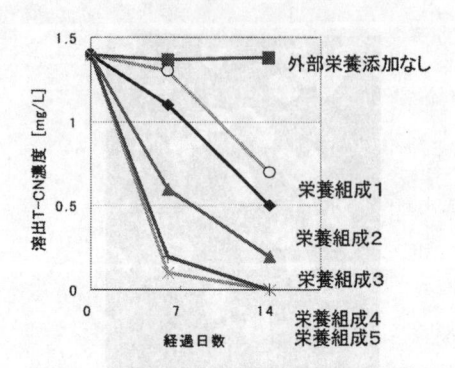

図4 シアン実汚染サイト地下水対象でのシアン微生物分解活性化試験
(分離シアン分解菌を含んだ自然の複合微生物系環境にて)

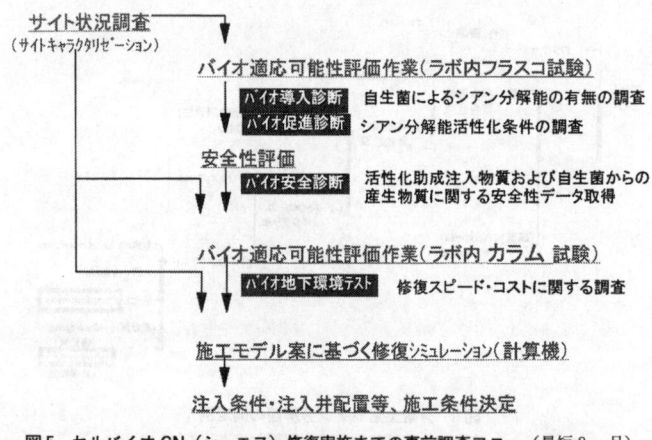

図5 セルバイオ CN（シーエヌ）修復実施までの事前調査フロー（最短3ヶ月）

2.2.2 バイオ修復成否の鍵を握る事前評価の信頼性

原位置バイオスティミュレーション技術を実際のシアン汚染サイトに適用するためには，事前にその技術適用性の検討および経済性評価をおこなう必要がある。「バイオトリータビリティ調査」はこれらを明らかにするために実施されるものであり，もともとは EPA 米国環境保護庁によって初めてその実施におけるガイドラインが示されている。

旧環境庁，千葉市などの協力のもと，1994年から1997年まで千葉市において VOC 汚染地下

第1章 浄化技術

事前バイオ適用性評価 カラム試験設備

図6 地下状態の実験的再現環境下での事前確認テスト
現地展開時に100％効果が再現するよう，事前評価で確認。

水を対象に，国内における初めての原位置バイオレメディエーションの現場試験が実施され，スミコンセルテック㈱は，住友金属鉱山グループとともに当プロジェクトに参画，このガイドラインに沿ったバイオトリータビリティ調査の評価手法（図5）を含め，原位置バイオ浄化の技術ノウハウを蓄えている。そしてこの経験を活かし，スミコンセルテック㈱では，カラム試験（図6）などの綿密なバイオトリータビリティ事前調査で浄化信頼性を高めている。それはシアン汚染浄化という使命においては，より信頼性の高い修復計画の策定とそれによる評価体制が重要と考えるためであり，また，短期間でのスピーディーな事前評価で信頼性ある事前予測情報を提供することも心掛けている。

2.2.3 おわりに

スミコンセルテック㈱は，汚染土壌・地下水の調査から処理対策，モニタリングまで一貫したシステムで汚染に取り組んでいる。その中で国内で初めてのシアンに汚染した土壌・地下水処理プロセスである「セル バイオ シーヌ（Cer-Bio CN）」事業の展開を行っている。

「セル バイオ シーヌ（Cer-Bio CN）」は基本的に，事前評価（カラム試験）→施工設計→修復工事より構成され，バイオ浄化に初めての顧客には，最初に，原位置に有用微生物が存在するか否か，及び，その微生物が栄養分補給により活性化するか否かを判定する，初期導入試験の実施を薦めている。

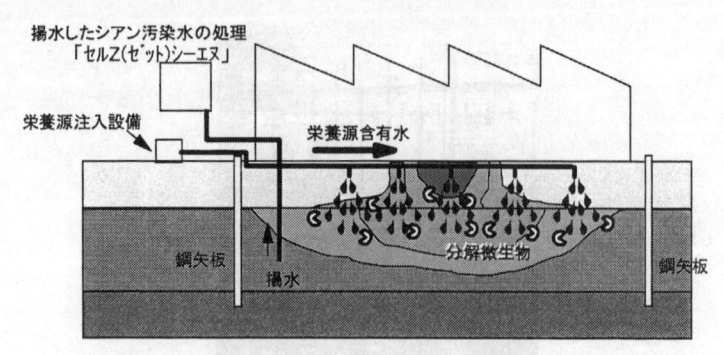

図7 シアン地下土壌汚染浄化実施形態の例

帯水層汚染では,「セルZ(ゼット)シーエヌ」と「セルバイオシーエヌ」の組合せが効果的である。
この他に,ランドファーミング実施形態やバイオパイル実施形態がある。

　また,シアン化合物汚染が帯水層に及んでいる場合には,「セルZ(ゼット)シーエヌ」を組み合わせた,更に効果的な処理プロセスも提供している。「セルZ(ゼット)シーエヌ」は,シアン汚染水の処理システムであり,幅広いシアン化合物形態とけん濁粒子濃度に対応して効率よく汚染水を処理できる特徴がある。揚水処理に「セルZ(ゼット)シーエヌ」を組み込んで揚水量を確保した上で,「セル バイオ シーエヌ(Cer-Bio CN)」を実施することにより,より効率的なプロセスを提供できる(図7)。

2.3 モエジマシダによるヒ素汚染土壌のファイトレメディエーション

近藤敏仁*

2.3.1 はじめに

環境省の調査結果によると，ヒ素は重金属類の汚染物質の中で，鉛に次いで環境基準値の超過率の高い元素である[1]。これは，天然由来で特定の地層，温泉，鉱山等に広く存在することと，人為的には農薬原料，CCA（銅－クロム－ヒ素）剤等木材の防腐・防蟻剤，ガラス原料等として広く使用されてきたことによるものと考えられる。

これまで，ヒ素汚染土壌の浄化対策として，汚染土壌の場外搬出・処分，不溶化処理，洗浄処理等が一般になされてきたが，いずれも高コストであり，エネルギー消費も大きいという問題があった。現在，低コスト・低環境負荷型の土壌汚染浄化技術の開発が精力的になされている[2]が，植物を用いる汚染土壌浄化技術すなわちファイトレメディエーションも期待される技術の一つと考えられる。

2.3.2 モエジマシダによるファイトエキストラクション

ファイトレメディエーション技術のなかで，土壌中の汚染物質を抽出除去する手法はファイトエキストラクションに分類される[3]。ファイトエキストラクションを効率的に行うためには，目的の汚染物質を特異的に吸収・蓄積する植物すなわちhyperaccumulator[4]が必要となる。

近年，フロリダ大学のMaらは，フロリダ周辺の木材防腐処理工場の跡地に自生していた植物のなかで，モエジマシダ（*Pteris vittata*）がヒ素に対して特異的に高い吸収・蓄積能力をもつことを発見した[5]。モエジマシダは日本国内にも自生しているシダで，沖縄県，鹿児島県，大分県，愛媛県，和歌山県等で確認されている[6]。

以下，汚染レベルの異なる2種類の実汚染土壌における，モエジマシダのヒ素吸収能力の評価試験結果を示す。

2.3.3 実験方法

(1) 供試土壌

汚染レベルの異なる2種類の実汚染土壌を用いた。土壌A，土壌Bとも工場跡地の土壌である。いずれも土地の用途変更に伴う調査により，ヒ素汚染が判明した。土壌Bは農薬製造原料として使用していたヒ素に由来する汚染であるが，土壌Aの汚染原因は不明である。

---

* Toshihito Kondo ㈱フジタ 技術センター 環境研究部 主任研究員／土壌環境グループ長

(2) 栽培試験
① 供試植物

モエジマシダは，米国 edenspace systems 社より提供されたものを使用した。供試植物は，胞子散布から育成期間として概ね4ヶ月経過したものである（写真1）。

② 栽培試験

a) 土壌Aでの栽培試験（現地，温室内）

現地での栽培は，平成14年8月27日〜12月2日の間実施した。その後，気温の低下によってヒ素吸収量ならびに植物体重の増加が停止したので，現地で栽培していた植物体を同じ現地の汚染土壌でワグネルポット (a/5,000) に植え込み，ファイトトロン内で管理した。ファイトトロンの条件は，次の通りである。照度：20,000lux，照明時間：13時間／日，温度：(昼) 25℃ (夜) 20℃, 湿度：50〜80％。

植物体のサンプリングは，平成14年8月27日，10月3日，10月24日，12月2日，平成15年4月4日，6月9日に実施した。

b) 土壌Bでの栽培試験（温室内）

土壌Bを用いワグネルポット (a/5,000) でモエジマシダを栽培した。管理はファイトトロン内で行った（条件は前記の通り）。サンプリングは，平成15年2月12日（植栽時），4月4日，6月9日に実施した。

(3) 分析方法
① 土壌分析

土壌の溶出試験は環告18号，含有量値は環告19号（1M-HClによる抽出）に従って行った。

② 植物体分析

植物体の前処理として，定法により植物体を乾燥粉砕した後，所定量を濃硝酸にて湿式灰化を

写真1 モエジマシダの栽培試験状況

行った。分析は，フレームレス原子吸光法により行った。

③ **植物体生産量**

植物体の地上部を刈り取った直後に新鮮重（以下，FW）を測定した。FWを測定後，80℃にて一昼夜乾燥した後，測定した重量を乾物重（以下，DW）とした。

2.3.4 結　果

(1) **土壌中のヒ素汚染レベル**

ヒ素汚染レベルを表1に示す。

土壌Aにおいて溶出値は0.041mg/lと基準値を超過しているものの汚染レベルは軽微なものであった。また，含有量値は基準値を超過しなかった。

土壌Bの汚染は顕著で，溶出値は基準値の330倍であり，含有量値も基準値を超過していた。

(2) **土壌Aにおけるヒ素吸収**

図1に示したように，現地に植栽後，植物体中のヒ素濃度は増加したが，気温の低下に伴い横這いとなった。現地でのヒ素の最大濃度は120mg/kg-DWであった。ファイトトロンでの栽培に移行したところ，ヒ素濃度は増加し，最大315mg/kg-DW，平均240mg/kg-DWに達した。

(3) **土壌Bにおけるヒ素吸収**

図2に示したとおり，土壌Bでのポット試験の結果，ヒ素濃度は最大20,000mg/kg-DW，平

表1　供試土壌のヒ素汚染レベル

	溶出値（mg/l）	含有量値（mg/kg）
土壌A	0.041	43.4
土壌B	3.3	557.7

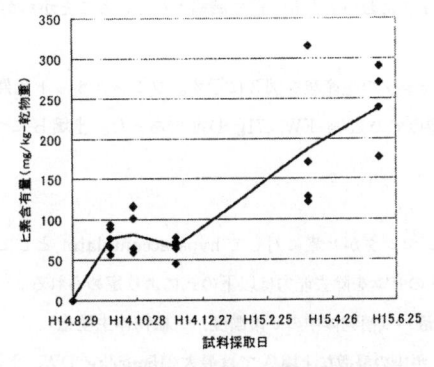

図1　土壌Aにおけるヒ素の吸収

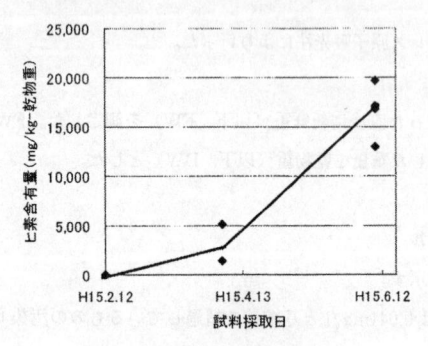

図2 土壌Bにおけるヒ素の吸収

表2 モエジマシダによる土壌中ヒ素の濃縮

	ヒ素 (mg/kg)			濃縮係数	
	植物体中 (a)	土壌中HCl可溶 (b)	土壌中水溶性 (c)	(a)/(b)	(a)/(c)
土壌A	240	43.4	0.41	5.5	561
土壌B	17,000	557.7	33	30.5	515

均17,000mg/kg-DWであった。

(4) ヒ素の濃縮

土壌中のヒ素濃度と植物体中のヒ素濃度から、モエジマシダによる生物濃縮係数を求めた（表2）。土壌中含有量（1M-HCl抽出）に対して植物体中のヒ素は、土壌Aにおいて5.3倍に、土壌Bにおいて30倍に濃縮されていた。また、土壌中水溶性ヒ素に対して植物体中のヒ素は、土壌Aにおいて561倍、土壌Bにおいても515倍に濃縮されていることがわかった。

(5) 植物体生産量

土壌Aにおけるモエジマシダの生産量を図3に示す。ワグネルポット条件での個体当りの生産量は、植付け後8ヶ月時点での230g-FW、71g-DWであった。土壌Bについても、同等の生産量が認められた。

2.3.5 考察

本試験によって、モエジマシダがヒ素に対してhyperaccumulatorとしての能力を有していることが確認できたが、そのヒ素除去能力は以下の式により定められる。

(土壌からのヒ素除去量)＝(植物体中のヒ素濃度)×(植物体生産量)

植物体中のヒ素濃度は、汚染の軽微な土壌Aでは最大315mg/kg-DW、平均240mg/kg-DW、

第 1 章　浄化技術

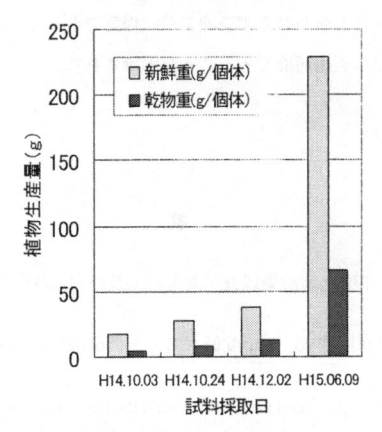

図 3　モエジマシダの生産量

汚染レベルの高い土壌 B においては，最大 20,000mg/kg-DW，平均 17,000mg/kg-DW であった。この結果は，これまでに報告されてきたデータ[5,7]と比較しても遜色ないものであり，hyper-accumulator として利用可能であることが確認できた。

　浄化能力を決定するもう一つの要因に植物体生産量がある。これまで知られている *Thlaspi caerulescens* のような重金属の hyperaccumulator は，植物体中の蓄積濃度が高いものの，植物体生産量が小さいため，土壌からの除去量が小さく，結果的に浄化効率が低いものが多かった[4]。

　本試験で得られたモエジマシダの植物体生産量は，8 ヶ月の生育期間で 70g-DW/個体であり，0.7kg-DW/m^2・年程度の生産量は得られるものと考えられる。本試験は苗移植後の 1 年間であったが，多年生であるため 2 年目以降はさらに植物体生産量が増加するものと考えられる。他の研究者が実施したモエジマシダの栽培試験結果では，m^2 あたり 3.6kg-FW[8]（概ね 1kg-DW に相当），適切な管理をして年数回刈り取りをした場合には 2〜3 kg-DW/m^2 に及ぶ生産量が得られている[9]。

　年間バイオマス生産量を 2kg-DW/m^2 として土壌からのヒ素除去量を見積もると，土壌 A の場合は m^2 当たり約 0.5g，土壌 B の場合は m^2 あたり 約 34g のヒ素が 1 年で除去出来るものと考えられる。

　また，汚染物質を吸収した植物は場外に搬出し処理・処分することになることから搬出量の削減という観点から考えると，土壌に対する植物への濃縮率が重要である。

　土壌 A，B とも含有量（1M-HCl 抽出）に対しては，それぞれ 5.5 倍，30.5 倍に，水溶性ヒ素に対しては，それぞれ 561 倍，515 倍に濃縮されていることがわかった。特に水溶性ヒ素に対し

ては，土壌中濃度の差が大きいにもかかわらず濃縮率が同程度であったことから，高濃度から低濃度まで幅広い濃度範囲の汚染に適用可能であることが示唆された。

文　　献

1) 環境省 (2002)：平成12年度土壌汚染調査・対策事例及び対応状況に関する調査結果の概要
2) 環境省報道発表資料 (2002)：平成14年度低コスト・低環境負荷型土壌汚染調査対策技術事業の募集について
3) Glass D. J. (1999)：U. S. and International Markets for Phytoremediation 1999-2000, D. Glass Associates
4) Baker, A. J. M., Brooks, R. R. (1989)：Terrestrial higher plants which hyperaccumulate metalic elements, *Biorecovery*, **1**, 81-126
5) Ma, L. Q. *et al.* (2001)：A fern that hyperaccumulates arsenic, *Nature*, **409**, 579
6) 倉田悟・中池敏之編 (1979)：日本のシダ植物図鑑 1, 東京大学出版会, 262-263
7) Cao, X., Ma, L. Q., Shiralipour, A. (2003)：Effects of compost and phosphate amendments on arsenic mobility in soils and arsenic uptake by the hyperaccumulator, *Pteris vittata* L., *Experimantal pollution*, **126**, 157-167
8) CHEN, T. *et al.* (2002)：Arsenic hyperaccumulator *Pteris vittata* L. and its arsenic accumulation, *Chinese Science Bulletin*, Vol.47, No.11, pp902-905
9) Blaylock, M. J. (2003)：私信

2.4 マルチバリア工法による地下水汚染の浄化

中平 淳[*]

2.4.1 マルチバリア工法の概要

　マルチバリア工法とは，地下水流動の比較的大きな地盤に対する汚染拡散防止対策のひとつで，透過性の高い特殊浄化材を地中に杭状に構築することで，地下水中の汚染物質を吸着，または分解するものである。浄化材料を対象物質によって入替えたり，同時に複数列施工したりすることで，多種の汚染物質に対応できる工法である（図1参照）。

　揮発性有機化合物による地下水汚染サイトでは，汚染地下水流動を利用し，浄化された清浄な地下水を流下させる「透過性浄化壁工法」が対策として採用されるケースがあるが，マルチバリア工法はそれを，より多様化させた工法といえ，揮発性有機化合物だけでなく，重金属・農薬系の単独汚染に加え，それらの複合汚染にも対応できる工法である。

　バリアを構築する材料は，汚染物質を分解・固定する反応剤（酸化還元材，バイオポリマー等）と，それら反応剤を土中で均等に分散させ保持するための基材（高透水性の砕石，土粒子等）か

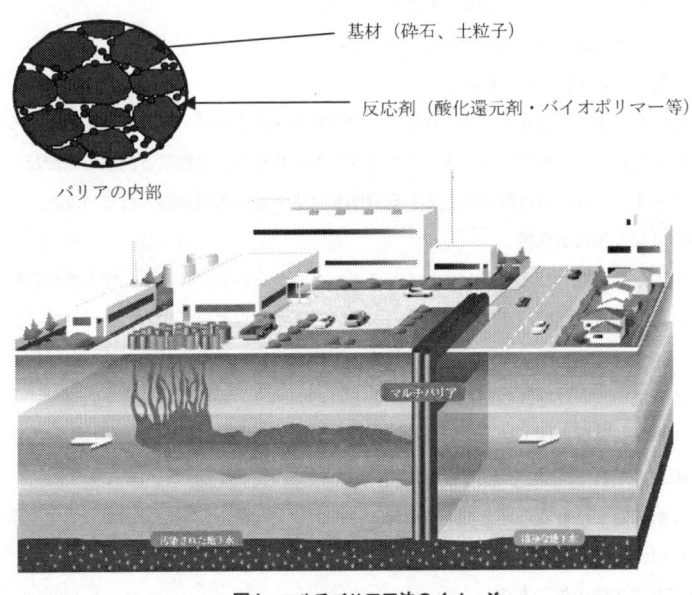

図1　マルチバリア工法のイメージ

---

* Jun Nakahira　大成建設㈱　エコロジー本部　土壌環境事業部　シニア・エンジニア

表1 マルチバリア工法の対象物質と対象方法

対象物質	原理	主要材料
六価クロム・鉛・セレン等重金属類	吸着・安定化	鉄粉系・ゼオライト系
砒素	吸着・安定化	シュベルトマナイト系
ふっ素等非金属	安定化	ハイドロタルサイト系
ダイオキシン類・PCB	吸着・安定化・分解	活性炭・高機能還元剤
石油系炭化水素	微生物分解	酸素供給剤・活性炭
硝酸性窒素	微生物脱窒	生分解性ポリマー＋鉄粉

ら構成され，実験により最適な配合を決定し，地中基礎を構築する要領で地中に構造体として築造される．

2.4.2 マルチバリア工法における対象物質と浄化材料

地下水汚染浄化対策の主な方法は，

① 活性炭やアロフェンなどによる物理的吸着による方法．
② 微生物などを利用する生化学的な分解による方法．
③ キレート剤などを使う化学的な分解による方法．
④ 酸化・還元・安定化による方法．

などが挙げられるが，マルチバリア工法ではこれらの方法を複合または，単独で複数利用することで，複合汚染に対応する．現在，マルチバリア工法で対応可能な汚染物質と，反応原理及び主要材料を表1に示す．これらの材料は現在でも研究開発により能力増強が図られている．

2.4.3 マルチバリア工法の耐久性

マルチバリア工法の特徴のひとつとして，メンテナンスフリーが挙げられる．地下水が自然流下する途中に反応性の透水性のバリアを構築し，あとは地下水が自然流下することだけで浄化が進行するため，一旦構築が完了すると，材料の能力の限界まではバリアとしての性能が維持できることが，この工法の大きな特徴のひとつともいえる．

マルチバリアの耐久年数は他工法との比較検討を行う場合，重要な要因の一つとなるが，吸着系，分解系の両方の場合10年から40年程度までの耐久性を持たせる設計が可能である．

さらに，この耐久性を高めることで地下水汚染サイトだけでなく，最終処分場から発生する浸出水対策にも利用が可能である．

2.4.4 マルチバリア工法の施工方法

マルチバリア工法では，現位置に透過性の杭を構築するために既存の場所打杭工法を現場に合せて使い分けることができる．投入材料は現地で汚染に合せた所定のものを混合するのが一般的

第1章　浄化技術

写真1　削孔（ベノト工法の例）

写真2　浄化材の現場調合

で，混合調整されたものをベッセルなどで削孔部に投入する。ケーシングの撤去はボイリングに注意しながら土質に合せて実施する。

施工は
① ケーシングを利用した削孔（写真1）。
② ヤードで調合された浄化材の投入（写真2，3）。
③ ケーシングを撤去。
の工程の繰り返しで浄化杭を構築する（図2）。

307

写真3 浄化材の投入

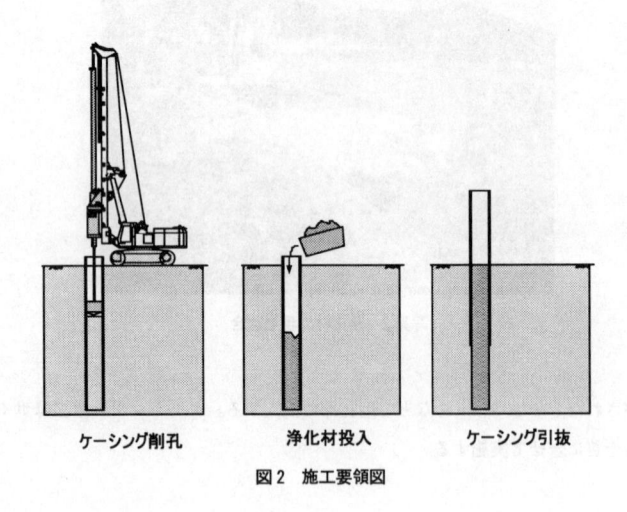

図2 施工要領図
ケーシング削孔　浄化材投入　ケーシング引抜

2.4.5 マルチバリアの実施例

　某機械工場で実施したマルチバリアの施工例を示す。汚染物質は六価クロムで，地下水濃度では最大100（mg/L）程度の汚染であった。施工した杭は，杭径260mm，長さ3000mmである。

第1章　浄化技術

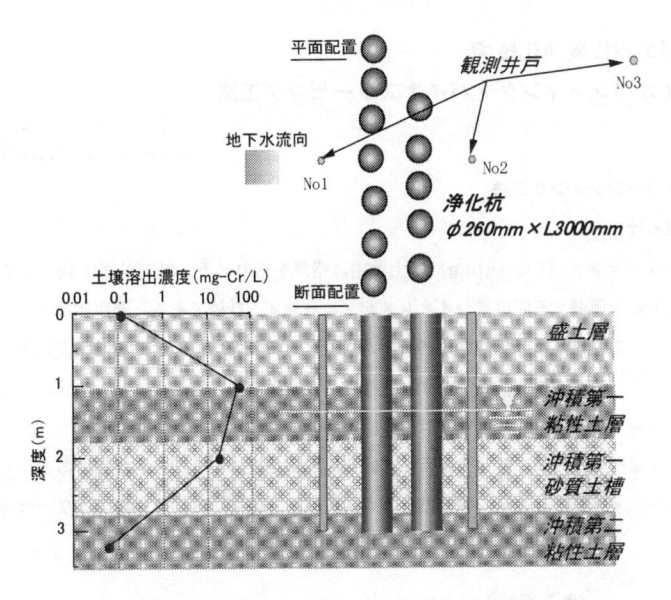

図3　六価クロム対応マルチバリアの施工概要

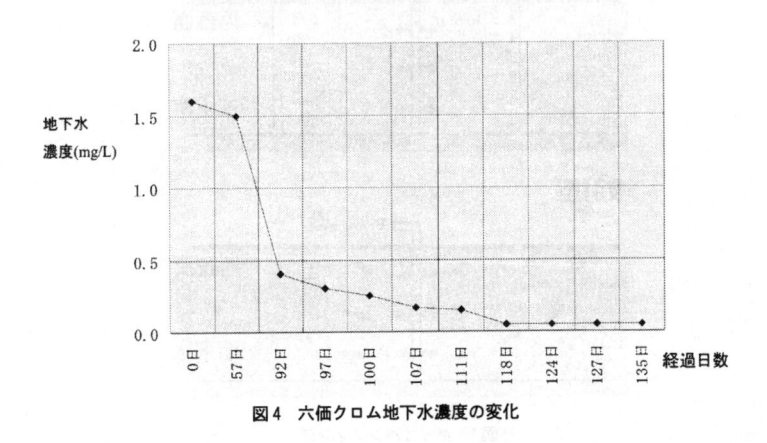

図4　六価クロム地下水濃度の変化

　施工後，観測井戸を継続観測した結果によると，4ヶ月を経過した段階で六価クロムがほぼ完全に浄化されていることが確認できた（図3，4参照）。

3 油類の原位置浄化技術
3.1 バイオベンティング・バイオスラーピング工法

本間憲之[*1], 合田雷太[*2]

3.1.1 バイオベンティング工法
(1) 原理と仕組み

バイオベンティング (Bioventing) は土壌中に空気を送り込み，好気的微生物による汚染物質の微生物分解を促進する原位置バイオレメディエーション技術である。適用領域は土壌中の不飽和層である。対象物質は好気的微生物分解が可能なもの一般であるが，石油系炭化水素に適用される場合が多い。バイオベンティングは土壌中への空気の導入方法により，空気注入型及び空気吸引型の2種類のシステムに大別される (図1)。

いずれも土壌の不飽和層に空気を導入し，好気的環境を維持することが目的である。

バイオベンティングのシステム構成は土壌ガス吸引法と似ている。違いはブロワーの容量及び

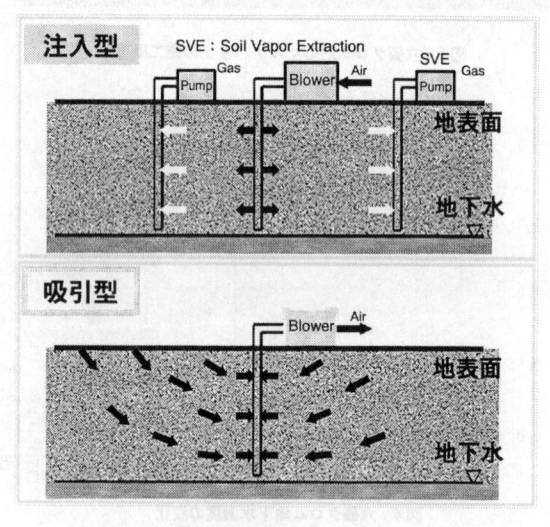

図1 バイオベンティング

[*1] Noriyuki Homma 三井造船㈱ 環境・プラント事業本部 プロジェクト部 土壌環境担当部長

[*2] Raita Goda 三井造船㈱ 環境・プラント事業本部 プロジェクト部 土壌環境グループ 主任

運転方法にある。土壌ガス吸引法は揮発性の高い物質を土壌ガスとして回収するのを目的としているため，運転時の空気量はバイオベンティングより大きくなる。一方バイオベンティングでは，好気的微生物が消費する酸素に見合った空気量を供給することが目的であるため，空気量は小さくなる。

① 空気注入型

このシステムでは，不飽和層の汚染土壌領域に設置された井戸から空気を直接注入する。注入された空気は土壌中に入り込み，周囲を好気的環境に変える。

空気注入に伴う圧力上昇により，土壌中の影響圏は周囲に比べ正圧の状態となる。この効果により付近の地下水面がやや低下し，地下水面上方に位置する毛管水帯の汚染土壌が空気に曝されやすくなり，この領域の微生物分解も促進される。石油系炭化水素による汚染は毛管水帯に分布することが多いため，この部分の微生物分解が効果的に進むことは，浄化工事を進める上で有利な点である。

② 空気吸引型

バイオベンティングでは前述の通り注入型が有利であるが，近接する地下構造物への土壌ガスの侵入等を制御する仕組みが備わってはいない。空気の影響半径に近接して地下室等が存在する場合は，それら構造物への土壌ガス侵入を防ぐため吸引型が選択される。
注入型と比較した場合の特徴は次の通りである。

1) 注入型に比べ空気の拡散がない分，同じ能力のブロワーを使用した場合の影響圏は小さくなる。
2) 吸引により影響圏は周囲に比べ負圧の状態になる。この効果により地下水面がやや上昇するため，微生物分解が及ぶ不飽和層が狭くなる。
3) 負圧により対象物質が揮発しやすくなるため，土壌ガス回収効果が期待できる。
4) 気液分離装置，排ガス処理装置などの付帯装置が必要。

なお空気導入の主装置は注入型とし，土壌ガスの敷地外拡散を防止する目的で，敷地境界周りに吸引井戸，配管を設置する注入吸引併用型は，注入型の有利な点は残しながら安全性を確保できるシステムである。

(2) 物理的要因

バイオベンティングを適用する場合，以下に示す3つの物理的要因が重要な検討項目となる。

① 土壌の通気性

好気的微生物分解を促進するに十分な程度の空気量は土壌ガス吸引ほど多くないとは言っても，一日あたり間隙体積の25%から50%程度の空気を供給することになるため，土壌の通気性が良いことが望ましい。透水係数にして10^{-4}cm/sec程度以上あれば理想的である。透水係数が10^{-5}

cm/secを下回る土壌の場合，空気のショートカットや局所的に透水性が大きな層だけに空気が浸透するような現象が出て来るため，観測をより慎重に行ない，汚染源が確実に好気的な環境に維持されているかどうかを見極めなければならない。

② **汚染の分布**

バイオベンティングは不飽和層の土壌汚染に適用される技術である。従って対象物質が次のような分布状態の場合には効果が発揮される。

1) 対象物質が不飽和層の土壌に収着されている場合。
2) 対象物質が不飽和層にガスとして存在している場合。
3) 原液状の対象物質が不飽和層の土壌の空隙に存在している場合。
4) 対象物質が不飽和層の間隙水に溶存している場合。

汚染が地下水を通じて移動する場合，汚染源は対象物質の供給元となる。汚染源を浄化することが最も重要な課題である。

③ **影響半径**

実際の地質構造は均質ではなく，通気性が鉛直方向，水平方向それぞれに異なることが多い。そのような条件下で微生物分解を維持できる空気を汚染源に供給することが必要である。従って調査を通じて汚染源及びその周辺の地質構造を把握し，土壌の通気性に合わせて対策井戸の鉛直方向，水平方向の配置を適切に設計しなければならない。

(3) **微生物的要因**

微生物が対象物質を基質として代謝する場合，酸素は主にエネルギー生産と一部バイオマス生産で使用される。以下にいくつか微生物的な要因をまとめる。

1) 電子受容体：バイオベンティングにおける電子受容体は酸素である。微生物がエネルギー生産する際にこの電子受容体が必要となる。
2) 含水比：微生物の代謝，栄養素の取りこみのために水分が必要となる。ただし砂漠のように土壌が絶乾状態になる環境以外では外部から供給する必要はない。
3) pH：微生物の活動にとって望ましいpHの範囲は5から9くらいの範囲とされる。
4) 温度：微生物のなかには零下の気温から100℃の温水まで適応できるものもある。しかしバイオレメディエーションが効果的に進む温度範囲は20～30℃が目安である。
5) 栄養素：微生物が生存するためには金属類など様々な無機栄養素が必要である。中でも重要なものは窒素とリンである。酸素と違い消費されずリサイクルされるため，継続的に添加する必要はないが，重量比でバイオマス：窒素：リン＝100：10：1程度必要とされる。

(4) **設　計**

バイオベンティングの設計において重要な点は，対象物質の揮発を最小限にとどめながら，微

第1章 浄化技術

生物分解が最適に進むような土壌環境を維持できるようなシステムにすることである。この点を考慮しながら，次のような順序で設計を進める。

① 空気の導入方法選択

先に述べた通りバイオベンティングが有効に働くのは注入型である。注入型の適用が適切かどうかを判断する場合に検討すべき項目は次の通りである。
1) 影響圏の近くに地下室，地下道，埋設共同溝がある。
2) 土壌ガスが侵入すると問題のある地上の建物，施設（人体への取りこみ，火気の使用等）が近接している。

これらの条件下で空気の流れを安全側に制御できない可能性がある場合は，吸引型，注入吸引併用型を選択する。

② 必要な空気量の決定

必要な空気量は次の計算式で算出された数値を目安として決める。

$$Q = k_0 \cdot V \cdot \Theta_a / (20.9\% - 5\%) \times 60$$

Q ：流量（m³/min）
k_0 ：酸素消費量（%/hr）
V ：汚染土壌の量（m³）
Θ_a ：間隙のうちガス相が占める体積の比率（0.2〜0.3）

酸素消費量はサイトでのレスピレーション試験等を通して求める。

③ 影響半径の設定と井戸の配置

微生物の活動に十分な酸素濃度を維持できる範囲を影響半径とするのが本来の考え方である。しかしこの考え方を実施するためにはサイトでの計測等に時間がかかるため，実用的にはブロワーを運転しながら土壌中の圧力変化が2〜3 mm水柱ほど得られる範囲を影響半径としている。井戸の配置間隔は影響半径の1〜1.5倍を目安として，汚染源がまんべんなくカバーでき，隙間が出来ないよう配置する。

④ ブロワーの選定

ブロワーの能力を決定する時のパラメーターは流量及びシステム全体の圧力損失である。圧力損失は対策井戸群を通じた空気輸送，排ガス処理装置も含めた配管システム全体の損失を計算する。ブロワーを選定するに際しては，必要な風量値及び圧力値が機器の能力曲線の中間付近にくるような型式とする。吸引型の場合は土壌ガスが可燃性である可能性を考慮し，液封式ポンプ等可燃性ガスに適用できるものを選定する。

⑤ 対策井戸の仕様

井戸の径は5〜10cm程度である。深度が小さかったり透水性の大きいサイトの場合は5cmの

径で十分な事が多い。反対に深度が10mを超えたり，透水性が小さなサイトの場合はより径の大きなものとする。ボーリング孔とケーシングパイプの隙間には珪砂を充填し，上部をベントナイト，セメントでシールする。井戸の先端の深さは地下水位が最も低下した時の水面に合わせて設置する。ただしスクリーンは地下水位が最も上昇した場合でも完全に埋没しない位置まで設ける。

⑥ 観測井戸の仕様，観測点の配置

観測井戸は試運転時点から浄化終了まで，土壌中の圧力，土壌ガスの濃度等を継続して計測を行なう重要な設備である。1つの井戸には深さを変えて3点ほど観測点を設ける。最深部の観測点は汚染の底面付近でかつ地下水面より0.5～1m程度上部に設ける。最浅部の観測点は地表面から1～1.5m程度下方の地点とする。中間部の観測点は最深部の観測点と最浅部の観測点の中間からやや上部の位置に設ける。それぞれの観測点は観測点間をベントナイトでシールし目的の深度の観測が確実に行なわれるようにする。観測井戸を平面的に配置する際は，汚染源，影響圏の端部，及びこれらの中間の3点を目安とする。

3.1.2 バイオスラーピング工法

(1) 原理と仕組み

バイオスラーピング（Bioslurping）は，フリープロダクト（Free product：原液状の状態で地下水面上や土壌間隙の存在する油等の物質）の真空抽出，土壌ガスの吸引，バイオベンティングの3つの機能を1つのシステムで行える原位置浄化技術である。図2のように二重管になった井戸をサイトに設け，地上に設置した真空ポンプで揚水，土壌ガス吸引，バイオベンティングを同時に行うしくみになっている。

石油系炭化水素（ガソリン，軽油，重油等）のような油による地中の汚染塊が地下水に接すると，土壌のみならず地下水も汚染される。疎水性で水より軽い油は，地下水面付近の土壌でいったんとどまり，フリープロダクトを形成する。バイオスラーピングは，このような土壌の油汚染と地下水のフリープロダクトを原位置で浄化，回収する場合に適した技術である。

① フリープロダクトの回収

水中ポンプによる従来型の揚水方法では，地下水を汲み上げて水位を低下させ，高低差の動水勾配によってフリープロダクトを回収するが，多量の地下水を揚水するため，水処理量が増大してしまう傾向がある。さらに，フリープロダクトが残った状態のまま地下水の水位を低下させるため，深度方向の汚染拡大を招くことがある。

バイオスラーピングでは，井戸の内管の先端部を地下水面下でかつ表面近くの位置にセットし，その場所からフリープロダクトを吸引する。真空ポンプで井戸の内部が負圧となり，井戸の周りの土壌と井戸内部との間で圧力差が生じる。この圧力差による地下水の動水勾配によって吸引す

第1章 浄化技術

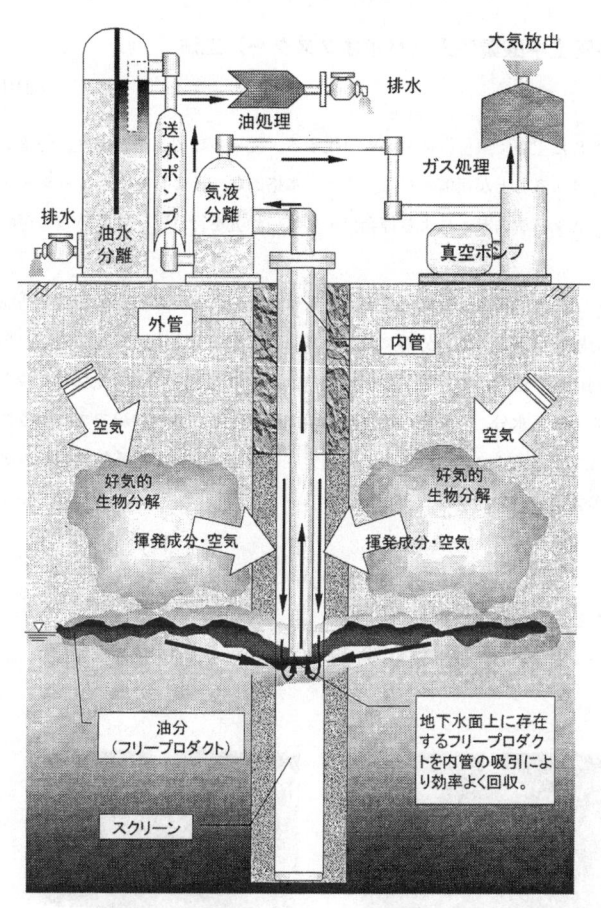

図2 バイオスラーピング

るため，地下水位の大きな低下を伴わずに，効率的にフリープロダクトを回収することができ，余分な地下水の吸い込みを最小にすることができる。

② 不飽和帯の油の回収

真空ポンプの負圧により土壌中に揮発した成分を吸引し回収する。負圧が及ぶ領域では，圧力の低下により物質の沸点が下がるため，物質の気化が起こりやすくなる。同時に地表面から土壌中に新鮮な空気が供給されるため，土壌中の好気的微生物が活性化され生物分解が促進される。このような効果はバイオベンティングと同じである。

3.2 間欠・高圧土中酸素注入(バイオプスター)工法

石川洋二[*]

3.2.1 概　要

　油分にて汚染された土を，原位置において浄化する。従来の類似工法と比べ，効率よく，広範囲に均一に浄化をはかることが可能となる。また，本格的なバイオレメディエーションの前処理として，バイオプスターシステムにより揮発分・臭気の除去を行うという使い方も可能である。

3.2.2 原　理

　バイオプスター工法で油汚染土を処理する場合には，そこに住んでいる微生物を活性化することにより油分の分解をはかる。油分分解に適した好気的な環境を土中に作るために，高圧の空気を間欠的に地盤内に送り込み，また空気吸引装置により地盤内から空気の強制引き抜きを行う工法である。酸素以外にも水分，栄養塩の添加が必要であり，これらも供給できるようになっている。このようにして，バイオプスターにより，油分中の有害な成分である飽和脂肪族炭化水素や芳香族炭化水素の大部分を分解することができる。

3.2.3 特　徴

　バイオプスター工法は，次のような特徴を持つ。

A. 広範囲にわたる均一な処理

　バイオプスターシステムは，従来の連続的に空気を土中に入れる方法とは異なり，高圧の空気

連続的な空気の注入　　　バイオプスター方式の注入

図1　空気の広がり方の違い

---

* Yoji Ishikawa　㈱大林組　土木技術本部　環境技術第二部　技術部長

第1章 浄化技術

を数ミリ秒という短時間のパルス状で間欠的に空気を土中に噴射することに特徴がある。これにより投入された空気がより広範囲に広がる。図1に，連続的な空気の注入と，バイオプスター方式による注入との空気の広がりの違いを可視化したものを示す。連続的な注入は空気道を通っていくのに対し，バイオプスター方式は広い範囲に空気が行き渡ることがわかる。

図2に，砂質地盤にバイオプスターから噴出した空気の広がり方を実測したデータを示す。空気はほぼ球状に広がり，約1時間で半径4mの地点にまで達している。このことより，このような地盤にとってはバイオプスターの影響範囲を半径4mとして工法を設計すれば良いことがわかる。

B. 原位置処理方式

微生物の活性を高めるのに必要な酸素・水分・栄養を，対象地盤や土中に直接供給するので，原位置での処理が可能となる。

C. 工期の短縮

従来システムとは異なり，酸素を添加した空気を土中に供給する。これにより微生物活性が向上し，分解が促進され，処理期間が従来法に比べ半分以下になることがあきらかになっている。

D. 周辺環境への影響

投入した空気を，もれなく吸引して空気浄化装置で処理するので，処理期間中でも臭気や有害物質は周辺に拡散しないという特徴を持つ。また，高圧空気の噴出ではあるが，土中において行

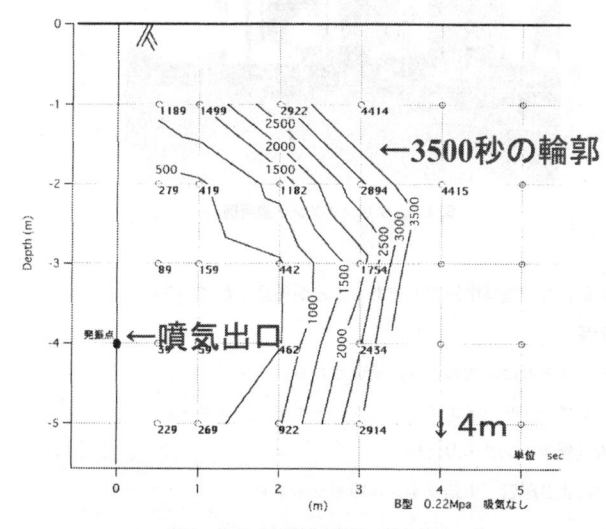

図2 土中での実際の空気の広がり方

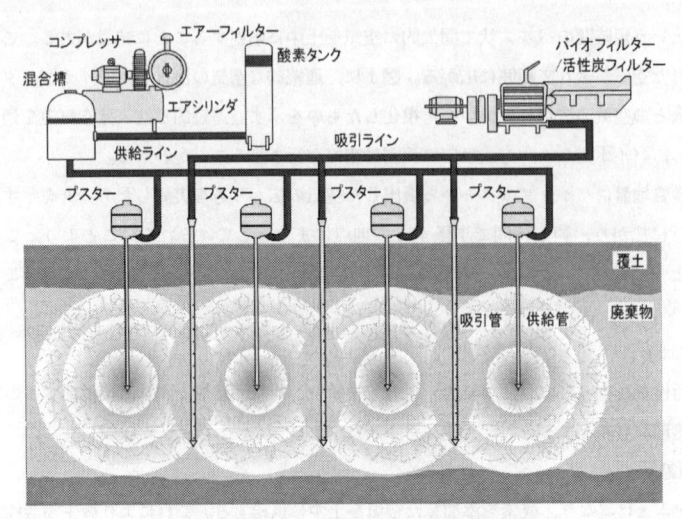

図3 バイオブスター工法のシステム構成概念図

図4 ガソリンスタンド適用例

なうため，振動や騒音も環境基準値以下であることが確認されている。

3.2.4 構成及び配置

バイオブスターシステムは，次のように構成される。

- 供給装置（コンプレッサー・エアフィルター・エアシリンダー）
- 酸素供給装置（酸素タンク・混合槽）
- ブスター本体および配管（供給ライン・吸引ライン）
- 吸引装置

第1章 浄化技術

図5 バイオブスター頭部

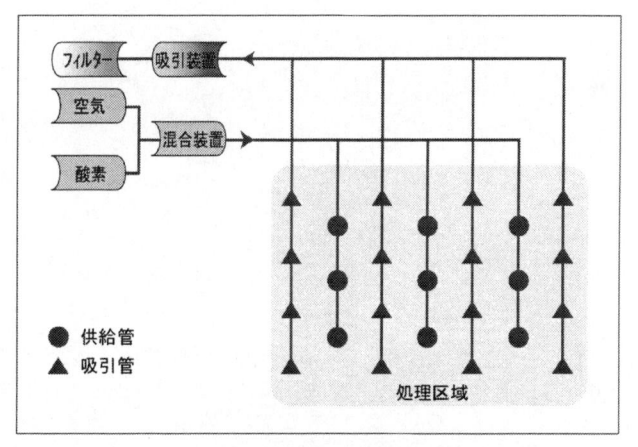

図6 バイオブスター工法における供給管，吸引管の配置

・空気浄化装置（バイオフィルイター／活性炭フィルター）
・制御装置

　これらの設備を含むシステム構成図を図3に，ガソリンスタンド適用写真を図4に，バイオブスター頭部を図5に示す。

　なお，バイオブスターにはタイプAとタイプBの二種類あり，対象地盤の性状に応じて使い分ける。図5に示したのはタイプAのバイオブスターである。

　また，バイオブスターは，図6に示すように，対象となる廃棄物や土の性質に応じて定めた間隔をおいて格子状に配置し，バイオブスターの間には吸引管を配置して，投入した空気をもれなく吸引できるようにしている。

3.2.5 浄化事例

ガソリンスタンドにおいて油汚染土を浄化した事例を紹介する。

砂質土で深度7mまでの不飽和帯において汚染が認められた地層において，バイオプスター工法を適用し，浄化を行なった。汚染油種は軽質油であり，油分濃度は6,000mg/kgであったが，酸素分圧を30%まで増やした空気を地中に添加し，かつ，窒素，リンをミスト状で加えた。浄化中は，吸引空気中の酸素，二酸化炭素や，吸引空気温度などをモニターしつつ，最終的に汚染土油分含有量は基準を充たすレベルにまで低減したことを確認した。

3.3 ORC™（徐放性酸素供給剤）注入工法

荒井　正*

3.3.1 はじめに

欧米では，総合的なコストが低いことや原位置で浄化が行なえることなどの利点から，燃料油等による土壌・地下水汚染の浄化法として酸素供給剤を用いたバイオスティミュレーションが注目され，すでに数千件の実施例がある。

石油系炭化水素などを分解する好気性微生物にとって酸素は重要な制約要因であり，酸素の供給が無い場合，石油系炭化水素等の分解によって酸素が消費され，分解は停止するか著しく緩慢な嫌気性分解が進行する。ORC™は主に油による汚染の浄化を目的として米国Regenesis社が開発した白色の粉末状の薬剤であり（写真1参照），地下水中で酸素を長期間にわたって放出する。これにより地盤中の溶存酸素濃度を高め，土壌中に存在する好気的な石油分解菌を活性化させることにより，燃料油の分解を促進する。

3.3.2 ORCの概要

(1) 酸素の持続的放出

ORC（Oxygen Release Compound）はリン酸塩が添加された過酸化マグネシウム化合物で，水和反応により次の化学反応式に従って酸素分子を長期間放出する。

写真1　ORC™（粉末状の薬剤）

---

* Tadashi Arai　㈱日さく　地盤環境事業部　技術部長

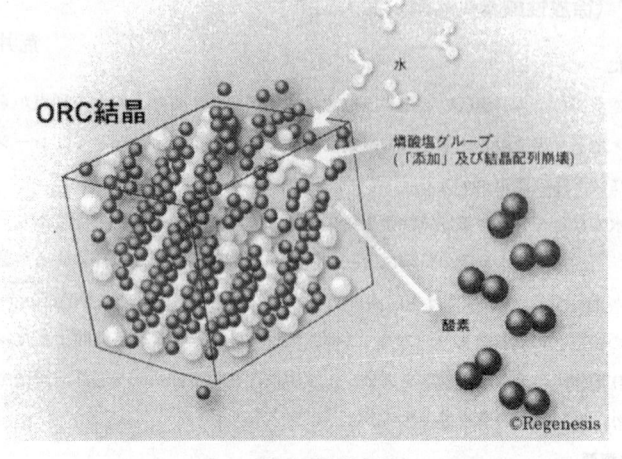

図1 ORCの酸素放出状況

$$MgO_2 + H_2O \rightarrow \frac{1}{2}O_2 + Mg(OH)_2$$

放出される酸素の量はORCの重量の約10%とされ（Regenesis社技術資料による），反応は6～12ヵ月間持続する。通常，過酸化マグネシウムは水と反応して水酸化マグネシウムの皮膜を形成するために，水が結晶構造の奥深くまで浸透することができない。ORCでは添加されたリン酸塩の働きにより，結晶が常に開かれた状態となることから（図1参照）[1]，長期間にわたる酸素供給が可能となっている（特許）。

(2) ORCの使用法および施工方法

ORCを使用した浄化手法には，①汚染源処理　②移動プルーム処理　③バリア（透過性地下水浄化壁）処理の3通りがある（図2参照）。汚染源処理は，汚染源や主要な汚染領域の汚染物質を分解浄化する方法で，汚染源の縮小・除去を目的とする。移動プルーム処理は，汚染地下水の汚染濃度低減を目的として，プルームの移動領域にORCを注入する工法である。バリア処理は地下水下流側の敷地境界にORCのバリアを設置する工法で，周辺地域への汚染拡大防止を目的とする。

また施工方法としては，①掘削埋め戻し法　②直接注入法　③フィルターソック法がある。掘削埋め戻し法は，汚染物質が集中している部分の土壌を掘削除去後，残存している吸着・溶解した汚染物質を処理するために，ORCを直接投入して埋め戻す方法である（写真2参照）。直接注

第1章 浄化技術

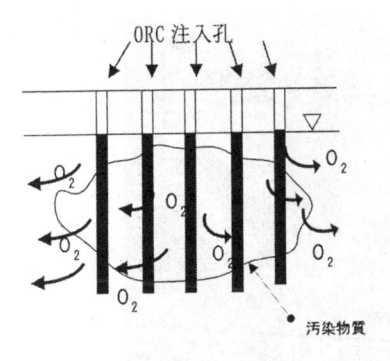

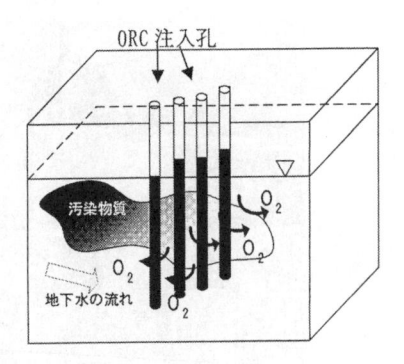

汚染源への直接注入による浄化　　　拡散防止目的でバリアを形成

図2　ORC を使用した浄化手法の模式図

写真2　地下タンク掘削底面への ORC の直接散布攪拌法

入法は ORC を水と混合してスラリー状にしたものを，中空のロッドを通して浄化作業域にポンプで圧入する方法である。最も一般的に用いられ，打撃式簡易ボーリング機を用いることで短期間に効果的な施工が可能となる（写真3参照）。フィルターソック法は，ORC のカートリッジソックを専用の井戸に挿入し，汚染物質が酸素供給領域を通過する際に生物分解されるよう設計する。このタイプでは，使い果たしたソックを取り出し新しいものと交換することで ORC を何度でも補充し，好気性分解を長期間継続することが可能である。

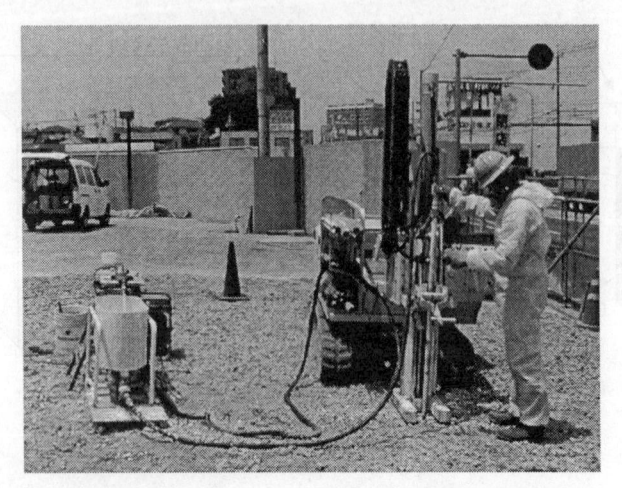

写真3 打撃式簡易ボーリング機を用いたORCの注入状況

(3) ORCの特徴

ORCによる浄化法には次のような優れた特徴がある。
① 浄化対策中のサイト（地表部）使用上の障害がない。
　ORCは地表部に機器類を設置する必要がないため，企業の通常業務を妨げることなく浄化対策が進行する。また薬剤の地中への注入作業は短期間で容易であり，処理作業の痕跡は残らない。
② 地上設備が無いため，施工後の運転・メンテナンスが一切不要である。
③ 浄化による副作用がほとんどない。
　ORCは酸素がゆっくり放出制御されるために，発熱障害や二次汚染が回避できる。
④ 環境負荷が小さい。
　ORCは水和反応によって生成される物質も含めて，全て無害である。また機械類の稼動がないために，処理を持続するためのエネルギーが不要で排出物も最小限であり，有害な液体や固体の取扱もないため，環境負荷低減に貢献することになる。
また，一方では次のような制約がある。
① 重油（A重油を除く）・機械油・潤滑油等の重質油は一般に対象外である。
② 高濃度汚染では注入量が多くなるとともに，浄化期間が長期間となる。
③ 対象領域が還元環境下の場合には注入量が多くなる。

3.3.3 浄化設計

浄化に必要な ORC の量は、汚染処理容積（汚染の範囲および深さ）と汚染物質濃度から溶存炭化水素量を求め、これを分解するのに必要な酸素量をもとに算定する。ただし、放出された酸素は浄化対象物質である BTEX（ベンゼン・トルエン・エチルベンゼン・キシレン）の他に、燃料油に含まれるペンタンやヘキサンなどの分解にも消費されるため、BTEX 濃度から求められる理論値に経験的に求めた安全係数を乗じた量を必要とする。さらに、対象となる領域が還元環境にある場合には、供給した酸素が還元環境の修復に消費されてしまうことから、浄化設計にあたっては地下水のトリータビリティ試験を実施し、必要酸素量を算出する必要がある。トリータビリティ試験の分析項目は以下のとおりである。

pH・電気伝導率・溶存酸素量・酸化還元電位・BTEX・TPH・BOD・COD・全有機炭素・第一鉄イオン・第二鉄イオン・マンガンイオン・マグネシウムイオン・カルシウムイオン・ナトリウムイオン・カリウムイオン・炭酸水素イオン・硫酸イオン・亜硫酸イオン・硫化物イオン・硝酸性窒素・亜硝酸イオン・アンモニウムイオン・塩素イオン

なお、ORC 量の計算に必要な資料（計算シート）は Regenesis 社のホームページで提供されている。

3.3.4 施工事例

(1) 汚染状況

地下配管などからガソリン・灯油が漏洩した給油所で、合計の BTEX 濃度は土壌で最高 29.7 mg/L、地下水で最高 15.8mg/L であった（表1参照）[2]。土壌の高濃度汚染部は油が漏洩した地点の周囲に限定されたが、地下水からは広い範囲で高濃度の BTEX が検出された。なお、地下水面に油層は認められなかった。対象地の地質は GL-4m 程度まで凝灰質粘土、GL-4m 以深は細砂層である。この細砂層が帯水層となっており、地下水位は GL-4m 付近である。

表1 土壌・地下水中の汚染物質最大濃度

	土壌	地下水
ベンゼン	8.5mg/L	2.1mg/L
トルエン	2.9mg/L	4.2mg/L
キシレン	13.3mg/L	6.9mg/L
エチルベンゼン	5.0mg/L	2.6mg/L
TPHs (total)	4541mg/kg	<5 mg/L
n-ヘキサン抽出物質	2700mg/kg	<1 mg/L

(2) 浄化設計

汚染源処理として，地下タンクの撤去時に ORC を土壌と混合して埋め戻すこととした。掘削底面は GL-3.5m～4m 程度である。またこの掘削深度よりも深い部分や，掘削範囲外で地下水中の BTEX 濃度が特に高い地点で，打撃式簡易ボーリングによって ORC スラリーを注入した。ORC はタンク掘削部の埋め戻しに合計 430kg を使用し，飽和層への注入には注入孔 31 地点で合計 490kg を使用した。図3に施工概略図を示す。

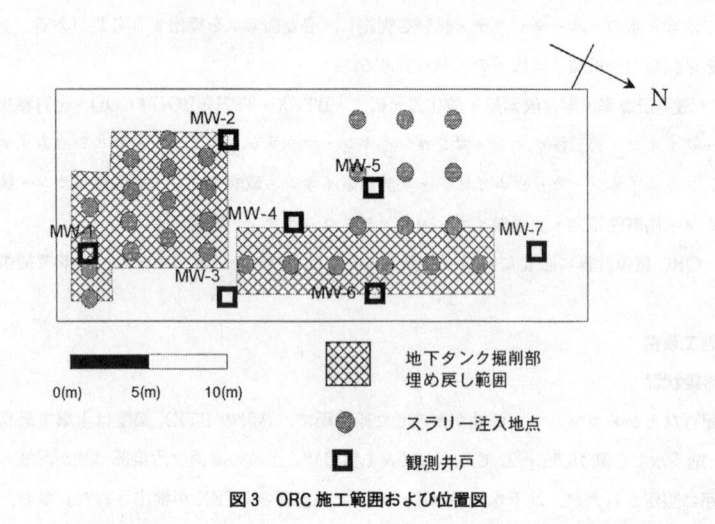

図3 ORC 施工範囲および位置図

(3) モニタリング結果

調査地内の7地点に観測井戸を設置し，地下水をモニタリングした。図4に，各観測井戸における地下水中の BTEX 濃度の変動図を示す。ORC の注入前に濃度が高かったのは MW-4 および MW-5 で，それぞれ 0.85mg/L と 0.30mg/L であった。その他の5地点では 0.001～0.011mg/L の濃度であった。各井戸とも ORC 注入直後から BTEX 濃度の低下傾向が認められた[3]。MW-4 および MW-5 では濃度の増減を繰り返したが注入 300 日後にはすべての観測井で BTEX は不検出となった。

ORC の効果測定の目安として溶存酸素量（DO）と酸化還元電位（ORP）を測定した。図5に各井戸における DO の変動を示す。DO は注入前には 0.98～1.27mg/L だったが，17 日後には 2.09～4.10mg/L に上昇し，ORC から酸素が放出されたことを示した。272 日を経過した頃から一部の観測井で低下傾向が見られ，特に MW-4 と MW-5 では 300 日後には 0.13～0.2mg/L と

図4 BTEX濃度変動図

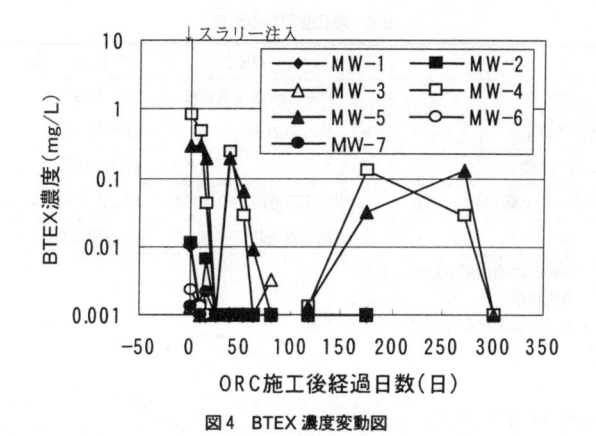

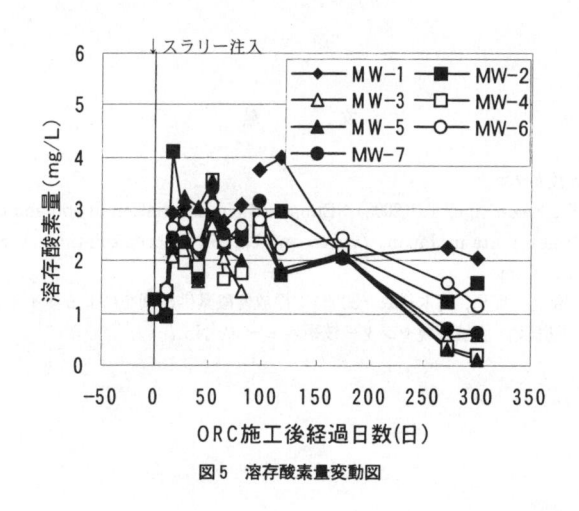

図5 溶存酸素量変動図

濃度が低い。これは，ORCの酸素放出効果が弱まり，増加した微生物が消費する酸素を補えなくなったことを示していると考えられる[3]。

3.3.5 おわりに

ORCを用いた原位置バイオスティミュレーションは，特にガソリンや軽質油による汚染の浄化に効果がある。本工法は，日本での実施例は現在10件に満たないものの，トータルコストが低いこと（表2参照）や土壌掘削処理が不要であることから，ガソリンスタンドのような小規模油汚染の浄化対策や，上部構造物などにより汚染源の直接処理が困難なサイトの汚染拡散防止策

表2 浄化費用等の比較

	ORC	揚水ばっ気
浄化期間	6ヵ月～12ヵ月程度	12ヵ月以上
装置設置費など（イニシャルコスト）	約400万円	約1200万円
ランニング費	なし	約240万円
モニタリング費	約150万円（10ヵ月間）	約360万円（24ヵ月）
合　計	約550万円	約1800万円

*　　一般的な給油所を対象とする
**　浄化目標：ベンゼン 0.01mg/L
***地中に油層は存在しないものとする

として普及が期待される。

文　　献

1) Regenesis社カタログ
2) Sonoko, F., Kazushige, T. (2003)：Enhanced bioremediation of soil and groundwater at petrol release site in Japan, *In situ* and On-Site bioremediation, The 7th international symposium.
3) 荒井　正, 長谷川展男, 高木一成 (2003)：徐放性酸素供給剤をによるバイオレメディエーションの加速技術, 土壌環境センター技術ニュース, No.7

第2章　実際事例

1　高槻市における原位置浄化

鞍谷保之*

1.1　はじめに

　高槻市では，昭和58年から「地下水汚染や発生源の調査」に取り組んできた。

　昭和62年からは環境庁の委託による「地下水汚染機構解明調査」に着手し，平成3年からは地下水・土壌汚染の浄化に着手するなど，全国に先駆けて取り組んできている。

　現在まで，多くのサイトで土壌・地下水汚染の調査や浄化に取り組んでおり，当初はVOC対策から始まったが，現在では重金属の浄化対策にも取り組んでいる。また，浄化方式についても，原位置浄化のみでなく多くの方式を手がけている。

　本報告では，原位置浄化方式の内，比較的新しい技術である生石灰攪拌混合抽出法，エアースパージング抽出法，鉄粉混合法による浄化事例について報告する。

1.2　地域の特性

　高槻市域の地質は，下位より大阪層群，高槻段丘堆積層，沖積層となっている。汚染が確認された地層は沖積層にあたり，砂礫層と粘土層が互層状に存在する。

　汚染物質である揮発性有機化合物（VOC）は，第一砂礫層，第二砂礫層と両層の粘土層に滞留し，第三砂礫層では濃度が低減する傾向を示している。

　高槻市では，種々の土壌地下水汚染浄化手法を採用したが，本報告では，原位置浄化手法である，生石灰攪拌混合抽出法・エアスパージング抽出法・鉄粉混合法による浄化状況について報告する。

1.3　土壌・地下水の浄化事例

1.3.1　生石灰攪拌混合抽出法による浄化

　本法は，主として揮発性汚染物質の難透水性土層からの除去を目的としている。粘性土は生石灰と混合すると，その際に起こる水和反応により土壌中の水分が蒸発し，含水比が低下し，透気性が向上する。さらに発熱による温度上昇で汚染物質の気化が促進される。

---

*　Yasuyuki Kuratani　高槻市環境部　環境政策室長

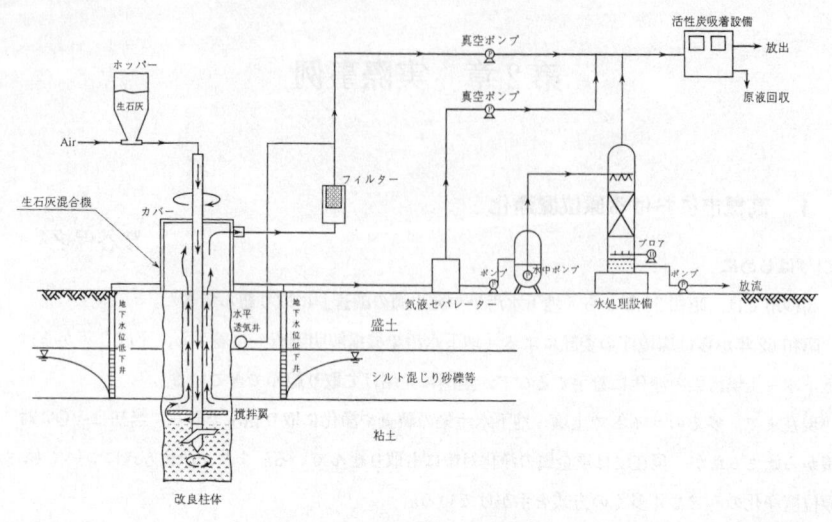

図1　生石灰撹拌混合抽出法概念図

その後，空気の通り易くなった土壌を撹拌曝気することにより，ガス化した汚染物質を回収するものである。

さらに，透気性の向上した土壌での真空抽出法の適用も可能となる。

浄化概念を図1に示す。浄化対象はトリクロロエチレン（TCE）及びその分解生成物であり，粘土層及びシルト混じりの砂礫層に存在している。生石灰供給機により空気輸送された粉体状の生石灰を，撹拌翼先端より噴射しながら混練撹拌させ，気化した汚染物質を空気と供に回収し浄化するシステムである。

混合時における地中温度の変化を図2に示す。浄化後，改良体に残存している汚染物質については，真空抽出法による透気井を設置し，さらに浄化した。

1つの改良体を浄化するための時間は，おおよそ40～60分であり，短時間で高い浄化率を得ることができた。

また，難透気性の粘性土層に生石灰を混合することによって，真空抽出法の適用が可能な透気性を有する土層に改良されたことが確認された。

浄化前後の土壌濃度を図3に示す。浄化率においては，ほぼ100%近くになった。また土壌濃度においても，そのほとんどが 10^{-2}（mg/kg 乾土）オーダーにまで低下した。

1.3.2　エアースパージング抽出法による浄化

汚染物質が帯水層に存在している場合，地下水の不飽和化ができなければ，真空抽出法による

第2章 実際事例

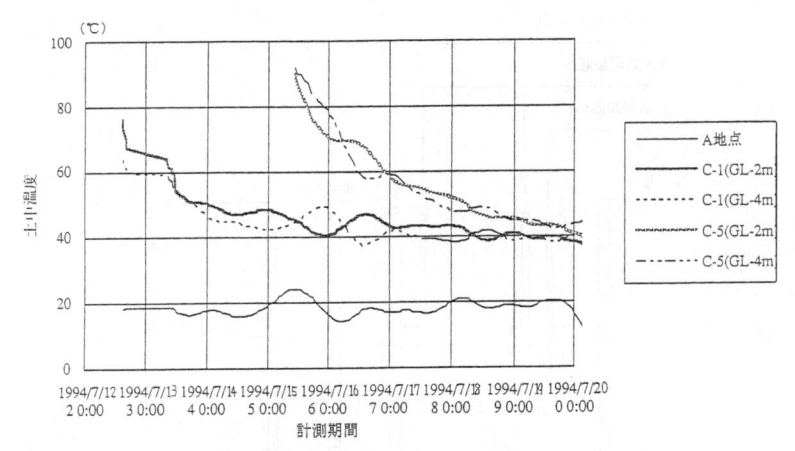

図2 生石灰混合による地中温度変化

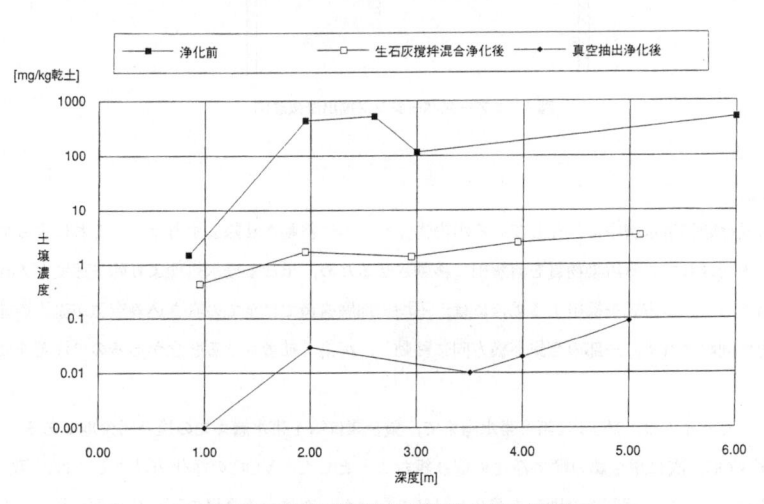

図3 生石灰撹拌混合抽出法による浄化前後の土壌濃度

浄化は難しい。

そこで，飽和帯水層中に存在するVOC（TCE及び分解生成物）の除去技術として，エアースパージング抽出法を採用した。

エアースパージング抽出法の概念を図4に示す。これは，汚染帯水層に空気注入用の井戸を設置し，地下に圧縮空気を送り込み，抽出された汚染ガスを捕集装置により捕集し，浄化する方式

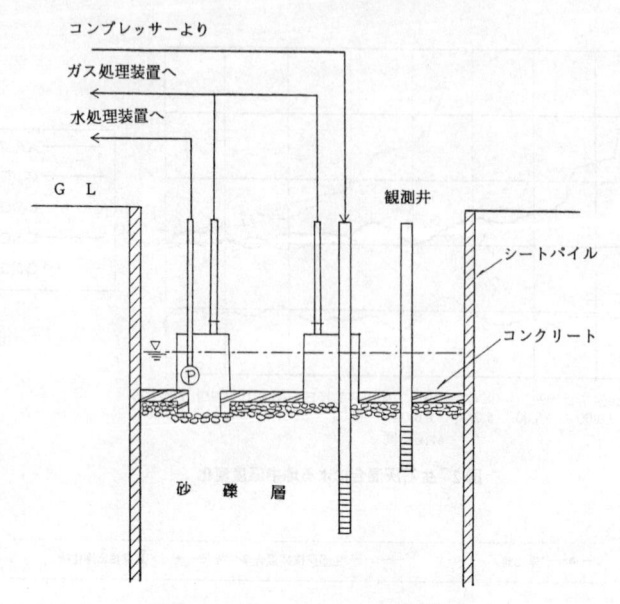

図4 エアースパージング抽出法概念図

である。

　本方式は飽和帯水層中に存在している汚染物質を気相に移動させ除去するほか，それによって土壌に吸着されている汚染物質を溶解相に移動させるため，単なる揚水処理より除去速度が大きい利点がある。本方式を採用する場合には，不均一地層構造では全ての吹き込み空気が直上の捕集装置で回収されず，一部の空気が横方向に移動し，汚染を拡散させる懸念があるので注意を要する。

　浄化したサイトは，VOCは第2帯水層まで，重金属は第1帯水層までの複合汚染地である。

　先ずVOC，次に重金属の順で浄化に取り組むこととした。VOCの浄化方法としては，第一帯水層においては，掘削後，鉄粉を混合し分解を行った。次に，重金属の不溶化処理を行い，含有量参考値を大幅に超過するものを場外処分し，その他のものを埋め戻した。

　さらに，第2帯水層はVOC汚染のみであり，エアスパージングによる浄化を行うことにより，TCEやcis-1,2-DCEを環境基準以下に浄化することができた。

　エアースパージング抽出法による地下水中のVOC浄化状況を図5に示す。

1.3.3　鉄粉混合法による浄化

　零価の鉄粉を地中に充填する事により，鉄の還元反応によってVOCを脱塩素して分解する方

第2章 実際事例

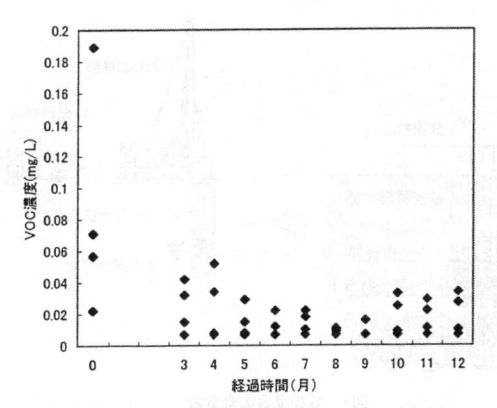

図5 エアースパージングによる地下水 VOC 濃度推移

法である。特徴としては，鉄粉を充填した後は，その耐用年数が経過するまでは地下水を浄化し続け，その間の維持管理費が全く不要なことである。

鉄粉混合法による浄化では
① 地質や地下水質の調査による，鉄粉混合法の適合性の確認
② 汚染物質や地質，地下水質による浄化効率や浄化期間の異なり

など，鉄粉混合法適用の有効性等の確認が必要である。

さらに，原位置鉄粉混合法の採用に当たっては，
① 汚染深度や施工エリア，周辺環境などを基にした施工方法の選定
② 地質や施工スペース，汚染深度などを基にした撹拌重機の選定や施工計画の立案
③ 汚染状況，配合設計，施工計画を基にした浄化評価，浄化目標，浄化期間の設定
④ 浄化状況確認のためのモニタリング計画の立案

などを整える必要がある。

本サイトは，テトラクロロエチレン（PCE）及びその分解生成物である cis-1,2-DCE の汚染が存在する場所である。ここでは気液混合抽出法による浄化を行ってきたが，さらなる浄化を目指して鉄粉混合法による浄化を検討し，汚染土壌の移動がなく，地下水浄化も期待できる鉄粉混合法の内の原位置浄化方法を採用した。

撹拌翼を装着した浄化改良機による原位置浄化工法であり概念を図6に示す。鉄粉材撹拌プラントで鉄粉と水を撹拌し，浄化改良機まで定量圧送し，撹拌翼先端から鉄粉剤を噴出しながら混練撹拌する方法である。

鉄粉混練後に観測井を設置し，土壌分析や地下水のモニタリングを実施した。

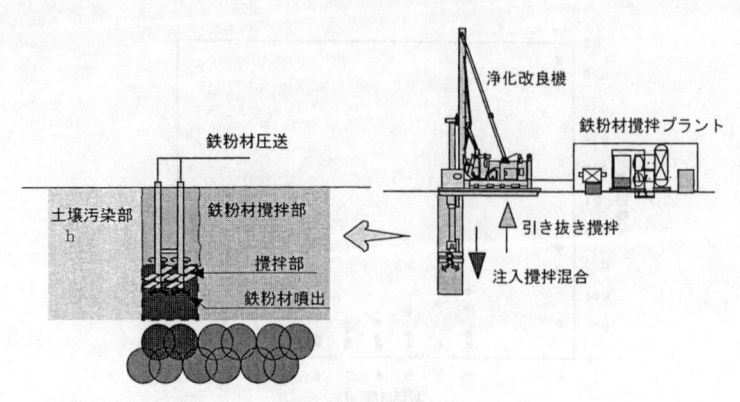

図6 鉄粉混合法概念図

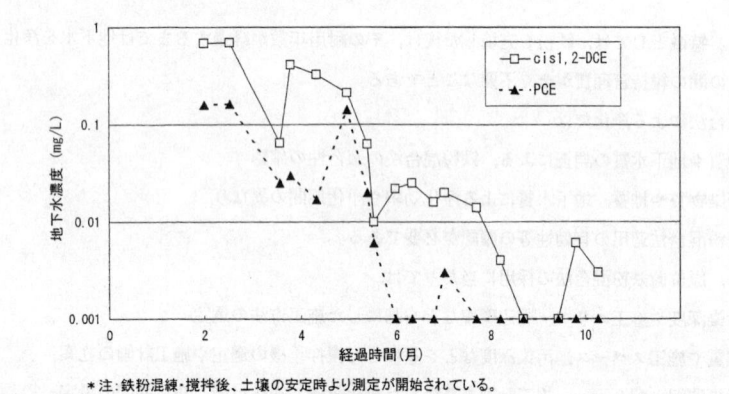

図7 鉄粉混合法による地下水VOC濃度推移

＊注：鉄粉混練・撹拌後、土壌の安定時より測定が開始されている。

地下水のモニタリング結果を図7に示す。それによると，約6ヶ月後には環境基準以下に浄化されていた。また，汚染物質の内，PCEは約6ヶ月後にはほぼ100%分解されており，cis-1,2-DCEも約9ヶ月後にはほぼ100%分解されていた。

1.4 土壌・地下水浄化事例のまとめ

本市の浄化事例により，浄化を検討する場合には，サイトに最適な浄化技術を選択することが重要となる。

浄化対策共通の問題点としては，浄化コストを下げること，それぞれの技術の性格を知り浄化

第 2 章　実際事例

限界を把握すること，浄化のばらつきを少なくすること，浄化効率を高めること，浄化予測のためのデータを蓄積すること，などがあげらる。

　調査技術における問題点は，深層に汚染がある場合どうしてもコスト高になることである。これは，ボーリング調査に頼っているためで，深層汚染の平面分布を把握できる安価な調査技術の開発が求められている。

　最後に，本報告書の執筆に当たり，ご協力いただいた方々に感謝申し上げる次第である。

2 熊本市の事例

津留靖尚*

2.1 地下水汚染の概要

1991年1月，本市東部において，県道沿いのガソリンスタンドから漏洩したガソリンが，隣接する住宅地の井戸水を汚染するという事故が発生，生活用水として井戸水を利用していた市民からの通報で地下水の汚染が明らかになった（表1参照）。

市は，通報を受けて，「ガソリン汚染対策班」を設置し，汚染範囲の把握，ガソリンの回収，汚染井戸の衛生対策（水道への切り替え指導）及び汚染源の調査等を実施した。さらに，原因究明や汚染機構を解明するためボーリング調査や地下水位調査，及びガソリンに含まれる着色剤の分析を行い，それらの結果をもとに原因施設を特定した[1]。

また，汚染の拡大防止及び浄化対策として，原因施設内の汚染土壌の除去と，汚染地下水の揚水処理を行った。現在は，汚染井戸の数が減少し汚染濃度も著しく低下してきたことから，MNA（Monitored Natural Attenuation）の導入に向けた調査を進めている。

表1 主な対策の経過

月　日	事　　項
1991年1月	市民から「昨年の11月頃から井戸水が油臭い」との通報
2月	井戸からのガソリン回収を開始 ガソリンスタンドへの立ち入り調査
3月	「ガソリン汚染対策班」を設置（環境，衛生，消防，水道等庁内関係7課） 土壌ガス調査，地下水質調査（〜4月）
5月	地下水質モニタリング調査（BTX）開始
6月	ボーリング調査，地下水位調査等（〜10月）
1992年2月	浄化装置の運転開始（処理水量1 m^3／時）
5月	Aガソリンスタンド地下貯蔵タンクの掘上げ 土壌検査，汚染土壌の除去
1993年3月	浄化装置の一部改修（処理水量3 m^3／時）
2002年4月	浄化装置の運転停止
5月	地下水質モニタリング調査（BTX，微生物等）開始

＊ Nobutaka Tsuru　熊本市環境総合研究所　技術主幹

第2章 実際事例

2.2 各種調査と浄化対策
2.2.1 ボーリング調査と地下水位調査

対象地域は砂礫層が分布した台地の末端部に位置しており，北側から南に向かって傾斜している。原因施設をはさんで北側（B1）と南側（B2）の2ヶ所（図1参照）でオールコアボーリング調査を行った結果，地質は，図2のように表土から順に黒ボク，赤ボク，第1帯水層を形成している砂礫層とAso-4火砕流堆積物，及び難透水性の粘土層が分布していた。

また，コアに含まれるガソリン成分を検査したところ，B1からは全く検出されなかったが，B2の地下水面付近の砂礫層から高濃度で検出された。

なお，対象地域の地下水は，水位調査の結果から地形に沿ってほぼ南南西に向かって流れていると推定され（図3参照），その水位は7月頃が高く2月頃が低くなる季節変動をしており，年間の変動幅は約1mであった。

2.2.2 地下水質調査

地下水質調査は，汚染した井戸水からガソリン成分の中でベンゼン，トルエン及びキシレンの3物質（以下「BTX」と表示）が高濃度で検出されたことから，これらの物質と地下水の主要イオン成分について行った。

汚染が発覚した時点で，図1に示した59本の井戸を調査し13本からBTXが検出された。検出濃度は，最も高い井戸でベンゼンが33mg/l，トルエンが46mg/l，キシレンが14mg/lであった。汚染井戸は，全て第1帯水層から取水しており，第2帯水層から取水している井戸からBTX

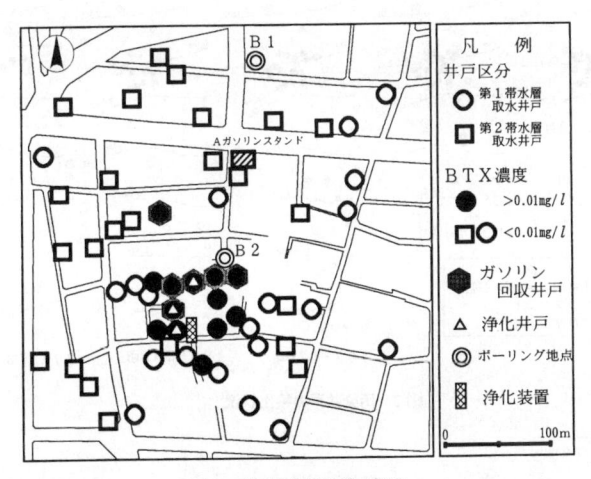

図1 地下水汚染地域の概況

土壌・地下水汚染の原位置浄化技術

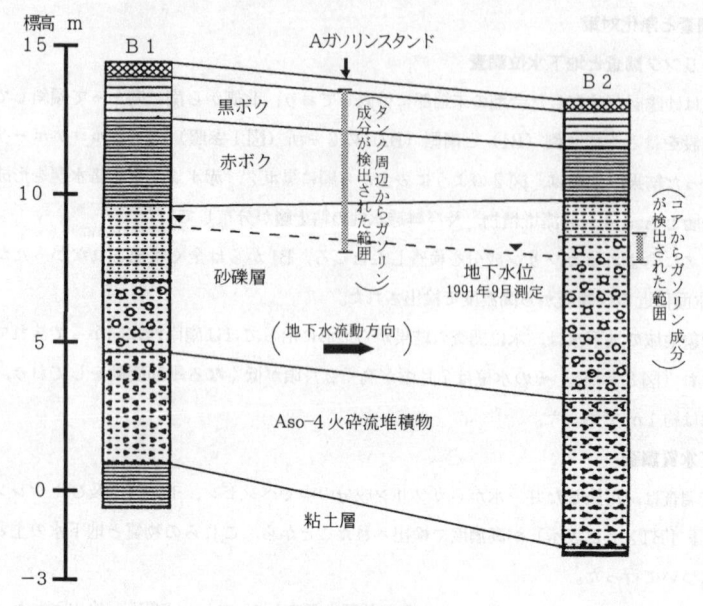

図2 地質断面図

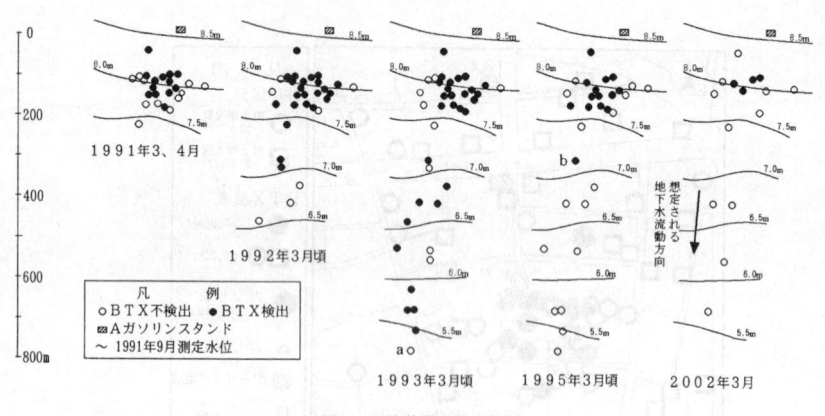

図3 汚染井戸の検出状況

は検出されなかった。なお，井戸深度が不明な場合でも，主要イオン成分のトリリニアーダイアグラムから取水している帯水層を特定することができた。

その後も，新たな健康被害の防止や浄化対策の効果を確認するため，汚染状況に合わせて地点や頻度を見直しながら地下水質のモニタリング調査を継続して行った。汚染が発覚して以降，調査した井戸の数は291本となり，その内40本からBTXが検出された。汚染井戸の検出状況は図3に示したように推移した。

汚染発覚時の1991年3月には，汚染は既に原因施設から下流側約200mの地点に達しており，翌年の3月頃には350m地点の井戸からもBTXが検出された。さらに，1993年1月から5月にかけて，400mから750mの範囲にある9本の井戸から新にベンゼンが検出された。10月に800m地点のa井戸からベンゼンが検出されたのを最後に汚染範囲は縮小し，1995年3月には，b井戸より下流側の井戸が全て不検出となり，b井戸も1996年2月に不検出となった。その後も汚染井戸の数は減少し，2002年3月には4本となり，最も高い井戸でベンゼン濃度が0.85mg/l，トルエンが0.59mg/l，キシレンが4.3mg/lとなった。

2.2.3 汚染源調査

汚染発覚時に井戸から大量のガソリンが回収されたことから，汚染原因としてガソリンスタンドからの漏洩が疑われた。通報者宅の井戸から半径約1km以内には，10ヵ所のガソリンスタンドが営業していたが，汚染井戸の分布や地下水の流動方向を考慮するとAガソリンスタンドが原因施設と思われた。しかし，Aガソリンスタンドで行われた入出荷量調査や貯蔵タンクの微加圧，加圧検査から漏洩を確認することはできなかった。

そこで，汚染井戸から回収したガソリンに含まれる着色剤を分析したところ，Aガソリンスタンドのガソリンの着色剤と一致し，周辺にある他のガソリンスタンドのものとは異なっていた。

これら調査結果を踏まえて，Aガソリンスタンドの所有者がガソリン貯蔵タンクを掘り上げたところ，タンクの外側のコールタールが一部溶解しており，タンクの注入口付近からガソリンが漏洩したものと推定された。なお，タンク周辺の地下水面より浅い土壌から高濃度のガソリン成分が検出された。ガソリン成分を含む土壌は，ガソリンスタンドの所有者により除去された。

2.2.4 浄化対策

井戸からのガソリンの回収は，汚染が発覚した1991年2月から井戸の水面に油層が確認されなくなった5月まで行われ，6本の井戸から2037リットルを回収した。しかし，翌年以降も，1月から3月にかけて油層が確認され，これまでに5時期にわたり合計で3730リットルのガソリンを回収した（図4参照）。

一方，地下水の浄化は，高濃度に汚染されていた3本の既存井戸（図1参照）を利用し，浄化装置（図5参照）を設置して行った。揚水された汚染地下水は，充填塔でバッ気された後，水相

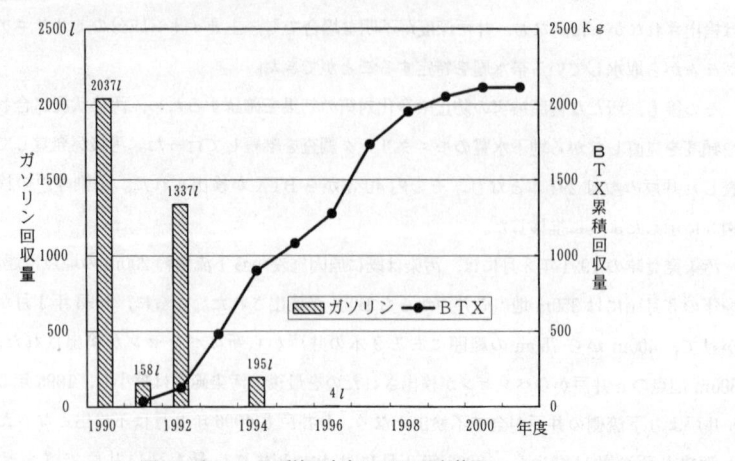

図4 ガソリン及び地下水中のBTX回収状況

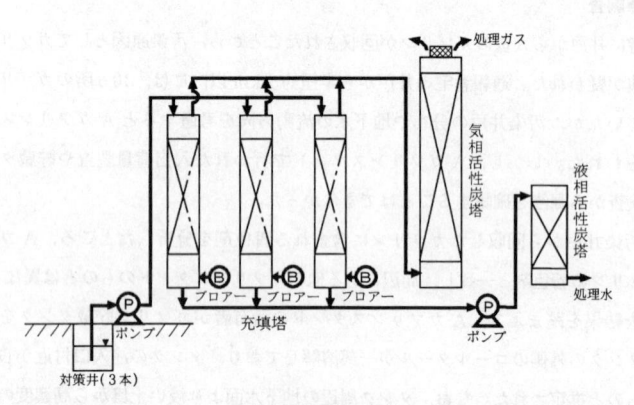

図5 浄化装置の概要

と気相はそれぞれ活性炭で処理された。

処理原水に含まれるBTXの濃度と処理水量から求めたBTX回収量は，この10年間で2113kgとなっている。しかしながら，当初100mg/lを超えていた処理原水中のBTX濃度は，2002年3月には約2.5mg/lまで低下し，BTX回収量も図4に示したように地下水質の改善に伴い年々減少している。

第 2 章　実際事例

2.2.5　汚染機構の推定

　対象地域の地下水汚染は，土壌の汚染状況（図 2 参照）を見ると，タンクの注入口付近から漏洩したガソリンが，そのまま地下に浸透して地下水面に到達，地下水面上をその傾きに従って下流側に移動し，その過程で一部が地下水に溶解したものと推定された。

　ところで，井戸からのガソリン回収が，1 月から 3 月にかけての地下水位が低い時期に集中した原因には，地質が大きく関与していると考えられる。地下水面付近の砂礫層は，本来透水性のよい地層であるが，上位は粘土質が多く透水性が悪いため，ガソリンは水位の高い時期には移動しにくく，水位が低下することにより汚染源から下流の井戸へ移動したものと思われる。

　汚染発覚時に次いで 1992 年度（1993 年 1 月から 3 月）の回収量が多かった理由も，前年の降水量が平年の 8 割と少なく地下水位が例年より低下したためと考えられる。1997 年 3 月以降ガソリンが回収されていないことや，渇水や都市化に伴うかん養量の減少で地下水位が徐々に低下していることを考慮すると，土壌中のガソリンはほぼ回収したものと推定される。

2.3　新たな汚染対策に向けて

　最近，欧米では，地下水汚染対策に MNA の導入が進められている。揚水処理や土壌ガス吸引など従来の浄化対策では除去効率の低下した汚染について，生物分解など自然現象を利用しながら浄化を行う方法である。

　対象地域においても，MNA の導入に向けて 2002 年 4 月に浄化装置の運転を中断し，汚染井戸とその周辺井戸の BTX や微生物，地下水主要成分等を定期的に調査している。今後，その調査結果を見て，MNA の導入を含めた新たな汚染対策について検討したいと考えている。

文　　　献

1)　中熊秀光ほか，水環境学会誌，**17**（5），315（1994）

3 土壌・地下水汚染対策実施事例（兵庫県）

吉岡昌徳[*]

3.1 はじめに

兵庫県では，テトラクロロエチレンなどの揮発性有機化合物（VOC）による地下水汚染事例に関して，これまで県下の汚染地区において，環境省が示す「土壌・地下水汚染に係る調査・対策指針」[1]に準拠して，一連の土壌・地下水汚染調査を実施してきた。その結果，VOC 汚染については大部分の汚染地区について，汚染源の究明，汚染箇所の詳細な状況把握が終了し，汚染原因者が浄化対策を実施することが可能になった事例については，調査資料に基づいた技術支援を行ってきている。

結果的には，判明した汚染原因の中で，クリーニング事業場が汚染原因と推定される割合が比較的多く，これらの事例においては，地質や汚染の度合いなどに個別な要素があるものの，全般的に似かよった汚染状況を示すことや浄化に向けての取組み方にも共通点が多いことを経験的に見出すことができた。ここでは，クリーニング事業場が汚染原因と判明した事例を取り上げて，汚染の特徴と浄化対策へのつながり，浄化対策の経過について述べる。

3.2 詳細調査

詳細調査は，周辺地下水調査や土壌ガス概況調査等で絞り込まれた場所（主として事業場敷地内）において，表層土壌ガス調査とボーリング調査によって構成した。土壌ガス調査は，原則的には対象地内を数メートルメッシュに区切って，メッシュごとに1箇所の割合で設定したが，対象地の状況に応じてメッシュの大きさやポイント数は適宜変更した。ボーリング調査は，土壌ガス調査により明らかになった高濃度汚染箇所を中心に，対象地内で数箇所実施した。ボーリングの深さは，基本的には第一帯水層の深さまでとしたので，全体的には4m前後の深さになることが多かった。

3.2.1 土壌ガス調査

土壌ガス調査によって観測された土壌ガス濃度の平面分布の一例を図1に示した。また，調査を行った9地区の調査結果の概要を表1に示した。

全体的には，事業場敷地内のほぼ全域にわたって比較的高い土壌ガス濃度が観測され，汚染の中心と目される高濃度箇所はほぼ一箇所に絞ることができる事例が多かった。そして，汚染中心部付近で周辺より汚染度が高いと判断される範囲は，長径5m程度の楕円状の範囲である事例が多かった。汚染中心部の土壌ガス中テトラクロロエチレン（PCE）濃度は100ppm 以上

---

[*] Masanori Yoshioka 兵庫県立健康環境科学研究センター 安全科学部長

第2章 実際事例

(1000ppm 前後の濃度が観測された事例も多い)であった。そして,高濃度箇所は,テトラクロロエチレンを使用するドライ機の付近であることが多く,ドライ機の更新の際に設置場所が変更されたような場合には旧ドライ機の跡地付近にとくに高濃度箇所が存在する事例が多かった。

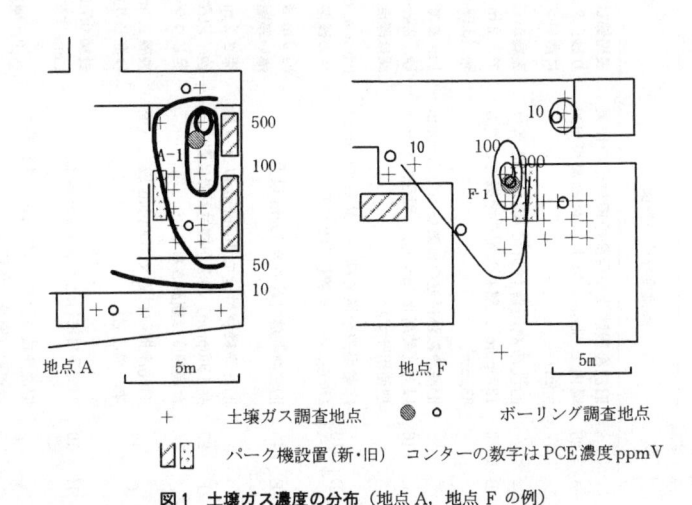

3.2.2 ボーリング調査

ボーリング調査によると,調査した汚染地の地質は全般的に,深さ分布は異なるものの砂礫層と砂礫混じりシルト(または粘土)層より構成されていた。汚染物質濃度(溶出濃度)の垂直分布をみると,9例のうち3例が地表から0.5mまでの表層部で最も高い濃度が観測されており,他の5例についても3mより浅い部分に最高濃度を示す部位が存在していた。最高濃度を示した部位の土質は,一例を除いて,いずれもシルトまたは粘土を含む土質であった。

3.2.3 観測井戸または対策井戸の設置

掘削後のボーリング孔には,内径50mmの塩ビパイプを掘削深さまで挿入して,これを観測用井戸あるいは処理対策用井戸として用いることとしている。パイプには,対象地の地質及び地下水位に応じて,地表から0.25m〜3.0mの深さから底までの間を有孔管にしたものを用いた。

3.2.4 地下水濃度

水位はいずれの地点においても4mより浅く,とくに,F,G,Hでは1m程度という極めて浅い水位であった。地下水中のPCE濃度は,その場所の土壌溶出濃度に比較的近似した濃度が観測されている。なかでも,EとGでは数十mg/Lという高い濃度が観測されており,PCEの飽和濃度に近い値であることから付近にPCEの原液が存在する可能性が考えられた。

図1 土壌ガス濃度の分布(地点A,地点Fの例)

表 1　土壌ガス調査及びボーリング調査で観測された汚染状況の概要

調査地点名	地点数	表層土壌ガス調査 高濃度箇所の特徴	ボーリング調査 地質の特徴（透水係数）	PCE 溶出濃度の特徴	地下水位（地下水PCE濃度）
A	25	旧洗浄機跡及び現洗浄機付近の作業場内で50ppm以上（最高濃度890ppm）	表層部は砂層、1.2～1.9mにシルト混じり砂、2m以深礫混じり砂、3.5m付近に薄いシルト層（1.33×10⁻³）	地下水位の付近で高く最高0.16mg/L	4m（0.13mg/L）
B	22	旧洗浄機所跡付近で高い（最高は1270ppm）、離れた現洗浄機付近でも83ppm	表層から0.7mまでは粘土混じり砂礫層で、2m付近に薄いシルト混じり砂礫層（3.98×10⁻³）	表層部で11mg/L	1.8m（2.1mg/L）
C	16	旧洗浄機跡付近の作業場内で100ppm以上（最高350ppm）、（現在、パーク機使用せず）	1mまでシルト層、2.35mまで礫混じり砂、2.4～2.5mにシルト層をはさんで以深は礫混じり砂層（4.20×10⁻²）	地下水位近く0.52mg/L	2.8m（0.018mg/L）
D	10	作業場内全域で高い（最高700ppm）（現在、パーク機使用せず）	0.5mまでは礫混じり砂層で、約1m厚さの礫混じりシルト層、ついで粘土層	表層部で高濃度（PCE含有量1400mg/kg）	2.7m（—）
E	13	旧洗浄機跡付近で300ppm以上	約2mまでは礫混じり砂層、その下は薄い礫層をはさんでシルト層	深さ約2mのシルト層で100mg/L	3.4m（62mg/L）
F	20	旧洗浄機跡付近で100ppm以上（最高1500ppm）現洗浄機付近では際立った高濃度は観測されない	深さ2mまでの表層部はシルト混じり砂、以深は礫混じり砂層をはさんで礫混じりシルト層（6.76×10⁻⁴）	表層部（0.6m）で9.7mg/L	1.1m（15.3mg/L）
G	13	旧洗浄機跡付近で300ppm以上（廃業、現住宅）	表層0.7mまでは砂層、以深2mまでは礫混じり粘土層	表層部砂層で40mg/L、粘土層下部でも39mg/L	1.2m（98mg/L）
H	10	旧洗浄機跡付近で300ppm以上	表層0.7mまでは礫混じり砂層、以深1.5mまでは礫混じり粘土層	深さ1mの礫混じり粘土層で4.0mg/L	1m（6.7mg/L）
I	4	旧洗浄機跡付近で170ppm、汚染範囲は狭い（廃業、現住宅）	全体に礫混じり砂質粘土（1.34×10⁻⁴）	汚染は表層部（深さ0.9mまで）に限定、溶出濃度は1.1mg/L	1.9m（5m離れた場所の地下水濃度0.005mg/L）

注）濃度を示した汚染物質はすべてテトラクロロエチレンである。

第 2 章 実際事例

3.3 浄化対策
3.3.1 浄化方法
　浄化対策の手法としては，高濃度汚染部位が数メートル程度と浅く，土壌ガスの濃度が高いなどの理由から，簡易経済的浄化手法として評価されている土壌ガス吸引法を基本とした。ただし，E, F, G, Hの4箇所では，対策井戸で観測された地下水中の濃度が高濃度であり，揚水処理によっても高い除去効果が期待されることからガス吸引法と地下水揚水法を併用することとした。なお，併用方式の場合の対策井戸の構造は，Eはガス・水共用，Fはガス用と揚水用を個別設置，G, Hでは二重管方式とした。

　なお，Iについては，汚染範囲が極めて狭く，地下水の汚染が生じていないこともうかがえたので表層の汚染土壌を掘削除去する対策をとっている。

3.3.2 浄化経過
　表2に地点ごとの装置稼動概要，浄化期間及び浄化経過などを示した。

　土壌ガスの吸引速度は吸引ポンプの能力に応じて $20〜60m^3/hr$ であり，対策地の地質等の影響はそれほど受けないようであった。一方，地下水の揚水速度は，装置能力以外に地質や地下水量などが影響して $6〜200L/hr$ と差が大きかった。

　一日の内の装置稼働時間は，AとDは24時間であるが，他の地点では装置稼動にともなう騒音に配慮して昼間約10時間のみとなっている。装置の稼働時間は当然浄化効率に影響することから，夜間でも稼動できる低騒音型装置が望ましいのは言うまでもない。

　処理を開始してからの浄化期間は地点によって異なり，最短で0.6年で終了した事例や，約7年が経過している事例もある。浄化対策を終了した地点については，浄化が終了したと判断して対策を終了した場合以外に，事業者の事情等により終了を余儀なくされた場合も含まれている。

　浄化開始時点の土壌ガスあるいは地下水中のPCE濃度は，対象地の汚染状況を反映している。例えば，D, E, Gでは，ボーリング調査で確認された表層部の汚染と関連して数百ppm以上の高い濃度の土壌ガスが吸引されている。揚水処理を行っている地点での揚水中の濃度も同様であり，EやGのようにPCE飽和濃度に近い地下水が揚水される場合もあった。

　処理対策によって除去された汚染物質量は，当然，地点や浄化期間によって異なっている。除去量が多いのは，Aで105kg（3年），Dで88kg（1年），Gで59kg（7年）であり，いずれも土壌ガスからの除去であった。浄化量を浄化期間全体の稼働時間で割った値（時間当たりの除去量，除去速度）をみると，土壌ガス処理の場合で $1.1〜13g/hr$，地下水処理の場合で $0.03〜2.1g/hr$ であり，土壌ガスからの除去速度が大きいという結果であった。土壌ガスの吸引と地下水の揚水とでは，地質的にガス吸引のほうが揚水に比べて安定して吸引できるということ，対象物質の揮発性から考えてガス中への分配割合が高いなどの効果が浄化速度に関係していると考え

表 2 浄化対策の経過

地点名	浄化方法	吸引井戸	排ガス速度 (G) m³/hr 排水速度 (W) L/hr	浄化期間 (積算浄化時間)	初期濃度 ガス (G) ppmV 水 (W) mg/L	最終濃度 ppmV mg/L	除去量 (kg)	平均除去速度 (g/hr)
A	土壌ガス法	吸引井 2 箇所、経過を見てチェンジ	G 20〜60	3 年 (24000 時間)	G 150	G 4.4	G 105	G 4.4
B	土壌ガス法	吸引井 2 箇所、経過を見てチェンジ	G 48	1.5 年 (4000 時間) *	G 20	G 0.4	G 23	G 5.8
C	土壌ガス法	吸引井 1 箇所	G 26	0.6 年 (1600 時間) *	G 92	G 1.6	G 1.8	G 1.1
D	土壌ガス法	吸引井 4 箇所、経過を見てチェンジ	G 24	1 年 (6700 時間)	G 360	G 4.0	G 88	G 13
E	土壌ガス、揚水法併用	ガス、水共用	G 60 W 20	3 年 (4600 時間)	G 5700 W 160	G 0.7 W 0.7	G 16.5 W 0.7	G 3.6 W 0.15
F	土壌ガス、揚水法併用	ガス吸引井と揚水井を別に設置	G 20 W 50	3 年 (2200 時間)	G 160 W 39	G 0.5 W 0.1	G 8.6 W 4.6	G 3.9 W 2.1
G	土壌ガス、揚水法併用 (中途より水平井戸設置)	当初は垂直井戸 (二重管式)、4 年目からは水平井戸 (揚水主体) に移行	G 30〜60 W 6 (水平井戸 50〜200)	垂直井戸 3 年 (6000 時間) 水平井戸 4 年 (6000 時間)	G 690 W 98	G 20 W 0.7	G 59 W 0.90	G 9.8 W 0.15
H	土壌ガス、揚水法併用	二重管式	G 60 W 12	3 年 (5600 時間) *	G 79 W 7.3	G 2.1 W 2.4	G 7.2 W 0.15	G 1.3 W 0.03
I	土壌掘削除去	------	---	*	---	---	土壌除去量 3.3m³	

* 浄化対策終了

第2章 実際事例

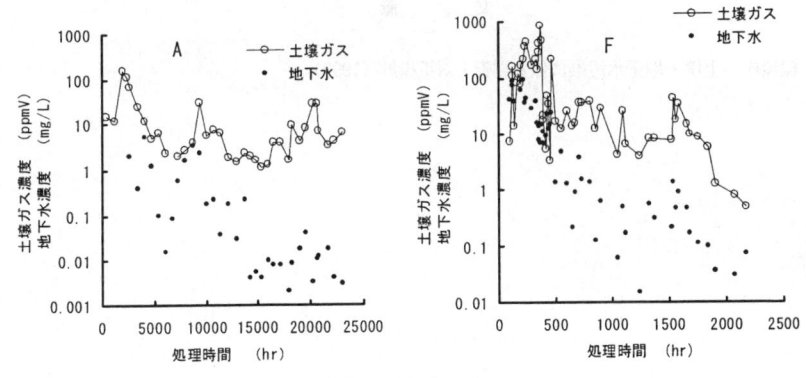

図2 浄化効果の一例

られる。

浄化経過の一例として，土壌ガス及び地下水濃度の濃度推移の状況を図2に示した。

Aでは土壌ガス法による浄化を行っているが，浄化開始時100ppmを超える高濃度のガスが吸引され，以後6000時間（250日）経過する間，ガス濃度は順調に低下し10ppm以下にまで低下した。この時点で吸引井戸を変えたこともあり再び高い濃度になり，現在まで浄化を継続している。なお，Aは土壌ガスのみを吸引している地点であるが，図2に見られるように，地下水の濃度も低減しており，土壌ガス吸引が地下水浄化に有効に働いていることを示していると考えられる。

Fでは土壌ガス法と揚水法を併用した浄化を行っている。2200時間（約3年）の処理により，土壌ガス濃度は当初の100～800ppmから1ppm以下に，揚水中の濃度は40～80mg/Lから0.1mg/Lに低下し順調な浄化が進行している。

3.4 おわりに

クリーニング事業場が汚染原因と推定されたいくつかの事例に関して，土壌ガス調査からは，汚染の平面分布が事業場内全般に広がっているものの高濃度箇所は限定された比較的狭い範囲であること，ボーリング調査からは，表層部の浅い場所に高濃度部が存在する事例が多いことを示した。浄化対策に関しては，土壌ガス法または土壌ガス・地下水揚水法を併用した方法による事例を紹介した。調査，対策いずれにおいても，共通部分が多いと見ることができると同時に，サイトごとの細かな差異に着目する見方も可能である。調査や対策の実施にあたっては，各サイトの特性を十分把握した上での的確な実施が望まれる。

347

文　献

1) 環境庁：土壌・地下水汚染に係る調査・対策指針 (1999)

4 ダイオキシン類汚染土壌の現地無害化処理
－和歌山県橋本市における事例－

橘　敏明*

4.1 はじめに

　和歌山県橋本市の山間部の産業廃棄物中間処理場において，高濃度ダイオキシン類汚染土壌の現地無害化処理が平成14年10月～平成15年11月に実施された。この地域は，平成14年4月にダイオキシン類対策特別措置法に基づく「汚染対策地域」に指定されており，策定された対策計画[1]に基づき実施された国内最初の大規模な処理となった。処理を行うにあたっては，ダイオキシン類に対する作業員の曝露防止は必然として，いかに周辺環境のリスクを低減し，周辺住民とのコンセンサスをとっていくかが処理事業を円滑に進めていく上で重要な要素になった。

　ここでは，地域住民，行政，施工業者が一体となってリスクコミュニケーションを図りながらダイオキシン類汚染土壌の現地無害化処理を進めていった事例を紹介する。

4.2 高濃度ダイオキシン類汚染土壌の無害化処理に至るまでの経緯

　この産業廃棄物中間処理場では，1994年頃より産業廃棄物処理業者が不法に廃棄物を持ち込み，排ガス対策の不完全な焼却炉（写真1）での焼却や野焼きを行っていたため，周辺地域の住民から苦情が相次いだ。住民は「産廃処理場を撤去させる会」（以下「撤去させる会」と呼ぶ）を結成して処理場のダイオキシン類調査，焼却施設および埋立廃棄物の撤去を求めた。撤去させる会と和歌山県の話し合いにより，平成12年1月に和歌山県が焼却炉周辺を調査した結果，焼却炉内から最大250ng-TEQ/g，周辺土壌から100ng-TEQ/gの高濃度のダイオキシン類による

写真1　汚染の原因となった焼却炉

---

* Toshiaki Tachibana　㈱鴻池組　大阪本店　土木技術部　環境Eng.グループ　主任

汚染が確認された[2]。直ちに和歌山県は所有者である産業廃棄物処理業者に対し，ダイオキシン類で汚染されている施設の解体・処分等の措置命令を出したが業者が従わなかったため，和歌山県は平成12年5月，措置命令に係る行政代執行（緊急対策）を実施した。この行政代執行業務では，焼却炉解体に伴って発生したダイオキシン類汚染物（15.6m^3）を日本で初めて現地無害化処理を実施することとなりジオメルト工法（1バッチあたり溶融能力1t）が用いられた[3]。しかし，周辺には焼却施設から発生する煙等により汚染された土壌環境基準（1,000pg-TEQ/g）を超える土壌が残っており，これを処理（恒久対策）する必要があった。

4.3 技術選定経緯と情報公開
4.3.1 汚染状況

和歌山県が調査した結果，土壌環境基準（1,000pg-TEQ/g）を超えるダイオキシン類汚染地域は4,930m^2，汚染土量は約2,602m^{3}で，過去に焼却施設があった場所を中心に同心円状の汚染

表1 汚染濃度と土量

汚染濃度（pg-TEQ/g）	土量（m^3）	
1,000～3,000	1,932	1,932
3,000～5,000	160	
5,000～10,000	287	670
10,000～	223	
合計	2,602	2,602

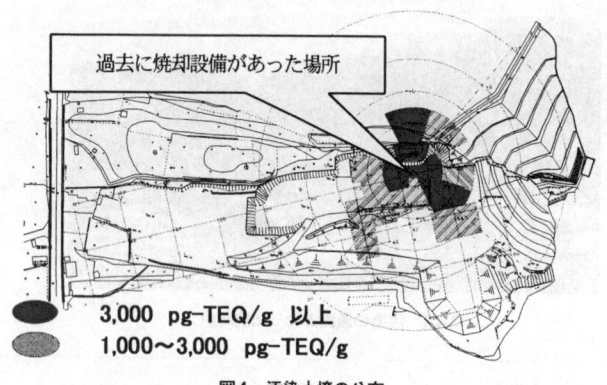

図1 汚染土壌の分布

第2章　実際事例

表2　技術選定要件

撤去させる会	和歌山県
・無害化の確実性	・処理の程度
・処理後物質の安定性	・安全性
・重金属処理の可否	・重金属処理の可否
・前処理の必要性	・前処理の必要性
・周辺環境への影響	・周辺環境への配慮
・処理期間	・工事期間
・住民へのストレス	・工事費用
・事故の可能性	・処理後残さの処分方法
・作業管理	・二次廃棄物の処分
・作業の密閉性	・設備の有無
	・土壌処理経験の有無
	・現地処理経験の有無

が確認された。汚染土量を表1，汚染土壌の分布を図1に示す。

4.3.2　処理方針

汚染土壌の処理方針は，和歌山県と橋本市，撤去させる会の三者に，学識経験者を交えて設置した恒久対策協議会において検討され，1,000～3,000pg-TEQ/gの汚染土壌（1,932m^3）は現地に設置するコンクリートボックスによる封じ込めとし，3,000pg-TEQ/g以上の汚染土壌（670m^3）については無害化処理を実施することが決定した。無害化処理方法の選定はインターネットを通じて一般公募され，153社の技術がリストアップされた。その後，恒久対策協議会において協議を重ね4社を選定し公開プレゼンテーションが行われた。その技術選定要件を表2に示す。撤去させる会は，無害化の確実性や処理後物質の安定性を重視，行政は更に工事費用や実績等も含め各々の項目をポイントで評価，検討し最終的に当社提案のジオメルト工法（1バッチあたり溶融能力100t）が選定された。

4.3.3　環境保全協定

現地無害化処理を実施するに当たり，和歌山県，撤去させる会および当社は，三者相互の信頼関係に基づき地域住民の生活環境を保全するため，ジオメルト工法に関する環境保全協定を締結した。環境保全協定の骨子を表3に示す。この中には，住民の意志に基づき現場内立入や分析データの公表等，公開の原則が明記されている。また，第1バッチ目（第1回目）をジオメルト100t設備の運転に伴う各種データを採取するための調査運転と位置づけ，管理目標値の検証や溶融運転状況の確認，調査することも合意されている。

土壌・地下水汚染の原位置浄化技術

表3 ジオメルト工法に関する環境保全協定の骨子

項　目	内　容
1. 基本理念	地域住民の健全な生活環境を保全するために，最善の措置を講ずる。
2. 環境保全対策	ジオメルト工法の運転状況の管理目標値を設定，管理目標値の範囲内であることを確認するとともに，計測値を記録して現場で閲覧できるようにする。
3. モニタリング	汚染土壌掘削中，土壌詰込み・洗浄作業時の作業環境モニタリングを行う。ジオメルト処理中に下記の項目について3回モニタリングを行う。①大気放出ガス（ダイオキシン類，SOx，NOx等，重金属類），②敷地境界周辺環境モニタリング（ダイオキシン類，粉じん），③汚染物と溶融固化体（ダイオキシン類，重金属類）周辺環境モニタリングとして敷地境界4箇所でデジタル粉じん計による24時間連続モニタリングを行う。
4. 立入調査	住民が現場に立入り，環境保全の状況を調査可能にする。ただし工事の円滑な実施に支障をきたさないように配慮すること。
5. 緊急時の措置	緊急時対策マニュアルを整備し，実地訓練を行う。
6. 公開の原則	作業日報・モニタリング等の分析結果やモニタリングテレビ24時間映像を公開する。
7. 協定会議	和歌山県2名，撤去させる会4名および施工業者2名で構成する協定会議を設置し，協定を円滑に履行するために次の事項を協議する。①業務の安全性の確認，②モニタリング結果の評価に関する事項，③協定に定めがない事項。協定会議では学識経験者や専門家をオブザーバーとして意見を求めることができ，公開を原則とし月1回定期的に開催する。
8. 調査運転	1バッチ目に運転に伴う各種データを集中的に採取し，管理目標値の検証，溶融運転状況，運転中の騒音等を確認する。

4.4 ジオメルト工法による現地無害化処理

4.4.1 ジオメルト工法の概要

　ジオメルト工法とは，処理対象物中に電極を挿入し，これに通電して処理対象物を電気的に加熱することにより対象物を溶融し，また，自然冷却によって溶融体を固化するものである[4]。溶融部の中心温度は1,600℃以上に上昇し，処理対象物中の有機化合物が高温熱分解されるとともに，揮発しやすい重金属は気化して冷却除塵洗浄機で捕捉され，揮発しにくい重金属は固化体の中に封じ込められる。そのため，有機物質と重金属からなる複合汚染物を同時に無害化処理できる特徴をもつ。処理設備の構成を図2に，また，現地に設置した処理能力が100t/バッチ規模のジオメルト設備を写真2に示す。処理設備は電力供給設備，溶融設備，オフガス処理設備から構成され，汚染サイトでの処理が可能なように可搬式設備となっている。

　なお，この技術は，鴻池組，宇部興産，日本総合研究所，ハザマ，AMEC社の出資による㈱アイエスブイ・ジャパンが国内における実施権を保有している。

第2章 実際事例

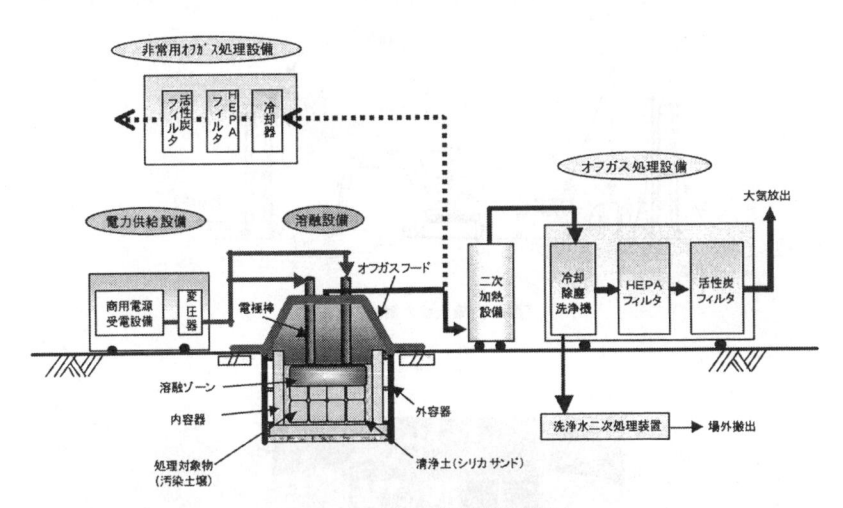

図2 ジオメルト工処理設備の構成

写真2 現地に設置したジオメルト設備の全景

4.4.2 汚染土壌の掘削および分級

汚染土壌の掘削は，図3に示すように掘削エリアの周囲をシートで囲い，なおかつ掘削箇所は局所吸引を行うことでダイオキシン類の周辺環境への飛散を防止した（写真3）。

掘削した汚染土壌のうち廃棄物の混合割合が多いものについては，ダイオキシン類を含む粉じんが周辺に飛散しないように設置した分別・洗浄建屋内に持ち込み，振動スクリーンにより20mm以下の土壌を篩い分けた。また，20mm以上のものについては，比重選別機（写真4）によ

土壌・地下水汚染の原位置浄化技術

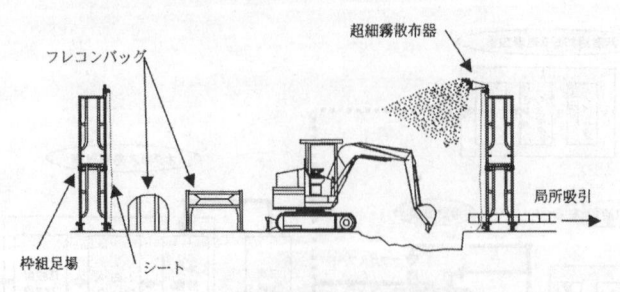

図3　汚染土壌の掘削

写真3　汚染土壌の掘削状況

写真4　可燃物・がれきの比重選別状況

第2章　実際事例

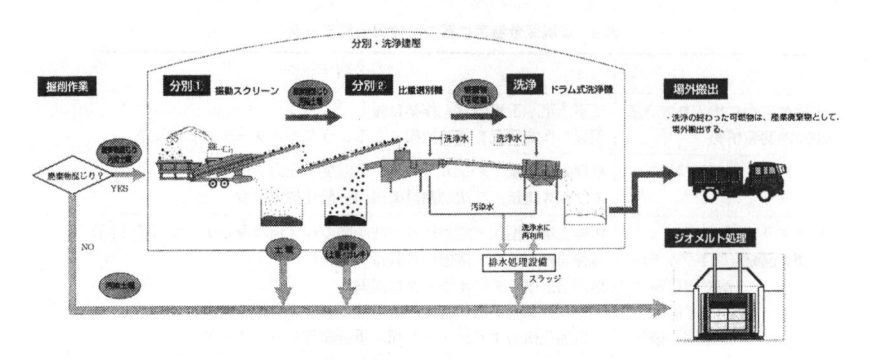

図4　分別・洗浄フロー

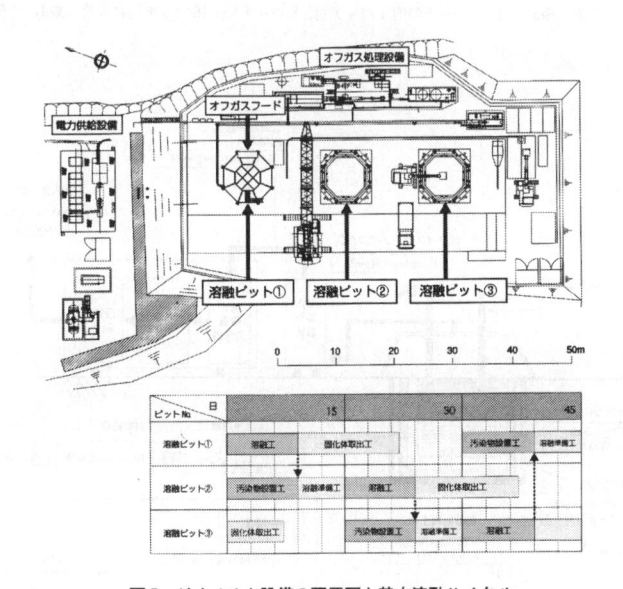

図5　ジオメルト設備の配置図と基本溶融サイクル

り可燃物とがれきに分け，がれきと20mm以下の土壌はジオメルト工法で無害化処理を行った。一方，可燃物については，高圧水洗浄を行い，付着している汚染土壌を洗い流した後，産業廃棄物として処理した。分別・洗浄フローを図4に示す。なお，掘削および分別作業は，作業員への曝露を考慮して「廃棄物焼却施設解体工事におけるダイオキシン類による健康障害防止について」（平成12年9月7日基発第561号の2）に準拠し，掘削作業はレベル2，分別・洗浄作業はレベ

355

表4 環境保全協定に基づく情報公開データ

	情報公開データ
住民が自由に出入りできる建物内閲覧情報	工事予定，工事内容，作業日報 現場の作業状況を常時把握できるようなモニターテレビの設置
ジオメルト工運転状況[※1]	処理対象物量，オフガスフード内温度・圧力 オフガス流量，二次加熱設備出口一酸化炭素濃度
モニタリング 　調査運転（第1バッチ目） 　　　溶融固化前[※2] 　　　　　溶融中[※2] 　　　溶融固化後[※2]	汚染土壌の掘削・詰め込み・洗浄時の作業環境測定データ（各1回） 各種詳細データ・溶融中の騒音データ 処理前土壌のダイオキシン類濃度 オフガスフード出口ガス・大気放出ガスの分析データ 溶融固化体のダイオキシン類，重金属等の分析データ
周辺環境モニタリング	敷地境界での粉じん，ダイオキシン類濃度[※2]，溶融中の騒音データ[※3] 敷地境界における粉じんの24時間常時モニタリングデータ

※1) 毎バッチ実施，※2) 全16バッチの内1バッチ目，8バッチ目，16バッチ目に実施　※3) 1回/月

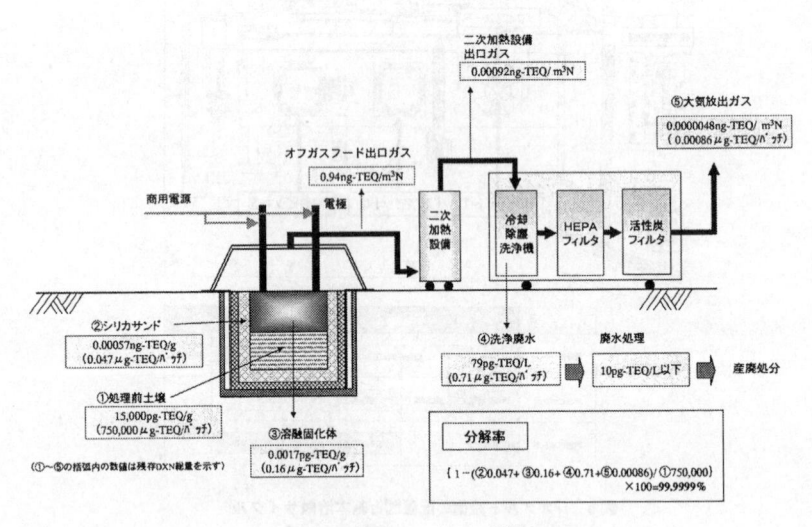

図6　調査運転モニタリング結果

ル3の防護衣で作業を行った。

4.4.3　設備の配置と溶融サイクル

無害化処理の対象となる高濃度汚染土壌は計670m³である。現地には図5に示すように3基

第2章　実際事例

写真5　溶融後の固化体状況

写真6　固化体の破砕状況

の溶融ピット（縦7m×横7m×深さ5m）を設置して順次稼動させ，それぞれのピットでの「汚染物設置→溶融→固化体取り出し」サイクルを効率よく行えるような設備配置とした。溶融運転は，3交代制による約7日間の昼夜連続で，汚染土壌の詰め込み，溶融固化体の取り出しまでを含めて，2バッチ／月のペースで処理した。

4.4.4　分析データと情報公開

現地無害化処理は，環境保全協定に基づき表4に示す項目を情報公開しながら実施した。1回目の溶融運転を「調査運転」と位置付けて各種データを集中的に採取した結果の一例を図6に示す。この結果より，処理後の溶融固化体のダイオキシン類濃度は0.0017pg-TEQ/gであり分解率としては99.9999%以上であった。また，敷地境界での騒音は，39.3〜42.4dB(A)で，夜間の騒音規制である45dB(A)を下回った。この結果から24時間稼働で溶融運転することの合意を得た。

357

土壌・地下水汚染の原位置浄化技術

表5 環境保全協定に基づくモニタリング結果

測定位置	分析項目	単位	No.1バッチ	No.8バッチ	No.16バッチ	基準値
処理前土壌	ダイオキシン類	pg-TEQ/g	15,000	2,200	1,800	1,000
大気放出ガス	ダイオキシン類	ng-TEQ/m^3	0.0000048	0.00000002	0.0049	0.1
	ばいじん	mg/m^{3}N	1	<1	<1	250
	塩化水素（HCl）	mg/m^{3}N	1	1	<1.0	80
	硫黄酸化物（SOx）	m^3/Hr	0.0012	0.0017	<0.001	0.16
	窒素酸化物（NOx）	ppm	49	51	88	250
	総水銀（Hg）	mg/m^3	0.044	0.0014	0.0050	0.05
	砒素（As）	mg/m^{3}N	<0.00086	<0.0016	<0.0013	0.25
	カドミウム（Cd）	mg/m^{3}N	<0.00021	<0.0008	<0.00066	1.0
	クロム（Cr）	mg/m^{3}N	<0.0083	0.02	<0.027	2
	セレン（Se）	ppm	<0.00041	<0.002	<0.0013	1
	鉛（Pb）	mg/m^{3}N	0.075	<0.004	<0.0033	30
溶融固化体	ダイオキシン類	pg-TEQ/g	0.0017	0.0025	0.024	—
	カドミウム（Cd）	mg/l	<0.003	<0.003	<0.003	0.01
	鉛（Pb）	mg/l	<0.005	<0.005	<0.005	0.01
	六価クロム（Cr）	mg/l	<0.02	<0.02	<0.02	0.05
	砒素（As）	mg/l	<0.005	<0.005	<0.005	0.01
	総水銀（Hg）	mg/l	<0.0005	<0.0005	<0.0005	0.0005
	セレン（Se）	mg/l	<0.005	<0.005	<0.005	0.01

溶融は16バッチ実施し，汚染土壌1051.7tを処理した。溶融後の固化体状況および破砕状況を写真5，写真6に示す。平均溶融時間は172時間/バッチ，電力投入量は約12万kWh/バッチで，単位処理土壌あたり1.14kWh/kgの電力投入量であった。各バッチのモニタリング結果を表5に示す。処理後の溶融固化体は0.0017〜0.024pg-TEQ/gであり，重金属等の溶出量も全て定量下限値以下であった。大気放出ガスについても0.00000002〜0.0049ng-TEQ/m^{3}で基準値の0.1ng-TEQ/m^{3}に比べ十分に低いものであった。溶融中の敷地境界における大気中のダイオキ

第 2 章　実際事例

シン類濃度は 0.0076〜0.087pg-TEQ/m^3 であり，大気環境基準値（0.6pg-TEQ/m^3）を十分下回り周辺環境へ影響を与えていないことが確認できた。なお，溶融固化体は，破砕した後現地に埋め戻すことで合意できている。

4.5　おわりに

　ここで紹介したのは，「ダイオキシン類汚染土壌の現地無害化処理」という日本では過去に例がない工事であり，住民合意形成や情報公開を含めたリスクコミュニケーションをはかりながら，汚染土壌の掘削から現地無害化処理まで周辺環境を保全しながら無事処理することができた。
　今後，有害化学物質や重金属類等で汚染された土壌のオンサイト処理を行う際は，技術の①確実性（無害化処理の確実な実施）や②安全性（二次公害等を周辺環境に影響を与えない）はもちろんのこと③住民関与（住民参加，情報公開を原則にした処理の実施）の原則が実践される必要がある[5]。本工事は，これが実践できた事例ではないかと考えている。本工事にあたり，ご指導頂いた和歌山県ならびに多大なご協力を頂いた地域住民の皆様に紙面を借りて深く謝意を表する次第である。

文　　献

1)　和歌山県；橋本市野上山谷田の一部地域ダイオキシン類土壌汚染対策計画　平成 14 年 5 月
2)　岩井敏明：橋本市におけるダイオキシン汚染物無害化処理，p61-64, 全国環境衛生大会妙録集（2001）
3)　橘敏明ほか：ダイオキシン類で汚染された焼却炉の解体とジオメルト工法による無害化処理，㈱鴻池組技術研究発表会梗概集（2002）
4)　安福敏明ほか：ダイオキシン類汚染土壌に求められる設備の特性，p29-33, 建設機械 **10**（2002）
5)　中地重晴：住民参加型オンサイトにおける廃棄物，ダイオキシン類汚染処理の現状と課題－豊島（香川）・橋本（和歌山）・能勢（大阪）の場合－，環境科学会第 2003 年会・シンポジウム 2　p10-17（2003）

《CMCテクニカルライブラリー》発行にあたって

　弊社は、1961年創立以来、多くの技術レポートを発行してまいりました。これらの多くは、その時代の最先端情報を企業や研究機関などの法人に提供することを目的としたもので、価格も一般の理工書に比べて遙かに高価なものでした。

　一方、ある時代に最先端であった技術も、実用化され、応用展開されるにあたって普及期、成熟期を迎えていきます。ところが、最先端の時代に一流の研究者によって書かれたレポートの内容は、時代を経ても当該技術を学ぶ技術書、理工書としていささかも遜色のないことを、多くの方々が指摘されています。

　弊社では過去に発行した技術レポートを個人向けの廉価な普及版《CMCテクニカルライブラリー》として発行することとしました。このシリーズが、21世紀の科学技術の発展にいささかでも貢献できれば幸いです。

2000年12月

株式会社　シーエムシー出版

土壌・地下水汚染
―原位置浄化技術の開発と実用化―　　　(B0887)

2004年 4月30日　初　版　第 1 刷発行
2009年 9月22日　普及版　第 1 刷発行

監　修　平田　健正，前川　統一郎　　　Printed in Japan
発行者　辻　　賢司
発行所　株式会社　シーエムシー出版
　　　　東京都千代田区内神田1-13-1　豊島屋ビル
　　　　電話 03 (3293) 2061
　　　　http://www.cmcbooks.co.jp

〔印刷　倉敷印刷株式会社〕　　　© T. Hirata, T. Maekawa, 2009

定価はカバーに表示してあります。
落丁・乱丁本はお取替えいたします。

ISBN978-4-7813-0124-2 C3058 ¥5000E

本書の内容の一部あるいは全部を無断で複写(コピー)することは，法律で認められた場合を除き，著作者および出版社の権利の侵害になります。

CMCテクニカルライブラリーのご案内

ゴム材料ナノコンポジット化と配合技術
編集／鞠谷信三／西敏夫／山口幸一／秋葉光雄
ISBN978-4-7813-0087-0　　　　　B879
A5判・323頁　本体4,600円＋税　（〒380円）
初版2003年7月　普及版2009年6月

構成および内容：【配合設計】HNBR／加硫系薬剤／シランカップリング剤／白色フィラー／不溶性硫黄／カーボンブラック／シリカ・カーボン複合フィラー／難燃剤（EVA 他）／相溶化剤／加工助剤 他【ゴム系ナノコンポジットの材料】ゾル-ゲル法／動的架橋型熱可塑性エラストマー／医療材料／耐熱性／配合と金型設計／接着／TPE 他
執筆者：妹尾政宣／竹村泰彦／細谷 潔 他19名

有機エレクトロニクス・フォトニクス材料・デバイス
—21世紀の情報産業を支える技術—
監修／長村利彦
ISBN978-4-7813-0086-3　　　　　B878
A5判・371頁　本体5,200円＋税　（〒380円）
初版2003年9月　普及版2009年6月

構成および内容：【材料】光学材料（含フッ素ポリイミド 他）／電子材料（アモルファス分子材料／カーボンナノチューブ）【プロセス・評価】配向・配列制御／微細加工【機能・基盤】変換／伝送／記録／変調・演算／蓄積・貯蔵（リチウム二次電池）【新デバイス】pn接合有機太陽電池／燃料電池／有機ELディスプレイ用発光材料 他
執筆者：城田靖彦／和田善玄／安藤慎治 他35名

タッチパネル—開発技術の進展—
監修／三谷雄二
ISBN978-4-7813-0085-6　　　　　B877
A5判・181頁　本体2,600円＋税　（〒380円）
初版2004年12月　普及版2009年6月

構成および内容：光学式／赤外線イメージセンサー方式／超音波表面弾性波方式／SAW方式／静電容量式／電磁誘導方式デジタイザ／抵抗膜式／スピーカ一体型／携帯端末向けフィルム／タッチパネル用印刷インキ／抵抗膜式タッチパネルの評価方法と装置／凹凸テクスチャ感を表現する静電触感ディスプレイ／画面特性とキーボードレイアウト
執筆者：伊勢有一／大久保論隆／齊藤典生 他17名

高分子の架橋・分解技術
—グリーンケミストリーへの取組み—
監修／角岡正弘／白井正充
ISBN978-4-7813-0084-9　　　　　B876
A5判・299頁　本体4,200円＋税　（〒380円）
初版2004年6月　普及版2009年5月

構成および内容：【基礎と応用】架橋剤と架橋反応（フェノール樹脂 他）／架橋構造の解析（紫外線硬化樹脂／フォトレジスト用感光剤）／機能性高分子の合成（可逆的架橋／光架橋・熱分解系）【機能性材料開発の最近動向】熱を利用した架橋反応／UV硬化システム／電子線・放射線利用／リサイクルおよび機能性材料合成のための分解反応 他
執筆者：松本 昭／石倉慎一／合屋文明 他28名

バイオプロセスシステム
—効率よく利用するための基礎と応用—
編集／清水 浩
ISBN978-4-7813-0083-2　　　　　B875
A5判・309頁　本体4,400円＋税　（〒380円）
初版2002年11月　普及版2009年5月

構成および内容：現状と展開（ファジィ推論／遺伝子アルゴリズム 他）／バイオプロセス操作と培養装置（酸素移動現象と微生物反応の関わり）／計測技術（プロセス変数／物質濃度 他）／モデル化・最適化（遺伝子ネットワークモデリング）／培養プロセス制御（流加培養 他）／代謝工学（代謝フラックス解析 他）／応用（嗜好食品品質評価／医用工学）他
執筆者：吉田敏臣／滝口 昇／岡本正宏 他22名

導電性高分子の応用展開
監修／小林征男
ISBN978-4-7813-0082-5　　　　　B874
A5判・334頁　本体4,600円＋税　（〒380円）
初版2004年4月　普及版2009年5月

構成および内容：【開発】電気伝導／パターン形成法／有機ELデバイス【応用】線路形素子／二次電池／湿式太陽電池／有機半導体／熱電変換機能／アクチュエータ／電波被覆／調光ガラス／帯電防止材料／ポリマー薄膜トランジスタ 他【特許】出願動向【欧米における開発動向】ポリマー薄膜フィルムトランジスタ／新世代太陽電池 他
執筆者：中川善嗣／大森 裕／深海 隆 他18名

バイオエネルギーの技術と応用
監修／柳下立夫
ISBN978-4-7813-0079-5　　　　　B873
A5判・285頁　本体4,000円＋税　（〒380円）
初版2003年10月　普及版2009年4月

構成および内容：【熱化学的変換技術】ガス化技術／バイオディーゼル【生物化学的変換技術】メタン発酵／エタノール発酵【応用】石炭・木質バイオマス混焼技術／廃材を使った熱電供給の発電所／コージェネレーションシステム／木質バイオマス・ペレット製造／焼酎副産物リサイクル設備／自動車用燃料製造装置／バイオマス発電の海外展開
執筆者：田中忠良／松村幸彦／美濃輪智朗 他35名

キチン・キトサン開発技術
監修／平野茂博
ISBN978-4-7813-0065-8　　　　　B872
A5判・284頁　本体4,200円＋税　（〒380円）
初版2004年3月　普及版2009年4月

構成および内容：分子構造（βキチンの成層化合物形成）／溶媒／分解／化学修飾／酵素（キトサナーゼ／アロサミジン）／遺伝子（海洋細菌のキチン分解機構）／バイオ農林業（人工樹皮：キチンによる樹木皮組織の創傷治癒）／医薬・医療／食（ガン細胞障害活性テスト）／化粧品／工業（無毛解めっき用前処理／生分解性高分子複合材料）他
執筆者：金成正和／奥山健二／斎藤幸恵 他36名

※書籍をご購入の際は、最寄りの書店にご注文いただくか、㈱シーエムシー出版のホームページ（http://www.cmcbooks.co.jp/）にてお申し込み下さい。

CMCテクニカルライブラリーのご案内

次世代光記録材料
監修／奥田昌宏
ISBN978-4-7813-0064-1　B871
A5判・277頁　本体3,800円＋税（〒380円）
初版2004年1月　普及版2009年4月

構成および内容：【相変化記録とブルーレーザー光ディスク】相変化電子メモリー／相変化チャンネルトランジスタ／Blu-ray Disc技術／青紫色半導体レーザ／ブルーレーザー対応酸化物系追記型光記録膜 他【超高密度光記録技術と材料】近接場光記録／3次元多層光メモリ／ホログラム光記録と材料／フォトンモード分子光メモリと材料 他
執筆者：寺尾元康／影山喜之／柚須圭一郎 他23名

機能性ナノガラス技術と応用
監修／平尾一之／田中修平／西井準治
ISBN978-4-7813-0063-4　B870
A5判・214頁　本体3,400円＋税（〒380円）
初版2003年12月　普及版2009年3月

構成および内容：【ナノ粒子分散・析出技術】アサーマル・ナノガラス【ナノ構造形成技術】高次構造化／有機-無機ハイブリッド（気孔配向膜／ゾルゲル法）／外部場操作【光回路用技術】三次元ナノガラス光回路【光メモリ用技術】集光機能（光ディスクの市場／コバルト酸化物薄膜）／光メモリヘッド用ナノガラス（埋め込み回折格子）他
執筆者：永金知浩／中澤達洋／山下 勝 他15名

ユビキタスネットワークとエレクトロニクス材料
監修／宮代文夫／若林信一
ISBN978-4-7813-0062-7　B869
A5判・315頁　本体4,400円＋税（〒380円）
初版2003年12月　普及版2009年3月

構成および内容：【テクノロジードライバ】携帯電話／ウェアラブル機器／RFIDタグチップ／マイクロコンピュータ／センシング・システム【高分子エレクトロニクス材料】エポキシ樹脂の高性能化／ポリイミドフィルム／有機発光デバイス用材料【新技術・新材料】超高速ディジタル信号伝送／MEMS技術／ポータブル燃料電池／電子ペーパー 他
執筆者：福岡義孝／八甫谷明彦／朝桐 智 他23名

アイオノマー・イオン性高分子材料の開発
監修／矢野紳一／平沢栄作
ISBN978-4-7813-0048-1　B866
A5判・352頁　本体5,000円＋税（〒380円）
初版2003年9月　普及版2009年2月

構成および内容：定義、分類と化学構造／イオン会合体（形成と構造／転移）／物性・機能（スチレンアイオノマー／ESR分光法／多重共鳴法／イオンホッピング／溶液物性／圧力センサー機能／永久帯電 他）／応用（エチレン系アイオノマー／ポリマー改質剤／燃料電池用高分子電解質膜／スルホン化EPDM／歯科材料（アイオノマーセメント）他）
執筆者：池田裕子／沓水祥一／舘野 均 他18名

マイクロ／ナノ系カプセル・微粒子の応用展開
監修／小石眞純
ISBN978-4-7813-0047-4　B865
A5判・332頁　本体4,600円＋税（〒380円）
初版2003年8月　普及版2009年2月

構成および内容：【基礎と設計】ナノ医療：ナノロボット 他【応用】記録・表示材料（重合法トナー 他）／ナノパーティクルによる薬物送達／化粧品・香料／食品（ビール酵母／バイオカプセル 他）／農薬・土木・建築（球状セメント 他）【微粒子技術】コアーシェル構造球状シリカ系粒子／金・半導体ナノ粒子／Pbフリーはんだボール 他
執筆者：山下 俊／三島健司／松山 清 他39名

感光性樹脂の応用技術
監修／赤松 清
ISBN978-4-7813-0046-7　B864
A5判・248頁　本体3,400円＋税（〒380円）
初版2003年8月　普及版2009年1月

構成および内容：医療用（歯科領域／生体接着・創傷被覆剤／光硬化性キトサンゲル）／光硬化、熱硬化併用樹脂（接着剤のシート化）／印刷（フレキソ印刷／スクリーン印刷）／エレクトロニクス（層間絶縁膜材料／可視光硬化型シール剤／半導体ウェハ加工用粘・接着テープ）／塗料、インキ（無機・有機ハイブリッド塗料／デュアルキュア塗料）他
執筆者：小出 武／石原雅之／岸本芳男 他16名

電子ペーパーの開発技術
監修／面谷 信
ISBN978-4-7813-0045-0　B863
A5判・212頁　本体3,000円＋税（〒380円）
初版2001年11月　普及版2009年1月

構成および内容：【各種方式（要素技術）】非水系電気泳動型電子ペーパー／サーマルリライタブル／カイラルネマチック液晶／フォトンモードでのフルカラー書き換え記録方式／エレクトロクロミック方式／消去再生可能な乾式トナー作像方式 他【応用開発技術】理想的ヒューマンインターフェース条件／ブックオンデマンド／電子黒板 他
執筆者：堀田吉彦／関根啓子／植田秀昭 他11名

ナノカーボンの材料開発と応用
監修／篠原久典
ISBN978-4-7813-0036-8　B862
A5判・300頁　本体4,200円＋税（〒380円）
初版2003年8月　普及版2008年12月

構成および内容：【現状と展望】カーボンナノチューブ 他【基礎科学】ピーポッド 他【技術】アーク放電法によるナノカーボン／金属内包フラーレンの量産技術／2層ナノチューブ【実際技術】燃料電池／フラーレン誘導体を用いた有機太陽電池／水素吸着現象／LSI配線ビア／単一電子トランジスター／電気二重層キャパシター／導電性樹脂
執筆者：宍戸 潔／加藤 誠／加藤立久 他29名

※書籍をご購入の際は、最寄りの書店にご注文いただくか、㈱シーエムシー出版のホームページ(http://www.cmcbooks.co.jp/)にてお申し込み下さい。

CMCテクニカルライブラリーのご案内

プラスチックハードコート応用技術
監修／井手文雄
ISBN978-4-7813-0035-1　　　　　B861
A5判・177頁　本体2,600円＋税（〒380円）
初版2004年3月　普及版2008年12月

構成および内容：【材料と特性】有機系（アクリレート系／シリコーン系 他）／無機系／ハイブリッド系（光カチオン硬化型 他）【応用技術】自動車用部品／携帯電話向けUV硬化型ハードコート剤／眼鏡レンズ（ハイインパクト加工 他）／建築材料（建材化粧シート／環境問題 他）／光ディスク【市場動向】PVC床コーティング／樹脂ハードコート 他
執筆者：栢木　實／佐々木裕／山谷正明　他8名

ナノメタルの応用開発
編集／井上明久
ISBN978-4-7813-0033-7　　　　　B860
A5判・300頁　本体4,200円＋税（〒380円）
初版2003年8月　普及版2008年11月

構成および内容：機能材料（ナノ結晶軟磁性合金／バルク合金／水素吸蔵 他）／構造用材料（高強度軽合金／原子力材料／蓄着ナノAl合金 他）／分析・解析技術（高分解能電子顕微鏡／放射光回折・分光法 他）／製造技術（粉末固化成形／放電焼結法／微細精密加工／電解析出法 他）／応用（時効析出アルミニウム合金／ピーニング用高硬度投射材 他）
執筆者：牧野彰宏／沈　宝龍／福永博俊　他49名

ディスプレイ用光学フィルムの開発動向
監修／井手文雄
ISBN978-4-7813-0032-0　　　　　B859
A5判・217頁　本体3,200円＋税（〒380円）
初版2004年2月　普及版2008年11月

構成および内容：【光学高分子フィルム】設計／製膜技術 他【偏光フィルム】高機能性／染料系 他【位相差フィルム】λ/4波長板 他【輝度向上フィルム】集光フィルム・プリズムシート 他【バックライト用】導光板／反射シート 他【プラスチックLCD用フィルム基板】ポリカーボネート／プラスチックTFT 他【反射防止】ウェットコート 他
執筆者：網島研二／斎藤　拓／善如寺芳弘　他19名

ナノファイバーテクノロジー －新産業発掘戦略と応用－
監修／本宮達也
ISBN978-4-7813-0031-3　　　　　B858
A5判・457頁　本体6,400円＋税（〒380円）
初版2004年2月　普及版2008年10月

構成および内容：【総論】現状と展望（ファイバーにみるナノサイエンス 他）／海外の現状【基礎】ナノ紡糸（カーボンナノチューブ 他）／ナノ加工（ポリマークレイナノコンポジット／ナノボイド）／ナノ計測（走査プローブ顕微鏡 他）【応用】ナノバイオニック産業（バイオチップ 他）／環境調和エネルギー産業（バッテリーセパレータ 他）他
執筆者：梶　慶輔／梶原莞爾／赤池敏宏　他60名

有機半導体の展開
監修／谷口彬雄
ISBN978-4-7813-0030-6　　　　　B857
A5判・283頁　本体4,000円＋税（〒380円）
初版2003年10月　普及版2008年10月

構成および内容：【有機半導体素子】有機トランジスタ／電子写真用感光体／有機LED（リン光材料）／色素増感太陽電池／二次電池／コンデンサ／圧電・焦電／インテリジェント材料（カーボンナノチューブ／薄膜から単一分子デバイスへ 他）【プロセス】分子配列・配向制御／有機エピタキシャル成長／超薄膜作製／インクジェット製膜【索引】
執筆者：小林俊介／堀田　収／柳　久雄　他23名

イオン液体の開発と展望
監修／大野弘幸
ISBN978-4-7813-0023-8　　　　　B856
A5判・255頁　本体3,600円＋税（〒380円）
初版2003年2月　普及版2008年9月

構成および内容：合成（アニオン交換法／酸エステル法 他）／物理化学（極性評価／イオン拡散係数 他）／機能性溶媒（反応場への適用／分離・抽出溶媒／光化学反応 他）／機能設計（イオン伝導／液晶型／非ハロゲン系 他）／高分子化（イオンゲル／両性電解質型／DNA 他）／イオニクスデバイス（リチウムイオン電池／太陽電池／キャパシタ 他）
執筆者：萩原理加／宇恵　誠／菅　孝剛　他25名

マイクロリアクターの開発と応用
監修／吉田潤一
ISBN978-4-7813-0022-1　　　　　B855
A5判・233頁　本体3,200円＋税（〒380円）
初版2003年1月　普及版2008年9月

構成および内容：【マイクロリアクターとは】特長／構造体・製作技術／流体の制御と計測技術 他【世界の最先端の研究動向】化学合成・エネルギー変換・バイオプロセス／化学工業のための新生技術 他【マイクロ合成化学】有機合成反応／触媒反応と重合反応【マイクロ化学工学】マイクロ単位操作研究／マイクロ化学プラントの設計と制御
執筆者：菅原　徹／細川和生／藤井輝夫　他22名

帯電防止材料の応用と評価技術
監修／村田雄司
ISBN978-4-7813-0015-3　　　　　B854
A5判・211頁　本体3,000円＋税（〒380円）
初版2003年7月　普及版2008年8月

構成および内容：処理剤（界面活性剤系／シリコン系／有機ホウ素系 他）／ポリマー材料（金属薄膜形成帯電防止フィルム 他）／繊維（導電材料混入型／金属化合物型 他）／用途別（静電気対策包装材料／グラスライニング／衣料 他）／評価技術（エレクトロメータ／電荷減衰測定／空間電荷分布の計測 他）／評価基準（床、作業表面、保管棚 他）
執筆者：村田雄司／後藤伸也／細川泰徳　他19名

※ 書籍をご購入の際は、最寄りの書店にご注文いただくか、
㈱シーエムシー出版のホームページ（http://www.cmcbooks.co.jp）にてお申し込み下さい。

CMCテクニカルライブラリーのご案内

強誘電体材料の応用技術
監修／塩嵜 忠
ISBN978-4-7813-0014-6　B853
A5判・286頁　本体4,000円＋税（〒380円）
初版2001年12月　普及版2008年8月

構成および内容：【材料の製法,特性および評価】酸化物単結晶／強誘電体セラミックス／高分子材料／薄膜（化学溶液堆積法 他）／強誘電性液晶／コンポジット【応用とデバイス】誘電（キャパシタ 他）／圧電（弾性表面波デバイス／フィルタ／アクチュエータ 他）／焦電・光学／記憶・記録・表示デバイス【新しい現象および評価法】材料，製法
執筆者：小松隆一／竹中 正／田實佳郎 他17名

自動車用大容量二次電池の開発
監修／佐藤 登／境 哲男
ISBN978-4-7813-0009-2　B852
A5判・275頁　本体3,800円＋税（〒380円）
初版2003年12月　普及版2008年7月

構成および内容：【総論】電動車両システム／市場展望【ニッケル水素電池】材料技術／ライフサイクルデザイン【リチウムイオン電池】電解液と電極の最適化による長寿命化／劣化機構の解析／安全性【鉛電池】42Vシステムの展望【キャパシタ】ハイブリッドトラック・バス【電気自動車とその周辺技術】電動コミュータ／急速充電器 他
執筆者：堀江英明／竹下秀夫／押谷政彦 他19名

ゾル-ゲル法応用の展開
監修／作花済夫
ISBN978-4-7813-0007-8　B850
A5判・208頁　本体3,000円＋税（〒380円）
初版2000年5月　普及版2008年7月

構成および内容：【総論】ゾル-ゲル法の概要【プロセス】ゾルの調製／ゲル化と無機バルク体の形成／有機・無機ナノコンポジット／セラミックス繊維／乾燥／焼結【応用】ゾル-ゲル法バルク材料の応用／薄膜材料／粒子・粉末材料／ゾル-ゲル法応用の新展開（微細パターニング／太陽電池／蛍光体／高活性触媒／木材改質）／その他の応用 他
執筆者：平野眞一／余語利信／坂本 渉 他28名

白色LED照明システム技術と応用
監修／田口常正
ISBN978-4-7813-0008-5　B851
A5判・262頁　本体3,600円＋税（〒380円）
初版2003年6月　普及版2008年6月

構成および内容：白色LED研究開発の状況：歴史的背景／光源の基礎特性／発光メカニズム／青色LED，近紫外LEDの作製（結晶成長，デバイス作製 他）／高効率紫外LEDと白色LED（ZnSe系白色LED他）／実装化技術（蛍光体とパッケージング 他）／応用と実用化（一般照明装置の製品化 他）／海外の動向，研究開発予測および市場性 他
執筆者：内田裕士／森 哲／山田陽一 他24名

炭素繊維の応用と市場
編著／前田 豊
ISBN978-4-7813-0006-1　B849
A5判・226頁　本体3,000円＋税（〒380円）
初版2000年11月　普及版2008年6月

構成および内容：炭素繊維の特性（分類，形態／市販炭素繊維製品／性質／周辺繊維）／複合材料の設計・成形・後加工・試験検査／最新応用技術／炭素繊維・複合材料の用途分野別の最新動向（航空宇宙分野／スポーツ・レジャー分野／産業・工業分野 他）／メーカー・加工業者の現状と動向（炭素繊維メーカー／特許からみたCFメーカー／FRP成形加工業者／CFRPを取り扱う大手ユーザー他）

超小型燃料電池の開発動向
編著／神谷信行／梅田 実
ISBN978-4-88231-994-8　B848
A5判・235頁　本体3,400円＋税（〒380円）
初版2003年6月　普及版2008年5月

構成および内容：直接形メタノール燃料電池／マイクロ燃料電池・マイクロ改質器／二次電池との比較／固体高分子電解質膜／電極材料／MEA（膜電極接合体）／平面積層方式／燃料の多様化（アルコール，アセタール系／ジメチルエーテル／水素化ホウ素燃料／アスコルビン酸／グルコース他）／計測評価法（セルインピーダンス／パルス負荷 他）
執筆者：内田 勇／田中秀治／畑中達也 他10名

エレクトロニクス薄膜技術
監修／白木靖寛
ISBN978-4-88231-993-1　B847
A5判・253頁　本体3,600円＋税（〒380円）
初版2003年5月　普及版2008年5月

構成および内容：計算化学による結晶成長制御手法／常圧プラズマCVD技術／ラダー電極を用いたVHFプラズマ応用薄膜形成技術／触媒化学気相積層／コンビナトリアルテクノロジー／パルスパワー技術／半導体薄膜の作製（高誘電体ゲート絶縁膜 他）／ナノ構造磁性薄膜の作製とスピントロニクスへの応用（強磁性トンネル接合（MTJ）他）他
執筆者：久保百司／髙見誠一／宮本 明 他23名

高分子添加剤と環境対策
監修／大勝靖一
ISBN978-4-88231-975-7　B846
A5判・370頁　本体5,400円＋税（〒380円）
初版2003年5月　普及版2008年4月

構成および内容：総論（劣化の本質と防止／添加剤の相乗・拮抗作用 他）／機能維持剤（紫外線吸収剤／アミン系／イオウ系・リン系／金属捕捉剤 他）／機能付与剤（加工性／光化学性／電気性／表面性／バルク性 他）／添加剤の分析と環境対策（高温ガスクロによる分析／変色トラブルの解析例／内分泌かく乱化学物質／添加剤と法規制 他）
執筆者：飛田悦男／児島史利／石井玉樹 他30名

※書籍をご購入の際は、最寄りの書店にご注文いただくか、㈱シーエムシー出版のホームページ（http://www.cmcbooks.co.jp/）にてお申し込み下さい。

CMCテクニカルライブラリーのご案内

農薬開発の動向 -生物制御科学への展開-
監修／山本 出
ISBN978-4-88231-974-0　　　　B845
A5判・337頁　本体5,200円＋税（〒380円）
初版2003年5月　普及版2008年4月

構成および内容：殺菌剤（細胞膜機能の阻害剤 他）／殺虫剤（ネオニコチノイド系剤 他）／殺ダニ剤（神経作用性 他）／除草剤・植物成長調節剤（カロチノイド生合成阻害剤 他）／製剤／生物農薬（ウイルス剤 他）／天然物／遺伝子組換え作物／昆虫ゲノム研究の害虫防除への展開／創薬研究へのコンピュータ利用／世界の農薬市場／米国の農薬規制

執筆者：三浦一郎／上原正浩／織田雅夫 他17名

耐熱性高分子電子材料の展開
監修／柿本雅明／江坂 明
ISBN978-4-88231-973-3　　　　B844
A5判・231頁　本体3,200円＋税（〒380円）
初版2003年5月　普及版2008年3月

構成および内容：【基礎】耐熱性高分子の分子設計／耐熱性高分子の物性／低誘電率材料の分子設計／光反応性耐熱性材料の分子設計【応用】耐熱注型材料／ポリイミドフィルム／アラミド繊維紙／アラミドフィルム／耐熱性粘着テープ／半導体封止用成形材料／その他用途材料（ベンゾシクロブテン樹脂／液晶ポリマー／BTレジン 他）

執筆者：今井淑夫／竹市 力／後藤幸平 他16名

二次電池材料の開発
監修／吉野 彰
ISBN978-4-88231-972-6　　　　B843
A5判・266頁　本体3,800円＋税（〒380円）
初版2003年5月　普及版2008年3月

構成および内容：【総論】リチウム系二次電池の技術と材料・原理と基本材料構成【リチウム系二次電池材料】コバルト系・ニッケル系・マンガン系・有機系正極材料／炭素系・合金系・その他非炭素系負極材料／イオン電池用電極液／ポリマー・無機固体電解質 他【新しい蓄電素子とその材料編】プロトン・ラジカル電池 他【海外の状況】

執筆者：山崎信幸／荒井 創／櫻井庸司 他27名

水分解光触媒技術 -太陽光と水で水素を造る-
監修／荒川裕則
ISBN978-4-88231-963-4　　　　B842
A5判・260頁　本体3,600円＋税（〒380円）
初版2003年4月　普及版2008年2月

構成および内容：酸化チタン電極による水の光分解の発見／紫外光応答性二段光触媒による水分解の達成（炭酸塩添加法／Ta 系酸化物へのドーパント効果 他）／紫外光応答性二段光触媒による水分解／可視光応答性光触媒による水分解の達成（レドックス媒体／色素増感光触媒 他）／太陽電池材料を利用した水の光電気化学的分解／海外での取り組み

執筆者：藤嶋 昭／佐藤真理／山下弘巳 他20名

機能性色素の技術
監修／中澄博行
ISBN978-4-88231-962-7　　　　B841
A5判・266頁　本体3,800円＋税（〒380円）
初版2003年3月　普及版2008年2月

構成および内容：【総論】計算化学による色素の分子設計 他【エレクトロニクス機能】新規フタロシアニン化合物 他【情報表示機能】有機EL材料 他【情報記録機能】インクジェットプリンタ用色素／フォトクロミズム 他【染色・捺染の最新技術】超臨界二酸化炭素流体を用いる合成繊維の染色 他【機能性フィルム】近赤外線吸収色素 他

執筆者：蛭田公広／谷口彬雄／雀部博之 他22名

電波吸収体の技術と応用 II
監修／橋本 修
ISBN978-4-88231-961-0　　　　B840
A5判・387頁　本体5,400円＋税（〒380円）
初版2003年3月　普及版2008年1月

構成および内容：【材料・設計編】狭帯域・広帯域・ミリ波電波吸収体【測定法編】材料定数／電波吸収量【材料編】ITS（弾性エポキシ・ITS 用吸音電波吸収体 他）／電子部品（ノイズ抑制・高周波シート 他）／ビル・建材・電波暗室（透明電波吸収体 他）【応用編】インテリジェントビル／携帯電話など小型デジタル機器／ETC【市場編】市場動向

執筆者：宗 哲／栗原 弘／戸高嘉彦 他32名

光材料・デバイスの技術開発
編集／八百隆文
ISBN978-4-88231-960-3　　　　B839
A5判・240頁　本体3,400円＋税（〒380円）
初版2003年4月　普及版2008年1月

構成および内容：【ディスプレイ】プラズマディスプレイ 他【有機光・電子デバイス】有機EL素子／キャリア輸送材料 他【発光ダイオード(LED)】高効率発光メカニズム／白色LED 他【半導体レーザ】赤外半導体レーザ 他【新機能光デバイス】太陽光発電／光記録技術 他【環境調和型光・電子半導体】シリコン基板上の化合物半導体 他

執筆者：別井圭一／三上明義／金丸正剛 他10名

プロセスケミストリーの展開
監修／日本プロセス化学会
ISBN978-4-88231-945-0　　　　B838
A5判・290頁　本体4,000円＋税（〒380円）
初版2003年1月　普及版2007年12月

構成および内容：【総論】有名反応のプロセス化学的な評価 他【基礎的反応】触媒的不斉炭素－炭素結合形成反応／進化するBINAP化学 他【合成の自動化】ロボット合成／マイクロリアクター 他【工業的製造プロセス】7-ニトロインドール類の工業的製造法の開発／抗高血圧薬塩酸エホニジピン原薬の製造研究／ノスカール錠用固体分散体の工業化 他

執筆者：塩入孝之／富岡 清／左右田 茂 他28名

※ 書籍をご購入の際は、最寄りの書店にご注文いただくか、㈱シーエムシー出版のホームページ(http://www.cmcbooks.co.jp/)にてお申し込み下さい。